数据分析与模拟丛书

Daniel Borcard   François Gillet   Pierre Legendre   著

赖江山   译

Numerical Ecology with R (Second Edition)

数量生态学

——R 语言的应用

（第二版）

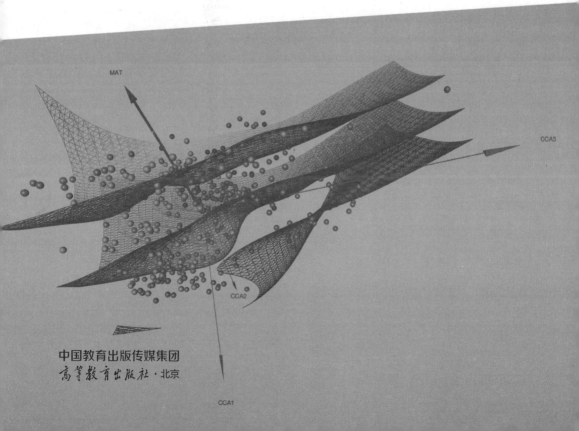

中国教育出版传媒集团

高等教育出版社·北京

内容简介

　　近年来，随着新的数据分析方法在生态学和环境科学研究中的迅速发展和大数据时代的来临，R 语言统计软件以其灵活、开放、易于掌握、免费等诸多优点，在生态科学和环境科学研究领域迅速传播并赢得广大研究者的青睐。数量生态学方法是现代生态学研究的重要工具，本书是连接数量生态学方法和 R 语言的桥梁。本书首先介绍探索性数据分析和关联矩阵的构建，然后介绍数量生态学三类主要方法：聚类分析、排序（非约束排序和典范排序）、空间分析，最后一部分介绍多样性计算及 beta 多样性组分分解、功能多样性和谱系多样性等当代群落生态学热点领域的一些分析方法。本书的重点不是介绍数量方法的理论基础和数学公式，而是在简要介绍分析方法原理的基础上，利用案例数据，手把手地教大家如何在 R 中实现数量分析。本书可作为生态学、环境科学及其他相关专业（例如海洋学、分子生态学、农学和土壤科学）本科生和研究生的教学参考书，也可作为相关领域科研人员的自学参考书。

中文版序

像你们手中的其他书一样不会从天而降，本书中文版的出版是一系列故事和很多人共同协作的成果！

数量生态学（Numerical ecology）

数量生态学属于生态学的一个分支，致力于生态学多元数据数量分析，特别是群落组成数据，旨在了解生态系统中生物多样性产生和维持的过程。生态学家、分类学家、遗传学家和其他研究人员共同开发多元统计的分析方法，因为他们在自己的研究领域都面临如何分析多元变量数据的问题。

1975 年 5 月在法国南部举行的一次名为"应用于海洋生物学的数学方法"的研讨会，标志着数量生态学作为生态学亚学科被非正式成立。这次研讨会期间，十几位生态学家（大多是海洋生态学家）在离地中海咫尺之遥的法国巴黎第六大学 Villefranche-sur-Mer 海洋研究站古老的会议室内坐在一起讨论生态学文献新的发展趋势——"生态学多元数据统计分析"。Legendre（2019）在《生态学百科全书》（*Encyclopedia of Ecology*）中的文章总结了数量生态学从 20 世纪 60 年代发展至今的历程，也列出了一些最重要的方法论文献。数量生态学的发展得益于世界各地的大学和研究机构中大量专业的科学家为了回答生态学问题和检验生态学假设而开发的大量数量分析方法（Legendre，2019）。

森林动态监测样地（Forest dynamics plot）

现在，世界各地都建立了森林动态监测样地。截止到当前（2019 年初），由 CTFS（Center for Tropical Forest Science）组织协调的全球森林观测网络（ForestGEO，https://forestgeo.si.edu/）在世界上 27 个国家和地区建立了 67 个长期观测森林大样地。由 Robin B. Foster 和 Stephen P. Hubbell 于 1981 年开始建设的巴拿马 50 公顷 BCI 样地是 ForestGEO-CTFS 网络的第一个大样地（Hubbell 和 Foster，1983）。该网络的目标是通过反复调查世界各地的森林大样地来提高对天然林的认识，以便了解森林生物多样性的产生和维持机制，分析和预测全球环境变化所引发的森林生态系统的持续变化。

ForestGEO 网页列出了中国大陆的 14 块森林大样地，其中大多数是中国森林生物多样性监测网络（Chinese Forest Biodiversity Monitoring Network，CForBio）

的成员。这些样地是如何发展的？这个网络是如何形成的？根据参与中国样地网络建设的一些关键人物向我提供的信息，以下是对其发展历程的简要回顾。

2000 年夏天，中性理论创始人 Stephen P. Hubbell 教授和他的妻子，进化生物学家 Patricia A. Gowaty 教授以及中国台湾的植物生态学家孙义方博士（现为台湾东华大学教授）一起前往长白山考察。长白山是世界上生物多样性比较高的温带森林之一，Hubbell 一直对长白山很感兴趣。随后他们还前往北京访问了中国科学院植物研究所，向时任植物生态学研究中心主任马克平研究员提出按照史密森热带研究所（Smithsonian Tropical Research Institute）赞助的 ForestGEO-CTFS 网络方案在中国建立森林大样地的建议。

2002 年，加拿大阿尔伯塔大学何芳良教授在加拿大会见以中国科学院副院长陈宜瑜为团长的中国科学院代表团时，提出建设中国森林大样地并加入 CTFS 网络的建议。在陈宜瑜副院长的建议下，何芳良教授于 2003 年秋季前往北京与时任中国科学院植物研究所副所长马克平研究员讨论了在中国建立沿纬度梯度的森林监测网络的想法。

2004 年 2 月，应马克平研究员的邀请，何芳良教授、孙义方教授和来自 CTFS 的 Stuart Davis 博士在中国科学院植物研究所举办了为期两天的研讨会，共有 25 人参加，其中包括对大样地感兴趣的 5 位中国研究机构的主要研究人员——中国科学院沈阳应用生态研究所郝占庆研究员，长白山样地；华东师范大学王希华教授，天童山样地；浙江大学于明坚教授，古田山样地；华南植物园叶万辉研究员，鼎湖山样地；中国科学院西双版纳热带植物园曹敏研究员，西双版纳样地。在那次研讨会期间，与会者为启动中国森林大样地网络建设制定了明确的方案。

2004 年 5 月，孙义方教授前往长白山，按照 CTFS 的规范帮助建设长白山森林大样地，并培训了一批其他欲建大样地的年轻学者。2004 年建成的 25 公顷长白山样地是中国森林生物多样性监测网络的第一个大样地，2005 年建成的 24 公顷古田山样地和 20 公顷鼎湖山样地紧随其后。从此该网络不断发展，基本上每年都有新增的样地。目前，每木定位（stem-mapping）的森林大样地已成为中国生态研究的重要自然基础设施之一，并在全球的 ForestGEO-CTFS 网络中发挥着至关重要的作用。

世界各地建立的国家或区域森林大样地网络，一方面促进了我们对天然林的了解，另一方面为政府和林业部门的森林管理提供科学数据。在中国，除 CForBio 外，北京林业大学也建设了另一个全国森林样地监测网络，该网络始于 2005 年在长白山林区建设的三个样地，目前包括 19 个样地，分布在 10 个省、自治区和直辖市（Zhao 等，2014）。

如何分析森林大样地数据？

2006 年 7 月，在北京西南的河北涿州培训中心，马克平研究员和何芳良教授组织了一次为期四周的关于"如何分析森林大样地数据"的培训班，旨在培养学生和研究人员使用 R 语言分析每木定位的大样地数据。培训班学员来自曾经参与长白山样地和古田山样地调查工作的研究生和博士后，以及其他样地的同行。这可能是 R 首次被引入中国生态学工作者群体。四位授课嘉宾每人授课一周，他们带领大家使用 R 语言，为后来 R 语言成为中国森林大样地数据分析的通用工具奠定了基础。研讨会第一周，中国科学院植物研究所的任海保博士介绍了 R 基础。早在 2005 年，任海保博士与同事米湘成博士就在加拿大阿尔伯塔大学何芳良教授实验室访问了 4 个月，主要任务是学习使用 R 语言分析数据，他们可能是第一批使用 R 的中国生态学者。

我在第二周授课，内容是"高级空间生态学"。第三周是何芳良教授的"生物多样性分析"，第四周是来自 CTFS 的 Richard Condit 的"用 R 分析数据和绘图"。培训班成员也实地考察了当时刚刚调查完成的古田山大样地。在培训班期间，马克平研究员邀请我首先分析古田山样地的数据，并与样地主要研究人员一起撰写论文。这项工作产生了第一篇关于古田山样地的研究论文，发表在 *Ecology* 上（Legendre 等，2009）。

2009 年，马克平研究员邀请我为中国科学院植物研究所和其他与中国森林大样地相关的大学和研究所的研究生讲授"数量生态学和空间分析"的新课程。该培训班由中国科学院生物多样性委员会主办，主题为"空间生态学的最新进展：理论与实践"，于 10 月 1 日至 6 日在北京举办，恰逢中华人民共和国成立 60 周年，有 40 名学员参加了这个课程，其中包括后来将这本书翻译成中文的赖江山博士。

《数量生态学——R 语言的应用》（*Numerical Ecology with R*）

Numerical Ecology with R（缩写为 *NEwR*）是 Daniel Borcard 及其合作者 François Gillet 和我本人在 2011 年出版的一本书。该书的目的是向生态学家、生态学专业研究生和数量生态学教师展示如何使用 R 语言实现最常用的生态学多元数据的定量分析。自 2000 年 2 月 29 日免费软件 R 语言在 CRAN 网站正式发布以来，用于群落生态学数据分析的程序包层出不穷：2001 年 vegan 发布，2002 年 ade4 发布，2006 年 FactoMineR 发布，adespatial 也在 2016 年晚些时候发布。我们认为是时候将这些用于生态学多元数据分析的函数进行总结汇总，这也是编写这本书的初衷。我们希望这本书不仅对生态学家和生态学专业研究生有用，对教授数量生态学方法的教师也有帮助。

第一版 *NEwR* 和 *Numerical Ecology* 第三版（Legendre 和 Legendre，2012）

先后出版后，中国科学院植物研究所赖江山博士把 *NEwR* 翻译成中文并于 2014 年 4 月由高等教育出版社出版。赖江山随后于 2014 年 11 月至 2015 年 11 月作为访问学者来到加拿大蒙特利尔大学我们的实验室学习 1 年，了解更多有关数量生态学的方法和知识。回国后，赖江山积极在中国生态学界普及 R 语言和数量生态学的知识，并受邀在中国国内多所大学和研究所举办 R 语言的培训。2016 年 11 月受中国科学院委派，他还在尼泊尔特里布文大学举办为期 10 天的 R 语言培训。2017 年开始他以本书为教材，在中国科学院大学开设"R 语言及其在生态学中的应用"课程，深受研究生欢迎。

当 *NEwR* 第二版于 2018 年出版后，赖江山提议及时将第二版翻译为中文，Daniel Borcard 将新版的手稿发送给了他。赖博士开始从事翻译工作。最近，他写信给 Daniel Borcard 和我，邀请我为新的中文版写一篇序言。这个邀请让我有机会通过我的日记以及与部分活动中的主要参与者的交流，汇总了上述关于中国森林大样地建设和样地数据分析发展简史。

中国森林生物多样性监测网络的发展历程，以及后来出现的 *Numerical Ecology with R* 的中文版，是科学家之间国际合作的非常好的范例，我很高兴能作为一员参与其中。希望我们的新书能为中国生态学家和研究生们提供有意义的帮助。

Pierre Legendre

加拿大蒙特利尔大学数量生态学教授

2019 年 5 月 10 日

（赖江山　译）

参考文献

Borcard, D., Gillet F., and Legendre P.. 2011. *Numerical Ecology with R*. Use R! series, Springer Science, New York.

Borcard, D., Gillet F., and Legendre P. 2014. *Numerical Ecology with R, Chinese edition* (translation: J. Lai, Institute of Botany, Chinese Academy of Sciences). Higher Education Press, Beijing.

Borcard, D., Gillet F., and Legendre P. 2018. *Numerical Ecology with R, 2nd edition*. Use R! series, Springer International Publishing AG.

Hubbell S. P., Foster R. B. 1983. Diversity of canopy trees in a neotropical forest and implications for conservation. In: Whitmore T, Chadwick A, Sutton A (eds). *Tropical Rain Forest: Ecology and Management*. The British Ecological Society, Oxford.

Legendre, P. 2019. Numerical ecology. In: *Encyclopedia of Ecology*, *2nd edition* (B. D. Fath, Editor-in-Chief). Pp. 487-493 in volume: *Earth systems and environmental sciences*. Elsevier Inc., Oxford, England.

Legendre, P. and Legendre L. 2012. *Numerical Ecology*, *3rd English edition*. Elsevier Science BV, Amsterdam.

Legendre, P., Mi X., Ren H., Ma K., Yu M., Sun I. F., and He F. 2009. Partitioning beta diversity in a subtropical broad-leaved forest of China. *Ecology* 90: 663-674.

Zhao, X., Corral-Rivas J. J., Zhang C., Temesgen H. and Gadow K. 2014. Forest observational studies—An essential infrastructure for sustainable use of natural resources. *Forest Ecosystems* 1 (8): 1-10.

译者序

数量生态学（Numerical ecology）是致力于研究和开发生态学多元数据分析方法的学科。由 Pierre Legendre 和 Louis Legendre 编写的 *Numerical Ecology* 是数量生态学的权威著作。这本专著至今已经出版了五版，包括两版法语版（1979 和 1984）和三版英文版（1983、1998 和 2012）。这部专著多年来一直不断总结归纳应用于生态学多元数据的数量分析方法，同时还提供这些方法的推导过程和数学表达式。通过这部专著，我们不仅可以查阅生态学研究中所需的数量分析方法，也能够了解这些方法背后的数学原理。

大部分生态学研究者不仅需要了解数量分析方法的原理和用途，更需要掌握如何实现利用这些方法来分析自己的数据。R 语言由于其具有强大的统计分析功能和数据图形展示能力，可以免费使用和更新，同时又有大量可随时加载的有针对性的程序包，已经成为自然科学领域数据分析最流行的统计软件。我最近分析总结了 30 种主流的生态学英文刊物从 2008 年到 2017 年期间所有研究论文使用 R 语言的比例，结果也表明 R 语言已经成为生态学研究中首选的数据分析工具。相关结果以 "Evaluating the popularity of R in ecology" 为题发表在美国生态学会在线杂志 *Ecosphere* 2019 年第 1 期。

Springer 出版社于 2011 年出版由 Daniel Borcard、François Gillet 和 Pierre Legendre 共同撰写的 *Numerical Ecology with R* 第一版。该书的特色是在简要介绍分析方法的原理基础上，利用案例数据逐步展示如何在 R 中实现生态学数据数量分析的基本方法（数据描述性统计、关联测度计算）和高级方法（聚类分析、排序分析和空间分析），与 *Numerical Ecology* 专著互为补充，相得益彰。

Numerical Ecology with R 第一版出版至今已经过去了多年，这期间新的数量分析方法层出不穷，而且 R 语言本身更新发展也很快。因此，原著的作者们对第一版进行了更新和补充，并于 2018 年 4 月出版英文版第二版。第二版不仅在各章添加了一些新的方法：例如第 4 章增加 "物种共生网络（Species Co-occurrence Network）分析"，第 6 章增加 "主响应曲线（Principal Response Curves，PRC）" 和 "物种属性与环境因子关系的 RLQ 分析"，第 7 章增加 "无重复多元方差分析中的时空交互作用检验"，等等。另外，还新增第 8 章：

"群落多样性"，主要内容是多样性计算及 beta 多样性组分分解、功能多样性和谱系多样性等当代群落生态学热点领域的一些分析方法。在新版中，不仅更新和丰富了 R 代码和程序包，还使用现在流行的 Rmarkdown 编辑器来输出代码，使书中的代码区更加简洁美观。

2013 年，我花了将近一年的时间将 *Numerical Ecology with R* 第一版翻译成中文，并由高等教育出版社于 2014 年 4 月出版，到 2019 年 7 月已经累计销售近 8000 册。这样的发行量是当初始料未及的，说明国内很多生态学同行和研究生的确需要使用此书。虽然国内同行通过看译著能够较快学会使用 R 语言分析自己的数据，但是对于书中很多方法的原理可能并不理解，这也是制约很多生态学者特别是研究生数据分析能力的瓶颈。因此，我深刻体会到只有中文版教材参考还不够，还需要有专业的课程供大家学习。2017 年开始，在傅伯杰和方精云两位院士支持下，我在中国科学院大学开设"R 语言及其在生态学中的应用"的研究生课程，深受欢迎。除此之外，我也通过其他相关培训课程，为数量分析方法和 R 语言在国内生态学界的普及做出自己的努力。

2018 年，*Numerical Ecology with R* 英文版第二版出版后，我义不容辞第一时间着手翻译。有了第一版的翻译经验，我原以为第二版翻译会容易很多，但事实上并没有想象的那么简单，因为第二版比第一版增加了不少内容，并不是单纯在原来的基础上简单补充，而且由于改动太多，出版社也需要重新排版编辑并当作新书出版。我也是花了近一年的时间来完成第二版的翻译。过程虽然辛苦，但是看到众多同行和研究生的迫切期待，也备受鼓舞。

在这里我要真诚感谢 Pierre Legendre 教授多年来对我的支持和帮助。在 Pierre Legendre 的实验室学习一年，受益匪浅。Pierre Legendre 教授虽过了古稀之年，但仍然精力旺盛，作为数量生态学的学科创始人和在这个领域耕耘了将近五十年的著名学者，目前依旧活跃在科研的第一线，发表文章著书立说，为全世界生态学同行开发各种数量分析方法。Pierre Legendre 教授对本书的出版一直很关注，也惊讶于中文第一版的发行量，他也认识到中国生态学者是一个非常庞大而活跃的群体。因此，在中文版第二版出版之际，欣然写了一篇热情洋溢的序言，他如数家珍地记录了中国森林大样地的发展历程以及他多次到中国与中国生态学者交流的历程，详细程度让我甚为感动！

我也要感谢课题组马克平研究员及组里各位同事对本书的支持和帮助。感谢高等教育出版社李冰祥博士和柳丽丽编辑对此书出版给予的帮助；同时也要感谢付增娟女士在中文稿的校对和润色方面提供的帮助。此书的出版得到中国科学院大学教材出版中心资助，在此表示感谢！

由于时间和水平有限，翻译过程难免会有疏漏和错误之处，敬请读者批评指正。

赖江山

2019 年 7 月 1 日

于北京香山

前言

生态学很迷人，因此，教授生态学也是一门艺术，它为有所期待的听众呈现了一个梦幻的主题。当然，教授生态学也非常不容易，因为现代生态科学的复杂程度远远超出了高中课程中关于生态学的一般性介绍，也超出了电视中呈现的关于生态系统的奇妙场景。但有所期待的听众已经做好了努力的准备。数量生态学是另外一番景象。不知道什么原因，大部分敬畏自然的人极不情愿量化自然或是用数学工具来理解自然。自然界能够脱离数学吗？显然不可能，因为数学是所有科学共同的语言。因此，作为生物统计学和数量生态学的教师，不得不面对听众的这种不情愿，在开始教他们这门课之前，必须努力说服听众，数量生态学非常有意思，也非常有用。

在过去几十年中，生态学者，无论是学生还是研究人员（在科研机构、私立机构或政府部门），在收集数据和进行研究时，往往缺乏统计方面的考虑，更愿意委托别人帮他们做数据统计分析。被委托的人基本都是专业的统计学者。的确，很多情况下他们能将统计学的进展及时融合到生态学研究的整个过程。然而，统计学者通常给出的结果仅仅是一些基本的统计和显著性检验方法对数据的总结和归纳，往往不能揭示隐藏在数据背后的丰富的生态学信息。生态学界和统计学界的隔阂产生了很多问题，其中最基本的是生态学家不了解统计方法的运算过程，而统计学家不了解被验证的生态学假说，也不了解生态学数据处理的特殊要求，例如双零问题（double-zero problem）就是一个很好的案例。这种双重不了解不仅阻止了生态学数据的正确分析，也阻止了生态学分析专用统计方法的发展。

或许具有良好数学功底的生态学家能够打破这种局面。幸运的是，过去的四十多年，这样的生态学家越来越多。他们的努力为数量生态学的发展做出了极大的贡献，有几本优秀的教科书也在此期间出版。同时，生态学家也逐渐意识到研究过程中实验设计和数据分析过程中统计学的重要性。这个意识使教师的工作更容易。

然而，长期以来，我们缺乏一套有效且应用广泛的统计软件教学系统。如果没有实践训练，生物统计和数量生态学的课程便无从谈起。与商业软件联系在一起的数量生态学课程也不错，但商业软件的使用会有期限限制，过期之后便无法使用或必须重新购买。另外，商业软件往往是为更广泛的群体所设计，一般不会单独为生态学家考虑，所以商业软件并不能包括所有生态学数据分析的方法。R 语言的出现很好地解决了以上这些问题。我们要感谢许多研究人员制作并无偿贡献出精心设计的通用 R 的程序包。现在，老师们不必再说"请大家看书，这是 PCA 的计算过程……"他们完全可以这么说："我将在屏幕上给大家演示一下 PCA 的运行过程，无论你在世界的哪个角落，在几分钟内，你们就可以学会如何针对自己的数据运行自己的程序！"

R 语言的另外一个基本特征是自我学习的软件系统。一本有关 R 语言的书肯定要遵循这个理念，并为所有期望探索自己课题的人提供必要的支持。本书的目的是构建一座连接数量生态学理论和实践的桥梁。

无论是数量生态学还是 R 语言本身，都是不断发展的学科和工具。自从 2011 年出版了第一版 *Numerical Ecology with R* 以来，这两个领域发生了很多事情，因此，这个时候我们不仅要更新第一版中提供的代码，还要介绍新方法，并提供对现有方法的更多解释，提供更多案例分析并展示更广泛的主要方法的应用。我们也借此机会展示通过 RStudio 里面的 R Markdown 呈现更引人入胜的代码，这里面的函数、对象、参数和注释都可以标注为不同的颜色。

我们真诚地希望本书能够造就许多快乐的教师和快乐的生态学家。

Daniel Borcard　　加拿大魁北克省　蒙特利尔

François Gillet　　法国　贝桑松

Pierre Legendre　　加拿大魁北克省　蒙特利尔

目录

第1章 绪 论

1.1 为什么需要数量生态学？

虽然生态数据多元统计分析在 20 世纪 60 年代就已经存在并取得积极进展，但真正繁荣是在 20 世纪 70 年代之后，主要表现为此期间出版了很多教科书，最具代表性的是 Pierre Legendre 和 Louis Legendre 编写的《数量生态学》（法文版）（Legendre 和 Legendre，1979）及其英文译本（Legendre 和 Legendre，1983）。这些书的作者们对应用于生态学的统计方法进行了认真归纳总结，形成了一门新的学科：数量生态学（numerical ecology）。这些教科书不仅能为研究人员查阅数量分析方法提供方便，也告诉他们如何选择合适的方法实现自己的研究目标。同时，这些书还提供了数量分析方法的数学表达式和推导过程，使读者有机会了解数量方法背后的数学原理，而不仅仅停留在简单使用的层面。

也就从这个时期开始，数量生态学变得非常流行。每个严谨的研究人员已经意识到使用数量方法最大程度去挖掘辛辛苦苦获得的数据是多么重要。从此，其他数量生态学方面的专业书籍也不断出现（例如，Orlóci 和 Kenkel，1985；Jongman 等，1995；McCune 和 Grace，2002；McGarigal 等，2000；Zuur等，2007；Greenacre 和 Primicerio，2013；Wildi，2013）。Legendre 和 Legendre编写的《数量生态学》英文版第二版于 1998 年出版，第三版于 2012 年出版，补充了很多第二版没有的数量方法，内容也更加丰富。本书也会提及我们认为重要的进展和有用的新方法，我们描述的角度更倾向于如何在 R 语言中实现新的方法。当然，对于最新的方法，我们也会提供一些基础性的解释，为读者了解这些新方法提供必要的帮助。

本书虽没有包含所有的数量生态学方法，但基于我们作为数量群落生态学家的经验，基本涵盖了最常用和最有效的数量方法。本书除了介绍一些最主要的方法之外，对涉及的一些非主流的方法也进行了简单的描述。

1.2 为什么用 R?

近几年，R 语言的发展和用户增加的速度让人惊叹不已。虽然数量生态学的运算并不是非用 R 语言不可，但不可否认的是，生态学不同领域越来越多的方法都可以用 R 计算，毫不夸张地说，最新的方法也只能通过这种自由的 R 程序包才能得以迅速传播。

对于什么是 R 语言本书不做详细介绍，读者可以到 CRAN 网站（http://www.R-project.org）获得有关 R 语言的知识，网站里有很多链接可以下载各种免费学习 R 的参考资料。对于阅读本书的读者，我们希望你们能够掌握基本的 R 语言操作及语法，例如，如何按数据格式将数据导入 R，对象（向量、矩阵、数据框和因子）生成、调取、处理等。第 2 章的内容将会涵盖一部分 R 的基本操作以及多元数据矩阵运算，整本书一直会使用多元数据矩阵作为分析对象。但很多使用者对多元数据矩阵的运算并不十分熟悉。

本书的目标不在于尽可能罗列某种数量分析的所有 R 函数。对于某种分析方法，我们会运用一个或多个函数，但 R 中也存在其他具有相同功能的函数。本书通常选择一些功能比较完善的程序包中的函数，同时也会用一些自编函数，必要时会对某些程序包做解释说明。需要声明的是我们使用的函数和程序包并不意味着优于未被用到的函数和程序包。

1.3 本书的读者群和结构

本书适用于具有一定多元统计分析基础并希望利用 R 语言分析数据的科研人员、研究生和教师，以及同时想学习多元统计基础理论和实践的朋友。本书大纲组织结构和参考文献与《数量生态学（第三版）》（Legendre 和 Legendre，2012）基本相同，目的在于方便读者查阅许多数量方法的原理。

本书以应用为导向，内容简单、通俗易懂。每章开头部分简要介绍该章的主要内容，以方便读者了解本章的范围，有目标地找到所需要的分析方法。每章引言部分的繁简程度可能不同，主要依据该章内容是否在其他的统计学教科书中出现。

总之，本书以生态学家的角度引导读者如何运用 R 语言实现主要的多元统计分析方法。第 2 章是探索性数据分析；第 3 章是多元数据矩阵计算和关联分析；接下来的三章是多元统计的三类主要方法：聚类分析（第 4 章）、排序和典范排序（第 5、6 章）；然后是空间分析（第 7 章）；最后是群落多样性（第 8 章）。本书从数据描述、探索到预测，涵盖了目前生态学数据多元统计分析的基本方法，目的在于为广大读者提供模板式的工具书。

1.4 如何使用本书

使用本书电脑操作必不可少，希望读者阅读本书的同时能在电脑上运行 R 代码。为了达到更好的效果，建议读者按顺序阅读各章节，因为每章都以前面的章节为基础。每章学习时务必将空白的 R 工作空间打开。本书所用的数据、R 代码脚本，以及 CRAN 网站没有提供但本书使用的函数和程序包都可以从我们的主页上下载（http://adn.biol.umontreal.ca/~numericalecology/numecolR/）①。有些替代 R 函数的自编函数（例如某些控制图像输出的函数）也已经融入目前的 R 代码脚本中。

每章的所有代码（除了极少部分人机交互的代码）都可以通过复制-粘贴一次性在 R 工作空间运行。为了能够仔细了解每个函数的功能，我们建议读者还是逐步运行更好。虽然很多函数都通过终止符"#"直接在代码后面加注解，但我们还是希望读者能够多使用 R 自带的帮助系统（在 R 工作空间内输入？+函数名即可）。本书没有详尽解释每个函数所有的参数选项，这项工作不必要也没法完成。相信很多好学的读者肯定不满足本书所提供的案例，会不断探索书中所列函数参数的其他选项，我们也鼓励这样的探索。

每章简短的引言之后，读者可以进入实际案例的练习。每章 R 代码开头部分已经载入本章将使用的 R 程序包和对象，因此，每章的 R 代码都是独立完整的，前后章节无包含关系。

在 R 的日常应用中，几乎很少将每个运算结果都赋予对象名或每个图表都开一个新窗口。但本书尽可能这么做，目的在于方便读者对有些运算的结果进行比较。特别是有些费时的运算过程（例如随机置换检验运算），如果不及时将结果存储为对象，后来需要调用时再重新运行往往非常费时。

在本书代码部分，所有生成新的绘图窗口的代码已经删除，但从网站下载的是完整的电子版代码。本书也只是选择显示一部分图，而不是全部的图，有些图在 R 里是彩色图，目的是激励读者务必真正在 R 中运行这些代码，以获得漂亮的图像。

---

① 本书所用带中文解释的脚本可以从译者博客 http://blog.sciencenet.cn/u/laijiangshan 下载。——译者注

有些代码之后框内的内容是告诉读者这些代码特别的功能和使用窍门。

虽然本书提供很多研究案例，但并没有提供所有案例分析结果的生态学解释。因为对于相同的分析结果，可能会有不同的生态解释，所以将结果留给读者自己判读未尝不是件好事。本书的主要目的还在于使读者如何通过 R 获得所需要的分析结果和图像。

最后，对于熟悉 R 语言或计算机语言的读者，本书鼓励自己编写函数代码。因此，每章最后的部分都有"自写代码角"，给出计算公式，让读者自己编写函数，并引导读者与 R 自带的函数进行比较。当然，这部分的目的不在于考察读者的计算机能力，而是方便于教学。这些自写函数的案例主要从《数量生态学》（Legendre 和 Legendre，2012）内抽取出来，大部分是涉及矩阵的代数运算，这些运算在相关程序包都能找到对应的函数。总体来说，自写函数的目的在于使读者更深入地理解一些重要分析方法的数学运算过程。

1.5 数据集

除了极个别的案例需要设定一些虚拟的数据进行演示之外，本书所有的案例基本都以两个主要的数据集作为基础，这两个数据集是 R 程序包自带的数据集。由于 R 的程序包经常更新，数据集也可能更换。因此，本书也以电子表格的形式提供数据集，以保证读者在练习过程中输出的结果与本书一致。本章简要介绍这两个数据集，第一个 Doubs 数据集在第 2 章会更详细地进行探索性分析。我们也鼓励读者运用第 2 章介绍的探索性方法分析第二个数据集。

1.5.1 Doubs 鱼类数据集

Verneaux（1973；也见 Verneaux 等，2003）在他的博士学位论文中建议使用鱼的种类划分欧洲河流的生态区。Verneaux 认为鱼类群落对水体质量有很好的生物指示作用。Verneaux 以 Doubs 河为例，从源头开始，提出将 Doubs 河分为 4 个以指示鱼类命名的区域：鳟鱼区（指示鱼类：褐鳟 *Salmo truttafario*）、茴鱼区（指示鱼类：茴鱼 *Thymallus thymallus*）、触须鱼区（指示鱼类：魮鱼 *Barbus barbus*）和鳊鱼区（指示鱼类：欧鳊 *Abramis brama*）。前两个区域又可以归为"鲑鱼区域"，后两个区域归为"鲤鱼区域"。4 个区域按顺序代表水质由好变坏，从相对干净、养分贫瘠的富氧区域到富营养化的无氧区域变化。

本书所用的 Doubs 数据集（Doubs.Rdata）是 Verneaux 在他的研究中所收集数据的一部分，来自沿法国和瑞士边境的 Jura 山脉的 Doubs 河 30 个取样点（以下称为样方）的数据。该数据集包括 5 个数据框，第一个数据框是 27

种鱼类在每个样方的多度，第二个数据框包括 11 个与河流的水文、地形和水
体化学属性相关的环境变量，第三个数据框是样方的地理坐标（笛卡尔坐标
系，*X* 和 *Y*）。笛卡尔坐标通过如下过程获得。我们亲自返回 Verneaux 的博士
论文取样点位置，用 GPS 重新获得这个取样点的经纬度（WGS84 坐标系），
然后再用 R 里面 SoDA 程序包中 geoXY() 函数将经纬度转为平面的笛卡尔坐
标系。上面这三个数据已经作为很多新数量方法的检验案例（Chessel 等，
1987）。另外，这里我们还附加两个材料：latlong 包含有取样点的经纬度坐
标；fishtraits 包含描述鱼的功能属性的 4 种连续变量和 6 种二元变量。
这些属性数据有不同的来源，主要来自 fishbase.org 网站（Froese 和 Pauly，
2017），这些数据由 François Degiorgi① 博士编辑和审核，在此表示由衷的
感谢！

本书作者之一 François Gillet 教授通过直接参考 Verneaux 的博士论文，纠
正了 R 里面自带的 Doubs 环境因子数据小错误，同时恢复这些变量的原始单
位（表 1.1）。

表 1.1 本书所用 Doubs 数据集环境变量名称及单位

变量名称	代码	单位②
离源头距离	dfs	km
海拔	ele	m a.s.l.
坡度	slo	‰
平均最小流量	dis	$m^3 \cdot s^{-1}$
pH	pH	—
钙浓度（硬度）	har	$mg \cdot L^{-1}$
磷酸盐浓度	pho	$mg \cdot L^{-1}$
硝酸盐浓度	nit	$mg \cdot L^{-1}$
铵浓度	amm	$mg \cdot L^{-1}$
氧含量	oxy	$mg \cdot L^{-1}$
生物需氧量	bod	$mg \cdot L^{-1}$

① 非常感谢 Degiorgi 博士前期的处理。——著者注
② 本书案例的数据、图表中存在量和单位用法不符合现行国标之处，由于是软件应用类译著，
无法修改，均保留原用法，特此说明。——译者注

　　由于该数据集中鱼类物种具有明确的生态需求，因此生态和应用环境研究中被经常用到。这里我们提供这些鱼的完整拉丁名和英文名称（表 1.2）是有必要的。

表 1.2　本书所用 Doubs 数据集中鱼类物种标识、拉丁名、科名和英文名

标识	拉丁名	科名	英文名
Cogo	*Cottus gobio*	Cottidae	Bullhead
Satr	*Salmo trutta fario*	Salmonidae	Brown trout
Phph	*Phoxinus phoxinus*	Cyprinidae	Eurasian minnow
Babl	*Barbatula barbatula*	Nemacheilidae	Stone loach
Thth	*Thymallus thymallus*	Salmonidae	Grayling
Teso	*Telestes souffia*	Cyprinidae	Vairone
Chna	*Chondrostoma nasus*	Cyprinidae	Common nase
Pato	*Parachondrostoma toxostoma*	Cyprinidae	South-west European nase
Lele	*Leuciscus leuciscus*	Cyprinidae	Common dace
Sqce	*Squalius cephalus*	Cyprinidae	European chub
Baba	*Barbus barbus*	Cyprinidae	Barbel
Albi	*Alburnoides bipunctatus*	Cyprinidae	Schneider
Gogo	*Gobio gobio*	Cyprinidae	Gudgeon
Eslu	*Esox lucius*	Esocidae	Northern pike
Pefl	*Perca fluviatilis*	Percidae	European perch
Rham	*Rhodeus amarus*	Cyprinidae	European bitterling
Legi	*Lepomis gibbosus*	Centrarchidae	Pumpkinseed
Scer	*Scardinius erythrophtalmus*	Cyprinidae	Rudd
Cyca	*Cyprinus carpio*	Cyprinidae	Common carp
Titi	*Tinca tinca*	Cyprinidae	Tench
Abbr	*Abramis brama*	Cyprinidae	Freshwater bream
Icme	*Ameiurus melas*	Ictaluridae	Black bullhead
Gyce	*Gymnocephalus cernua*	Percidae	Ruffe

续表

标识	拉丁名	科名	英文名
Ruru	*Rutilus rutilus*	Cyprinidae	Roach
Blbj	*Blicca bjoerkna*	Cyprinidae	White bream
Alal	*Alburnus alburnus*	Cyprinidae	Bleak
Anan	*Anguilla anguilla*	Anguillidae	European eel

注：拉丁名来自 fishbase. org 网站（Froese 和 Pauly，2017）。

1.5.2 甲螨数据集

甲螨（蜱螨目：甲螨亚目）是一类个体非常小（0.2~1.2 mm）但种类繁多的植食性和腐食性土壤节肢动物。在透气性良好的土壤或复杂基质上，例如沼泽或湿润森林内泥炭苔藓中，甲螨的个体密度可以高达每平方米几十万只（10^5）。在局部尺度甲螨通常有上百种，其中可能包括很多稀有种。甲螨多样性的特征使之成为一种引人关注的研究局部尺度群落–环境关系的生物类群。

案例数据由加拿大魁北克省蒙特利尔大学劳伦蒂斯生物研究站于 1989 年6 月从 Lac Geai 小湖旁边的泥炭藓地采集的 70 个土壤样本构成。收集这些数据是为了检验有关生物群落与空间环境之间关系的生态假说，同时也用于开发生物群落空间结构分析技术。该数据集在很多文献中都使用过，已经成为经典的案例数据（例如 Borcard 等，1992，2004；Borcard 和 Legendre，1994；Wagner，2004；Legendre，2005；Dray 等，2006；Griffith 和 Peres-Neto，2006）。R 里面 vegan 包和 ade4 包均附带这些数据。

甲螨数据集（mite.RData）也由三个文件构成，分别为包含 35 个形态种多度数据、5 个基质和微地形环境数据和 70 个取样点笛卡尔坐标（x–y）（单位：cm）。表 1.3 列出了环境变量的名称和单位。

表 1.3 本书所用的甲螨数据集环境变量名称及单位

变量名称	代码	单位
基质密度（干物质）	SubsDens	$g \cdot dm^{-3}$
含水量	WatrCont	$g \cdot dm^{-3}$
基质	Substrate	7 个无序的分类
灌丛	Shrub	3 个有序的分类
微地形	Topo	平地–山丘

这些数据取自一条由不同基质构成混交林和酸性湖泊之间的 10 m×2.6 m 的湖岸样带。图 1.1 展示了 70 个取样点位置和基质类型分布。

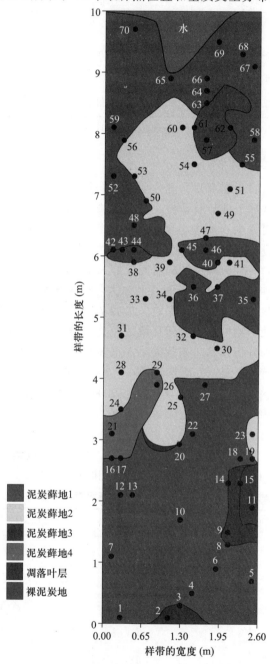

图 1.1 本书所用的甲螨数据取样区域地图，图中展示了 70 个取样点位置
和所属的基质类型（详见 Borcard 和 Legendre，1994）

1.6 关于 R 帮助资源的提醒

R 语言是自学型的统计软件。读者应尽可能多地使用 R 自带的强大的帮助系统，多运行每个函数帮助文件内的案例代码。表 1.4 总结了一部分重要的帮助工具。

表 1.4 R 内的一些帮助资源

命令	用法	案例	备注
?（问号）	获得关于函数的信息	?decostand	需要载入函数所在的程序包
??（双问号）	获得与关键词相关的基本信息	??diversity	在当前所有已安装的程序包内搜索
直接输入函数名	在屏幕上显示函数代码	diversity	不是所有函数的代码都能够全部显示；有些函数只显示编译码
help(package="...")	显示程序包的信息，包括该包所含的函数和数据列表	help(package="ade4")	
data(package="...")	显示某个程序包自带的数据集信息	data(package="vegan")	
http://cran.rproject.org/	更广泛的搜索；直接访问讨论列表	直接访问 CRAN 网站点击 "Search"，选择某一类链接	包括搜索 R 主服务器之外的内容
http://www.rseek.org/	搜索任何一个 R 函数	直接搜索 "line plot"	搜索 R 控制台之外的内容

1.7 现在是时候了……

充分利用书中的内容和所携带的代码，获得案例的分析结果与图表。在充分了解代码的基础上，根据自己的数据和分析目标修改代码，然后获得所需的结果。在这个学习的过程中，你会觉得使用 R 语言来分析数量生态学问题是多么愉快的一件事！

第 2 章 探索性数据分析

2.1 目标

假设检验（hypothesis testing）和建模（modelling）已经成为当今生态学研究的主要手段。然而，利用可视化工具或计算综合统计量对原始数据进行探索性分析（exploratory data analysis，EDA）仍然必不可少，也是多维数据统计分析的准备工作，其目的在于：

- 了解数据概况；
- 对某些变量进行转化或重新编码；
- 确定下一步分析的方向。

本章以 Doubs 鱼类数据为例，演示 R 基础程序包内与探索性数据分析相关的函数，主要内容有：

- 学习或修改 R 的一些基础函数；
- 学习可以应用于生态学多维数据的探索性分析技术；
- 以 Doubs 数据集内的水文数据为例，演示探索性数据分析过程。

2.2 数据探索

2.2.1 数据提取

这里的 Doubs 数据集是本书第 1 章提到的其中以 .RData 为数据格式的文件。

```
# 加载包,函数和数据
library(vegan)
library(RgoogleMaps)
library(googleVis)
```

```
library(labdsv)

# 加载本章后面部分将要用到的函数
# 我们假设这些函数被放在当前的 R 工作目录下
source("panelutils.R")


#导入 Doubs 数据
#假设这个 Doubs.RData 数据文件被放在当前的 R 工作目录下
load("Doubs.RData")
# 这个 Doubs.RData 文件包含如下这些对象
  # spe: 物种(群落)数据框(鱼类多度数据)
  # env: 环境因子数据框
  # spa: 空间位置数据框-笛卡尔坐标系
  # fishtraits: 鱼类功能属性
  # latlong: 空间位置数据框-经纬度
```

提示: 在每节开始，必须保证当前导入数据或脚本放在与 R 工作空间同一文件夹内，否则，需要使用菜单栏的选项或 setwd() 函数设定为同一文件夹。

虽然不是必须，但我们强烈建议您使用 RStudio 作为脚本管理器，它为标准文本编辑器添加了许多有趣的功能。本书配套资料中的 R 代码均是在 RStudio 里面设计的，这也符合 R 核心团队关于 R 编程良好实践的指导原则。将所有必需文件放在同一文件夹中并将 RStudio 配置为运行 R 脚本的默认程序，只需双击 R 脚本文件，当前文件夹将自动定义为当前工作目录。

标准 R 控制台的用户可以使用 R 内置文本编辑器来编写 R 代码，并使用简单的键盘命令运行任何选定的部分（<Control+Return>或<Command+Return>，具体取决于您使用的计算机类型）。打开一个新的脚本：单击文件（file）菜单，然后单击新脚本（new script），或拖动 R 脚本（例如我们的文件"chap2.R"）到 R 图标上，将自动以 R 文本编辑器管理的文件打开脚本。

如果不确定某个对象的数据类型，可以输入 class（对象名）查看。

2.2.2 物种数据：第一次接触

首先要关注的是物种群落数据（Doubs. RData 文件中 spe 对象）。由于 Verneaux 使用半量化的物种多度标度（0~5 级），所以物种之间的多度比较是有意义的。然而，需要注意的是，这种半量化的多度标度不能被理解为真实多度（个体数量或密度）或生物量的无偏估计。

我们首先使用部分 R 的基础函数进行数据初步探索，并绘制柱状图（图 2.1）：

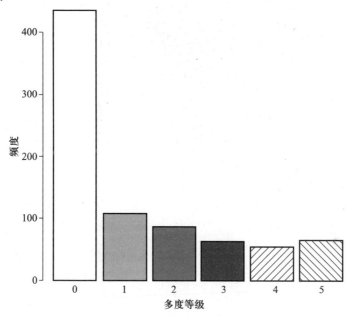

图 2.1 多度等级数据柱状图

```
#使用基础 R 函数探索数据
spe              #在控制台显示整个数据框的内容,但对于大样本的数据框
                 #并不建议直接显示
spe[1:5,1:10]    # 只展示前 5 行和前 10 列
head(spe)        # 只展示前 6 行
tail(spe)        # 只展示最后 6 行
nrow(spe)        # 提取数据框总行数
ncol(spe)        # 提取数据框总列数
dim(spe)         # 提取数据框的维度(显示数据框多少行,多少列)
colnames(spe)    # 提取列名,在这里是物种名
```

```
rownames(spe)                  # 提取行名,在这里一行代表一个样方
summary(spe)                   # 以列为单位,对列变量进行描述性统计


# 多度数据总体分布情况
# 整个物种数据框多度数据值的范围
range(spe)
# 每个物种的最大值和最小值
apply(spe, 2, range)
# 计算每种多度值的数量
(ab <- table(unlist(spe)))


# 所有物种混合在一起的多度分布柱状图
barplot(ab,
 las=1,
 xlab="多度等级",
 ylab="频度",
 col=gray(5 : 0 /5)
)
# 多度数据中 0 值的数量
sum(spe == 0)
# 多度数据中 0 值所占比例
sum(spe == 0) /(nrow(spe) * ncol(spe))
```

> **提示**:观察 barplot 函数中是如何定义柱形图的灰度的?参数 col =
> gray(5:0/5)意思是:从 5/5(白色)到 0/5(黑色)5 个等级的
> 灰度阴影。

请观察多度等级分布柱状图,如何解读为什么 0 值(缺失)在数据框内频率这么高?

2.2.3 物种数据:进一步分析

上面的命令只展示数据的大体结构。但这些代码和数值看起来并不吸引人,也没有启发性,本小节展示数据的一些其他属性特征。我们通过代码生成样方位置分布图(图 2.2):

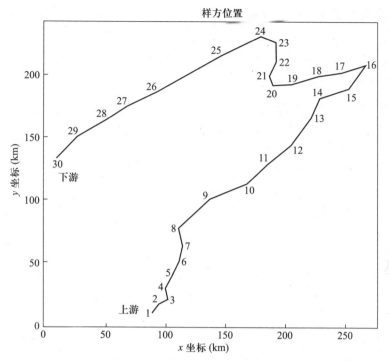

图 2.2 30 个样方沿着 Doubs 河的空间分布图，样方 1 和样方 2 距离非常近

```
# 样方位置地图
# 生成空的绘图底板(横纵坐标轴比例 1:1 (参数 asp),带标题)
# 从 spa 数据框获取地理坐标 x 和 y
plot(spa,
    asp = 1,
    type = "n",
    main = "样方位置",
    xlab = "x 坐标 (km)",
    ylab = "y 坐标 (km)"
)
# 加一条连接各个样方点的蓝色线(代表 Doubs 河)
lines(spa, col = "light blue")
# 添加每个样方的编号
text(spa, row.names(spa), cex = 0.8, col = "red")
# 添加文本
text(70, 10, "上游", cex = 1.2, col = "red")
text(20, 120, "下游", cex = 1.2, col = "red")
```

当数据集覆盖足够大的区域时，可以投影采样点到 GoogleMaps® 地图上：

```
# 将样方点映射到谷歌地图
# 以 googleVis 程序包默认的方法组织数据
# 从浏览器中生成出图
nom <- latlong$Site
latlong2 <- paste(latlong$eleitudeN, latlong$LongitudeE,
            sep = ":")
df <- data.frame(latlong2, nom, stringsAsFactors = FALSE)

mymap1 <- gvisMap(df,
  locationvar = "latlong2",
  tipvar = "nom",
  options = list(showTip = TRUE)
)
plot(mymap1)
```

现在河流看起来很逼真，但鱼在哪里呢？下面以 4 种欧洲河流生态分区的指示鱼类为例，展示鱼类多度沿着 Doubs 河的分布情况（图 2.3），敲入下面这些命令：

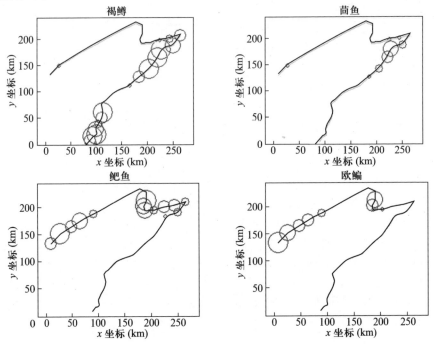

图 2.3　4 种指示鱼类多度沿着河流分布的气泡地图

```
#某些鱼类的分布地图
#创建新的绘图窗口(两行两列)
par(mfrow = c(2,2))
#4个物种分布图
plot(spa,
  asp = 1,
  cex.axis = 0.8,
  col = "brown",
  cex = spe$Satr,
  main = "褐鳟",
  xlab = "x 坐标 (km)",
  ylab = "y 坐标 (km)"
)
lines(spa, col = "light blue")
plot(spa,
  asp = 1,
  cex.axis = 0.8,
  col = "brown",
  cex = spe$Thth,
  main = "茴鱼",
  xlab = "x 坐标 (km)",
  ylab = "y 坐标 (km)"
)
lines(spa, col = "light blue")
plot(spa,
  asp = 1,
  cex.axis = 0.8,
  col = "brown",
  cex = spe$Baba,
  main = "鲃鱼",
  xlab = "x 坐标 (km)",
  ylab = "y 坐标 (km)"
)
lines(spa, col = "light blue")
```

```
plot(spa,
  asp = 1,
  cex.axis = 0.8,
  col = "brown",
  cex = spe$Abbr,
  main = "欧鳊",
  xlab = "x 坐标（km)",
  ylab = "y 坐标（km)"
)
lines(spa, col = "light blue")
```

提示：请注意，绘图函数 plot() 的参数 cex 的作用是定义数据点标识的大小。这里 cex 值等于 spe 数据框内的列向量，即对应物种的多度（例如 cex=spe$TRU）。这样设置的结果表示图内气泡的半径与所对应的鱼在此样方内的多度呈正比。另外，由于 spa 对象只含有两个坐标变量 x 和 y，绘图的表达式可以简化，直接给对象 spa，系统会自动识别和匹配，不必烦琐地提取 spa 内 x 作为横坐标、提取 y 作为纵坐标。

观察所生成的 4 张图，你就会明白为什么 Verneaux 选择这 4 种鱼类作为不同区域的生态指示种，看了后面将要展示的环境变量空间分布情况会更清楚。

　　每个物种在多少个样方中出现？要回答这个问题，可以计算物种的相对频度（样方数量的比例）并绘制柱状图（图 2.4）。

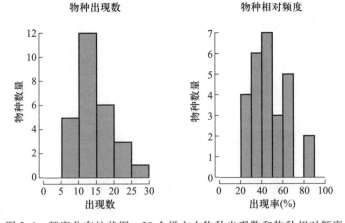

图 2.4　频度分布柱状图：30 个样方内物种出现数和物种相对频度

```
# 比较物种频度
# 计算每个物种出现的样方数
# 按列进行计数,因此函数 apply() 第二个参数 MARGIN 应该设定为2
spe.pres <- apply(spe > 0, 2, sum)
# 按照升序的方式重新排列结果
sort(spe.pres)
# 计算频度百分比
spe.relf <- 100 * spe.pres / nrow(spe)
# 设置排列结果为1位小数
round(sort(spe.relf), 1)
# 绘柱状图
# 将绘图窗口垂直一分为二
par(mfrow = c(1,2))
hist(spe.pres, main = "物种出现数", right = FALSE, las = 1,
    xlab = "出现数", ylab = "物种数量",
    breaks = seq(0,30,by = 5), col = "bisque")
hist(spe.relf, main = "物种相对频度", right = FALSE, las = 1,
    xlab = "出现率(%)", ylab = "物种数量",
    breaks = seq(0, 100, by = 10), col = "bisque")
```

提示:请关注函数 apply() 的使用,这里是对物种数据框 spe 的列进行汇总运算。注意第一部分 spe>0 表示先将 spe 内数值转化为逻辑向量 TRUE/FALSE,然后对逻辑值 TRUE 进行列的计数汇总。

现在读者已经了解每个物种存在于多少个样方内,接下来要了解每个样方内有多少个物种存在(物种丰富度,图 2.5):

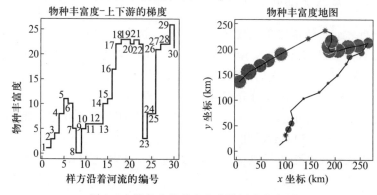

图 2.5 样方内物种丰富度沿河流分布图

```
# 样方比较:物种丰富度
# 计算每个样方内物种数
# 以行汇总,apply()函数第二个参数 MARGIN 应该设定为 1
sit.pres <- apply(spe > 0, 1, sum)
# 按照升序的方式重新排列结果
sort(sit.pres)
# 将绘图窗口垂直一分为二
par(mfrow = c(1, 2))
# 绘制样方沿着河流的分布位置和所含物种丰富度
plot(sit.pres,type ="s", las =1, col ="gray",
    main ="物种丰富度-上下游的梯度",
    xlab ="样方沿着河流的编号", ylab ="物种丰富度")
text(sit.pres, row.names(spe), cex =.8, col ="red")
# 使用地理坐标绘制气泡地图
plot(spa, asp =1, main ="物种丰富度地图", pch =21, col ="white",
    bg ="brown", cex =5 * sit.pres/max(sit.pres), xlab ="x 坐
    标 (km)",
    ylab ="y 坐标 (km)")
lines(spa, col ="light blue")
```

提示：函数 plot()里面参数 type ="s"表示绘制数值之间的阶梯图。

你能否辨析沿着河流哪里是物种丰富度的热点地区?

第 8 章将介绍更精细的多样性测量指标。

2.2.4 生态数据转化

在分析之前，经常需要对数据进行转化，主要目的如下：

• 使不同物理单位的变量具有可比性（可以利用归一化（ranging），z-scores 标准化，即先中心化再除以标准差，让变量无量纲化，然后方差就可以相加，例如第 5 章的主成分分析就需要应用这种标准化。

• 使变量更符合正态分布（至少对称分布），具有方差稳定（例如平方根转化、4 次方根转化和对数转化）。

• 使非线性关系变成线性关系（例如通过对数转化将指数关系转化为线性关系）。

• 在多元统计分析之前改变变量或对象的权重，赋予所有变量相等的方

差。例如赋予所有对象向量相同的长度（或范数（norm））。

● 将分类（categorical）变量转化为二元（0-1）变量或 Helmert 对照码。

物种的多度数据通常具有相同量纲（即有相同的物理单位）的定量（计数、密度、盖度、体积、生物量、频度等）或半定量（等级）变量，通常是正值和零值（0 代表该物种不存在）。对于这样的数据，几种简单的转化函数可以降低极大值的影响力：`sqrt()`（平方根）、`^0.25`（4 次方根）或 `log1p()`（log（y+1）的自然对数，保证 0 值转化后仍然为 0）。在某些特殊情况下，需要对所有的正值赋予相同的权重并忽略数值大小，这时可以将数据进行二元的 0-1 数据转化（有-无数据）。

vegan 程序包内函数 `decostand()` 可以提供多种生态学数据常用的标准化。在 `decostand()` 函数里，标准化（standardization）是相对于简单转化（transformation）（例如平方根转化、对数转化和有-无数据转化）而言，简单转化只是对数值进行独立的处理，而标准化是数值之间的处理。因此，标准化是在整个样方（例如计算每个样方内物种的相对多度）、整个物种（多度除以该物种总多度或该物种最大的多度）或同时在样方和物种水平的处理（例如卡方转化），取决于分析的需要。

现在 `decostand()` 也有直接对数化的参数：$\log\_b(y)+1$，这里 b 是对数的底。但这个对数化只能在 $y>0$ 的时候使用，零值不进行运算，对数的底通过参数 `logbase` 来设置。这个转化由 Anderson 等（2006）提出，与 log（y+1）不同。增加底的值对大值的缩减的权重更大。

此处以箱线图比较不同转化和标准化的结果（图 2.6）：

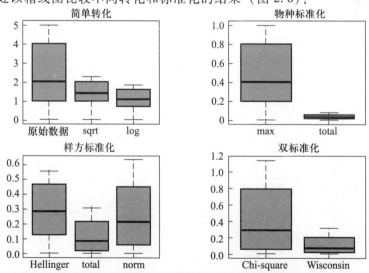

图 2.6 常见种石泥鳅（*Barbatula barbatula*）多度数据转化前后箱线图

```
# 数据转化和标准化

# 访问 decostand() 帮助文件
? decostand
# 简单转化
# 显示原始数据某一部分(多度数据)
spe[1:5, 2:4]
# 将多度数据转化为有-无(0-1)数据
spe.pa <- decostand(spe, method="pa")
spe.pa[1:5, 2:4]


# 对列(物种)进行标准化
# 通过每个数值除以该物种最大值标准化多度
# 注意:这里参数 MARGIN = 2(默认值,对列进行"max"运算)
spe.scal <- decostand(spe, "max")
spe.scal[1:5, 2:4]
# 展示标准化后每列最大值
apply(spe.scal, 2, max)
```

这些标准化过程是否正确运行? 最好利用绘图函数或总结函数密切追踪。

```
# 通过每个数值除以该物种总和标准化多度(每个物种的相对多度)
# 注意:这里默认 MARGIN = 1,需要设定参数 MARGIN = 2(对列进行"total"
# 运算)
spe.relsp <- decostand(spe, "total", MARGIN = 2)
spe.relsp[1:5, 2:4]
# 计算标准化后数据每列总和
# 传统的代码: apply(spe.relsp, 2, sum)
colSums(spe.relsp)


# 对行(样方)进行标准化
# 通过每个数值除以该样方总和标准化多度(每个样方物种相对多度或相
# 对频度)
```

```
spe.rel <- decostand(spe, "total") # 默认 MARGIN = 1
spe.rel[1:5, 2:4]
# 计算标准化后数据每列总和以检验标准化的过程是否正确
# 传统的代码: apply(spe.rel, 1, sum)
rowSums(spe.rel)


# 赋予每个行向量长度(范数)为1(即平方和为1).
# 这个转化也称为"弦转化"
spe.norm <- decostand(spe, "normalize") # 默认 MARGIN = 1
spe.norm[1:5, 2:4]
# 验证每个行向量的范数
# 写一个仅仅有1行的函数获得每个向量 x 的范数
vec.norm <- function(x) sqrt(sum(x^2))
# 然后使用 apply 函数对所有行进行刚编写这个函数的运算
apply(spe.norm, 1, vec.norm)
```

这个转化也称为"弦转化": 如果用欧氏距离函数去计算弦转化后的数据, 将获得弦距离矩阵（见第3章）。在 PCA 和 RDA（见第5、6章）及 k-均值划分（见第4章）分析前通常需要对数据进行弦转化。对数转化后的数据也可以再进行弦转化（见第3章）。

```
# 计算相对多度(样方层面),然后取平方根
# 这个转化被称为 Hellinger 转化
spe.hel <- decostand(spe, "hellinger")
spe.hel[1:5, 2:4]
# 计算标准化后数据每行向量的范数
apply(spe.hel, 1, vec.norm)
```

这个转化也称为 Hellinger 转化。如果用欧氏距离函数去计算 Hellinger 转化后的数据, 将获得 Hellinger 距离矩阵（见第3章）。在 PCA 和 RDA（见第5、6章）及 k-均值划分（见第4章）分析前通常需要对数据进行 Hellinger 转化。注意, Hellinger 转化等同于数据先开方后再进行弦转化。

```
### 行和列同时标准化
# 卡方转化
spe.chi <- decostand(spe, "chi.square")
spe.chi[1:5, 2:4]
# 请查看没有物种的样方 8 转化后将会怎样?
spe.chi[7:9, ]
# 注意 decostand 函数对 0 /0 运算获得结果是 0,而不是 NaN
```

如果用欧氏距离函数去计算卡方转化后的数据,将获得卡方距离矩阵(见第 3 章)。

```
# Wisconsin 标准化:多度数据首先除以该物种最大值后再除以该样方总和
spe.wis <- wisconsin(spe)
spe.wis[1:5, 2:4]


# 常见种(石泥鳅 stone loach 第 4 个物种)转化后的多度箱线图
par(mfrow = c(2,2))
boxplot(spe$Babl, sqrt(spe$Babl), log1p(spe$Babl),
    las =1, main ="简单转化",
    names =c("原始数据","sqrt","log"), col ="bisque")
boxplot(spe.scal$Babl, spe.relsp$Babl,
    las =1, main ="物种标准化",
    names =c("max","total"), col ="lightgreen")
boxplot(spe.hel$Babl, spe.rel$Babl, spe.norm$Babl,
    las =1, main ="样方标准化",
    names =c("Hellinger","total","norm"), col ="lightblue")
boxplot(spe.chi$Babl, spe.wis$Babl,
    las =1, main ="双标准化",
    names =c("Chi-square","Wisconsin"),col ="orange")
```

提示:请观察上面这一行命令:vec.norm <- function(x) sqrt(sum (x^2))。这是一个补充 R 包里一些没有的便捷小函数的示例;当前这个小函数主要是通过 Pythagoras 定理的矩阵代数形式计算某个向量的范数(长度)。想了解更多的关于矩阵的代数算法,可以访问"自写代码角(Code It Yourself)"。

比较多度数据转化和标准化前后的数据分布范围和分布情况。

若要展示物种多度数据转化前后的变化，也可以绘制物种沿河流的多度分布图：

```r
# 比较多度数据转化或标准化前后的数据分布范围和分布情况
# 绘制物种从河流上游到下游分布图
par(mfrow = c(2, 2))
plot(env$dfs,
  spe$Satr,
  type = "l",
  col = 4,
  main = "原始数据",
  xlab = "离源头距离 [km]",
  ylab = "原始多度"
)
lines(env$dfs, spe$Thth, col = 3)
lines(env$dfs, spe$Baba, col = "orange")
lines(env$dfs, spe$Abbr, col = 2)
lines(env$dfs, spe$Babl, col = 1, lty = "dotted")

plot(env$dfs,
  spe.scal$Satr,
  type = "l",
  col = 4,
  main = "除以最大值后物种多度",
  xlab = "离源头距离 [km]",
  ylab = "归一化多度"
)
lines(env$dfs, spe.scal$Thth, col = 3)
lines(env$dfs, spe.scal$Baba, col = "orange")
lines(env$dfs, spe.scal$Abbr, col = 2)
lines(env$dfs, spe.scal$Babl, col = 1, lty = "dotted")

plot(env$dfs,
```

```
  spe.hel$Satr,
  type = "l",
  col = 4,
  main =  " Hellinger 转化多度",
  xlab = "离源头距离 [km]",
  ylab = "标准化后多度"
)
lines(env$dfs, spe.hel$Thth, col = 3)
lines(env$dfs, spe.hel$Baba, col = "orange")
lines(env$dfs, spe.hel$Abbr, col = 2)
lines(env$dfs, spe.hel$Babl, col = 1, lty = "dotted")

plot(env$dfs,
  spe.chi$Satr,
  type = "l",
  col = 4,
  main = "卡方转化多度",
  xlab = "离源头距离 [km]",
  ylab = "标准化后多度"
)
lines(env$dfs, spe.chi$Thth, col = 3)
lines(env$dfs, spe.chi$Baba, col = "orange")
lines(env$dfs, spe.chi$Abbr, col = 2)
lines(env$dfs, spe.chi$Babl, col = 1, lty = "dotted")
legend("topright",
  c("Brown trout", "Grayling", "Barbel", "Common bream",
  "Stone loach"),
  col = c(4, 3, "orange", 2, 1),
  lty = c(rep(1, 4), 3)
)
```

比较这些图，并解释它们的不同。

在某些情况下（通常是植被研究），使用多度的等级来代表特别的属性：个体数量（多度等级）、盖度（优势程度）或两者兼而有之（例如 Braun-Blanquet 多度优势等级）。这些等级数据既是顺序数据，同时也是随意的数据，这样的数据不容易进行简单的转换。在这种情况下，必须根据手头的原始数据来将等级数据还原为多度数据。对于离散等级数据可以通过 labdsv 包的函数 vegtrans() 来进行数据转换。

例如，假设我们要将鱼类多度等级数据（在我们的 spe 数据从 0 到 5 的等级数据）转为平均个体数，我们可以通过提供两个向量来实现，一个是当前等级数，一个是转换等级（converted scale）。注意：这个转化对于具有物种特异性多度鱼类数据集来说没有意义（见第 2.2 节）。

```
# 使用任意的等级数据来对物种数据进行原始转化
current <- c(0, 1, 2, 3, 4, 5)
converted <- c(0, 1, 5, 10, 20, 50)
spe.conv <- vegtrans(spe, current, converted)
```

2.2.5 环境数据

现在我们已经对物种数据有所了解，下面分析环境数据（对象 env）。

首先，请回顾 2.2 节的内容，然后使用一些基础函数总结归纳环境数据（对象 env）。可以使用 summary() 函数了解这些环境数据数值分布和空间分布与物种数据有哪些不同。

绘制部分环境数据的地图，首先是气泡地图（图 2.7）：

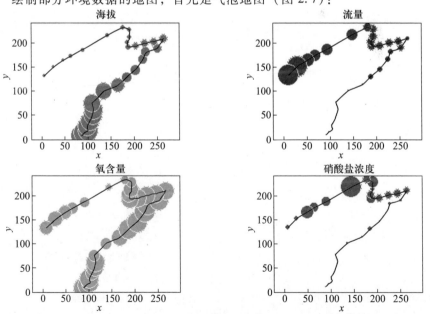

图 2.7 环境数据的气泡地图

```
# 部分环境变量的气泡地图
par(mfrow=c(2,2))
plot(spa, asp=1, main="海拔", pch=21, col="white", bg=
    "red",
   cex=5*env$ele/max(env$ele), xlab="x", ylab="y")
lines(spa, col="light blue")
plot(spa, asp=1, main="流量", pch=21, col="white", bg=
    "blue",
   cex=5*env$dis/max(env$dis), xlab="x", ylab="y")
lines(spa, col="light blue")
plot(spa, asp=1, main="氧含量", pch=21, col="white", bg=
    "green3",
   cex=5*env$oxy/max(env$oxy), xlab="x", ylab="y")
lines(spa, col="light blue")
plot(spa, asp=1, main="硝酸盐浓度", pch=21, col="white", bg
    ="brown",
   cex=5*env$nit/max(env$nit), xlab="x", ylab="y")
lines(spa, col="light blue")
```

提示：观察如何利用 cex 参数定义气泡的大小。从输出图形观察这些环境
　　　数据数值的变化。

哪幅图最能展示上下游的梯度？如何解释其他环境变量的空间分布格局？

现在请检查环境变量沿河流的分布情况（图 2.8）：

```
## 线条图
par(mfrow = c(2, 2))
plot(env$dfs, env$ele, type="l", xlab="离源头距离（km）",
    ylab="海拔（m）", col="red", main="海拔")
plot(env$dfs, env$dis, type="l", xlab="离源头距离（km）",
    ylab="流量（m3/s）", col="blue", main="流量")
plot(env$dfs, env$oxy, type="l", xlab="离源头距离（km）",
    ylab="氧含量（mg/L）", col="green3", main="氧含量")
plot(env$dfs, env$nit, type="l", xlab="离源头距离（km）",
    ylab="硝酸盐浓度（mg/L）", col="brown", main="硝酸盐浓度")
```

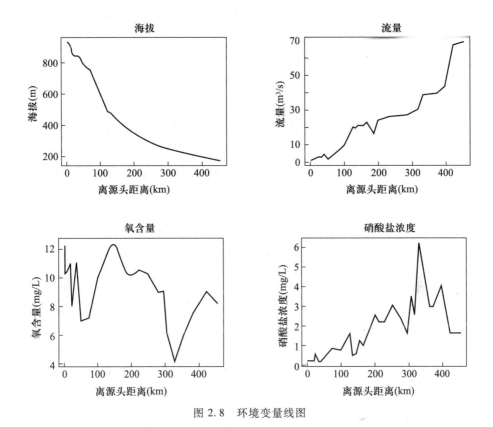

图 2.8　环境变量线图

　　如果需要了解任意两个环境变量之间的关系，可以使用功能强大的矩阵散点图绘图函数 **pairs()**（图 2.9）。

　　另外，也可以使用我们自编的 **panelutils.R** 函数为每个双变量散点图添加 LOWESS 平滑线，并绘制每个变量频度分布图。

```
#所有变量对之间的二维散点图
# 带频度分布的柱状图和光滑拟合曲线的双变量散点图
pairs(env, panel=panel.smooth, diag.panel=panel.hist,
    main="双变量散点图(带频度分布图和平滑曲线)")
```

提示：每个散点图展示对角线上两个变量之间的关系。散点图的横坐标对应上方或下方的变量，纵坐标对应左侧或右侧的变量。

从柱状图能否看出哪些变量符合正态分布？需要注意的是，对于回归分析和典范排序，并没有要求解释变量符合正态分布。是否有很多散点图显示变量之间的线性关系或至少是单调关系？

双变量散点图(带频度分布图和平滑曲线)

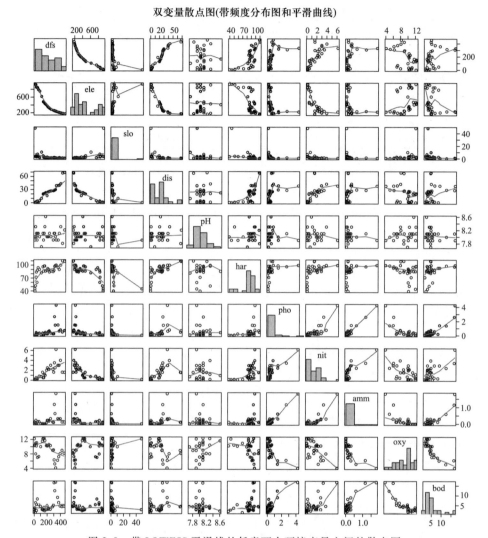

图 2.9　带 LOWESS 平滑线的任意两个环境变量之间的散点图

　　简单的转化（例如对数转化）可以改善某些变量的数据分布（转化后更接近对称或正态分布）。另外，由于变量之间量纲不同（单位和尺度不同），很多统计分析需要将其标准化（标准化后均值等于 0，方差等于 1），这种中心化和标准化后的变量值也被称为 z-scores。下面用案例数据展示转化和标准化后数据的分布（图 2.10）。

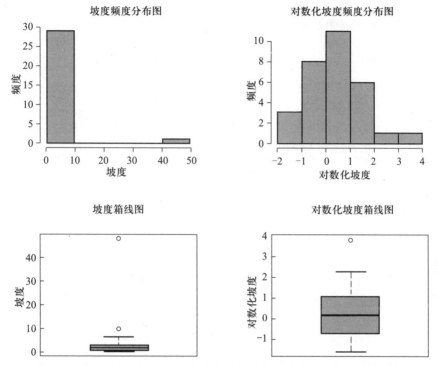

图 2.10 坡度变量（slope）转化前后频度分布柱状图和箱线图的比较。
左边为未转化的数据，右边为对数转化后的数据

```
# 某个环境变量简单转化
range(env$slo)
# 坡度变量对数转化(y = ln(x))
# 比较转化前后数值的柱状图和箱线图
par(mfrow = c(2, 2))
hist(env$slo, col = "bisque", right = FALSE, main = "坡度频度分
    布图", ylab = "频度", xlab = "坡度")
hist(log(env$slo), col = "light green", right = F, main = "对数
    化坡度频度分布图", ylab = "频度", xlab = "对数化坡度")
boxplot(env$slo, col = "bisque", main = "坡度箱线图", ylab = "坡度")
boxplot(log(env$slo), col = "light green", main = "对数化坡度
    箱线图", ylab = "对数化坡度")
```

提示：通过 R 里的 **shapiro.test()** 函数可以检验向量的正态性。

```
# 所有环境变量的标准化
# 中心化和标准化 = 标准化变量 (z-scores)
env.z <- decostand(env, "standardize")
apply(env.z, 2, mean)   # 平均值 = 0
apply(env.z, 2, sd)     # 标准差 = 1
# 使用 scale()函数也可以运行相同的标准化(输出的是矩阵)
env.z <- as.data.frame(scale(env))
```

2.3　小结

　　本章所探讨的数据分析方法能够使研究人员对自己的数据有总体的了解。虽然后面的章节有更高级的数据分析方法，但读者要认识到通过初步的数据统计描述可以获得很多信息。其实，简单的统计描述和变量的分布对正确选择更复杂的分析方法非常重要。例如，气泡地图对揭示变量的空间分布非常有用，因为气泡地图可以帮助我们理解隐藏在背后的机制。箱线图和简单的统计对于揭示一些异常值也很有用。

　　很多人渴望使用高级复杂的方法分析数据，因此简单的探索性数据分析通常被忽略。我们希望生态学家应该把探索性数据分析放在重要的地位。

第 3 章　关联测度与矩阵

3.1　目标

大部分多元统计分析方法，特别是排序和聚类方法，都是明确或不明确地①基于所有可能对象对或变量对之间的比较。这类比较通常采取关联测度（association measures）（常称为系数或指数）的形式，当 n 个对象（样方）进行比较时，是 $n×n$ 的对称②方阵，当 p 个变量（物种）进行比较时，是 $p×p$ 的对称方阵。后面章节所讨论的分析方法都是以关联矩阵为基础，因此选择合适的关联测度非常重要。本章主要内容包括：

- 快速了解关联系数的主要类别；
- 学习如何计算、查看和可视化比较相异矩阵（Q 模式）和依赖矩阵（R 模式）；
- 将关联测度分析应用到案例数据集；
- 学习或修改 R 中一些与关联测度分析相关的基础函数。

3.2　关联测度的主要类别（简短概述）

详尽介绍各种不同的关联测度并不是本章的目标，但对主要类型的关联测度进行概述却非常重要，在很多情况下这有助于选择恰当的指数，也能使读者更好地理解后面章节将要学习的分析方法。需要说明的是，这里所提到的"测度（measure）""指数（index）"和"系数（coefficient）"表达相同的意思，目的都是量化对象对或变量对之间的关系。③

---

① 对象之间的关联测度是明确的。主成分分析（PCA，第 5 章）和 k-均值聚类（第 4 章）中对象之间距离是欧氏距离，对应分析（CA，第 5 章）中对象之间距离是卡方距离。——著者注

② 见第 3.2.2 节脚注①。——著者注

③ 大多数情况下，"系数"这个词在数学公式中被狭义地定义为乘法系数，但本章所用的系数是已经用了几十年的广义定义。——著者注

3.2.1 Q 模式和 R 模式

比较对象对的分析称为 Q 模式（Q mode），比较变量对的分析称为 R 模式（R mode）。Q 模式分析与 R 模式分析的关联测度不同，这种区分非常重要。

在 Q 模式中，关联测度是对象之间的相异（dissimilarity）或相似（similarity），例如欧氏距离、Jaccard 相似系数。在 R 模式下，关联测度是变量之间的依赖性（dependence）测度，例如协方差或相关系数。

3.2.2 Q 模式下对称或非对称的系数：双零问题

事实上，生态学所用的相异或相似测度从某种意义上说都是对称的（symmetric）：对象 n_1 与对象 n_2 之间的系数与 n_2 与 n_1 之间的系数应该相同。当然，对于 R 模式的依赖测度也是对称的。但是，这里要解决不同的问题，要探讨对象对比较过程中关联测度的双零问题。

在某些特定情况下，变量中的零值与其他数值一样具有明确的意义。例如，在湖底深处测得溶解氧含量为 0 mg·L^{-1}，这个值具有生态意义：表示氧浓度低于测量阈值，说明此处有氧生命形式受到严重抑制，不管何种原因造成这样的环境条件。

与此不同，物种多度（或有-无数据）矩阵中的零值解释起来更棘手。如果一个物种在两个地方都存在，基本可以说明这两个地方提供了允许该物种存在的相似的最基本环境条件，这些条件通常反映该物种生态位的维度。但是如果一个物种在一个样方或一个地点不存在，可能由很多原因引起：可能这个地方不适合该物种生存；可能这个地方适合该物种生存，但当前该物种还没有扩散到这里；可能这个地方不是该物种某些重要生态位维度的最优条件，因此分布受到抑制；也可能该物种是存在的，但由于抽样取样，研究人员没有观测到或收集到该物种。这里有两个关键点：① 在大多数情况下，一个物种在两个样方内同时缺失，并不能成为这两个样方具有组成相似的依据，因为引起双缺失的原因可能完全不同；② 在物种矩阵内，不可解释的双零的数量取决于物种数量，因此也会随着监测到的稀有种数量的增加而显著增加。

因此，物种存在的信息比物种缺失的信息有更明确的意义。针对这个问题，我们可以区分两类关联测度：如果视双零（有时也称为"负匹配（negative matches）"）为相似的依据（如同其他值），这样的关联系数可以称为对称的（symmetrical）系数，其他是非对称的（asymmetrical）[①] 系数。在大部分情况下，应该优先选择非对称系数，除非可以确定引起双缺失的原因相同，例如在已知物种组成群落或生态同质区域内的控制实验。

3.2.3 定性或定量数据的关联测度

变量可以是定性变量（名义的（nominal）或分类的（categorical），二元的（binary）或多级的（multiclass）），也可以是半定量变量（序数的（ordinal））或定量变量（离散的或连续的）。所有类型的变量均存在关联系数，其中大部分可以归为两类：二元变量的关联系数（以下简称为二元系数，指被分析的变量是 0-1 的二元数据，并非关联测度数值为 0-1 的数据）和定量变量的关联系数（以下简称为数量系数）。

3.2.4 概括

跟踪你所需的关联测度，在任何分析之前，需要问下面这些问题：
- 你是要比较对象（Q 模式分析）还是比较变量（R 模式分析）？
- 你是要处理物种数据（通常是非对称系数）还是其他类型的变量（对称系数）？
- 你的数据是二元（二元系数）还是定量（数量系数），或是这两种类型的混合？或者其他类型数据（例如序数；特殊的系数）？

本章接下来的各节将探索多种关联测度。在大多数情况下，对于给定的问题，可以使用不同的关联测度。

3.3 Q 模式：计算对象之间的相异矩阵

在 Q 模式分析中，我们需要用到 6 个程序包：**stats**（在安装 R 基础程序时已经自动载入）、**vegan**、**ade4**、**adespatial**、**cluster** 和 **FD**。虽然其他的程序包也可以计算相异矩阵，但这 6 个包应该能够满足大部分生态学者的要求。

虽然很多文献提供相似和相异测度，但在 R 里，所有的相似测度方阵可

---

① 根据 Legendre 和 Legendre（2013），对称的/非对称的（symmetrical/asymmetrical）这两个词的用法应该区别于对称/非对称（symmetric/asymmetric，代表 n_1 与 n_2 之间的系数与 n_2 与 n_1 之间的系数是相同的值）。Legendre 和 De Cáceres（2013）使用双零对称（double-zero symmetrical）和双零不对称（double-zero asymmetrical）表达。——著者注

以转化为相异测度方阵，距离方阵（R 里属于"dist"类对象）对角线的值（每个对象与自身的距离）均为 0（常常被省略）。不同的程序包，转化公式可能有所不同：

- 在 **stats**、**FD** 和 **vegan** 三个程序包内，从相似矩阵 S 转化为相异矩阵 D 的公式为：$D = 1 - S$。

- 在 **ade4** 程序包中，转化公式为：$D = \sqrt{1 - S}$。这种转化的目的是使某些指数具有欧氏几何特性[①]。欧氏属性的距离矩阵在有些分析中非常有用，例如主坐标分析（见第 5 章），当用到时我们再讨论。其他程序包计算得到的非欧氏距离矩阵也可以通过 D2<-sqrt(D) 的运算转化为欧氏距离矩阵。

- 在 **adespatial** 程序包中，大部分的相似矩阵 S 转化为相异矩阵 D 的公式为：$D = 1 - S$，除了三个针对有-无数据经典的系数：Jaccard，Sørensen 和 Ochiai（见下文）是通过 $\sqrt{1 - S}$ 来转化。这个程序包里的 dist.ldc() 函数所计算的系数均提示是欧氏距离还是非欧氏距离，或是提示 sqrt(D) 是欧氏距离。

- 在 **cluster** 程序包内，所有的测度都是相异测度，不必做任何转化。

为了阅读的方便，本书坚持沿用系数传统的名称，因为这些名称在其他教科书内也可以找到。但在 R 里，所有关联测度均是指相异测度。例如，Jaccard（1901）指数本身是相似指数，但在 **stats**、**adespatial**、**vegan** 和 **ade4** 程序包内输出的 Jaccard 指数均是相异系数。在 **stats** 和 **vegan** 输出是 $D = 1 - S$，而在 **adespatial** 和 **ade4** 中输出的是 $D = \sqrt{1 - S}$。

3.3.1　Q 模式：定量的物种数据

我们将再次使用鱼类多度数据集 spe。严格地讲，spe 中的数值并不是鱼的真实原始个体数量，但这里我们还是认为这些数据是定量数据。

定量的物种数据通常需要使用非对称的距离测度。在物种数据分析方面，常用的系数有 Bray-Curtis 相异系数 D_{14}[②]（也是 Steinhaus 相似指数 S_{17} 对应的相异系数，即 $D_{14} = 1 - S_{17}$）、弦距离 D_3、卡方距离 D_{21} 和 Hellinger 距离 D_{17}。此处用其中几个系数计算相异矩阵，同时也使用 **gclus** 程序包可视化结果。

- 百分数差异（percentage difference，又称 Bray-Curtis）相异矩阵可以直接由原始数据计算，虽然数据经常被首先对数化。D_{14} 计算的依据是多度绝对

---

① 相异矩阵，也称为距离，共享四个属性：最小值 0，全部正数，对称性和三角不等式。此外，这些点可以用欧氏空间表示。但是，可能会发生一些相异矩阵是度量（不对称三角形）但非欧氏（所有点都不能在欧氏空间中表示）。见 Legendre 和 Legendre（2012）第 500 页。——著者注

② 在本书中，相似和距离测度的符号和编号均参照 Legendre 和 Legendre（2012）。——著者注

数量差，而非多度数量级。也就说是，在计算 D_{14} 时，6203 与 6208 的差别同 3 与 8 的差别对系数值影响的权重相同。

- 弦（chord）距离实际是指先将样方向量的范数标准化后（平方和为 1）再计算样方对的欧氏距离；因此范数标准化也称为弦转化，可以用 **vegan** 包内 **decostand()** 函数处理（选择参数 normalize）[1]。也可以用 **adespatial** 包内的 **dist.ldc()**[2] 函数通过选择参数 "chord" 来获得弦距离。

- Hellinger 距离实际上是多度值先除以样方多度总和再取平方根后计算的欧氏距离；因此这个转化也称为 Hellinger 转化。这种转化的另外一种说法是平方根转化后的弦转化。反过来说，弦转化是多度数据平方后的 Hellinger 转化。这种关系表明弦距离和 Hellinger 距离有关联，并且强调 Hellinger 转化可以减少较大多度值的权重。Hellinger 转化可以通过 **decostand()** 函数获得（选择参数 hellinger）。也可以用 **adespatial** 包内的 **dist.ldc()** 函数通过默认参数 "hellinger" 来获得 Hellinger 距离。

- log-chord 距离是先将数据对数化再求弦距离。首先对原始数据加 1 后取自然对数（ln（y+1）），然后将对数化后的数据进行弦转化后求欧氏距离。log-chord 距离可以用 adespatial 包内的 dist.ldc() 函数通过选择参数 "log.chord" 来获得。

Legendre 和 Borcard（2018）表明可以通过一系列 Box–Cox 正态标准化（公式 3.1）后的计算弦距离来获得弦距离、Hellinger 距离和 log-chord 距离：

$$f(y)=(y^{\lambda}-1)/\lambda \tag{3.1}$$

当 $\lambda=1$ 是标准的弦转化，$\lambda=0.5$ 是 Hellinger 转化，$\lambda=0$ 是 log-chord 转化。注意 $\lambda=0$ 实际上是 λ 趋近 0 时 $f(y)$ 的极限，这个时候群落组成数据进行 $\ln(y)$ 或 $\ln(y+1)$ 转化（见第 2 章）。这个系列 λ 值增加会增加数据正态化程度。λ 可以取 0 到 1 之间值，例如，当 $\lambda=0.25$ 时（两次平方根），是弦转化之前的转化。

```
# 加载包,函数和数据
library(ade4)
library(adespatial)
library(vegan)
```

---

① Legendre 和 Gallagher（2001）详细描述了这种基于转化数据的欧氏距离的方法。更多的内容也可以参考 3.5 节。——著者注

② 名称 dist.ldc 获得系数与 Legendre 和 DeCáceres（2013）介绍了用于 β 多样性研究的 16 种系数的性质和用途的文章中的名称一致。我们将在第 8 章重新审视这个函数和里面的某些指数。——著者注

```
library(gclus)
library(cluster)
library(FD)

# 加载本章后面部分将要用到的函数
# 我们假设这些函数被放在当前的 R 工作目录下
source("coldiss.R")
source("panelutils.R")

# 导入 Doubs 数据
# 假设这个 Doubs.RData 数据文件被放在当前的 R 工作目录下
load("Doubs.RData")
# 剔除无物种数据的样方 8
spe <- spe[-8, ]
env <- env[-8, ]
spa <- spa[-8, ]


### Q-模式相异矩阵
## Q-模式定量(半定量)数据的相异和距离测度
# 原始物种数据的百分数差异(也称为 Bray-Curtis)相异矩阵
# ".db"意味着 Bray-Curtis 距离
spe.db <- vegdist(spe)   # Bray-Curtis 相异系数(默认 method)
head(spe.db)
# 对数转化后物种数据的百分数差异(也称为 Bray-Curtis)相异矩阵
spe.dbln <- vegdist(log1p(spe))
head(spe.dbln)
# 弦距离矩阵
spe.dc <- dist.ldc(spe, "chord")
# 在 vegan 包里两步法计算
spe.norm <- decostand(spe, "nor")
spe.dc <- dist(spe.norm)
head(spe.dc)
# Hellinger 距离矩阵
```

```
spe.dh <- dist.ldc(spe)
# dist.ldc 函数中 Hellinger 是默认的距离模式
# 在 vegan 包里两步法计算
spe.hel <- decostand(spe, "hel")
spe.dh <- dist(spe.hel)
head(spe.dh)
# 对数转化后弦距离矩阵
spe.logchord <- dist.ldc(spe, "log.chord")
# 在 vegan 包里三步法计算
  spe.ln <- log1p(spe)
  spe.ln.norm <- decostand(spe.ln, "nor")
  spe.logchord <- dist(spe.ln.norm)
head(spe.logchord)
```

提示：敲入？log1p 观察生成第二个百分数差异（percentage difference）相异矩阵之前对数据做了什么样的转化。为什么用 **log1p( )** 而不用 **log( )**？

3.3.2　Q 模式：二元（有-无）物种数据

当可用的仅仅是二元数据，或多度的数据不适用，或包含不确定的定量数据时，可使用有-无（0-1）数据进行分析。

当前的 Doubs 鱼类数据是定量数据，但为了演示二元系数的计算，需要将此定量数据转化为二元数据：即将所有大于 0 的值全部变为 1。此处练习几个合适的相似系数计算相异矩阵的算法：例如 Jaccard 相似系数（S_7）和 Sørensen 相似系数（S_8）。对于每个样方对，Jaccard 系数是两个样方共有物种数（交集）除以两个样方所含有的全部物种数（并集）。因此，如果 Jaccard 系数是 0.25，代表两个样方中全部物种数的 25% 为共有，75% 的物种只单独存在于一个样方内。在 R 里面，Jaccard 相异系数可算作 $1-0.25$ 或 $\sqrt{1-0.25}$，算法不同取决于程序包的不同。Sørensen 相似系数给予两个样方共有物种数双倍的权重，其反数（$1-S_8$）等价于基于物种有-无数据计算的百分数差异（又称 Bray-Curtis）相异系数。

更有趣的是另一种叫作 Ochiai 的相似系数（S_{14}），它也适用于物种有-无的数据，与弦距离、Hellinger 距离和对数弦距离都有关系。基于物种有-无的数据算出的弦距离、Hellinger 距离和对数弦距离，无论哪一种除 $\sqrt{2}$，均等于

$\sqrt{1-\text{Ochiai}}$ 相似系数 。这一关系也表明弦转化、Hellinger 转化和对数弦转化对物种有-无的数据均有意义。卡方转化也是如此：基于卡方转化得出的欧氏距离也称为卡方距离。卡方距离不仅适用于定量数据，也同样适用于有-无数据。

```
## Q-模式下二元数据的相异测度
# 使用 vegdist() 函数计算 Jaccard 相异矩阵
spe.dj <- vegdist(spe, "jac", binary = TRUE)
head(spe.dj)
head(sqrt(spe.dj))
# 使用 dist() 函数计算 Jaccard 相异矩阵
spe.dj2 <- dist(spe, "binary")
head(spe.dj2)
# 使用 dist.binary() 函数计算 Jaccard 相异矩阵
spe.dj3 <- dist.binary(spe, method = 1)
head(spe.dj3)
# 使用 dist.ldc() 函数计算 Sorensen 相异矩阵
spe.ds <- dist.ldc(spe, "sorensen")
# 使用 vegdist() 函数计算 Sorensen 相异矩阵
spe.ds2 <- vegdist(spe, method = "bray", binary = TRUE)
# 使用 dist.binary() 函数计算 Sorensen 相异矩阵
spe.ds3 <- dist.binary(spe, method = 5)
head(spe.ds)
head(spe.ds2)
head(sqrt(spe.ds2))
head(spe.ds3)
# Ochiai 相异矩阵
spe.och <- dist.ldc(spe, "ochiai")    # 或
spe.och <- dist.binary(spe, method = 7)
head(spe.och)
```

注意：所有的二元距离函数在计算系数时，均会自动对数据进行二元转化，因此这里的数据不需要二元转化（decostand (, "pa")）。函数 dist.binary() 会自动对数据进行二元转化，但函数 vegist() 需要设定参数 binary = TRUE。在 dist.ldc() 中默认 binary = FALSE，除非选择的距离参数是：Jaccard、Sørensen 和 Ochiai 指数。

这里显示 Jaccard 和 Sørensen 距离测度有两种数值。可以参见第 3.3 节引言部分了解这两种数值的差异。

提示：查看 **vegdist( )**、**dist.binary( )** 和 **dist( )** 三个函数的帮助文件，了解这些函数能计算哪些系数。有些系数在多个函数内都可以计算。在 **dist( )** 里，参数 method="binary"产生的是（1-Jaccard）。在 **dist.binary( )** 的帮助文件内，需要注意系数的编号并不是参照 Legendre 和 Legendre（2002），而是参照 Gower 和 Legendre（1986）。

关联矩阵一般作为中间实体，很少用于直接研究。然而，如果对象不多时，直接展示关联矩阵也很有用，能够将数据的主要特征可视化。建议使用我们自己编写的 **coldiss( )** 函数可视化相异矩阵。**coldiss( )** 函数会调用一个能够重新排列矩阵的函数 **order.single( )**（属于 **gclus** 程序包），该函数可以根据对象之间的距离沿着对角线重新将对象排位，因此，可以很直观地比较重新排位前后的距离矩阵。

运行 **coldiss( )** 函数需要加载 **gclus** 程序包，所以必须预先安装 **gclus** 包。图 3.1 展示可视化相异矩阵的结果。

相异矩阵   重排后相异矩阵

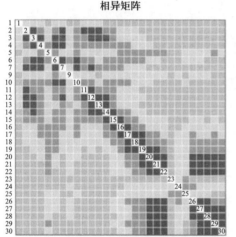 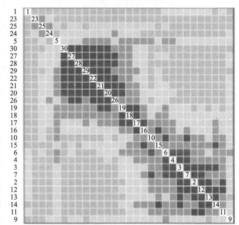

图 3.1 基于原始鱼类数据的百分数差异（又称 Bray-Curtis）相异矩阵热图

```
## 图解关联矩阵
# 使用 coldiss()函数产生的彩图(在一些数据分析文献中也称作热图或
# 格状图)

#coldiss()函数使用说明：
# coldiss(D=dist.object, nc=4, byrank=TRUE, diag=FALSE)
# D 应该是一个相异矩阵
```

42 第 3 章 关联测度与矩阵

```
# 如果 D 为最大值大于 1 的距离矩阵,此时 D 会除以 max(D)
# nc 颜色种类数量
# byrank = TRUE    等大小分级,即每个颜色所包含的值的数量一样多
# byrank = FALSE   等区间分级,即每个颜色所包含的值的区间一样长
# 如果 diag = TRUE   表示样方号放置在矩阵对角线上


## 比较从物种数据获得差异矩阵和距离矩阵
# 等区间分级的 4 种颜色(方便比较)


# 图解基于原始鱼类多度数据的百分数差异(也称为 Bray-Curtis)相异
# 矩阵
coldiss(spe.db, byrank = FALSE, diag = TRUE)
# 图解基于对数转化数据的百分数差异(也称为 Bray-Curtis)相异矩阵
coldiss(spe.dbln, byrank = FALSE, diag = TRUE)
```

请比较原始数据和对数转化数据的百分数差异相异矩阵图（此处未显示对数转化的图），显然是对数转化导致两个图有差异。在未转化的相异矩阵中，数量多的物种之间的多度差异与数量少的物种之间的多度差异有同等权重。

```
# 弦距离矩阵
coldiss(spe.dc, byrank = FALSE, diag = TRUE)
# Hellinger 距离矩阵
coldiss(spe.dh, byrank = FALSE, diag = TRUE)
# 对数转化后弦距离矩阵
coldiss(spe.logchord, byrank = FALSE, diag = TRUE)
```

请比较图 3.1，它们展示同一定量数据计算得出不同的距离或相异矩阵，这些矩阵是否相似？

```
# Jaccard 相异矩阵
coldiss(spe.dj, byrank = FALSE, diag = TRUE)
```

请比较当前的 Jaccard 距离热图和前面的其他距离矩阵热图。Jaccard 图是基于二元数据计算。这是否影响结果呢？Jaccard 图和前面的数量系数图之间的差异是否比数量系数图之间的差异大呢？

这些案例均是处理物种数据，Doubs 样带具有强烈的生态梯度特征（例如氧含量和硝酸盐浓度；也见第 2 章）。Doubs 样带的环境背景很清楚，可以假设在特定的某一段河流，物种的缺失可能是某种相同的原因造成的，因此可以计算对称系数的关联矩阵。下面展示计算简单匹配系数 S_1（也见第 3.3.4 节）的案例。

```
# 简单匹配相异系数(在 ade4 程序包内也称为 Sokal & Michener 指数)
spe.s1 <- dist.binary(spe, method = 2)
coldiss(spe.s1 ^2, byrank = FALSE, diag = TRUE)
```

> 比较一下当前的对称相异矩阵与之前的 **Jaccard** 矩阵。哪个受双零问题影响更明显？

自写代码角#1

请自写几行代码计算 spe 数据框中样方 15 和样方 16 之间的 Jaccard 群落系数（S_7）。我们已经删除不包括任何物种的第 8 行，所以当前样方 15 和样方 16 分别在数据框中第 14 和第 15 行。

两个对象的 Jaccard 相似指数计算公式如下：

$$S_{(x_1, x_2)} = a/(a+b+c)$$

式中 a 是两个样方共有的物种数，b 和 c 分别是只存在两个样方之一的物种数。

获得 Jaccard 相似指数后，分别使用 vegan 和 ade4 包内相异系数计算公式（两个包内计算公式不同），将相似指数转为相异指数。

……

对于 R 的痴迷者，可以查看 ade4 包的 **dist.binary()** 函数代码（直接敲入 dist.binary）。你可以发现，**dist.binary()** 函数仅仅使用 4 行代码就可以将整个数据框的 a、b、c 和 d 都计算出来。它是由 Daniel Chessel 和 Stéphane Dray 编写的非常简洁优雅的 R 脚本。

3.3.3 Q 模式：定量数据（除物种多度数据外的数据）

对于双零有明确解释的定量数据，欧氏距离（Euclidean distance）D_1 是对称距离测度的最佳选择。"对于被称为度量空间或欧氏空间的 p 维空间内的样方，可以通过 Pythagoras 公式计算欧氏距离"（Legendre 和 Legendre，2012，第 299 页）。

欧氏距离的值没有上限，但受每个变量量纲的强烈影响。例如，将变量的单位由 g/L 改为 mg/L，其结果相当于原来的欧氏距离乘以 1000。因此，以原始数据求欧氏距离，一般要求原始数据具有相同的量纲，例如地理坐标数据。否则 D_1 需要利用标准化后的值（z-scores）进行计算。当然，如果赋予不同量纲的变量相同的权重，也需要使用标准化后的数据。

此处利用标准化后的环境因子变量（对象 env）计算样方的欧氏距离矩阵。先剔除 dfs 变量（离源头距离），因为它属于空间变量而非环境因子变量。同样使用 **coldiss( )** 函数可视化距离矩阵（图 3.2）。

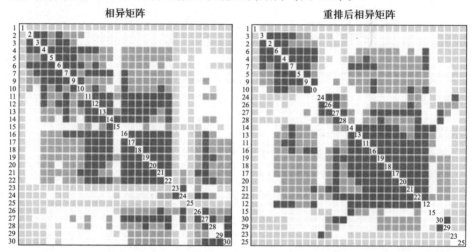

图 3.2　基于标准化环境变量的欧氏距离矩阵热图

```
# 剔除 env 数据框内 dfs 变量
env2 <- env[, -1]

# 由标准化后的 env2 数据框计算的欧氏距离矩阵
env.de <- dist(scale(env2))
coldiss(env.de, nc = 16, diag = TRUE)
```

提示： 查看如何利用 **scale**( ) 函数对环境变量进行快速标准化。

相异矩阵的热图很适合快速比较。例如，可以同时绘制基于物种多度和基于环境因子的 Hellinger 距离矩阵图，为了便于比较，两个图均选择等数量的分级（默认的 byrank = TRUE）。

```
# 物种数据的 Hellinger 距离矩阵
# (nc = 16 等数量的分级)
coldiss(spe.dh, nc = 16, diag = TRUE)
```

> 因为具有相同的样方位置排序，可以比较图 **3.2** 的左边热图与前面基于环境
> 变量的热图。你是否能观察到一些共同的特征？

欧氏距离理所当然可以用于计算基于地理坐标变量的地理距离矩阵。地理坐标可以是一维或二维的直角坐标系（笛卡儿坐标），其单位也可以多种多样（例如 cm、m、km 或属于相同投影带的 UTM 坐标）。如果是球体系统坐标（例如经纬度），在计算欧氏距离之前必须先转化。**SoDA** 程序包内 **geoXY()** 函数可以完成球坐标系统的转化。需要注意的是，标准化数据会改变两个维度的比率（ratio），因此一般地理坐标（x-y）不应该标准化（如果需要，可以中心化）。

下面几行代码是只用单一的变量（dfs，离源头距离）计算欧氏距离矩阵。这个矩阵代表样方沿着河流的排列，同时，基于地理坐标 x-y 的距离矩阵代表样方点在地理空间上的距离（直线距离）。

```
# 基于二维空间坐标的欧氏距离矩阵
spa.de <- dist(spa)
coldiss(spa.de, nc = 16, diag = TRUE)


# 基于一维 dfs 变量(离源头距离)的欧氏距离矩阵
dfs.df <- as.data.frame(env$dfs, row.names = rownames(env))
riv.de <- dist(dfs.df)
coldiss(riv.de, nc = 16, diag = TRUE)
```

> 为什么基于 x-y 的欧氏距离图和基于 **dfs** 的欧氏距离图有这样的差异？

3.3.4 Q 模式：二元数据（除物种有-无数据外的数据）

对于二元数据，最简单的对称相似测度是"简单匹配系数 S_1"。对于每对样方，S_1 是双 1 的数量加上双 0 的数量除以变量数。

由于当前的环境变量是特定的定量变量，不能简单转化为二元数据。此处需要自己创建虚拟数据来演示 S_1 的计算。随机产生数据方法会经常用到，这里我们也练习如何在 R 内生成满足不同模拟需求的数据集。

```
## 基于随机数据的案例
# 生成 30 个对象、5 个二元变量的数据集,每个变量有预先设置的固定的
# 0 和 1 的数量
```

```
# 变量 1:10 个 1 和 20 个 0,顺序随机
var1 <- sample(c(rep(1,10), rep(0,20)))
# 变量 2:15 个 0 在一起,15 个 1 在一起
var2 <- c(rep(0,15), rep(1,15))
# 变量 3:3 个 1,3 个 0 交替出现,直到总数量达到 30 为止
var3 <- rep(c(1,1,1,0,0,0),5)
# 变量 4:5 个 1,10 个 0 交替出现,直到总数量达到 30 为止
var4 <- rep(c(rep(1,5), rep(0,10)), 2)
# 变量 5:前 16 元素是 7 个 1 和 9 个 0 的随机排列,接着是 4 个 0 和
# 10 个 1
var5.1 <- sample(c(rep(1,7), rep(0,9)))
var5.2 <- c(rep(0,4), rep(1,10))
var5 <- c(var5.1, var5.2)
# 将变量 1 至变量 5 合成一个数据框
(dat <- data.frame(var1, var2, var3, var4, var5))
dim(dat)


# 简单匹配系数的计算(在 ade4 程序包中也称为 Sokal & Michener 指数)
dat.s1 <- dist.binary(dat, method = 2)
coldiss(dat.s1, diag = TRUE)
```

3.3.5　Q 模式：混合类型、包括分类（定性多级）变量

在那些能够正确处理名义变量的关联测度中，Gower 相似系数 S_{15} 在当前 R 里有现成的计算函数。S_{15} 专门用来处理含有不同数学类型变量的数据集，这里每个变量相当于一个类别的一个处理。先分别用单个变量计算对象对之间的相似系数，然后求平均值即是两个对象最终的相似（异）系数。这里我们将 Gower 相似系数当作一种对称指数；当数据框内一个变量被当作一个因子（factor）时，最简单的匹配规则被应用，即如果一个因子在两个对象中有相同的水平，表示该对象对相似指数为 1，反之则为 0。Gower 相异系数可以利用 **cluster** 程序包内 **daisy()** 函数计算。应避免使用 **vegdist()** 函数（参数 method = "gower"）计算 Gower 相异系数，因此该函数只适用于定量数据和有-无数据计算，对多级变量并不适用。

只要每个变量给予合适的定义，**daisy()** 函数就可以处理混合变量的数据框。当然，使用者也可以使用参数（以列表的形式）定义部分或全部变量

的数据类型。当数据中存在缺失值（编码 NA）时，该函数会自动排除与含有缺失值样方对的计算。

FD 程序包里 **gowdis( )** 函数是计算 Gower 相似系数最完善的函数，它可以计算混合变量（包括非对称的二元变量）的距离，也可以像 **daisy( )** 函数一样设置变量的权重和处理缺失值。**gowdis( )** 函数可以计算基于序数变量的 Gower 相似系数（Podani，1999）。

此处重新生成一个包括 4 个变量的虚拟数据集：两个随机定量变量和两个因子变量。

```
# 为计算 Gower 指数(S15)的虚拟数据
# 随机生成 30 个平均值为 0、标准差为 1 的正态分布数据
var.g1 <- rnorm(30,0,1)
# 随机生成 30 个从 0 到 5 均匀分布的数据
var.g2 <- runif(30,0,5)
# 生成 3 个水平的因子变量(每个水平 10 个重复)
var.g3 <- gl(3,10,labels = c("A", "B","C"))
# 生成与 var.g3 正交的 2 个水平的因子变量
var.g4 <- gl(2,5,30,labels = c("D", "E"))
```

var.g3 和 var.g4 组合在一起代表一个双因素交叉平衡设计

```
dat2 <- data.frame(var.g1, var.g2, var.g3, var.g4)
summary(dat2)
```

提示：函数 **gl( )** 可以很快捷地生成因子数据，但默认是用数字作为因子的水平。如果使用字母代替数字，可以把字母定义给参数 labels。
注意使用 **data.frame( )** 函数组装变量的用法。与 **cbind( )** 函数不同，**data.frame( )** 继续保留变量原来的数据属性。例如变量 3 和变量 4 依然保持作为"因子"的属性。

我们首先计算并查看完整的 S_{15} 矩阵（基于 4 个变量），然后仅使用两个因子变量（var.g3 和 var.g4）再重新计算一次：

```
# 使用 daisy( )函数计算 Gower 相异矩阵
# 完整的 Gower 相异矩阵(基于 4 个变量)
dat2.S15 <- daisy(dat2,"gower")
```

```
range(dat2.S15)
coldiss(dat2.S15, diag = TRUE)

# 仅使用 2 个正交的因子变量计算 gower 相异矩阵
dat2partial.S15 <- daisy(dat2[, 3:4], "gower")
coldiss(dat2partial.S15, diag = TRUE)
head(as.matrix(dat2partial.S15))

# 在 dat2partial.S15 矩阵内相异系数值代表什么？
levels(factor(dat2partial.S15))
```

> 对象对所对应的数值分享共同的因子水平 2、1 和无因子水平。最高相异系
> 数值的对象对不分享共同的因子水平。

```
# 使用 FD 程序包内 gowdis() 函数计算 Gower 相异矩阵
? gowdis
dat2.S15.2 <- gowdis(dat2)
range(dat2.S15.2)
coldiss(dat2.S15.2, diag = TRUE)

# 仅使用两个正交的因子变量计算距离矩阵
dat2partial.S15.2 <- gowdis(dat2[, 3:4])
coldiss(dat2partial.S15.2, diag = TRUE)
head(as.matrix(dat2partial.S15.2))

# 在 dat2partial.S15.2 矩阵内相异系数值代表什么？
levels(factor(dat2partial.S15.2))
```

3.4　R 模式：计算变量之间的依赖矩阵

在 R 模式下，比较变量必须使用"相关"类型的系数。这类系数包括用
于定量和等级数据的 Pearson 相关系数、非参数相关系数（Spearman 秩相关、
Kendall 秩相关）和定性变量的列联表统计分析（卡方统计和推导模式）。对
于有-无数据，二元系数（例如 Jaccard、Sørensen 和 Ochiai 系数）也可以用于

比较物种（R 模式）。

3.4.1 R 模式：物种多度数据

同参数与非参数相关系数一样，协方差也经常用来比较物种在空间或时间上的分布差异。需要注意的是，双零同其他相同的多度值一样，会增加物种之间的相关性。为了准确计算物种的关联，Legendre（2005）在计算参数或非参数物种间相关系数之前，运用一些变量转化技术（将在第 3.5 节描述）避免每个样方总多度的影响。某些物种关联的概念只用正的协方差或正的相关系数去确认协同变化物种之间的关联。

除了相关系数，在 Q 模式中用到的卡方距离同样也适用于 Q 模式的转置矩阵（即 R 模式）。

下面的案例将演示如何计算并可视化 27 个鱼类物种的 R 模式卡方相异矩阵：

```
# 物种多度矩阵的转置矩阵
spe.t <- t(spe)
# 先卡方转化后计算欧氏距离
spe.t.chi <- decostand(spe.t, "chi.square")
spe.t.D16 <- dist(spe.t.chi)
coldiss(spe.t.D16, diag = TRUE)
```

在右边的图中，你能否分辨出物种组？

3.4.2 R 模式：物种有-无数据

对于二元物种数据，Jaccard（S_7）、Sørensen（S_8）和 Ochiai（S_{14}）系数同样可以用于 R 模式。此处使用物种有-无数据转置后的矩阵（对象 spe.t）计算 S_7 系数：

```
# 鱼类有-无数据的 Jaccard 指数
spe.t.S7 <- vegdist(spe.t, "jaccard", binary = TRUE)
coldiss(spe.t.S7, diag = TRUE)
```

将右边的图与之前获得的卡方距离图进行比较，物种组是否一致？

3.4.3 R 模式：定量和序数数据（除物种多度外的数据）

协方差和 Pearson 相关系数都可以用于比较相同量纲的定量变量，但是，它们都是线性（linear）模型，当变量之间是单调但非线性关系时效果将变得不好。对于不同量纲的变量，Pearson 相关系数 r 比协方差更合适，因为 r 实际上是标准化后的协方差。

序数变量对或单调但非线性关系定量变量对的比较可以采用秩（rank）相关系数（Spearman 相关或 Kendall 相关）。

此处基于 Doubs 环境因子数据 env 做几个示范案例。这里 **cor( )** 函数（**stats** 程序包）要求输入未转置（untransposed）的矩阵（即原始矩阵，也就是以列为变量的矩阵）。第一个例子，Pearson 相关系数 r（图 3.3）：

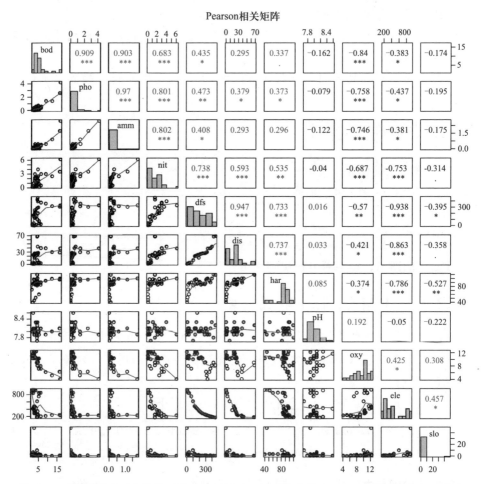

图 3.3 环境变量两两之间关系的多面板展示，同时也显示 Pearson 相关系数 r 和显著性

```
# 环境变量之间的 Pearson 线性相关系数 r
env.pearson <- cor(env)   # 默认 method = "pearson"
round(env.pearson, 2)

# 在绘图之前重新排位变量
env.o <- order.single(env.pearson)

# pairs() 是一个绘制双变量散点图矩阵的函数
# panelutils.R 给 pairs()函数提供定义参数的函数
pairs(
  env[, env.o],
  lower.panel = panel.smooth,
  upper.panel = panel.cor,
  diag.panel = panel.hist,
  main = "Pearson 相关矩阵"
)
```

> 请辨认与变量"**dfs**"相关的环境变量。这些图能够告诉你什么信息呢？

　　现在使用 Kendall 秩相关 τ 比较环境变量：

```
# 环境变量之间的 Kendall 秩相关
# 黑白图
env.ken <- cor(env, method = "kendall")
env.o <- order.single(env.ken)
pairs(
  env[, env.o],
  lower.panel = panel.smoothb,
  upper.panel = panel.cor,
  no.col = TRUE,
  method = "kendall",
  diag.panel = panel.hist,
  main = "Kendall 相关矩阵"
)
```

> 通过这些双变量关系图，你更倾向于用 **Kendall** 秩相关还是 **Pearson** 线性相关？

3.4.4　R 模式：二元数据（除物种多度外的数据）

比较成对的二元变量最简单的方式是计算 Pearson 相关系数，此时，Pearson 相关系数 r 也被称为点相关系数（point correlation coefficient 或 Pearson's Φ）。点相关系数与没有校正的 2×2 列联表卡方统计值有直接关系：$\chi^2 = n\Phi^2$，这里 n 是对象的数量。

3.5　物种数据的预转化

在 3.2.2 节，我们解释了为什么物种多度数据需要以特殊的方式对待以避免双零作为样方之间的相似依据；在计算样方之间的欧氏距离和变量之间的协方差或相关系数时，会明确或不明确地用到线性方法，但线性方法其实并不适合物种数据。很不幸，生态学家常用的很多强大的统计工具都是线性模型，例如方差分析、k-均值划分（见第 4 章）、主成分分析（PCA，见第 5 章）和冗余分析（RDA，见第 6 章），这些线性方法原本都不太适合分析物种数据，直到 Legendre 和 Gallagher（2001）展示几种非对称的关联测度（即适用物种数据的测度），这种状况才改变。物种数据的非对称的关联测度可以通过两个计算步骤获得：首先对原始数据进行转化，然后计算欧氏距离。这两个步骤保留样方之间非对称的距离，因此可以使线性分析方法应用于物种数据。

在接下来的章节中，多数情况下物种数据经过简单的预转化能满足很多线性分析方法（PCA、RDA、k-均值划分等此类方法）的要求。

Legendre 和 Gallagher 提出 5 种物种数据预转化的技术[1]，其中有 4 种可以通过 **vegan** 包内 **decostand( )** 函数实现：样方内相对多度转化（参数 "total"）[2]、样方内范数标准化（也称弦转化，参数 "normalize"）、Hellinger 转化（参数 "hellinger"）和卡方双标准化（参数 "chi.square"），还有我们加上的 log-chord 转化，也见第 2.2.4 节和第 3.3.1 节案例研究。预转化的过程都是以某种方式将物种实际多度转化为样方内的相对多度，转化过程也剔除了每个样方多度总和的影响，因为相对多度是物种在每个样方占总多度的比例。Hellinger 转化和 log-chord 转化中相对多度值还需要进行平方根转化或取对数，更显著降低最高多度值的影响。

---

①　这些作者提出了两种形式的卡方转化。这两种形式高度相关，因此，只实施一个就足以进行数据分析。——著者注

②　注意 Legendre 和 DeCáceres（2013）已经证明，与其他转化相反，物种之间的距离缺乏用于研究 β 多样性的重要特性，在这种研究下应避免使用物种的转化。——著者注

3.6 小结

虽然关联矩阵在多数数据分析情况下仅是中间实体，但通过本章的介绍，表明关联矩阵值得密切关注。对于很多分析过程，关联矩阵的选择是必需也是非常关键的一步。本章介绍的图形工具对于关联测度的选择非常有帮助，但必须时刻考虑背后坚实的理论基础。关联矩阵之后的分析步骤很大程度上也取决于关联测度的选择。表 3.1 罗列了 R 里不同程序包中 Q 模式常用的距离函数。

主坐标分析中，有-无数据的相似系数和 Gower 相似系数必须通过 $\sqrt{1-S}$ 转化为距离系数，以避免负特征向量或复杂（complex）数特征向量的出现。在 **ade4** 包内，相似系数会自动转化为相异矩阵；但在 **vegan** 包和 **adespatial** 包中的 dist.ldc() 函数计算 Jaccard、Sørensen 和 Ochiai 系数时，必须设定参数才能进行这种转化。

表 3.1 内的函数 **decostand()** 和 **vegdist()** 均在 **vegan** 包内，函数 **dist.binary()** 属于 **ade4** 包，函数 **daisy()** 属于 **cluster** 包。其他 R 函数也可以计算部分距离系数，在接下来的章节将会提到一些。欧氏距离可以通过函数 **vegdist(.,"euc")** 获得，也可以通过函数 **daisy(.,"euc")**、**dist.ldc(.,"euc")** 或 **dist(.)** 获得。

表 3.1 **R 程序包内常用的对生态学家大有用处的计算 Q 模式的距离函数和相异系数函数。表中符号⇒表示左侧一列是专为定量数据设计的函数，如果用于有-无的数据，将与右侧一列专为有-无数据设计的函数所获得的结果相同**

定量数据		有-无数据
群落组成数据		
Ružička 相异系数 vegdist(.,"jac") dist.ldc(., "ruzicka")	⇒	Jaccard 相异系数 vegdist(.,"jac",binary=TRUE) dist.ldc(., "jaccard") dist.binary(., method=1)
弦距离 dist.ldc(., "chord") 先 decostand(.,"norm") 后 vegdist(.,"euc")	⇒	Ochiai 相异系数 dist.ldc(., "ochiai") dist.binary(.,method=7)

续表

定量数据		有-无数据
群落组成数据		
Hellinger 距离 dist.ldc(., "hellinger") 先 decostand(.,"hel") 后 vegdist(.,"euc")	⇒	Ochiai 相异系数 dist.ldc(., "ochiai") dist.binary(.,method=7)
Log-chord 距离 dist.ldc(., "log.chord") 先 decostand(log1p(.),"norm") 后 vegdist(.,"euc")	⇒	Ochiai 相异系数 dist.ldc(., "ochiai") dist.binary(.,method=7)
百分数差异（又称 Bray–Curtis）相异系数 dist.ldc(., "percentdiff") vegdist(., "bray")	⇒	Sørensen 相异系数 dist.ldc(., "sorensen") dist.binary(., method=5)
卡方距离 dist.ldc(., "chisquare") 先 decostand(., "chi.square") 后 vegdist(.,"euc")		卡方距离 dist.ldc(., "chisquare") 先 decostand(., "chi.square") 后 vegdist(.,"euc")
Canberra 距离 dist.ldc(., "canberra") vegdist(., "canberra")		
其他混合物理单位的变量		
标准化变量 欧氏距离 vegdist(.,"euc")		二元变量 简单匹配系数 dist.binary(.,method=2)
非标准化变量 Gower 距离 daisy(.,"gower")		

第 4 章　聚 类 分 析

4.1　目标

在大多数情况下，探索性分析（第 2 章）和关联矩阵计算（第 3 章）是数据深度分析的预备步骤。本章将介绍生态学研究中几大类分析方法之一：聚类分析（clustering）。本章主要内容包括：
- 学习如何选择合适的聚类方法并进行计算；
- 使用不同的聚类方法分析 Doubs 数据集，确认样方组和物种组；
- 学习一种强大的模型方法：约束聚类（constrained clustering），一种被外部数据集约束聚类过程的方法。

4.2　聚类概述

在生态学研究当中，聚类的目的是识别在环境中（有时是离散的，但在生态学上经常作为连续的）不连续的对象子集。聚类需要某种程度的抽象，但生态学家往往希望他们的数据变得简化并具有结构性，因此生成分类图是很好的途径。在某些情况下，聚类分类图通常与通过其他途径得出的分类结果进行比较，例如，与基于理论或其他属性变量对同一组对象分类的结果进行比较。这里我们将要展示这样一类方法，它们主要解决哪些对象有足够的相似性能够被归于一组，并且确定组与组之间的差异或分离程度。

聚类实际上是所研究对象（或 R 模式下的变量）集合的分组。硬划分（hard partition）是指将总体划分为不同的部分，每个对象或变量必须且只能归属于某一组（Legendre 和 Rogers，1972）。这种划分方式与一个物种不能同时归为两个属是一个道理：对象归属身份信息只能是二元数据（0 或 1）。但有一类较少用的模糊划分（fuzzy partition）的方法，对象归属身份信息可以是连续的（居于 0 和 1 之间）。聚类分析结果输出可以是无层级分组，也可以是具有嵌套结构的层次聚类树。聚类分析不是典型的统计方法，因为没有检验任何统计假设，但聚类后分组的稳健性（robustness）是可以检验的（见第4.7.3.3节）。聚类分析有助于探索隐藏在数据背后的属性特征；研究者也可以从生态学角度判断聚类结果是否有意义或是否值得解读。

需要注意大部分聚类方法都是基于关联矩阵进行计算，这也说明选择恰当的关联系数非常重要。

聚类方法因其算法而不同，这些算法是使用有限的指令解决问题有效的方法。我们需要识别以下不同类型的聚类方法：

（1）连续（sequential）或同步（simultaneous）的算法。大部分聚类的运算规则（即使用有限指令解决问题）是连续的，包含使用不断重复的步骤直到所有对象都被归类。比较少用的同步算法只需一步解决问题。

（2）聚合（agglomerative）或分划（divisive）。在连续算法中，聚合是从单个对象开始，逐步聚合，最后所有对象聚合成一个类群。分划恰好相反，是从对象总体开始，逐步分成低级类群，直到最后所有的对象被完全分开。通常我们不需要将所有对象归为一组或完全分成单个对象，只需要聚合或划分到某一步，得到所需要的分组即可。

（3）单元（monothetic）和多元（polythetic）。分划的方法可以是单元也可以是多元。单元是指在对象分类中每一步仅依据一个描述变量（该分类水平上能够分组最好的变量）；多元则依据所有的描述变量进行分类；在大部分情况下，所有的变量组合为一个关联矩阵。

（4）层次法（hierarchical）和非层次法（non-hierarchical）。在层次法中，低级的聚类簇是高级聚类簇的一部分，聚类结果是可以用树状图表示的层次分类系统。大部分情况下，层次法会产生不重叠的聚类。非层次法的结果只给出所分类群及每一类所含的对象，聚类簇之间没有层次性。

（5）概率法（probabilistic）和非概率法（non-probabilistic）。概率法是指如果组内的对象（变量）的关联矩阵同质性的概率符合预先设定的概率则可以定义为一个分类组。概率法有时也用于定义物种关联。

（6）非约束（unconstrained）或约束（constrained）的方法。非约束的聚类依赖于单个数据集的信息；而约束聚类使用两个矩阵：第一个是被划分的数据矩阵，第二个是用来约束（或导向）第一个矩阵划分过程的解释变量矩阵。

在生态学家的工具箱内，不同聚类方法的重要性并不相同。下面讨论的大部分是连续、聚合和层次聚类方法（见第 4.3、4.3.1、4.3.2、4.4、4.5 和4.6 节）。当然，还有其他的一些方法也会涉及，例如 k-均值划分，是分划和非层次的方法（见 4.8 节）。有两种方法比较特殊：Ward 层次聚类和 k-均值划分，都属于最小二乘法的方法，这个属性表明它们与线性模型有关。另外，我们将探讨两种约束聚类方法，顺序约束（sequential constraint）分组（第4.14节）和另一种使用更广泛的、被称为"多元回归树"的方法（MRT，第4.12节）。

层次聚类的结果一般用聚类树或类树状图表示。非层次法的结果只给出所分对象（或变量）的分类组。分类后的组可以用于进一步分析，也可以代表最终的结果（例如物种集合），或当所研究对象具有空间属性时，可以在研究区地图上标注不同的分类组。

样方聚类过程只依赖物种信息即可，但生态学家通常希望通过外部环境变量来解释聚类的结果。我们会探索实现这一目标的两种方法（第4.9节）。

虽然本章中的大多数聚类方法都将应用于样方，但聚类也可以适用于物种，以确定物种组合，第4.10节解决这个问题。

在一组样方中寻找指示或特征物种是基础和应用生态学中一个特别重要的问题，在第4.11节解决这个问题。

本章最后一小节（第4.15节）将简单展示模糊聚类的案例。模糊聚类是一种非硬划分的非层次聚类，即每个对象可以同时属于不同的聚类簇。

在进入分析之前，首先要加载所需的程序包和数据文件。

```
# 加载包,函数和数据
library(ade4)
library(adespatial)
library(vegan)
library(gclus)
library(cluster)
library(pvclust)
library(RColorBrewer)
library(labdsv)
library(rioja)
library(indicspecies)
library(mvpart)
library(MVPARTwrap)
library(dendextend)
library(vegclust)
library(colorspace)
library(agricolae)
```

```
library(picante)

# 加载本章后面部分将要用到的函数
# 我们假设这些函数被放在当前的 R 工作目录下
source("drawmap.R")
source("drawmap3.R")
source("hcoplot.R")
source("test.a.R")
source("coldiss.R")
source("bartlett.perm.R")
source("boxplerk.R")
source("boxplert.R")

# 从聚类结果获得二元差异矩阵的函数
grpdist <- function(X)
{
  require(cluster)
  gr <- as.data.frame(as.factor(X))
  distgr <- daisy(gr, "gower")
  distgr
}

#导入 Doubs 数据
#假设这个 Doubs.RData 数据文件被放在当前的 R 工作目录下
load("Doubs.RData")
# 剔除无物种数据的样方 8
spe <- spe[-8, ]
env <- env[-8, ]
spa <- spa[-8, ]
latlong <- latlong[-8, ]
```

4.3 基于连接的层次聚类

4.3.1 单连接聚合聚类

单连接聚合聚类（single linkage agglomerative clustering）也称作最近邻体分类（nearest neighbour sorting），该方法聚合对象的依据是最短的成对距离（或最大的相似性）：一个对象（或一个组）选择另一个对象（或一个组）融合的依据是看与哪个对象（或组）在所有可能成对距离中最短。将一个对象与一个分类组的距离定义为该对象与这个分类组中距离最近的一个对象之间的距离；两个分类组的距离定义为两个组中最近的两个对象间的距离。这种计算规则使聚合很容易实现。因此，单连接聚合聚类树显示的是这样的对象连接链：一对对象连接第三个对象，成为新的一组，再连接另外一个对象，直到全部对象被连接完毕为止。这样的聚类结果虽然从分区的角度来看很难解读，但梯度却非常明显。每个对象或聚类簇首次连接的列表称为主连接链（chain of primary connection），也称为最小拓展树（minimum spanning tree，MST）。后面的分析将用到最小拓展树（第 7 章）。

常用的层次聚类分析可以通过 `stats` 程序包内 `hclust()` 函数实现。为了方便，此处将用第 3 章算过的一个关联矩阵进行聚类分析练习（图 4.1）。

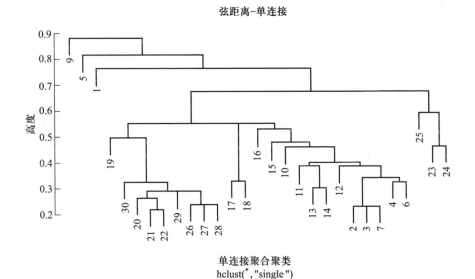

图 4.1 样方单连接聚合聚类（基于物种数据的弦距离矩阵）

```
# 先计算样方之间的弦距离矩阵
spe.norm <- decostand(spe, "normalize")
spe.ch <- vegdist(spe.norm, "euc")

# 将站点名称附加到类'dist'的对象
attr(spe.ch, "labels") <- rownames(spe)

# 进行单连接聚合聚类
spe.ch.single <- hclust(spe.ch, method = "single")
# 使用默认参数选项绘制聚类树
plot(spe.ch.single,
  labels = rownames(spe),
  main = "弦距离 - 单连接")
```

> 基于单连接聚类的结果，如何描述这个数据集？是简单的单一梯度还是区分明显的样方组？能否辨认样方的连接链？样方1、5和9为什么最后连接？

4.3.2 完全连接聚合聚类

与单连接聚合聚类相反，完全连接聚合聚类（complete linkage agglomerative clustering）（也称作"最远邻体分类（furthest neighbour sorting）"）允许一个对象（或一个组）与另一个组聚合的依据是最远距离对。因此，这种规则下，两个组所有成员之间的距离都必须全部计算，然后再比较（图4.2）：

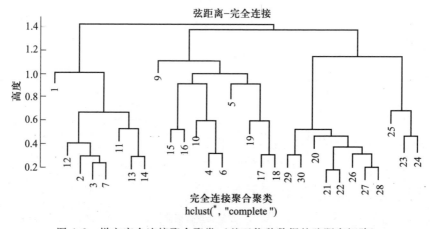

图4.2 样方完全连接聚合聚类（基于物种数据的弦距离矩阵）

```
# 计算完全连接聚合聚类
spe.ch.complete <- hclust(spe.ch, method = "complete")
plot(spe.ch.complete,
  labels = rownames(spe),
  main = "弦距离 -完全连接")
```

当前所给的样方是沿着河流分布（样方的编号按照流向编排），这个聚类分析结果是否将位置相近的样方排在同一个组呢？两种完全有效的聚类分析方法分析同一数据，为什么产生如此不同的聚类结果呢？

图 4.1 和图 4.2 两种聚类树的比较可以清楚看到两种方法聚类原理及结果的差异：单连接使一个对象很容易聚合到一个分类组，因为一次连接足以导致融合。因此单连接聚类也被称为"最亲密朋友"（closest friend）的方法。单连接聚类产生的分类组虽不清晰，但容易识别数据的梯度。相反，完全连接聚类产生的分类组之间的差异比较明显。在完全连接聚类中，一个组吸纳一个新成员的依据是比较与该组内所有成员与备选新成员形成的对象对最远的距离。也就是说，吸收一个新成员要求该组内所有成员都参与比较，而最近邻体法只考虑最近那个距离对，不考虑别的距离对。在完全连接聚类过程，一般更大组很难再吸收新的成员。因此，完全连接聚合聚类更倾向于产生很多小的分离的组。因此，完全连接聚类更适合于寻找和识别数据的间断分布。

4.4　平均聚合聚类

平均聚合聚类（average agglomerative clustering）是一类基于对象间平均相异性或聚类簇形心（centroid）的聚类方法。此类聚类分析有 4 种方法，不同的方法区别在于组的位置计算方式（算术平均或形心）和当计算融合距离时是否用每组包含的对象数量作为权重。表 4.1 总结了这 4 种方法的名称和特征。

这 4 种聚类中最有名的当属 UPGMA 方法。此方法中一个对象加入一个组的依据是这个对象与该组每个成员之间的平均距离。两个组聚合的依据是一个组内所有成员与另一组内成员之间所有对象对的平均距离。这里用案例数据演示 UPGMA 聚类（图 4.3）。

表 4.1 4 种平均聚合聚类方法。引号内名称来自 `hclust()` 函数内与方法对应的参数

	算术平均	形心聚类
等权重	使用算术平均的非权重成对组法（UPGMA）"average"	使用形心的非权重成对组法（UPGMC）"centroid"
不等权重	使用算术平均的权重成对组法（WPGMA）"mcquitty"	使用形心的权重成对组法（WPGMC）"median"

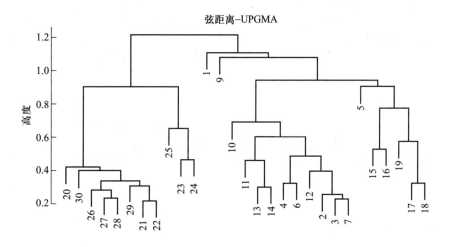

图 4.3 样方 UPGMA 连接聚合聚类（基于物种数据的弦距离矩阵）

这个 **UPGMA** 聚合聚类树看起来介于单连接聚类和完全连接聚类之间。这种情况经常发生。

```
#计算平均(UPGMA)聚合聚类
spe.ch.UPGMA <- hclust(spe.ch, method = "average")
plot(spe.ch.UPGMA,
  labels = rownames(spe),
  main = "弦距离-UPGMA")

# 计算形心聚类
spe.ch.centroid <- hclust(spe.ch, method = "centroid")
```

```
plot(spe.ch.centroid,
  labels = rownames(spe),
  main = "弦距离 - 形心")
```

这种聚类树对生态学家来说简直是噩梦。**Legendre 和 Legendre（2012，第 376 页）**解释了聚类树翻转如何产生，并建议用多分法（**polychotomies**）代替二分法（**dichotomies**）解读这种图。

这里需要注意的是，UPGMC 和 WPGMC 有时会导致聚类树翻转（reversal）的现象，结果使聚类树不再形成连续的嵌套分区，分类结果难以解读。下面举例说明这种情况（图 4.4）。

弦距离–形心

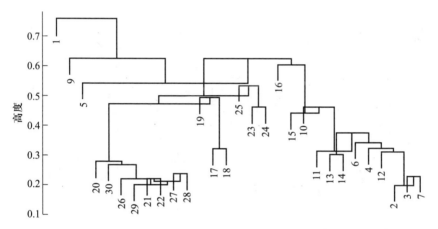
形心聚类
hclust(*, "centroid")

图 4.4　样方 UPGMC 连接聚合聚类（基于物种数据的弦距离矩阵）

4.5　Ward 最小方差聚类

这是一种基于最小二乘法线性模型准则的聚类方法，分组的依据是使组内平方和（即方差分析的方差）最小化。聚类簇内方差（squared error）和等于聚类簇内成员间距离的平方和除以对象的数量。需要注意的是，虽然组内平方和（SS）的计算是基于欧氏模型，但 Ward 聚类并不要求输入的数据一定是欧氏距离矩阵。

在文献中，可以找到了两种不同的 Ward 聚类算法，一个应用了 Ward

（1963）的最小方差聚类的方法，另一个没有（Murtagh 和 Legendre，2014）。在 R 3.1.1 版本中函数 hclust() 被修改为 method = "ward.D2"，实现了 Ward（1963）方法，但是结果是对距离取平方后聚类，而 method = "ward.D" 是没有进行平方的处理直接进行聚类分析。在 R 3.0.3 的版本之后，函数 hclust() 中 method = "ward" 显示的是 ward.D2 的聚类结果（图 4.5）。

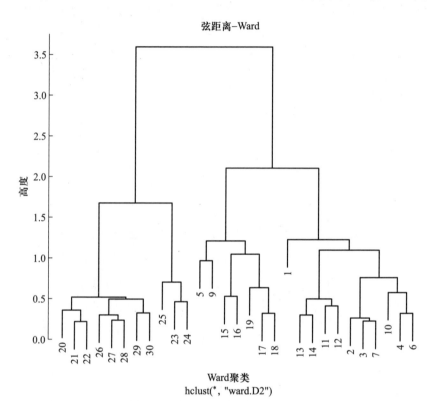

图 4.5　样方 Ward 连接聚合聚类（基于物种数据的弦距离矩阵）

```
# 计算 Ward 最小方差聚类
spe.ch.ward <- hclust(spe.ch, method = "ward.D2")
# 注意:在 R 3.0.3 版本后,Ward 聚类方法的名称改为"ward.D2",
# 但直接写"ward"也可以
plot(spe.ch.ward,
  labels = rownames(spe),
  main = "弦距离 - Ward")
```

提示：下面读者将看到用函数 `plot()` 生成聚类树会有更多参数选择。另外一个功能更加强大的生成聚类树的函数是 `as.dendrogram()`。键入? `dendrogram` 了解详细情况。

4.6　灵活聚类

Lance 和 Williams（1966，1967）提出一个能够涵盖上面所提到的聚类方法的模型（通过改变 α_h、α_i、β 和 γ 四个参数的值实现），详细内容可以参考 Legendre 和 Legendre（2012，第 370 页）。其实 `hclust()` 函数的运行过程也体现了 Lance 和 Williams 的算法。另外，`cluster` 程序包内的 `agnes()` 函数通过参数 `method` 和 `par.method` 的设置也可以实现灵活聚类。在 `agnes()` 函数中，灵活的聚类由参数 `method="flexible"` 和参数 `par.method` 设置为向量值 1（仅代表 α_h）、3（α_h、α_i 和 β，$\gamma=0$）或 4 来实现。其中最简单的应用是将参数设为 β，因此得名"beta-灵活聚类"（beta-flexible clustering）。让我们通过计算来说明这一点，假如一个灵活聚类 $\beta=-0.25$。如果我们给 `par.method` 提供一个值，`agnes()` 在上下文中将其视为 α_h 的值，并且 $\alpha_h=\alpha_i=(1-\beta)/2$ 和 $\gamma=0$（Legendre 和 Legendre，2012，第 370 页）。因此，为了获得 $\beta=-0.25$，给出的值是 `par.method = 0.625`，因为 $\alpha_h=(1-\beta)/2=(1-(-0.25))/2=0.625$。见 `agnes()` 的帮助文档文件以获取更多详细信息。

Beta = -0.25 的 beta-灵活聚类计算如下（图 4.6）：

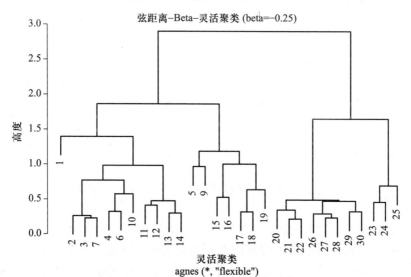

图 4.6　样方 Beta-灵活聚类（基于物种数据的弦距离矩阵）

```
# 使用 cluster 包中 agnes() 计算 beta 灵活聚类

# beta = -0.25
spe.ch.beta2 <- agnes(spe.ch, method = "flexible",
  par.method = 0.625)
# 改变 agnes 获得对象属性
class(spe.ch.beta2)
spe.ch.beta2 <- as.hclust(spe.ch.beta2)
plot(spe.ch.beta2,
  labels = rownames(spe),
  main = "弦距离 - Beta-灵活聚类 (beta =-0.25)")
```

提示：请用完整的代码（在线材料）去看 beta 如何影响聚类树的形状。

将目前的这棵聚类树与前面 **Ward** 聚类树进行比较。

4.7 解读和比较层次聚类结果

4.7.1 引言

需要牢记的是聚类分析是一种探索性分析，而非统计检验。影响聚类结果的因素包括聚类方法本身和用于聚类分析的关联系数的选择。因此，选择与分析目标一致的方法非常重要。由函数 **hclust()** 产生的对象包含很多聚类分析结果信息，也是绘制聚类树的依据。在 R 里键入 **summary**（聚类结果对象名）可以获得聚类结果相关数量信息列表。

summary() 的信息也有助于解读和比较聚类的结果。下面探索由 R 提供的解读和比较聚类结果的其他几种工具。

4.7.2 同表型相关

一个聚类树内两个对象之间的同表型距离是两个对象在同一组分类水平内的距离。任意两个对象，在聚类树上从一个对象向上走，到达与另外一个对象交汇节点向下走，势必会到达第二个对象：交汇节点所在的层次水平即是两个对象同表型距离。同表型矩阵是所有对象对的同表型距离矩阵。同表型相关（cophenetic correlation）是原始的距离矩阵和同表型距离矩阵之间的 Pearson 相关系数。具有最高的同表型相关系数的聚类方法可视为原始矩阵最好的聚类模型。

当然，同表型矩阵由原始距离矩阵推导而来，两组距离矩阵不独立，因此不能检验同表型相关的显著性。此外，同表型相关强烈依赖于数据的聚类方法的选择。

以前面获得的聚类结果为例，此处通过 **stats** 程序包内 cophenetic( ) 函数计算同表型矩阵和同表型相关。

```
# 同表型相关

# 单连接聚类同表型相关
spe.ch.single.coph <- cophenetic(spe.ch.single)
cor(spe.ch, spe.ch.single.coph)
# 完全连接聚类同表型相关
spe.ch.comp.coph <- cophenetic(spe.ch.complete)
cor(spe.ch, spe.ch.comp.coph)
# 平均聚类同表型相关
spe.ch.UPGMA.coph <- cophenetic(spe.ch.UPGMA)
cor(spe.ch, spe.ch.UPGMA.coph)
# Ward 聚类同表型相关
spe.ch.ward.coph <- cophenetic(spe.ch.ward)
cor(spe.ch, spe.ch.ward.coph)
```

哪个聚类树保持与原始的弦距离矩阵最相关？同表型相关也可以用 **spearman** 秩相关或 **Kendall** 秩相关表示

```
cor(spe.ch, spe.ch.ward.coph, method = "spearman")
```

为了展示一个距离矩阵与通过不同聚类方法得到的同表型矩阵之间的相关性，可以绘制原始距离对阵同表型距离的 Shepard 图（Legendre 和 Legendre，2012，第 414 页）（图 4.7）。

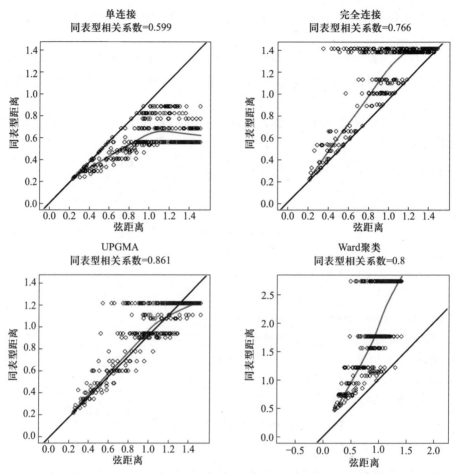

图 4.7 比较弦距离（物种数据）与 4 种聚类方法同表型距离的 Shepard 图。
每个图添加了 LOWESS 趋势平滑线

```
# Shepard 图
par(mfrow = c(2, 2))
plot(
  spe.ch,
  spe.ch.single.coph,
  xlab = "弦距离",
  ylab = "同表型距离",
  asp = 1,
```

```
  xlim = c(0, sqrt(2)),
  ylim = c(0, sqrt(2)),
  main = c("单连接", paste("同表型相关系数 =",
          round(cor(spe.ch, spe.ch.single.coph), 3)))
)
abline(0, 1)
lines(lowess(spe.ch, spe.ch.single.coph), col = "red")
plot(
  spe.ch,
  spe.ch.comp.coph,
  xlab = "弦距离",
  ylab = "同表型距离",
  asp = 1,
  xlim = c(0, sqrt(2)),
  ylim = c(0, sqrt(2)),
  main = c("完全连接", paste("同表型相关系数 =",
          round(cor(spe.ch, spe.ch.comp.coph), 3)))
)
abline(0, 1)
lines(lowess(spe.ch, spe.ch.comp.coph), col = "red")
plot(
  spe.ch,
  spe.ch.UPGMA.coph,
  xlab = "弦距离",
  ylab = "同表型距离",
  asp = 1,
  xlim = c(0, sqrt(2)),
  ylim = c(0, sqrt(2)),
  main = c("UPGMA", paste("同表型相关系数 =",
          round(cor(spe.ch, spe.ch.UPGMA.coph), 3)))
)
abline(0, 1)
lines(lowess(spe.ch, spe.ch.UPGMA.coph), col = "red")
plot(
```

```
    spe.ch,
    spe.ch.ward.coph,
    xlab = "弦距离",
    ylab = "同表型距离",
    asp = 1,
    xlim = c(0, sqrt(2)),
    ylim = c(0, max(spe.ch.ward$height)),
    main = c("Ward 聚类", paste("同表型相关系数 =",
            round(cor(spe.ch, spe.ch.ward.coph), 3)))
)
abline(0, 1)
lines(lowess(spe.ch, spe.ch.ward.coph), col = "red")
```

> 哪个聚类方法产生的同表型距离（纵坐标）跟原始的距离（横坐标）线性关系最好？

　　另一个比较聚类结果的指标是 Gower（1983）距离[①]，它等于原始距离与同表型距离之间差值的平方和。具有最小 Gower 距离的聚类方法也可视为原始矩阵最好的聚类模型。但同表型相关系数和 Gower 距离分析结果并不总是一致。

```
# Gower (1983)距离
(gow.dist.single <- sum((spe.ch - spe.ch.single.coph) ^2))
(gow.dist.comp <- sum((spe.ch - spe.ch.comp.coph) ^2))
(gow.dist.UPGMA <- sum((spe.ch - spe.ch.UPGMA.coph) ^2))
(gow.dist.ward <- sum((spe.ch - spe.ch.ward.coph) ^2))
```

> 这些代码行加括号可以直接在产生对象后立刻在屏幕上展示出来。

4.7.3 寻找可解读的聚类簇

　　为了解读和比较聚类的结果，通常需要寻找可解读的聚类簇，这意味着需要决定聚类树被裁剪到哪个水平。虽然裁剪聚类树不是必需的，但实际操作时通常要寻找某个或某些划分水平来解读聚类的结果。划分水平的选择可以通过视觉主观判断，也可以通过满足一些标准来确定，例如预先设定聚类簇的数

[①] 此处的 Gower 距离跟第 3 章的 Gower 相异系数是两码事，仅是作者姓相同而已，请不要混淆。——著者注

量。在某些情况下，在裁剪后的聚类树上添加其他信息，或将裁剪后的聚类结果作为附加信息添加到其他分析结果中，都非常有用。

4.7.3.1 融合水平值图

聚类树的融合水平值（fusion level value）是聚类树中两个分支融合处的相异性的数值。绘制融合水平值的变化图有助于定义裁剪的水平。下面为已生成的聚类树绘制融合水平值图（图 4.8）。

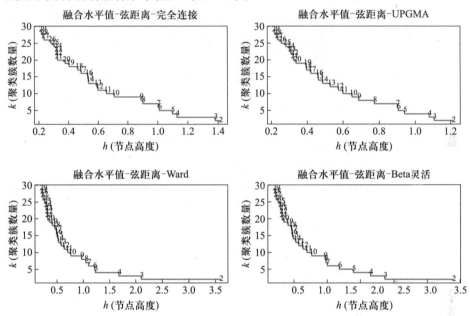

图 4.8 4 种聚类树的融合水平值图。每幅图从右向左看，距离比较长的水平线是被建议可能分组的水平。例如，完全连接聚类中 9 组和 Ward 聚类中的 4 组

```
par(mfrow = c(2, 2))
# 绘制完全连接聚类融合水平值图
plot(
  spe.ch.complete$height,
  nrow(spe):2,
  type = "S",
  main = "融合水平 - 弦距离 - 完全连接",
  ylab = "k（聚类簇数量）",
  xlab = "h（节点高度）",
  col = "grey"
```

```
)
text(spe.ch.complete$height,
    nrow(spe):2,
    nrow(spe):2,
    col = "red",
    cex = 0.8)
# 绘制 UPGMA 聚类融合水平值图
plot(
    spe.ch.UPGMA$height,
    nrow(spe):2,
    type = "S",
    main = "融合水平 - 弦距离 - UPGMA",
    ylab = "k (聚类簇数量)",
    xlab = "h (节点高度)",
    col = "grey"
)
text(spe.ch.UPGMA$height,
    nrow(spe):2,
    nrow(spe):2,
    col = "red",
    cex = 0.8)
# 绘制 Ward 聚类融合水平值图
plot(
    spe.ch.ward$height,
    nrow(spe):2,
    type = "S",
    main = "融合水平 - 弦距离 - Ward 聚类",
    ylab = "k (聚类簇数量)",
    xlab = "h (节点高度)",
    col = "grey"
)
text(spe.ch.ward$height,
    nrow(spe):2,
    nrow(spe):2,
```

```
    col = "red",
    cex = 0.8)
# 绘制 beta 模糊聚类融合水平值图（beta = -0.25）
plot(
  spe.ch.beta2$height,
  nrow(spe):2,
  type = "S",
  main = "融合水平 - 弦距离 - Beta 灵活聚类",
  ylab = "k（聚类簇数量）",
  xlab = "h（节点高度）",
  col = "grey"
)
text(spe.ch.beta2$height,
    nrow(spe):2,
    nrow(spe):2,
    col = "red",
    cex = 0.8)
```

> **提示**：请观察函数 **text()** 的使用，了解如何在图上直接标注聚类簇的数字标识。

你是否能看出每种聚类方法被建议分为多少组吗？此时回到聚类树且在相应的地方将其裁剪。这样获得的分组是否有意义？能否获得包含相当数量的样方分类组？

图 **4.8** 中的 4 个图看起来差异很大。记住，这些解决方案中任何一个都不是绝对正确的，每个方案都可以为数据分组提供独特见解。

与聚类树和融合水平值图所显示的信息同样明显，4 种不同的聚类分析展示不同的数据结构信息。

现在，可以使用 **cutree()** 函数设定分类组的数量，并使用列联表比较分类组的差异。

```
# 设定聚类组的数量
k <- 4
# 根据上面 4 个融合水平值图，可以观察到分 4 组水平在所有图里有小的
# 跳跃
```

```
# 裁剪聚类树
spech.single.g <- cutree(spe.ch.single, k = k)
spech.complete.g <- cutree(spe.ch.complete, k = k)
spech.UPGMA.g <- cutree(spe.ch.UPGMA, k = k)
spech.ward.g <- cutree(spe.ch.ward, k = k)
spech.beta.g <- cutree(spe.ch.beta2, k = k)

# 通过列联表比较分类结果
# 单连接 vs 完全连接
table(spech.single.g, spech.complete.g)
# 单连接 vs UPGMA
table(spech.single.g, spech.UPGMA.g)
# 单连接 vs Ward
table(spech.single.g, spech.ward.g)
# 完全连接 vs UPGMA
table(spech.complete.g, spech.UPGMA.g)
# 完全连接 vs Ward
table(spech.complete.g, spech.ward.g)
# UPGMA vs Ward
table(spech.UPGMA.g, spech.ward.g)
# beta-灵活聚类 vs Ward
table(spech.beta.g, spech.ward.g)
```

如果两个聚类的结果完全一样,那么这个列联表每行和每列只有一个非零数字,其他应该为 0。此处并没有出现这种情况。如何解读这些列联表呢?例如,单连接聚类第 2 组含有 26 个样方,这些样方在 Ward 聚类中被分散到 4 个组里。但是,上面创建的一个表显示两个聚类彼此非常接近,是哪个?

4.7.3.2 比较两个聚类树以突出共同的子树

可以通过聚类树的对比来确定多个算法共同的分组。来自 Dendextend 程序包中 tangelgram() 函数很好地完成了这项工作。在这里我们比较 Ward 聚类树和完全连接聚合聚类树 (图 4.9)。

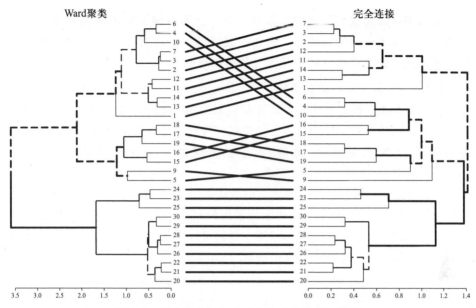

图 4.9 两个聚类树的成对比较（参见书末彩插）

```
# 聚类的结果原始"hclust"类的对象必须首先转化为"dendrogram"
# 类的对象
class(spe.ch.ward)    # [1] "hclust"
dend1 <- as.dendrogram(spe.ch.ward)
class(dend1)          # [1] "dendrogram"
dend2 <- as.dendrogram(spe.ch.complete)
dend12 <- dendlist(dend1, dend2)
tanglegram(
  untangle(dend12),
  sort = FALSE,
  common_subtrees_color_branches = TRUE,
  main_left = "Ward 聚类",
  main_right = "完全连接"
)
```

提示：为了使 **tanglegram()** 结果显示样方名称（而不是它们在数据集中的数量），第 4.3.1 节中的代码显示了如何通过函数 **attr()** 将样方名称嵌入用于计算聚类的"dist"类型的数据（此处为 **spe.ch**）。

这个图中样方位置尽可能重新排列，为了让两棵聚类树更好地匹配。彩色的图用来突出共同的聚类簇。黑色的线所连接的样方点表示在两棵树上不同的位置。你能认出特别"稳健"的聚类簇吗？

4.7.3.3 多尺度自助重采样

非约束聚类分析属于不以验证先验假设为目标的数据探索的方法。然而，自然变异导致样本的变异，分类的结果很可能反映这种现象。因此评估分类的不确定性（或其对应的稳健性）是合理的。这种评估在系统谱系（phylogenetic）分析中已经大量存在。

此类验证过程的方法常用的是自助抽样法（例如 Efron，1979；Felsenstein，1985），其原理是从数据集中随机抽取子集数据，然后进行这些子集数据的聚类分析。再进行大量多次的循环运算，我们可以计算每个聚类簇发生的次数比例。这个比例也成为聚类簇的自助概率（bootstrap probability，BP）。多尺度自助重抽样（multiscale bootstrap resampling）是被开发出来以应对一些关于传统自助抽样程序的批评（Efron 等，1996；Shimodaira，2002，2004）。这种多尺度自助重抽样是指利用不同抽样规模的重抽样来估计每个聚类簇的 p 值。这种抽样可以产生"近似无偏"（approximately unbiased，AU）p 值。读者可以参考原始文献了解更多细节。

Pvclust 程序包（Suzuki 和 Shimodaira，2006）提供绘制带有自助抽样 p 值聚类树。所有 AU-p 值都用红色字体标注。不太准确的 BP 值以绿色标注。高 AU 值（例如 0.95 或更大）的聚类簇表示受到数据的高度支持。这里我们以 Ward 方法获得的聚类树（图 4.10）为例进行此类运算。注意：函数pvclust()所使用的对象必须是我们通常数据结构（即行是变量）的转置矩阵。

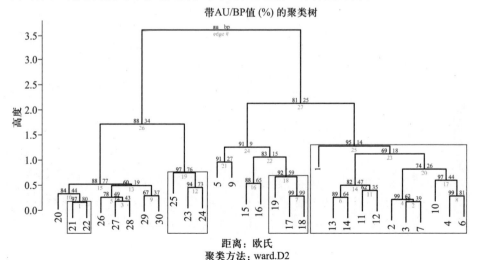

图 4.10 多尺度自助重采样应用于弦距离–Ward 聚类树（参见书末彩插）

```
# 计算聚类树中每个聚类簇(节点)的 p 值
spech.pv <-
    pvclust(t(spe.norm),
            method.hclust = "ward.D2",
            method.dist = "euc",
            parallel = TRUE)

# 绘制带 p 值的聚类树
plot(spech.pv)
# 凸显高 au 值的聚类簇
pvrect(spech.pv, alpha = 0.95, pv = "au")
lines(spech.pv)
pvrect(spech.pv, alpha = 0.91, border = 4)
```

提示：参数 parallel = TRUE 设置是通过平行运算提高运算速度，这时必须要求 parallel 程序包参与运作。

用红色框括起来并用下划线表示的聚类簇具有显著的 *AU p* 值（$p \geqslant 0.95$），而用蓝色框括起来的簇具有较小 *p* 值（本例中 $p \geqslant 0.91$）。此分析有助于突显最"稳健"的样方组。但请注意，对于相同的数据结果可能因每次运行情况不同，因为这是一个基于随机的抽样过程。

一旦我们选择了一种聚类树并评估了聚类簇的稳健性，接下来的任务就是利用三种方法来确定合适聚类簇的数量，分别是：轮廓宽度值（silhouette width）、矩阵比较（matrix comparison）和诊断物种（diagnostic species）。

4.7.3.4 平均轮廓宽度图

轮廓宽度（silhouette width）是指一个对象与所属聚类簇归属程度的测度，是该对象与同一组内其他对象的平均距离（也见第 4.7.3.7 节）和该对象与最临近聚类簇内所有对象平均距离的比较。轮廓宽度值范围从 −1 到 1。

这里使用 cluster 程序包内 silhouette() 函数绘制轮廓宽度图。该函数的帮助文件提供了轮廓宽度的正式定义。简单地说，轮廓宽度值越大，对象聚类越好，负值意味着该对象有可能被错分到当前聚类簇内。

平均轮廓宽度值（即 Rousseeuw 质量指数）可以用于度量分组的质量。在每种分类水平中，计算能够衡量对象与其所在组的关系紧密程度的轮廓宽度值，然后选择最大平均轮廓宽度值所对应的分组数量为最优的结果（图 4.11）。

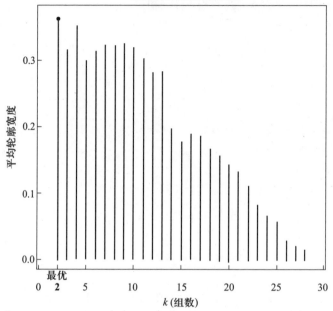

图 4.11 显示分组数 $k = 2 \sim 29$ 时所有轮廓宽度值图。在这个标准下，最大平均轮廓宽度值为最优分组结果，这里最佳的分组数量是 2 组，4 组次之，再次是 6 组，但从生态学角度分析，4 组和 6 组可能更有意义

```
# 选择和重新命名聚类树("hclust"对象)
hc <- spe.ch.ward
# 平均轮廓宽度值(即 Rousseeuw 质量指数)
Si <- numeric(nrow(spe))
for (k in 2:(nrow(spe) - 1))
{
  sil <- silhouette(cutree(hc, k = k), spe.ch)
  Si[k] <- summary(sil)$avg.width
}
k.best <- which.max(Si)
plot(
  1:nrow(spe),
  Si,
  type = "h",
  main = "轮廓宽度-最佳聚类簇数量",
```

```
 xlab = "k (组数)",
 ylab = "平均轮廓宽度"
)
axis(
 1,
 k.best,
 paste("最优", k.best, sep = "\n"),
 col = "red",
 font = 2,
 col.axis = "red"
)
points(k.best,
       max(Si),
       pch = 16,
       col = "red",
       cex = 1.5
)
```

提示：观察如何利用 for() 循环重复计算平均轮廓宽度。

轮廓宽度法经常选择 **2** 组作为最优的分类数量。我们回去看一下聚类树（图 4.10），图中的样方标号也反映沿着河流的距离。从生态角度看分两组是否有意义呢？

4.7.3.5 距离矩阵和代表分组的二元矩阵的比较

这种方法是计算原始距离与代表不同分类水平的二元矩阵（从聚类树计算获得）之间的相关性，然后选择最高的相关系数所对应的分类水平作为最优分组方案。我们的想法是选择两者之间的距离相关性最高的分组水平。但统计学检验是不可能的，因为这两个矩阵之间并不独立（代表聚类树的二元矩阵实际上是从原始的距离矩阵推导而来的）。

为了计算代表不同分类水平下表示样方之间关系的二元相异矩阵，需要载入我们自己编写的函数 grpdist() 计算向量化分类组来完成这项任务。图 4.12 展示了比较结果。

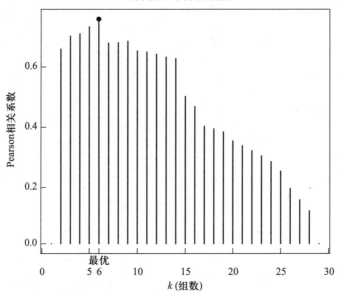

图 4.12 原始距离矩阵和代表不同分组情况的二元矩阵之间相关系数柱状图

```r
# 通过矩阵相关选择最佳聚类簇数量
kt <- data.frame(k = 1:nrow(spe), r = 0)
for (i in 2:(nrow(spe) - 1))
{
  gr <- cutree(hc, i)
  distgr <- grpdist(gr)
  mt <- cor(spe.ch, distgr, method = "pearson")
  kt[i, 2] <- mt
}
k.best <- which.max(kt$r)
plot(
  kt$k,
  kt$r,
  type = "h",
  main = "矩阵相关-最优聚类簇数",
  xlab = "k (组数)",
  ylab = "Pearson 相关系数"
)
```

```
axis(
  1,
  k.best,
  paste("最优", k.best, sep = " \n"),
  col = "red",
  font = 2,
  col.axis = "red"
)
points(k.best,
       max(kt$r),
       pch = 16,
       col = "red",
       cex = 1.5)
```

这个柱状图显示从 **3** 到 **6** 个组的时候可以获得两个矩阵相关系数的峰值。

4.7.3.6 物种保真度分析

评估分组质量的另一个内部标准是基于物种保真度 (fidelity) 分析。基本思想是保留能够最大程度被诊断物种 (也称为"指示种""典型种""特征种"或"差异种") 表征的聚类簇, 诊断物种即是在一组样方中多度相对更多且更均匀的物种。具体而言, 最佳分组结果将是最大化: (i) 指标值的总和, (ii) 具有显著指示物种的聚类簇的比例。在这里, 我们使用第 4.11.2 节将要介绍的 IndVal 指数 (Dufrêne 和 Legendre, 1997), 这个指数集成了特异性和保真度 (图 4.13)。

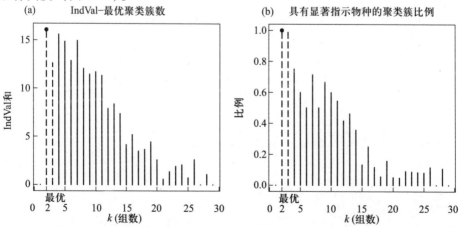

图 4.13 条形图显示物种指标值 (IndVal) 的总和 (a) 和各种分组情况具有显著指示物种的聚类簇比例 (b)。所有具有显著指标物种的分组方案均以虚线凸显

```r
# 通过指示种选择最优聚类蔟数量
# ( IndVal, Dufrene-Legendre; package: labdsv)
IndVal <- numeric(nrow(spe))
ng <- numeric(nrow(spe))
for (k in 2:(nrow(spe) - 1))
{
  iva <- indval(spe, cutree(hc, k = k), numitr = 1000)
  gr <- factor(iva$maxcls[iva$pval <= 0.05])
  ng[k] <- length(levels(gr)) / k
  iv <- iva$indcls[iva$pval <= 0.05]
  IndVal[k] <- sum(iv)
}
k.best <- which.max(IndVal[ng == 1]) + 1
col3 <- rep(1, nrow(spe))
col3[ng == 1] <- 3

par(mfrow = c(1, 2))
plot(
  1:nrow(spe),
  IndVal,
  type = "h",
  main = "IndVal-最优聚类蔟数",
  xlab = "k(组数)",
  ylab = "IndVal 和",
  col = col3
)
axis(
  1,
  k.best,
  paste("最优", k.best, sep = "\n"),
  col = "red",
  font = 2,
  col.axis = "red"
)
```

```
points(
  which.max(IndVal),
  max(IndVal),
  pch = 16,
  col = "red",
  cex = 1.5
)
text(28, 15.7, "a", cex = 1.8)

plot(
  1:nrow(spe),
  ng,
  type = "h",
  xlab = "k(组数)",
  ylab = "比例",
  main = "具有显著指示物种的聚类簇比例",
  col = col3
)
axis(1,
    k.best,
    paste("最优", k.best, sep = " \n"),
    col = "red",
    font = 2,
    col.axis = "red")
points(k.best,
    max(ng),
    pch = 16,
    col = "red",
    cex = 1.5)
text(28, 0.98, "b", cex = 1.8)
```

> 提示：上面这些代码，除了搜索满足两个标准的分组方案之外，还以绿色突
> 显具有显著指标物种的分组方案（对象 ng）。对于 Doubs 数据集，结
> 果表明分 2 组或 3 组是最优方案。

如果 **Doubs** 数据分为 **2** 组，只是简单对比上游和下游的样方，完全符合两个标准。但是，如果分 **3** 组或 **4** 组，尽管没有正的差异物种（即一个物种在一个组内的频度明显高于别的组），却展示了更微妙和有趣的结构。

4.7.3.7　最终分组的轮廓图

在我们的案例中，基于轮廓值、矩阵相关和指示值分析给出的结果并不相同，从 2 组到 6 组都有。我们认为，分组数 $k = 4$，不算太多，也不算太少，是比较合适的分组结果。因此，可以选择分 4 组作为最终的分组结果。此处继续选择 Ward 聚类当作案例，原因是 Ward 聚类方法产生 4 个大小比较合理且分类比较清晰的分类组（虽然不同的组对象数量不等，但差异不大）。

现在检验 Ward 聚类分析 4 组的分类是否真的合理（即没有或极少的对象被分到不合适的组里）。此时，轮廓图非常有用（图 4.14）。

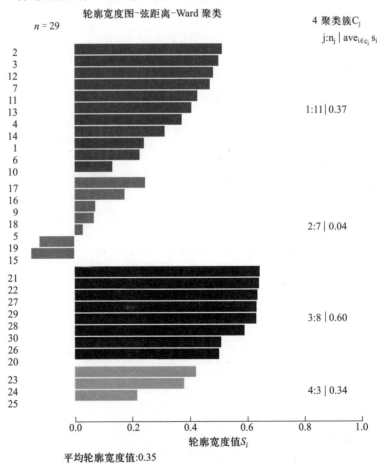

图 4.14　Doubs 河鱼类数据 Ward 聚类最终选择分 4 组时每个样方的轮廓宽度图

```
# 选择聚类簇的数量
k <- 4
# 最终分组的轮廓图
spech.ward.g <- cutree(spe.ch.ward, k = k)
sil <- silhouette(spech.ward.g, spe.ch)
rownames(sil) <- row.names(spe)
plot(
  sil,
  main = "轮廓图 - 弦距离 - Ward 聚类",
  cex.names = 0.8,
  col = 2:(k + 1),
  nmax = 100
)
```

组 1 和组 3 最连贯，同时组 2 可能含有被错分的对象。

4.7.3.8 利用绘图工具修饰的最终聚类树

此处将生成最终分 4 组的聚类树，然后使用几个绘图工具提高聚类结果的整体视觉效果（图 4.15）。尝试下面框内的代码，比较不同的结果，同时访问这些函数的帮助文件了解参数的含义。也请读者关注我们自编的函数 hcoplot() 的用法。

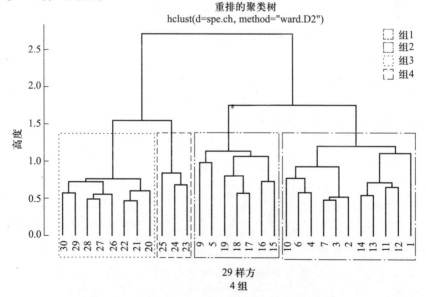

图 4.15 4 组分类的样方聚类树（基于鱼类物种数据）

```
# 重新排列从函数 hclust() 获得的聚类树
spe.chwo <- reorder.hclust(spe.ch.ward, spe.ch)

# 绘制重排后带组标识的聚类树
plot(
  spe.chwo,
  hang = -1,
  xlab = "4 组",
  sub = "",
  ylab = "高度",
  main = "弦距离 - Ward 聚类(重排)",
  labels = cutree(spe.chwo, k = k)
)
rect.hclust(spe.chwo, k = k)

# 绘制不同颜色的最终聚类树
# 使用我们自编函数 hcoplot() 可以快速获得最终聚类树:
hcoplot(spe.ch.ward, spe.ch, lab = rownames(spe), k = 4)
```

提示: 函数 reorder.hclust() 的作用是重新排列从函数 hclust() 获得的聚类树, 使聚类树内对象的排列顺序与原始相异矩阵内对象的排列顺序尽可能一致。重排不影响聚类树的结构。reorder.hclust() 也可以直接给距离矩阵。

当使用 **rect.hclust()** 函数为聚类簇加框时, 分类组数量 (参数 k=) 的设定可以变为融合水平值的设定 (参数 h=), 在自编函数 **hsoplot()** 中也可以做同样的转换。

另一个函数 **identify.hclust()** 允许通过人机交互的方式确定聚类树, 将鼠标停留在任何位置并点击左键就可以选择与该位置相应的分类水平, 这个操作也可以自动提取所在位置分类簇的所含对象的列表。

参数 hang=-1 是设定聚类树的分支终端从 0 的位置开始, 并且聚类簇的标识将在这个设定值之下。

现在我们将总结上面获得的聚类结果所代表的其他含义。这些信息是否有用完全取决于具体的研究目的。

dendextend 程序包提供各种函数来提高聚类树的表现形式。首先必须将 "hclust" 对象转换为 "dendrogram" 对象。然后，你可以对聚类树不同的分支用不同的颜色和线条区分（基于最终分区）（图 4.16）。

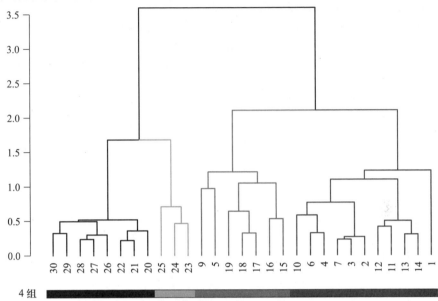

图 4.16　Doubs 河鱼类数据 Ward 聚类最终选择分 4 组时
带不同颜色分组的聚类树（参见书末彩插）

```
# 将 "hclust" 对象转成"dendrogram"对象
dend <- as.dendrogram(spe.chwo)
#使用 dendextend 包的函数对不同的分组进行标色
dend %>% set("branches_k_color", k = k) %>% plot

# 使用标准色显示聚类簇
clusters <- cutree(dend, k)[order.dendrogram(dend)]
dend %>% set("branches_k_color",
        k = k, value = unique(clusters) + 1) %>% plot
# 增加颜色条带
colored_bars(clusters + 1,
        y_shift = -0.5,
        rowLabels = paste(k, "clusters"))
```

> 提示：注意这里几个包使用的非常规的语法，包括 dendextend 程序包，这里用分隔指令 %>% 执行操作链。

4.7.3.9 聚类结果空间分布图

下面的代码将聚类簇标注在河流地图上，这对于展示数据的空间属性很有用（图 4.17）。

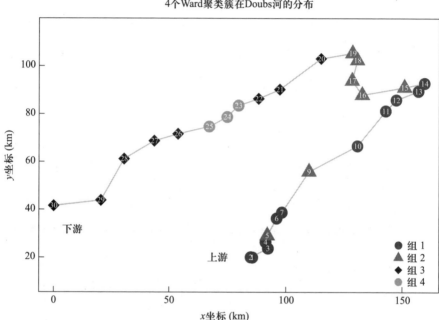

图 4.17 4 个 Ward 聚类簇在 Doubs 河的分布地图（样方 1 被样方 2 覆盖）

由于后面我们一直需要展示 Doubs 河的相应结果，这里我们自己编写一个函数 drawmap() 来完成此项任务。

```
# 4 个 Ward 聚类簇在 Doubs 河的分布情况
# (see Chapter 2)
drawmap(xy = spa,
        clusters = spech.ward.g,
        main = "4 个 Ward 聚类簇在 Doub 河的分布")
```

请比较当前生成的地图（图 4.17）与第 2 章生成的 4 种鱼类物种分布地图。

4.7.3.10 热图和排序的群落表

下面演示如何用彩色的方阵表达聚类树，颜色的深浅代表样方之间的相似度（图4.18）。

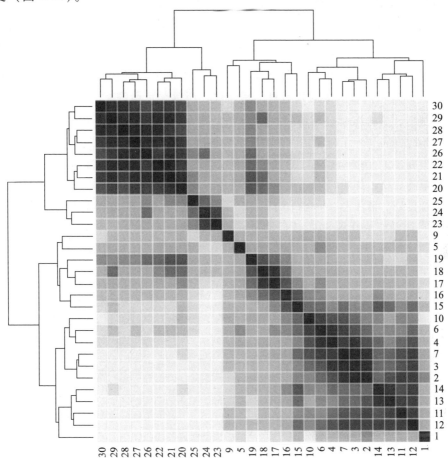

图4.18 依照聚类树重排弦距离矩阵的热图（参见书末彩插）

```
# 用聚类结果重排距离矩阵的热图
heatmap(
  as.matrix(spe.ch),
  Rowv = dend,
  symm = TRUE,
  margin = c(3, 3)
)
```

> **提示**：请注意，hclust 类对象已转换为 dendrogram 类对象。只有 dendrogram 才允许树状图的高级图形操作。请参阅 as.dendrogram()函数的帮助文件案例

观察如何设定最热的色彩（计算机输出的是黑色或红色）代表最大的相似性，例如对角线代表对象自身的相似性，所以颜色最深。

最后，直接探索聚类簇内的物种信息非常有用，即根据分组的情况重新排列原始数据表。为了避免较大的值影响图形展示效果，Jari Oksanen 在 vegan 程序包里编写了 **vegemtie()** 函数，专门利用外部的信息重新排列和展示样方-物种矩阵表格。如果没有提供物种的顺序，物种将按照基于样方得分的加权平均进行排列。请注意，**vegemtie()** 函数所使用的多度数据必须是 1 位的计数数值（例如从 0 到 9）。任何两位或更多位数值都会导致 vegemite()停止工作。这里我们的多度数据以 0~5 的标尺表示，因此没有问题。其他数据可能必须重新编码。vegemite()内部含有专门对植被数据进行重新编码的函数 covercale()。

```
# 重排群落表格
# 物种按照在样方得分加权平均进行排列
# 点代表缺失
or <- vegemite(spe, spe.chwo)
```

```
              32222222222  111111     1111
              09876210543959876506473221341
      Icme    5432121---------------------
      Abbr    54332431-----1---- ---------
      Blbj    54542432-1---1--------------
      Anan    54432222-----111------------
      Gyce    5555443212---11-------------
      Scer    522112221---21--------------
      Cyca    53421321-----1111-----------
      Rham    55432333-----221------------
      Legi    35432322-1---1111-----------
      Alal    55555555352--322------------
      Chna    12111322-1---211------------
      Titi    53453444---1321111-21-------
```

```
Ruru  555545555121455221--1--------
Albi  53111123-----2341-----------
Baba  35342544-----23322---------1-
Eslu  453423321---41111--12-1---1-
Gogo  5544355421--242122111-----1-
Pefl  54211432----41321--12-------
Pato  2211-222-----3344-----------
Sqce  344324231215213223221--11-1-
Lele  332213221---52235321-1-------
Babl  -1111112---32534554555534124-
Teso  -1-----------11254-------23-
Phph  -1----11---13334344454544455-
Cogo  ---------------1123------2123-
Satr  -1----------2-123413455553553
Thth  -1------------11-2------2134-
Sites species
   29      27
```

用这种方式排列的物种顺序也可用于绘制热图，此时热图的颜色强度与物种的多度呈正比（图 4.19）。

```r
# 基于聚类树的双排列群落表格的热图
heatmap(
  t(spe[rev(or$species)]),
  Rowv = NA,
  Colv = dend,
  col = c("white", brewer.pal(5, "Greens")),
  scale = "none",
  margin = c(4, 4),
  ylab = "物种（样方的加权平均)",
  xlab = "样方"
)
```

提示：使用 vegan 程序包中 tabasco() 函数也可以获得相同的结果。

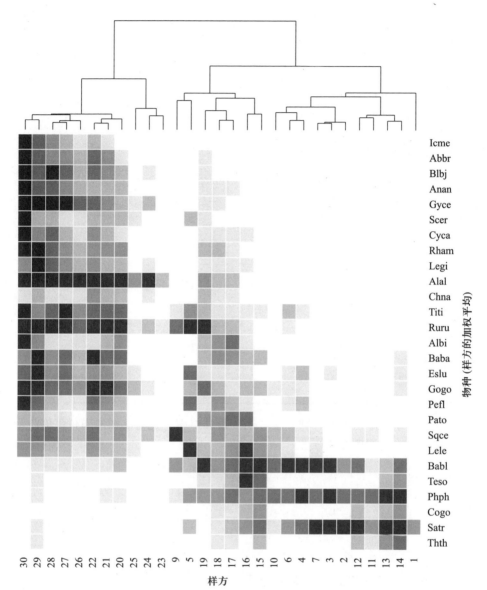

图 4.19 基于聚类树的双排列群落表格的热图（参见书末彩插）

4.8 非层次聚类

　　非层次分区是对一组对象进行简单分组的方法，也可以表述为：在 p 维空间内有 n 个对象（点），将 n 个对象分为 k 组（或称为聚类簇），分组的依据是尽量使组内对象之间比组间对象之间的相似度更高。此时用户需要自己决定分组的数量 k。非层次聚类的算法首先需要有个初始的结构，即首先将所有对象任意分为 k 组，然后在初始结构的基础上进行不断替换迭代，以达到最优化的分组结果。初始结构的设定可以依据某种理论，但大多数情况下是随机分配。通常是设定不同的初始结构，然后通过大量的迭代以找到最佳的解决方案。

本小节介绍两种非层次聚类方法：k-均值划分（k-means partitioning）和围绕中心点划分（partitioning around medoids，PAM）。这些都是欧氏距离空间属性的算法。此处需要注意的是：不同量纲的变量在进行非层次聚类之前应该进行标准化，因为方差的量纲等于变量量纲的平方，如果不标准化，不同量纲的方差相加毫无意义。

4.8.1 k-均值划分

k-均值划分法使用数据局部结构构建聚类簇：通过确认数据高密度区构建分类组。为了达到这样的目的，需要通过不断迭代去最小化一个被称为总误差平方和（E_k^2 或 TESS 或 SSE，即组内平方和）的目标函数。对于 k 个分组，该目标函数值等于每组内所有对象对的（欧氏）距离平方的和除以该组所含对象的数量后的各组总和。k-均值分组标准与 Ward 聚合聚类类似。

4.8.1.1 随机开始的 k-均值划分

如果已经有预想设定的组数，推荐使用 stats 包里的 **kmeans()** 函数运行 k-均值划分。**kmeans()** 函数会以随机设定的初始结构为基础，不断地自动重复迭代到设定次数（参数 nstart）为止，并获得当前次数下最佳的分类方案（即最小 SSE 值）。

k-均值划分是一种线性（linear）模型的方法，因此不适合含很多零值的原始数据（见第 3.2.2 节）。如果使用非欧氏相异矩阵，如百分数差异（又名 Bray-Curtis）；这样的非欧氏相异矩阵应进行平方根变换并提交主坐标分析（PCoA，见第 5.5 节）以获得欧氏属性的主坐标用于 k-均值划分。另外一个解决的办法：对数据进行预转化。为了与前面聚类分析的对象保持一致，可以使用之前已经范数标准化后（弦转化）的物种数据作为案例。为了与之前的 Ward 聚类结果比较，设定 $k = 4$ 组进行 k-均值划分，并将结果与 Ward 层次聚类 4 组样方的结果进行比较。

```
## 预转化后物种数据 k-均值划分
# 分 4 组
spe.kmeans <- kmeans(spe.norm, centers = 4, nstart = 100)
spe.kmeans
```

> **注意：即使给定的 nstart 相同，每次运行上述命令，所产生的结果也不一定完全相同，因为每次运算设定的初始结构是随机的。**

```
# 比较当前分为 4 组的分类结果与之前 Ward 聚类的结果
table(spe.kmeans$cluster, spech.ward.g)
```

	spech.ward.g 1	2	3	4
1	0	0	0	3
2	11	1	0	0
3	0	0	8	0
4	0	6	0	0

> **这两个聚类结果是否非常相似？哪个（或哪些）对象有差别？**

对于那些无法从原始数据转化后进行欧氏距离计算的距离指数（例如百分数差异指数，又名 Bray-Curtis 相异指数），必须先将原始的距离矩阵通过主坐标分析（PCoA，见第 5.5 节）获得一个 n 行的矩形数据表格，然后再进行 k-均值划分。对于百分数差异相异指数，必须先取平方根进行 PCoA 分析，或使用校对负特征根的 PCoA 函数，才能获得完全的欧氏属性数据表格。这些内容将在第 5 章讨论。

kmeans() 函数每次分析只能产生一个简单的预先设定组数的分组结果。如果需要尝试不同组数的结果，需要重新运行命令。但到底多少组是最好的分类方案呢？要回答这个问题，必须先定义什么是最好的方案。最好方案的标准有很多，**cclust** 程序包 **clustIndex()** 函数内有一部分标准。Milligan 和 Cooper（1985）推荐使用最大化 Calinski-Harabasz 指数（比较分类结果组间与组内平方和的 F 统计量），尽管在分类组所含对象数量差异比较大情况下 Calinski-Harabasz 指数的值可能比较低。"ssi"（简单结构指数"simple structure index"，详见 **clustIndex()** 函数的帮助文件）也是衡量分类结果的另一个不错的指标。

幸运的是我们不必手动多次运行 **kmeans()** 函数来获得不同组数的分类结果，可以使用 **vegan** 包里的函数 **cascadeKM()** 帮我们完成。**cascadeKM()** 函数是 **kmeans()** 函数的升级函数，它调用了 **kmeans()** 的基本函数，同时添加了一些新的属性。**cascadeKM()** 可以一次运行生成组数 k 从少（参数 inf.gr）到多（参数 sup.gr）的聚类结果。用案例数据尝试 **cascadeKM()**

的用法，组数设定从 2 组到 10 组，并利用 ssi 评估聚类的质量，同时绘制聚类的结果（图 4.20）。

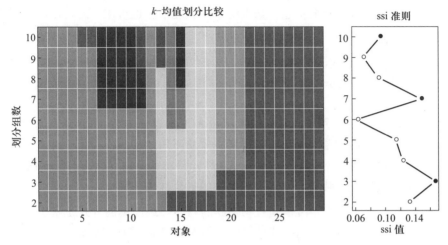

图 4.20　显示不同组数条件下每个对象归属的 k-均值划分

```
# k-均值划分,2 组到 10 组
spe.KM.cascade <-
  cascadeKM(
    spe.norm,
    inf.gr = 2,
    sup.gr = 10,
    iter = 100,
    criterion = "ssi"
  )
summary(spe.KM.cascade)
plot(spe.KM.cascade, sortg = TRUE)
```

提示：在 plot 函数中，sortg=TRUE 代表在每个聚类簇内按照对象之间的
　　　紧密程度重新排列对象。更详细的解释请查阅此函数的帮助文件。

该图显示每个对象在每种分类组数下的归属（图上每行代表一种组数）。图内的表格有不同的颜色，每行两种颜色代表分两组 $k=2$，三种颜色代表 $k=3$，依此类推。右图代表不同 k 值条件下的终止标准的统计量。由于这是一个迭代过程，此系列中重新运行结果可能会有所不同。

到底多少组是最佳方案？如果倾向于较多的组数，哪个是最佳方案呢？

函数 **cascadeKM( )** 也提供数值结果。其中"result"给出每种组数 k 条件下的 TESS 统计量和准则（calinski 或 ssi）的值，其中"partition"包含每个聚类簇所含对象的信息。如果对象的地理信息也可用，就可以绘制对象空间分布地图，同时以不同的颜色带标识对象的归属。

```
summary(spe.KM.cascade)
spe.KM.cascade$results
```

这里，最小 SSE 值用于确定在给定组数 k 下的最佳方案，而 calinski 和 ssi 指标用于确定最佳 k 值，两个指标解决不同的问题。

记住：不同的组数 $k=\{2, 3, \cdots\cdots, 10\}$，每次都是独立运行。因此图 4.15 从下到上结构互相独立，与层次聚类树的嵌套结构不同。

确定样方聚类簇后，可以查看聚类簇的内容。最简单的方式是基于分组图形定义样方的亚组和计算基本统计量。下面对 4 组 k-均值划分结果进行分析。

```
# 按照 k-均值划分结果重新排列样方
spe.kmeans.g <- spe.kmeans$cluster
spe[order(spe.kmeans.g), ]

# 使用函数 vegemite( )重新排列样方-物种矩阵
ord.KM <- vegemite(spe, spe.kmeans.g)
spe[ord.KM$sites, ord.KM$species]
```

4.8.1.2 使用 k-均值划分优化一个独立获得的分类

从另一个角度来看，k-均值划分可用于优化层次聚类的结果。前面几节所探索的聚合聚类的算法有个特点，就是对象一旦被分组，在之后的分组过程就不可能从一个组里转移到另外一个组，哪怕后来的分组结果更合适。为了克服这种潜在的问题，可以将聚类分析获得的分组结果作为 k-均值划分的出发点，重新进行划分然后比较结果的差异。k-均值划分的出发点可以以 $k \times p$ 的平均值矩阵（k 为聚类获得的组数，p 为变量数量，矩阵里面的值为该变量在该组中的平均值），或是以 k 个对象（每个对象视为每个组的典型代表）作为列表，这个典型的代表即下一节要讨论的分组方法所称的"形心（medeids）"。让我们应用这个想法来验证由鱼类数据 Ward 聚类获得的 4 个组，然后被 k-均值修改分组。

以 Ward 聚类获得 4 组中各个物种的平均多度矩阵作为初始结构进行 k-均值划分

```
# 计算 Ward 聚类获得 4 组中各个物种的平均多度矩阵
groups <- as.factor(spech.ward.g)
spe.means <- matrix(0, ncol(spe), length(levels(groups)))
row.names(spe.means) <- colnames(spe)
for (i in 1:ncol(spe)) {
  spe.means[i, ] <- tapply(spe.norm[, i], spech.ward.g,
      mean)
}
# 平均物种多度矩阵作为初始点
startpoints <- t(spe.means)
#基于初始点的 k-均值划分
spe.kmeans2 <- kmeans(spe.norm, centers = startpoints)
```

与前面这个方法稍有不同，这里需要返回去看一下聚类的结果，确认每组最典型的对象（轮廓宽度值最大），将这些对象作为 k-均值划分的初始结构（参数 **centers**）

```
startobjects <- spe.norm[c(2, 17, 21, 23), ]
spe.kmeans3 <- kmeans(spe.norm, centers = startobjects)


# 将 k-均值划分结果与 ward 聚类分析结果进行对比


table(spe.kmeans2$cluster, spech.ward.g)
#两个 k-均值划分优化后的 4 组进行比较
table(spe.kmeans2$cluster, spe.kmeans3$cluster)


# 最终分组的轮廓宽度值图
spech.ward.gk <- spe.kmeans2$cluster
par(mfrow = c(1, 1))
k <- 4
sil <- silhouette(spech.ward.gk, spe.ch)
rownames(sil) <- row.names(spe)
plot(sil,
```

```
main = "轮廓宽度值-Ward & k 均值",
cex.names = 0.8,
col = 2:(k + 1))
```

从代码中可以看出，可以通过列联表法（见第 4.9.2 节）进行原始分组和优化分组之间、或两个优化分组之间的比较。两种优化（基于物种的平均值和典型的初始对象）为我们选择的 4 个"典型"对象产生相同的结果。注意这个选择至关重要。与原来的 Ward 聚类 4 组结果比较显示，只有一个对象第 15 样方已从组 2 移动到组 1。这样移动可以改进轮廓图（图 4.21）并略微改变了沿着河流分布的地图（图 4.22）。请注意，样方 19 的成员归属仍不清楚：它的轮廓宽度值仍为负值。

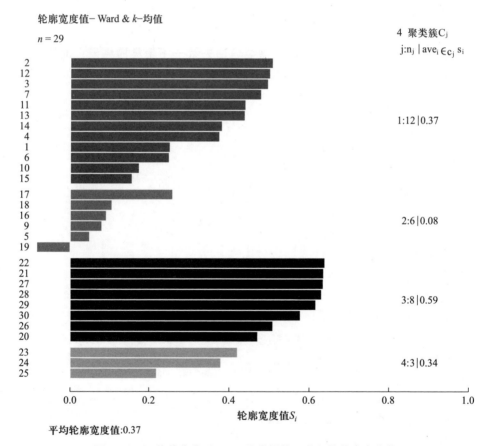

图 4.21 k-均值优化后 Ward 聚类最终 4 分组的轮廓宽度值

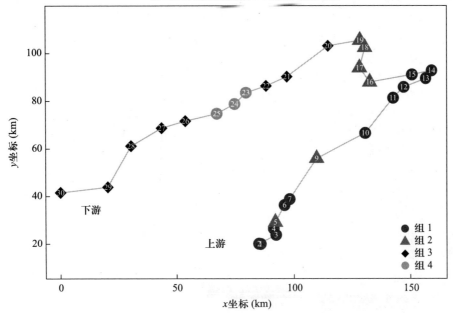

图 4.22 沿 Doubs 河流的优化后 Ward 聚类 4 组分布图

```
# 优化后 Ward 聚类最终分组的在 Doubs 河的分布图
drawmap(xy = spa,
        clusters = spech.ward.gk,
        main = "沿 Doubs 河流的优化后 Ward 聚类 4 组分布图")
```

4.8.2 围绕中心点划分（PAM）

围绕中心点划分（见 Kaufman 和 Rousseeuw（2005）第 2 章）可以这样描述："从所有的数据观测点寻找 k 个代表性的对象或形心点，这些代表性的对象应该反映数据的主体结构。k 个形心点选定后，将每个观测点分配给某个形心点构建 k 个聚类簇，不断寻找最佳的 k 个代表性对象，使对象之间的相异性总和最小"（摘自 pam()帮助文件）。通过比较可以发现，k-均值法是最小化组内欧氏距离平方和。因此，k-均值法是传统的最小二乘法，但 PAM 不是[①]。

───────────

[①] 群落生态学中使用的许多相异指数都是非欧氏距离（例如 Jaccard、Sørensen 和百分数差异指数）。但是这些指数的平方根具有欧氏属性。PAM 将观测值与其最接近形心点之间的差异总和最小化。由于这些距离测度的平方根是欧氏属性，因此 PAM 使用对象是非欧氏的相异指数，其实也是最小二乘法的方法。参见 Legendre 和 De Cáceres（2013），附录 S2。——著者注

在 R 里，**pam()** 函数（**cluster** 程序包）的输入可以是原始数据，也可以是相异矩阵（与 **kmean()** 相比，**pam()** 的优势是可以输入更多类型的关联测度），并且允许通过轮廓宽度值确定最佳的分组数量。以下代码的最后部分利用双轮廓图比较 k-均值法和 PAM 法的分组结果（图 4.23）。

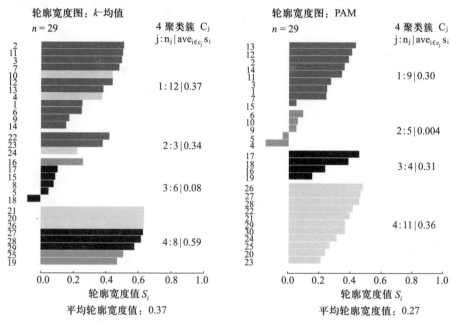

图 4.23　k-均值划分和 PAM 划分轮廓图

基于弦距离的围绕中心点划分（PAM）

```
# 聚类簇数量的选择
# 循环计算 2 至 28 组分类数下平均轮廓宽度
asw <- numeric(nrow(spe))
for (k in 2:(nrow(spe) - 1))
  asw[k] <- pam(spe.ch, k, diss = TRUE)$silinfo$avg.width
k.best <- which.max(asw)
plot(
  1:nrow(spe),
  asw,
  type = "h",
  main = "Choice of the number of clusters",
  xlab = "k (number of clusters)",
```

```
  ylab = "Average silhouette width"
)
axis(
  1,
  k.best,
  paste("optimum", k.best, sep = " \n"),
  col = "red",
  font = 2,
  col.axis = "red"
)
points(k.best,
       max(asw),
       pch = 16,
       col = "red",
       cex = 1.5)
```

当 $k = 2$ 时，PAM 具有最佳的方案（asw = 0.3841），这并不是我们期望的结果。如果选择常用的 4 组分法，从轮廓宽度角度分析结果并不好（asw = 0.2736）。尽管如此，我们还是需要分析 PAM 分 4 组的情况。

```
# PAM 分 4 组情况
spe.ch.pam <- pam(spe.ch, k = 4, diss = TRUE)
summary(spe.ch.pam)
spe.ch.pam.g <- spe.ch.pam$clustering
spe.ch.pam$silinfo$widths


# 将当前的分类结果与之前 Ward 聚类和 k-均值划分进行比较
table(spe.ch.pam.g, spech.ward.g)
table(spe.ch.pam.g, spe.kmeans.g)
```

PAM 结果与 Ward 聚类和 k-均值划分结果显著不同

```
# k = 4 组下 k-均值法和 PAM 法轮廓宽度图
par(mfrow = c(1, 2))
k <- 4
```

```
sil <- silhouette(spe.kmeans.g, spe.ch)
rownames(sil) <- row.names(spe)
plot(sil,
    main = "轮廓宽度图 - k 均值",
    cex.names = 0.8,
    col = 2:(k + 1))
plot(
  silhouette(spe.ch.pam),
  main = "轮廓宽度图 - PAM",
  cex.names = 0.8,
  col = 2:(k + 1)
)
```

基于此图，可以分辨 **PAM** 和 k-均值法哪个有更好的平均轮廓值。请将当前结果与 **Ward** 聚类轮廓宽度图进行比较。除了聚类簇成员不同外，在 k-均值法和最优化的 **Ward** 聚类之间还有哪些不同？你可以通过检查两个聚类比较的列联表进行分析。

```
# 比较 k-均值划分和最优化后的 Ward 聚类
  table(spe.kmeans.g, spech.ward.gk)
```

提示：PAM 法表现更稳定，一方面因为它是最小化相异系数总和，代替了最小化欧氏距离的平方和；另一方面在给定分组数 k 的条件下，PAM 相异系数总和更容易收敛。但对于特定的研究目的，并不能保证 PAM 一定是最合适的聚类方法。

上述例子表明，即使是两种目标相同且属于同一大类（k-均值法和 PAM 同属于非层次聚类）的聚类方法也可能产生完全不同的结果。用户应该根据哪种方法的结果能够提供更多有用的信息，或能更好地被环境变量解释（下一节内容）来选择合适的方法。

4.9 用环境数据进行比较

前面描述的聚类方法的案例都基于物种多度数据对样方进行分组。当然这些聚类方法也可以用于其他类型的数据，特别是环境数据。但是，在每个环境变量编码方式、转化（第 2 章）以及关联测度（第 3 章）的选择时必须格外小心。

4.9.1　用外部数据进行类型比较（方差分析途径）

我们已经看到内部的准则（例如轮廓法或其他聚类质量指数）都是仅仅依赖物种数据，还不足以选择最佳样方聚类结果。选择最终的聚类结果有时也需要基于生态学解释。生态学解释可视为样方聚类的外部验证。

利用外部独立的解释变量验证聚类结果（作为响应数据）可以用线性判别式分析（见第 6.5 节）。当然，也可以将样方分组当作因子对解释变量（当作响应变量值）进行方差分析，了解解释变量在各组间是否有显著差异。下面的案例展示以样方聚类簇为因子去对解释变量进行方差分析。首先检验某一环境变量是否符合方差分析假设（残差正态性和方差齐性），然后用传统的（参数估计）单因素方差分析或非参数的 Kruskal-Wallis 检验解释变量在组间是否有显著差异。此处也提供基于最优化的 Ward 聚类（分 4 组）的环境变量（为提高正态性进行某些简单的转化）箱线图（图 4.24）。尽管在方差分析

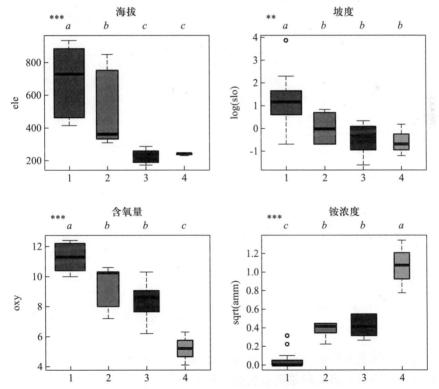

图 4.24　4 种环境变量箱线图（根据最优化的 Ward 聚类样方被分为 4 组）。图中的星号代表方差分析组间的差异显著性水平，字母代表组间两两比较是否有差异

中，是将物种组成数据获得的聚类的分组结果作为解释变量，但从生态学角度来分析，我们实际上是寻找环境因子对样方的分组的解释。

```
# 方差分析假设检验
with(env, {
  # 残差的正态性
  shapiro.test (resid(aov(sqrt(ele) ~ as.factor
            (spech.ward.gk))))
  shapiro.test (resid(aov(log(slo) ~ as.factor
            (spech.ward.gk))))
  shapiro.test (resid(aov(oxy ~ as.factor
            (spech.ward.gk))))
  shapiro.test (resid(aov(sqrt(amm) ~ as.factor
            (spech.ward.gk))))
```

检验结果表明 sqrt(ele)、log(slo)、oxy 和 sqrt(amm) 的残差是正态分布。也尝试为其他的环境变量寻找好的标准化转化。

```
# 方差齐性
  bartlett.test(sqrt(ele), as.factor(spech.ward.gk))
  bartlett.test(log(slo), as.factor(spech.ward.gk))
  bartlett.test(oxy, as.factor(spech.ward.gk))
  bartlett.test(sqrt(amm), as.factor(spech.ward.gk))
```

变量 sqrt(ele) 的方差不齐，所以参数检验的方差分析不适用。

```
# 可检验变量的方差分析 A
  summary(aov(log(slo) ~ as.factor(spech.ward.gk)))
  summary(aov(oxy ~ as.factor(spech.ward.gk)))
  summary(aov(sqrt(amm) ~ as.factor(spech.ward.gk)))

  # 海拔 Kruskal-Wallis 检验
  kruskal.test(ele ~ as.factor(spech.ward.gk))
})
```

坡度、含氧量和铵浓度在不同聚类簇之间是否差异显著？
海拔在不同聚类簇之间是否有显著差异？

提示：注意在一系列分析的开头使用 with() 来避免在每次分析中重复输入
对象 env 的名称。这比使用 attach() 和 detach() 方便，因为当你
的 R 控制台中有几个数据集，有些数据集碰巧有名字相同的变量时，
attach() 可能会导致混淆。

Shapiro 检验的零假设是变量正态分布；Bartlett 检验的零假设是组间
方差相等。因此，对于这两个检验，只有当 p 值大于显著性水平，即
$p>0.05$ 时接受零假设，才能满足方差分析的假设。

参数 Bartlett 检验对偏离正态分布很敏感。对于非正态分布数据，我
们提供了一个名为 bartlett.perm.R 的函数来计算参数、置换和
自助法（即替换的置换）Bartlett 检验。

　　两个我们自己编写的通用函数将允许执行方差分析的多重比较和显示带有
字母的环境变量分组后箱线图多重比较结果（图 4.24）。不同字母表示组间有
显著差异（按中位线递减顺序组）。应该使用 boxplert() 函数来执行方差分
析和 LSD 多重比较检验，而使用 boxplerk() 函数执行 Kruskal-Wallis 检验及
其相应的多重比较（两者都使用"Holm"的 p 值校正）。

```r
par(mfrow = c(2, 2))
with(env, {
# 使用 boxplert() 函数画校正后的多重比较结果
  boxplerk(
    ele,
    spech.ward.gk,
    xlab = "",
    ylab = "ele",
    main = "海拔",
    bcol = (1:k) + 1,
    p.adj = "holm"
  )
  boxplert(
    log(slo),
    spech.ward.gk,
    xlab = "",
    ylab = "log(slo)",
    main = "坡度",
```

```
    bcol = (1:k) + 1,
    p.adj = "holm"
  )
  boxplert(
    oxy,
    spech.ward.gk,
    xlab = "",
    ylab = "oxy",
    main = "含氧量",
    bcol = (1:k) + 1,
    p.adj = "holm"
  )
  boxplert(
    sqrt(amm),
    spech.ward.gk,
    xlab = "",
    ylab = "sqrt(amm)",
    main = "铵浓度",
    bcol = (1:k) + 1,
    p.adj = "holm"
  )
})
```

基于上面这些分析和图示，你能否确定这组鱼类群落的生态习性？

当然，相反的分析过程也是可行的。我们首先可以基于环境变量对样方进行聚类（类似获得生境类型的分组），然后通过指示种分析（见第 4.11 节）检验不同生境内物种分布是否有差异。指示种分析过程中基于不同的生境类型物种需要逐个分析。因此，需要考虑多个物种指示种分析时会产生多重检验的统计学问题。另外，作为替代方案，第 6 章将提出基于排序的多元方法，也能够直接描述和检验物种–生境关系。

4.9.2　双类型比较（列联表分析）

如果只想直接比较分别基于物种数据和环境数据的样方聚类结果，可以直接生成一个含两种结果的列联表，然后用列联表 Fisher 精准检验比较两种样方聚类结果是否有显著差异。

```
# 基于环境变量(见第 2 章)的样方聚类
env2 <- env[, -1]
env.de <- vegdist(scale(env2), "euc")
env.kmeans <- kmeans(env.de, centers = 4, nstart = 100)
env.kmeans.g <- env.kmeans$cluster
#比较从物种和环境数据获得聚类 4 组的结果
table(spe.kmeans.g, env.kmeans.g)
```

两种聚类结果是否相同?

```
# 列联表 Fisher 精准检验
fisher.test(table(spe.kmeans.g, env.kmeans.g))
```

列联表分析也适用于比较分别基于物种数据和分类（定性）解释变量数据的样方聚类结果。

4.10 物种集合

识别数据集内物种关联的方法很多，此处举一些简单案例。

4.10.1 组内数据简单统计

前面几节也建议过某些定义广义的物种集合（assemblages）的方式：对聚类分析获得的样方组进行简单统计（例如平均多度），寻找每组样方内数量多、频度高或最有代表性的物种。如下案例：

```
# 最优化 Ward 聚类分 4 组内每组物种平均多度
groups <- as.factor(spech.ward.gk)
spe.means <- matrix(0, ncol(spe), length(levels(groups)))
row.names(spe.means) <- colnames(spe)
for (i in 1:ncol(spe)) {
  spe.means[i, ] <- tapply(spe[, i], spech.ward.gk, mean)
}
group1 <- round(sort(spe.means[, 1], decreasing = TRUE), 2)
```

```
group2 <- round(sort(spe.means[, 2], decreasing = TRUE), 2)
group3 <- round(sort(spe.means[, 3], decreasing = TRUE), 2)
group4 <- round(sort(spe.means[, 4], decreasing = TRUE), 2)
# 显示多度大于平均值的物种
group1.domin <- which(group1 > mean(group1))
group1
group1.domin
#... 对其他组进行相同的分析
```

4.10.2　Kendall 共性系数 （W）

Legendre （2005） 提出将 Kendall 共性系数 （W） （Kendall's W coefficient of concordance） 与置换检验结合可以确认多度数据表格内物种集合 （此方法不适用于物种有-无数据）："首先进行所有物种独立性的总体检验，如果零假设被拒绝，则需要对物种进行分组，在每组内使用置换检验去分析每个物种对总体统计量 （overall statistic） 贡献的显著性"。在这个过程中，物种之间关联的计算无须预先参考任何已知或从其他数据 （例如环境因子） 获得的分组情况。这个方法的目标是找到最全面的物种集合，即利用最少组数并尽可能让显著正相关的物种分在同一组。

kendall.W 程序包可以做上面所描述的计算，其中有些函数现在也存在于 vegan 包里。Legendre （2005） 文章中数据模拟的结果表明："当判断的数量 ［=物种数］ 很少时，Kendall 共性检验最适合，因为此时用传统的 χ^2 检验过于保守，此外置换检验有准确的 I 类错误值；因此置换检验的效果可能更好。" **kendall.global()** 函数也包含参数的 F-检验，F-检验也可以避免 χ^2 检验过于保守的问题并具有较准确的 I 类错误值 （Legendre，2010）。

此处给出简单的案例：使用 k-均值法将这些物种分为几组 （图 4.25），然后运行全局检验 （**kendall.global()**） 识别是否所有物种组 （在原始文献内也称为 "判断 （judges）"） 显著关联。如果显著关联，将对每个组物种进行后验概率检验 （**kendall.post()**） 验证同一组内的物种是否具有共性 （concordant）[①]。

---

① 技术说明：在下面的代码中，物种数据首先是 Hellinger 转化的 （见第 3.5 节）。然后再进行标准化。标准化的目的是使变量变成无量纲，是必要的，因为 Kendall W 基于相关系数。出于一致性，在 Kendall 共性分析之前，物种数据的聚类也必须通过无量纲的数据进行计算。——著者注

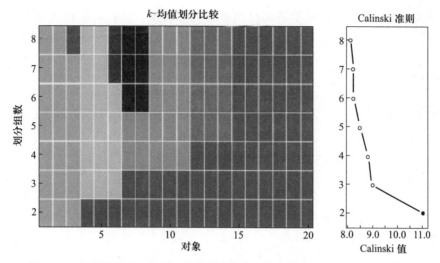

图 4.25　鱼类数据在 2 组到 8 组的分组条件下每种鱼归属的 k-均值划分图。
Calinski-Harabasz 准则指出分 2 组是最佳方案

```
# Kendall 共性系数(W)
# 物种数据转化和矩阵转置
spe.hel <- decostand(spe, "hellinger")
spe.std <- decostand(spe.hel, "standardize")
spe.t <- t(spe.std)
```

现在我们可以运行包含所有物种的 **Kendall** 共性分析首次检验

```
(spe.kendall.global1 <- kendall.global(spe.hel))
```

共性不一致的零假设被拒绝。因此，我们需要首先进行分组，然后再进行组内 **Kendall** 分析

```
#物种 k-均值划分
spe.t.kmeans.casc <- cascadeKM(
  spe.t,
  inf.gr = 2,
  sup.gr = 8,
  iter = 100,
  criterion = "calinski"
)
plot(spe.t.kmeans.casc, sortg = TRUE)
```

> 结果显示分 2 组是不错的选择，如果分更多的组，可能有些组只有一个物种。分为 2 组时候，第一组有 6 个物种，第二组有 21 个物种。在这里分 3 组或是 4 组也是合适的，因为至少每组不少于 3 个物种。

```
# 分两组的情况刚好是在 object$partition 里面的第一列
(clusters2 <- spe.t.kmeans.casc$partition[, 1])
```

分成 3 组或 4 组

```
(clusters3 <- spe.t.kmeans.casc$partition[, 2])
(clusters4 <- spe.t.kmeans.casc$partition[, 3])
```

我们现在将分两组来研究物种的划分。让我们执行每组全局 Kendall W 检验。这是通过一次调用 kendall.global() 函数来完成的。

```
(spe.kendall.global2 <- kendall.global(spe.hel, clusters2))
```

请看已经校正的置换检验 p 值。如果所有的 p 值等于或小于 0.05，可以认为所有组全局显著，即总体上说，每组内所包含的物种具有共性；这不意味着所有物种都具有共性，但至少是一部分物种具有共性。如果某些组校正的 p 值不显著（这里并没有出现这种情况），意味着这些组包括非一致的种，必须再分为更小的组。换句话说，这里应该划分为比两组更多的组。

现在运行后验检验以确定每组内共性显著的物种：

```
# 后验检验
(spe.kendall.post2 <- kendall.post(spe.hel, clusters2,
                                   nperm = 9999))
```

查看各个物种的平均 Spearman 相关系数。如果组内每个物种与本组内其他物种之间有正平均相关系数值，则该组包含一致物种。如果一个物种与其所有其他成员的相关性的平均值为负，这表明该物种应该被排除在本组之外。尝试对组进行更精细的划分，看看该物种是否找到了与本组其他物种间具有正平均相关性的组。这个物种也可能形成单体，即具有单一物种的群体。

对于分两组的情况，我们在较大的一组中，有一个物种（Sqce）与本组内其他成员的平均相关性为负。这表明我们应该寻找一个更精细的物种分组。让我们进行分三组后验检验。读者也可以尝试 4 组后验检验并检查结果。

```
(spe.kendall.post3 <- kendall.post(spe.hel, clusters3,
                                   nperm = 9999))
```

现在，三组中的所有物种与同小组的其他成员都具有正的 Spearman 相关。Sqce 发现自己处于一个由 9 个物种组成的具有平均正相关的新群体中，尽管它对该组的一致性贡献并不显著。三组中的所有其他物种都对它们组的一致性具有显著的贡献。所以我们可以停止继续分组，现在分为物种数为 12、9 和 6 种的分组足以充分描述了 Doubs 河的物种关联。

生态理论通常预测生态关系具有嵌套结构。在每个群落内，物种亚组或多或少或松散或紧密地关联在一起。可以通过考察 Kendall W 检验获得的物种关联大组中更小的物种亚组情况探索这种嵌套现象。

这里定义的物种组，可以用不同的方式解读其生态意义。例如，绘制物种组沿河流的多度分布并计算每个样方的基本统计信息，也可帮助评估这些物种组的生态作用。另一种途径是对显著关联的物种进行 RDA 分析（以环境因子为解释变量，也见第 6.3 节）。

4.10.3 基于有-无数据的物种集合

有一种方法专门针对物种有-无数据的聚类分析（Clua 等，2010），它包括计算 R-模式 Jaccard 系数 S_7（作为物种间共发生的测度）的 α 组分并通过 Raup 和 Crick（1979）系数置换检验评估 α 的概率。此时 p 值可以当作距离：共发生度越高的两个物种，其 p 值越小。这里提供自编的 **test.a( )** 函数计算这个系数。读者可以利用 **test.a( )** 函数分析转化为有-无数据的 Doubs 鱼类数据。利用第 7.2.6 节的校正方法可以设定置换检验中足够的置换次数以获得多重检验的显著水平。Doubs 数据共有 27 个物种，因此需要运行 $27 \times 26/2 = 351$ 次检验。为了保持 0.05 水平的显著性，Bonferroni 校正需要 p 值达到 $0.05/351 = 0.0001425$。只有当置换次数达到 9999 次，最小的 p 值才能达到 $1/(9999+1) = 0.0001$。置换次数达到 99999 次可以达到更精细的 p 值，请注意：这么大置换次数可能会让电脑多运行几分钟。

```
# 将数据转化为有-无数据
spe.pa <- decostand(spe, "pa")
# 共发生的物种检验
# 设置较多的置换次数,有足够小的 p 值满足 Holm 校正的要求
res <- test.a(spe.pa, nperm = 99999)
summary(res)
```

输出的结果是 res$p.a.dsit 包含一个 p 值的矩阵。下一步计算向量化的 p 值矩阵的 Holm 校正数（见 7.2.6 节）。

```
# 计算 Holm 校正的 p 值矩阵
(res.p.vec <- as.vector(res$p.a.dist))
(adjust.res <- p.adjust(res.p.vec, method = "holm"))
# 检查一下置换的次数是否满足在 Holm 校正之后还能允许显著性的 p 值
# 寻找 p<=0.05 值
range(adjust.res)
```

在 Holm 校正后的 *p* 值中，可以发现 0.05 或比 0.05 小但很接近的值。

```
(adj.sigth <- max(adjust.res[adjust.res <= 0.05]))
```

现在寻找与 **adj. sigth** 对应的非校正的 *p* 值

```
(sigth <- max(res.p.vec[adjust.res <= 0.05]))
```

p 值 0.04878 的未校正 *p* 值应该是 0.00017。**Holm** 校正后的 *p* 值矩阵内大约有 **83** 个值小于 **0.05**（可能每次运行这个数值有轻微变化）。因此 0.00017 或更小概率才能称为显著。接下来将相异矩阵内将所有大于 0.00017 的值都用 1 替换。

```
res.pa.dist <- res$p.a.dist
res.pa.dist[res.pa.dist > sigth] <- 1
```

有多少未校正的 *p* 值小于或等于 0.00017（sigth）？

```
length(which(res.p.vec <= sigth))
```

由 *p* 值构成的相异矩阵可以用热图表示（见第 3 章）。

```
# 显著 p 值的热图
coldiss(res.pa.dist,
        nc = 16,
        byrank = TRUE,
        diag = TRUE)
```

4.10.4　物种共生网络

共生网络（co-occurrence network）分析在群落生态学越来越流行，特别是研究物种之间或群落之间的生态相互作用等方面。原理就是分析生态群落内或多营养级的物种组合内物种之间的关联程度。基于共生网络的拓扑图，我们可以定义物种的群组，称为"模块（modules）"。网络结构有两个主要属性，即"模块化"（共生物种被组织成模块的程度，即密集连接、不重叠的物种子集）和"嵌套性"（网络嵌套程度，即小组合的物种组成是较大组合的嵌套子集；见第 8.4.3 节）。一个物种角色被定位为与自身模块中的其他物种相比较（"标准化的模块内程度"，即与同一模块中的其他节点的连接数，然后被由连接数的均值和标准差标准化）以及它与其他模块中的物种连接的程度（模块间"连通性"）。参考例如 Olesen 等（2007）和 Borthagaray 等（2014）文献获得更多的细节。

　　基本上，网络是由邻接矩阵（adjacency matrix）构建的，该矩阵可以是二进制的（物种显著共生或不共生）或数字（物种之间的加权连接）。物种间各种正、中性或负的关联测度的均可以用来计算邻接矩阵，包括 Spearman 相关、Jaccard 相似系数或前一节获得的 p 值。这些指标可以根据物种有-无数据或多度数据来计算。通常应用阈值来限制一些数值比较小但非零点连接，以减少连接的规模。网络图以这样的模式绘制，即通过各种算法将共生频次比较高的物种聚集在一起。

　　有几个 R 包专门用于网络分析。这里我们将使用 igraph 包进行网络处理和 picante 包计算共生距离（Hardy, 2008）。

　　让我们从计算鱼类数据几个邻接矩阵开始。您可以选择其中一个对称矩阵来构建无向共生网络，这里基于 Jaccard 相似性进行计算（图 4.26）。

```
# 加载附加的程序包
library(igraph)
library(rgexf)
#从上一节获得的显著的共生二元矩阵计算邻接矩阵
adjm1 <- 1 - as.matrix(res.pa.dist)
diag(adjm1) <- 0

#从"a"距离矩阵计算邻接矩阵
adjm2 <- 1 - as.matrix(res$p.a.dist)
adjm2[adjm2 < 0.5] <- 0
diag(adjm2) <- 0

# 从 Spearman 秩相关矩阵计算邻接矩阵
```

```
adjm3 <- cor(spe, method = "spearman")
# 仅保存正相关(rho >= 0.25)
adjm2[adjm3 < 0.25] <- 0
adjm2[adjm3 >= 0.25] <- 1   # 二元共生
diag(adjm3) <- 0

# 物种共生相异性(picante 包, Hardy,2008)
? species.dist
adjm4 <- species.dist(spe.pa, metric = "jaccard") # Jac-
        card!!
adjm4 <- as.matrix(adjm4)
adjm4[adjm4 < 0.4] <- 0

# 选择邻接矩阵
adjm <- adjm4
summary(as.vector(adjm))

# 绘制邻接值柱状图
hist(adjm)

# 构建图像元
go <- graph_from_adjacency_matrix(adjm,
                                  weighted = TRUE,
                                  mode = "undirected")

plot(go)

# 网络结构检测:发现连接图中的密集连接子集(模块或群落)
wc <- cluster_optimal(go)
modularity(wc)
membership(wc)
plot(wc, go)

# 输出 gephi 图
gexfo <- igraph.to.gexf(go)
```

```
print(gexfo, file = "doubs0.gexf", replace = TRUE)

# 卸载 rgexf 程序包
detach("package:rgexf", unload = TRUE)
# 如果无效请执行以下命令
unloadNamespace("rgexf")
```

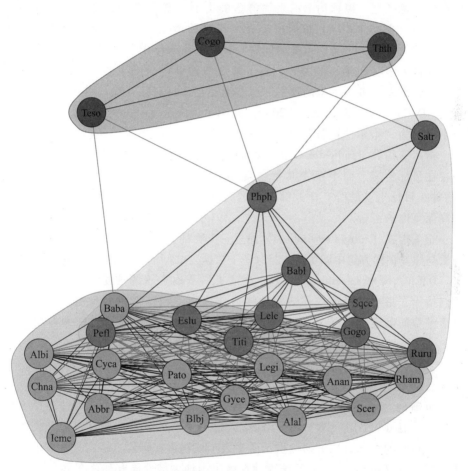

图 4.26 基于 Jaccard 相似性的鱼类共生网络图，图中显示三个模块
（以物种气泡颜色来区别）。黑线指示正的模块内（intra-module）关联，
红线指示正的模块间（inter-module）关联（参见书末彩插）

4.11 指示物种

4.11.1 引言

在应用生态学中，生态保护和管理专家经常需要寻找快速评估或预测某一区域的环境类型，以评估活的生物群落的类型（例如植被类型）或监测生态环境因子（例如年均温）的时间变化，在这种情况下，在一组样方中寻找指示种或特征种是一个特别重要的问题。在基础生态学中，我们经常会寻找物种在不同样方组（生境）的偏好，去了解这些物种本身的生活习性或增加对用不同样方组来代表的生境的理解。这些途径经常具有互补性，用不同的方法来解决。DeCáceres 和 Legendre（2009）介绍了这两个互补的方法及其相关指数，分别命名为"指示值指数"和"相关指数"。

指示值指数（indicator value indices）基于特异性（specificity）（当该物种只存在目标生境，而不存在其他生境的时候数值最高）和保真度（fidelity）（物种在目标生境的所有样方都出现的时候数值最高）。高指示值是高特异性和高保真度的组合。

相关指数（correlation indices）测量一个物种在样方内是否存在或多度值的向量与样方在样方组中归属的向量（0-1 数据）之间的 Pearson 相关系数（r）。

DeCáceres 和 Legendre（2009）描述了属于以上这两种途径的 12 种指数。他们指出，指示值指数在评估物种能否作为指示物种方面更有用（例如野外群落类型的确定或生态监测），而相关指数用于决定物种的生境偏好更有用（DeCáceres 和 Legendre，2009，第 3573 页）。

4.11.2 IndVal：物种指示值

Dufrêne 和 Legendre（1997）提出使用一种原始的方法计算物种在样方组内的指示值（IndVal 指数）。IndVal 指数是一个物种在一个样方组内平均多度和出现频率的组合。一个物种指示值高表示该物种在该样方组内平均多度大于其他样方组（特异性），并且该物种在该组内绝大部分样方都存在（均匀度）。软件包 labdsv 的作者 Dave Roberts 曾经总结过指示值的概念（私人通信）："使用 IndVal 方法寻找的指示种与分组类型具有充分必要的关系，即如果找到该物种，就可以找到该类型。如果找到该类型，就可以找到该物种。"

样方组的定义有多种方式，最简单（但有点自证的嫌疑）的是基于物种数据的样方聚类结果，这时指示种就是聚类组中最显著最有代表性的成员。当然，用这种方法获得的指示物种无法进行统计检验，因为分组和指数值的计算并不是来自不同的独立数据。另一种方法先基于非物种数据（例如环境数据）对样方进行聚类，然后再找指示物种，从概念或统计意义上讲更合理，因为分组和指数值的计算来自不同的独立的数据（环境数据和物种数据）。此时，指示物种才是真正具有指示意义的指示种（indicator），即该物种与该样方组所在的生态环境关系最为密切。指示值的后验（posteriori）统计显著性（即观察值和随机值的比较）可以通过置换检验进行评估。

Dufrêne 和 Legendre 定义的指示值可以用 **labdsv** 程序包内的 **indval()** 函数进行计算。这里以鱼类数据演示 **indval()** 函数。例如，寻找与某个环境变量相关的指示种时，我们可以考虑 dfs（离源头距离）作为代表河流梯度的变量。通过 dfs 变量将样方分为连续的组，然后寻找这些样方组的指示种。

```
# 依据 dfs(离源头距离)环境变量将样方分为 4 组
dfs.D1 <- dist(data.frame(dfs = env[, 1],
           row.names = rownames(env)))
dfsD1.kmeans <- kmeans(dfs.D1, centers = 4, nstart = 100)
# 聚类簇的分隔和编号
dfsD1.kmeans$cluster
#这个组号具有随机性,为了避免混淆,我们构建一个连续的编号给这个分组
# 向量
grps <- rep(1:4, c(8, 10, 6, 5))
# 这个样方分组的指示物种
(iva <- indval(spe, grps, numitr = 10000))
```

提示：注意：在输出表中，聚类簇编号不一定遵循有意义的顺序。k-均值划分以数字的形式产生任意组标签。indval()输出的列标题是提供给它的列标题（数字），但是这些列已根据数值重新排序。因此这里这个组的排序不按照沿河流向顺序。这就是我们为什么手动操作构造了一个具有连续组号的对象（grps）的原因。

输出结果包括以下表格：
- relfrg＝物种在每个组的相对频度，即出现在这一组样方数的比例；
- relabu＝物种在组间的相对多度（在目标组的多度/总多度）；
- indval＝每个物种的指示值；
- maxcls＝每个物种最高指示值的聚类簇（组别）；
- indcls＝每个物种在最高指示值的聚类簇的指示值；

● pval=每个物种在最高指示值的聚类簇的指示值的显著性。

多重比较 *p* 值校正

```
pval.adj <- p.adjust(iva$pval)
```

下面这些代码将从 indval 表格内提取出来含有最高指示值的组和指示值，以及置换检验 *p* 值的总频度。

```
# 显著指示物种的表格
gr <- iva$maxcls[pval.adj <= 0.05]
iv <- iva$indcls[pval.adj <= 0.05]
pv <- iva$pval[pval.adj <= 0.05]
fr <- apply(spe > 0, 2, sum)[pval.adj <= 0.05]
fidg <- data.frame(
  group = gr,
  indval = iv,
  pvalue = pv,
  freq = fr
)
fidg <- fidg[order(fidg$group, -fidg$indval), ]
fidg
# 将结果输出为 CSV 文件(可以用电子表格打开)
write.csv(fidg, "IndVal-dfs.csv")
```

> 基于上面的结果，你能获得什么信息？这个结果是否与第 1 章所描述的 4 种生态区域有关联？
> 请注意，此处确定的指示物种可能与第 4.10 节物种集合的成员并不重叠。指标物种是预先通过环境因子来对样方进行分组后获得，而物种集合并没有首先通过环境因子来预设组别。

在第 4.12 节，可以发现指示值在多元回归树（MRT）中应用，详细的情况将在下面描述。

与 De Cáceres 和 Legendre（2009）文献相配套的程序包 indicspecies 可以计算各种不同的指示物种指数，其中也包括 IndVal（确切地说是 IndVal 指数的平方根）。Indicspecies 程序包有两个值得提及的特征：通过自助法（bootstrap）获得指示值的置信区间（通过设定 strassoc()函数内的 nboot 参数获得）和通过不断尝试所有分类组组合情况依次选择合适的指示物种（函数 multipatt()）。这一次让我们首先使用函数 multipatt()计算与上面相同的分析，并利用将两组合并的可能性优势。

```
# 用 multipatt｛indicspecies｝函数计算 Indval 去寻找组合组的
# 指示物种
(iva2 <- multipatt(
  spe,
  grps,
  max.order = 2,
  control = how(nperm = 999)
))
```

在函数 multipatt()中，默认指示值是 func＝IndVal.g，这里".g"表示针对不相等的组大小进行校正。这个与原始的 Dufrêne 和 Legendre（1997）IndVal 吻合，因此值得推荐。

输出对象包含以下几个矩阵：

- comb＝将样方进行所有可能的组合的分组到分析要求次数；
- str＝"连接强度"，即所选指数的值；
- A＝如果函数是 IndVal 指数，则为其 A 组分的值（特异性）；否则为 NULL；
- B＝如果函数是 IndVal 指数，则为其 B 组分的值（保真度）；否则为 NULL；
- sign＝最佳格局，即组或组的组合统计量最高的地方，以及该结果的置换检验的结果。这里并没有进行多次检验的 p 值校正。

同样，应该针对多重复验证进行 p 值校正：

```
(pval.adj2 <- p.adjust(iva2$sign$p.value))
```

也可以使用 summary()函数获得更简单的输出：

```
summary(iva2, indvalcomp = TRUE)
```

Summary 结果显示具有显著指标物种的组或组的组合。在每个组中它显示物种的 IndVal 值（stat）和置换检验的 p 值。如果使用参数 indvalcomp＝TRUE，IndVal 指数的 A 组分（特异性）和 B 组分（保真度）也一块展示。

第二次分析的结果与以前的分析略有不同，因为对于某些物种，合成组的 IndVal 可能比单独组高。例如，褐鳟（Satr）的最高 IndVal 出现在组 1+2，而如果进行没有组合组分析中，则在第 1 组中指示值最高。

下一个分析使用函数 strassoc()计算 IndVal 置信区间，迭代次数由参数 nboot 设置。

```
# 通过自助法获得指示值置信区间
(iva2.boot <- strassoc(spe, grps, func = "IndVal.g", nboot =
                1000))
```

输出对象包含三个元素的列表：指标值（$stat），置信区间的下限（$lowerCI）和上限（$upperCI）。对于前三个物种，结果如下（每次运行结果并不相同，因为它们来自自助抽样法（bootstrapping））：

$stat				
	1	2	3	4
Cogo	0.0000000	0.89442719	0.00000000	0.00000000
Satr	0.6437963	0.67667920	0.00000000	0.05923489
Phph	0.5784106	0.75731725	0.09901475	0.05423261
(…)				
$lowerCI				
	1	2	3	4
Cogo	0.00000000	0.70710678	0.00000000	0.00000000
Satr	0.39086798	0.45825757	0.00000000	0.00000000
Phph	0.30618622	0.58177447	0.00000000	0.00000000
(…)				
$upperCI				
	1	2	3	4
Cogo	0.0000000	1.0000000	0.0000000	0.0000000
Satr	0.8277591	0.8537058	0.0000000	0.1924501
Phph	0.7585133	0.9004503	0.2348881	0.1721326
(…)				

在解释置信区间时，请记住任何指示值的置信区间下限等于 0 可以被认为是不显著的，因为该值可能也是本身大于 0 的。例如，在第 3 组和第 4 组中，欧亚鳑鱼（Phph）IndVal 值分别为 0.09 和 0.054，但置信区间下限为 0。此外，如果两个值的置信区间重叠则被认为没有显著差异。例如，在组 1 中，褐鳟（Satr）和欧亚鳑鱼（Phph）的置信区间分别为［0.391；0.828］和［0.306；0.758］。因此，这两个物种真正的 IndVal 值处于共同范围即［0.391；0.758］，但没有办法确定一个值大于另外一个值。

4.11.3 相关类型的指数

如上所述，设计相关指数以帮助识别物种在一组样方中的生态偏好。DeCáceres 和 Legendre（2009）指出，如果以此为目的，这种方法可能比指标值更有用，因为前者（相关型指数）可以允许检验负的偏好。但要注意的是，这个指数与物种在某组样方中的缺失有关。但引起物种在样方中缺失的原因很多，因此在没有明确的生态解释缺失原因，应该谨慎使用该指数（见第 3.2.2 节）。在植物生态学中，具有高生态偏好的物种通常被称为明确代表一组样方生态条件的"诊断"物种，在野外调查中可用于识别植被类型（Chytrý 等，2002；DeCáceres 和 Legendre，2009）。

用于有-无物种数据的最简单的相关类型指数称为 Pearson φ（phi）关联系数（Chytrý 等，2002；DeCáceres 和 Legendre，2009）。它处理两个二元向量之间的相关性。对于所有样方，一个向量给出了物种的存在与否，另一个向量表明了样方是否属于某一给定组（属于为 1，不属于为 0）。如果是定量（多度）数据，phi 系数称为点双系列相关系数（point biserial correlation coefficient），而用多度取代了原先物种有-无数据。在函数 strassoc() 中，默认指标是 phi 系数，由 func＝"r" 设置，但是如果设定为 "r.g"，可用于大小不等组的校正。按照在 DeCáceres 写的 indicspecies 程序包的参考手册是推荐后一种选择 func＝r.g。

让我们基于鱼的多度数据计算 phi 系数（针对大小不等组进行校正）。

```
# Phi correlation index
(iva.phi <- multipatt(
  spe,
  grps,
  func = "r.g",
  max.order = 2,
  control = how(nperm = 999)
))
summary(iva.phi)
```

该分析的结果与 IndVal 分析的结果非常相似。注意统计检验结果突出显示最高的正 phi 值（参见 summary 结果）。因此，两种方法（物种指标值和相关）都是彰显物种与被选组之间最强的关联性。但是，显示可能的环境条件（可以通过环境变量的样方分组来代表，如果有的话，以避免上面提到的警告）所有可以识别的 phi 值可能会很有趣。

```
round(iva.phi$str, 3)
```

例如，欧鲃鱼（Alal）显示出组"1 + 2"非常强烈的负相关（$\varphi =$ -0.92），组"3+4"是最强的正关联（$\varphi = 0.92$）刚好成镜像。的确，欧鲃鱼在组 1+2 所有样方都没有，而在组 3+4 所有的样方都存在。显然，欧鲃鱼喜欢河流的下游区域，而极其不喜欢上游区域。Doubs 河的各段的生态特征在本书的各个章节进行了描述和分析。

还可以通过自助法计算 phi 的置信区间，使用与计算 IndVal 系数置信区间相同的 strassoc()函数：

```
(iva.phi.boot <- strassoc(spe, grps, func = "r.g", nboot =
        1000))
```

由于 phi 值可以是负数或正数，因此您可以通过自助法检验（bootstrap test）获得 phi 值的显著性：如果置信区间上下限具有相同的符号（即，CI 不包含 0）表示显著。这个置换检验也可以求出负的 phi 值置信区间。例如，大头鱼（Cogo）在组 1 中不存在，CI 范围是 $[-0.313, -0.209]$。

4.12　多元回归树（MRT）：约束聚类

4.12.1　引言

多元回归树（multivariate regression trees，MRT；De'ath，2002）是一元回归树（univariate regression trees）的拓展。一元回归树是在定量或分类解释变量的控制下递归划分一个定量变量（Breiman 等，1984）。这样的分类方式有时也称为约束聚类或导向聚类。输出结果也是树状图，树的叶子（样方的最终分组）通过最小化组内平方和确定（类似 k-均值划分），但每次划分的分割点取自解释变量，而非被划分的数据。在大量可能的分类结果中（叶的数量和组成），通常保留具有最大预测（predictive）能力的回归树。需要说明的是，第 6 章将要描述的约束排序中，选择解释变量是依照解释（explanatory）能力大小，而 MRT 选择解释变量是侧重预测能力大小，这也使 MRT 在环境管理等实际应用中非常有用。

MRT 是一种强大而可靠的分类方法，即使被划分的变量缺少某些值，或响应变量和解释变量是非线性关系，或解释变量之间存在高阶相互关系，MRT 都可以使用。

4.12.2 计算（原理）

MRT 的计算由两个一起运行的程序组成：① 数据约束划分，② 分组结果交叉验证。这里首先简要解释这两步程序，然后再运行，看它们如何一起工作产生决定树（decision tree）形式的模型。

4.12.2.1 数据约束划分

● 对于每一个解释变量，将样方分为所有可能的两组情况。对于一个定量的解释变量，按照变量值大小先对样方进行排列，然后在第 1 个、第 2 个……第 $(n-1)$ 个间隔点将样方划分为 $n-1$ 种可能的两组分组情况。对于分类变量，将变量所有水平随机组合成所有可能的两组，在每种情况下，样方也跟随变量水平的组合分为两组。对于所有的情况，计算两组内每个响应变量的值与该组平均值的距离平方和（组内 SS），选择最小距离平方和的分组情况，并确认此分组情况所对应的解释变量的分割点或分类变量的水平组合。

● 对于已分类的两个样方亚组，根据上面的步骤再继续将每个亚组一分为二，对于每个亚组，同样保留最小距离平方和所对应的解释变量分割点或分类变量的水平组合。

● 继续分割直到每个对象成为独立一组为止。一般情况下，我们不需要最大的树（即每片叶子只有一个对象），只需要大小（组数）合适的树。如何确定大小合适的树，下面将讨论一种确定最佳回归树的方法：交叉验证（cross-validation）。

● 除了树叶的数量和组成，相对误差（relative error，RE）也是回归树的主要特征，即所有叶子的组内 SS（离差平方和）的和除以原始数据 SS。换句话说，相对误差是回归树不能解释的方差比例。如果没有交叉验证，我们应该保留最小 RE 的回归树，即保留最高 R^2 的回归树。然而，R^2 最高的回归树解释能力最好，不代表预测能力最好。De'ath（2002）指出："用 RE 衡量回归树预测新数据的准确性过分乐观，而利用交叉验证相对误差（CVRE）估计预测值的准确性更好。"

4.12.2.2 交叉验证和回归树的裁剪

该如何对回归树进行裁剪（即保留最佳分类方案）？如果从预测的角度解决这个问题，可以利用原始数据的一部分（称为"训练组（training set）"）构建一棵树，剩下另一部分（称为"验证组（test set）"）验证训练组构建的树的预测准确性，通过将验证组直接分配给训练组构建的树来实现。好的预测树总是会正确分配新对象，即新分配的响应变量总是接近所在组的形心（centroids）。可以通过预测误差评估回归树的预测能力。

预测误差的测度称为 CVRE，函数表达式为：

$$CVRE = \frac{\sum\limits_{k=1}^{v} \sum\limits_{i=1}^{n} \sum\limits_{j=1}^{p} (y_{ij(k)} - \hat{y}_{j(k)})^2}{\sum\limits_{i=1}^{n} \sum\limits_{j=1}^{p} (y_{ij} - \bar{y}_j)^2} \qquad (4.1)$$

式中，$y_{ij(k)}$ 是验证组 k 中的每个观测值，$\hat{y}_{j(k)}$ 是验证组 k 中每个观测值的预测值（即分类组的形心），分母代表验证组响应变量的总体离差平方和。

因此，CVRE 也可以定义为验证组未能被树解释的方差除以验证组总方差。当然，公式 4.1 中的分子会随着分组情况的变化而改变。CVRE 为 0 是最完美的预测，接近 1 是最差的预测。

4.12.2.3　MRT 运算流程

MRT 运算是两个模块同时运行，下面将这两个模块放在一起，解释 MRT 交叉验证的运算过程：

- 随机将数据分为 k 组（默认 $k=10$）。
- 从 k 组中取出 1 组作为验证组，剩余 $k-1$ 组重新混合通过约束划分建立回归树，分组原则是最小化组内 SS。
- 重复上面的步骤 $k-1$ 次，即依次剔除 1 组数据。
- 共可以产生 k 个回归树，对于每个回归树的不同分类水平，将验证组（1 组数据）内的对象分配到分组结果中。计算每个回归树不同分类水平的 CVRE。公式 4.1 只是每个回归树一种分类水平的 CVRE 的算法。
- 裁剪回归树：保留具有最小 CVRE 的回归树。另一个替代方案是，保留 CVRE 的值在最小 CVRE+1 个标准误范围内最小的分类水平。这个方法也称作 "1SE" 准则。
- 为了获得上面的运行过程的误差估计值，需要多次（100 次或 500 次）重复将对象随机分配为 k 组。
- 置换检验保留具有最小 CVRE 值（更常用是 1SE 规则）的回归树。
- 在 mvpart 函数中，当参数 minauto = TRUE 时，一组中最少可能的对象数等于 ceiling(log2(n))。如果设置 minauto=FALSE 允许分区继续进行，最终的分组方案可以由用户自己选择。

在 MRT 分析中，平方和的计算具有欧氏空间属性。考虑到某些数据的特殊性，在输入程序之前，可能需要预先转化。物种数据的欧氏距离转化可以参考第 2.2.4 节的内容。如果响应变量是具有不同量纲的环境因子，在运行 MRT 之前需要进行标准化。

4.12.3　使用 mvpart 和 MVPARTwrap 程序包运行 MRT

当我们写到这里的时候，mvpart 程序包依然是唯一完整计算 MRT 且方便使用的程序包,不幸的是,现在 R 官方不再支持此包,因此 R 3.0.3 之后的 R 版本没有可用的 mvpart。尽管如此,mvpart 仍然可以通过以下代码在 R 安装最新版本 mvpart。

```
# 如果是 Windows 操作系统,Rtools (3.4 以上版本) 必须首先从这里
# 下载安装
# https://cran.r-project.org/bin/windows/Rtools/
# 当每换一个 R 版本,Rtools 都必须重新安装
# 安装这两个包,请输入以下代码
install.packages("devtools")
library(devtools)
install_github("cran/mvpart", force = TRUE)
install_github("cran/MVPARTwrap", force = TRUE)
```

mvpart 包也包括一元回归树的函数 rpart()。回归树函数所需数据要求响应变量的数据类型为矩阵,解释变量为数据框。函数内表达式与回归函数(见?lm)类似。下面的案例演示最简单的 MRT 的应用,解释变量是 Doubs 数据集所有的解释变量。

此处需要生成一个被解释变量约束的鱼类数据多元回归树,首先要将每个样方鱼类数据进行弦转化(见第 2.2.4 节),因此后面所算的距离也是弦距离。在函数 **mvpart()** 的参数中,使用 xvarl = 29 交叉验证组(即等于样方数,而不是常用的 10 组),100 次的迭代,这里允许通过人机交互方式从函数 **mvpart()** 提供的误差图中选择分类方案(图 4.27 左图)。误差图显示相对误差 RE,一般会随着分类组数的增加而稳定减少。而 CVRE 通常先急剧减少,达到最小值后再增加,表明存在预测能力最佳的分组数,当数据分的组越多,预测质量越低。

通常,最佳的分类方案并非总是显而易见的。有时,简单分为两组即有最小的 CVRE。当前案例生成的图是带 1 个最小 CVRE 的标准误的误差条形图,红色的水平线指示最小 CVRE(大红点)的 1 个标准差范围。按照 De'ath (2002) 的说法,我们可以选择具有最好预测能力的树;如果按照 Breiman 等 (1984) 为一元回归树设定的原则:选择在 1 个最小 CVRE 的标准误范围内分组最少的分类树。在我们的案例中,$k = 2$ 即可以达到 Breiman 等 (1984) 的标准。分两组的回归树很简洁,预测能力仅仅稍逊色于最佳的预测树(最小 CVRE)。

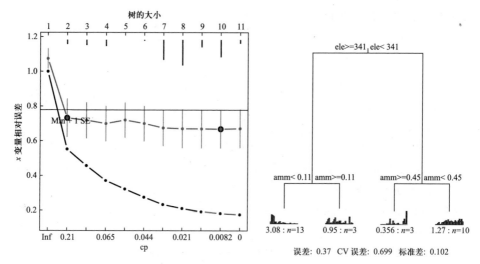

图 4.27   左图：相对误差 RE（稳定减少）和交叉验证相对误差 CVRE 图。
图中红点位置表示具有最小 CVRE 的分类方案，以及 CVRE 的误差线，上方绿色的
条形指出获得最佳分类方案交叉验证迭代的次数。右图：被环境变量解释的
Doubs 鱼类数据的多元回归树，解读见正文（参见书末彩插）

```
par(mfrow = c(1, 2))
spe.ch.mvpart <-
  mvpart(
    data.matrix(spe.norm) ~ .,
    env,
    margin = 0.08,
    cp = 0,
    xv = "pick",
    xval = nrow(spe),
    xvmult = 100
  )
summary(spe.ch.mvpart)
printcp(spe.ch.mvpart)
```

提示：参数 xv="pick"允许通过人机交互的方式选择所需的分类组数。如
果想自动选择具有最小 CVRE 值的回归树，可以设定 xv="min"。

如果选择人机交互的参数 xv="pick"，在想要的分组组数的地方点击鼠
标左键，会生成一个回归树。下面尝试选择分 4 组，虽然不是最好的方案，但

结果也算理想，组数也比较合适（图 4.27 右图）。

mvpart()函数产生的回归树除了底部显示一些常规的统计信息（误差，即 $1-R^2$、交叉验证的误差、标准误）外，还包含其他很多丰富的信息。下面这些回归树的特征非常重要：

• 每个节点通过一个解释变量划分。例如第一个节点被海拔划分为含有13 个和 16 个样方的两组。分割点（海拔 341 m）在原始数据中无此值，它是分割点左右两个样方海拔的平均值。如果其他解释变量也能产生相同的分组，也可以选择其他变量进行分组。例如，dfs 变量（离源头距离）在 204.8 m 的分割点也可以产生与海拔 341 m 相同的分组结果。

• 每片叶子（终端）都显示所含样方的数量和 RE，并显示该组内物种多度分布情况的小条形图（物种排列顺序按照响应变量矩阵内的列变量顺序排序）。如果物种较多，多度条形图会很难判读，但基本可以展示不同分类组内物种组成的差异。为了比较不同组内物种差异，使用前面所讲的寻找特征种或指示种函数（见第 4.11 节）是一种更有统计意义的途径。请参考下面的案例。

• 对于一个新的观测（样方），可以根据其"相应（relevant）"环境变量的值和回归树，将新样方直接分配到某一组。"相应"是指这里分配对象所需的变量可能因树的分支而异。样方不断分组过程中，一个环境变量可以多次使用。

下面框中的代码除了可以查看残差，还能检索每个节点的不同对象并查看每个节点的特征：

```r
# MRT 的残差
par(mfrow = c(1, 2))
hist(residuals(spe.ch.mvpart), col = "bisque")
plot(predict(spe.ch.mvpart, type = "matrix"),
    residuals(spe.ch.mvpart),
    main = "Residuals vs Predicted")
abline(h = 0, lty = 3, col = "grey")

# 组的组成
spe.ch.mvpart$where
# 识别组的名称
(groups.mrt <- levels(as.factor(spe.ch.mvpart$where)))
# 识别组的名称
```

```
spe.norm[which(spe.ch.mvpart$where == groups.mrt[1]), ]
# 第一片叶子的环境变量组成
env[which(spe.ch.mvpart$where == groups.mrt[1]), ]
```

我们还可以使用 MRT 结果来生成每组中鱼类组成的饼图 (图 4.28):

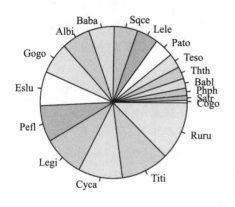
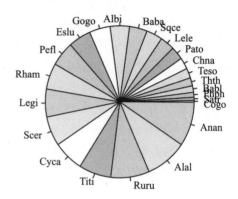

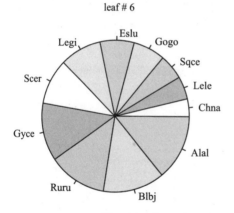
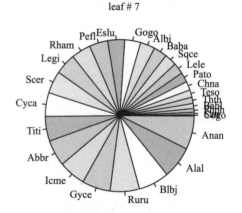

图 4.28 使用 MRT 获得的 4 组中每组鱼类组成的饼图

```
# 叶子的鱼类物种组成表格和饼图
leaf.sum <- matrix(0, length(groups.mrt), ncol(spe))
colnames(leaf.sum) <- colnames(spe)
for (i in 1:length(groups.mrt))
{
  leaf.sum[i, ] <-
```

```
    apply ( spe.norm [ which ( spe.ch.mvpart $ where - =
        groups.mrt[i]), ],
      2, sum)
}
leaf.sum

par(mfrow = c(2, 2))
for ( i in 1:length(groups.mrt))
{
  pie(which(leaf.sum[i, ] > 0),
    radius = 1,
    main = paste("leaf #", groups.mrt[i]))
}
```

　　遗憾的是，从 **mvpart()** 函数获得的结果对象无法提取更多的数量信息。这也是为什么 Marie-Hélène Ouellette 另外编写一个能从 **mvpart()** 获得的结果中提取更多信息的附加程序包：**MVPARTwrap**。运行 MRT 的函数称作 **MRT()**，输出结果是两个图形和大量数量结果。下面用 **MRT()** 函数分析 **mvpart()** 获得的结果。

```
# 从 mvpart() 函数获得的结果对象中提取 MRT 结果
# 必须加载 MVPARTwrap 和 rdaTest 程序包
spe.ch.mvpart.wrap <-
  MRT(spe.ch.mvpart, percent = 10, species = colnames(spe))
summary(spe.ch.mvpart.wrap)
```

> **提示：** 参数 percent 设定每个节点（叶子）对该节点所承载的方差贡献率小于该比例值的物种不显示。这个值是任选的值，不需要统计检验。

　　MRT() 函数运行结束后，屏幕上会直接显示回归树结果。这些结果以典范排序（见第 6 章）形式出现，因为 **MRT()** 函数实际上对物种进行 RDA 分析（解释变量同 MRT 分析）。在输出结果中，R^2（等于 1–RE）非常有用。在上面的案例中，图 4.27 给出回归树的误差是 0.37，因此这里输出的 R^2 等于 0.63。

　　对 **MRT()** 函数的结果进行总结分析，可以显示每个节点承载的被解释总方差（也称"复杂性（complexity）"）的比例。被解释总方差占数据原始总方

差的比例即回归树的 R^2。另外，**MRT ( )** 函数也可以识别每个节点的判别
（discriminant）物种，即对方差解释贡献最大的物种（贡献率小于用户设定参
数 percent 值的物种不显示）。另外，**MRT ( )** 函数也会提供每个节点两个分
支的物种的平均多度，所以我们能够看到分支中哪个物种是判别物种。例如，
案例分析表明，第一个节点左边分支（高海拔）的判别物种是 Satr, Phph
和 Babl 三个物种，而右边分支的判别物种是 Alal。总结列表显示每片叶子
的样方组成。以上信息都包含在结果对象中。

4.12.4 组合 MRT 和 IndVal

正如前面章节所建议，可以从 MRT 分类结果中寻找指示种（IndVal，见
4.11.2 节）。因为指示种可以进行指示值显著性检验（通过 Holm 法对多重检
验的 p 值进行校正），所以比单纯视觉判别特征种更好。

```
# 在 MRT 的结果中寻找指示种
spe.ch.MRT.indval <- indval ( spe.norm, spe.ch.mvpart $
                                where)
pval.adj3 <- p.adjust(spe.ch.MRT.indval$pval)  # 校正概率
```

```
 Cogo  Satr  Phph  Babl  Thth  Teso  Chna  Pato  Lele  Sqce  Baba  Albi
1.000 0.027 0.036 0.330 1.000 1.000 0.330 0.860 1.000 1.000 0.027 0.504
 Gogo  Eslu  Pefl  Rham  Legi  Scer  Cyca  Titi  Abbr  Icme  Gyce  Ruru
0.594 1.000 0.860 0.027 0.027 0.860 0.027 0.068 0.027 0.144 0.330 1.000
 Blbj  Alal  Anan
0.027 0.027 0.027
```

下面的截屏表明显著指示种对应的叶的编号和显著指示种所在组（叶）
的指示值。

```
# 为每个显著的物种寻找最高指示值的叶子
spe.ch.MRT.indval$maxcls[which(pval.adj3 <= 0.05)]
```

```
Satr  Phph  Baba  Rham  Legi  Cyca  Abbr  Blbj  Alal  Anan
   1     1     4     4     4     4     4     4     4     4
```

```
# 每个显著的物种在最高指示值的叶子中的指示值
spe.ch.MRT.indval$indcls[which(pval.adj3 <= 0.05)]
```

Satr	Phph	Baba	Rhim	Legi	Cyca	Abbr
0.7899792	0.5422453	0.6547659	0.8743930	0.6568224	0.7964617	0.9000000

Blbj	Alal	Anan				
0.7079525	0.6700303	0.8460903				

　　截图的内容表明，并非所有的组都有指示种，第 4 组（最右边）的指示种最多。从单个物种分析，褐鳟（Satr）是第一组（第一片叶）最显著的指示种（指示值为 0.7900）。

　　然后，比较 MRT 分组结果和 Ward 聚类的分组结果是很有趣的。为了完成比较，我们首先必须把通过 MRT 获得不连续的组号变为连续的组号。

```
# 展示从 MRT 获得的分组
spech.mvpart.g <- factor(spe.ch.mvpart$where)
levels(spech.mvpart.g) <- 1:length(levels(spech.mvpart.g))
# 比较 MRT 分组结果和 Ward 聚类的分组结果
table(spech.mvpart.g, spech.ward.g)
```

　　最终，将 MRT 获得的分组结果在 Doubs 河流显示出来（图 4.29）：

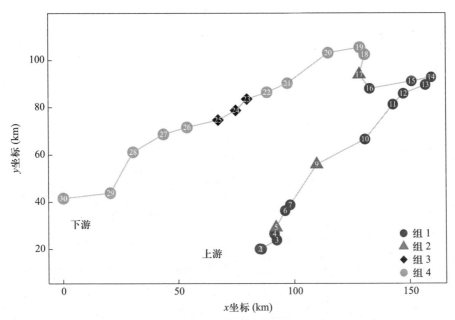

图 4.29　Doubs 河流展示 MRT 获得的 4 组分组

```
# 将 MRT 获得的分组结果在 Doubs 河流显示
drawmap(xy = spa,
        clusters = spech.mvpart.g,
        main = "在 Doubs 河流展示 MRT 获得的 4 组分组")
```

4.13   MRT 作为单元聚类方法

单元（monothetic）聚类是一种非约束聚类，聚类过程选择单个响应变量进行作为分组的依据。在 MRT 运算过程中，如果响应变量和解释变量在同一个矩阵，就是单元聚类。这个过程就是不断利用不同指示物种的多度数值（或有-无数据）对样方进行分组。这个方法与 Williams 和 Lambert（1959）提出的"关联分析（association analysis）"有关。响应变量可以是有-无数据或是未转化的多度数据；解释变量可以是二元（有无）数据或者定量数据（转化或未转化均可）。虽然响应变量和解释变量都是同一数据，但是响应变量和解释变量可以进行不同的转化。这里我们对鱼类多度进行单元聚类（图 4.30 和图 4.31）。

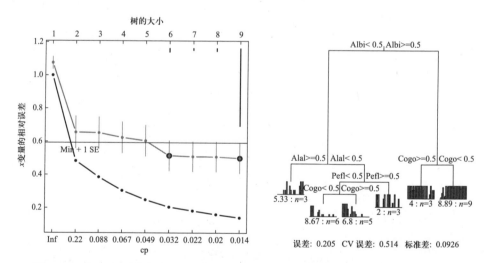

图 4.30   基于 MRT 将鱼类有-无数据同时作为解释变量和响应变量的单元聚类分析

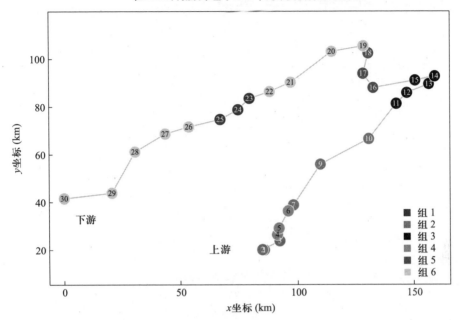

图 4.31 在 Doubs 河流展示基于 MRT 单元聚类获得的 6 组分组。
响应变量和解释变量均为鱼类的有-无数据

```
# spe.pa 既是响应变量又是解释变量
spe.pa <- decostand(spe, "pa")
par(mfrow = c(1, 2))
# spe.pa 是解释变量也是响应变量

res.part1 <-
  mvpart(
    data.matrix(spe.pa) ~ .,
    data = spe.pa,
    margin = 0.08,
    xv = "p",
    xvmult = 100
  )
# 这里,请点击期望的分组数(建议 6 组)
res.part1$where
```

```r
# spe.norm 响应变量, spe.pa 是解释变量
res.part2 <-
  mvpart(
    data.matrix(spe.norm) ~ .,
    data = spe.pa,
    margin = 0.08,
    xv = "p",
    xvmult = 100
  )
# 这里, 请点击期望的分组数(建议 5 组)

res.part2$where

# spe.norm 响应变量, spe(未转换数据)是解释变量
res.part3 <-
  mvpart(
    data.matrix(spe.norm) ~ .,
    data = spe,
    margin = 0.08,
    xv = "p",
    cp = 0,
    xvmult = 100
  )
# 这里, 请点击期望的分组数(建议 6 组)

#每组成员-两边都是有-无数据
res.part1$where
res.part1.g <- factor(res.part1$where)
levels(res.part1.g) <- 1:length(levels(res.part1.g))

# 与非约束聚类进行比较
table(res.part1.g, spech.ward.g)
table(res.part1.g, spech.ward.gk)
```

```
# 基于 MRT 鱼类数据单元聚类分析
drawmap3(xy = spa,
         clusters = res.part1.g,
         main = "在 Doubs 河流展示基于 MRT 单元聚类获得的 6 组分组")
```

4.14 顺序聚类（sequential clustering）

在某些情况下，数据本身具有空间和时间系列属性，此时对数据进行分组需要考虑数据之间的连续性。目前已有许多解决时间系列（例如，Gordon 和 Birks，1972，1974；Gordon，1973；Legendre 等，1985）和空间系列（Legendre 等，1990）的方法。顺序聚类也可以由 MRT 计算，解释变量是代表采样序列变量（Legendre 和 Legendre，2012 第 12.6.4 节）。对于 Doubs 数据的 29 个样方，包含数字 1 到 29 的向量（等价于变量 dfs）是合适作为解释变量（约束条件）。这个计算的案例细节参考 Borcard 等（2011，第 4.11.5 节）。代码中本书的附录材料可以找到。

在这里，我们将应用一种称为 CONISS 的用于地层研究具有邻接约束的聚类方法（Grimm，1987）。这种方法的原理与 Ward 的最小方差聚类类似，分割的节点是空间或时间系列。CONISS 可以通过 rioja 程序包的函数 chclust() 计算。

这里我们将使用鱼类多度数据的百分数差异（又称为 Bray-Curtis）矩阵。通过比较层次分类的离差（平方和，SS）和断棍模型的离差选择聚类的数量（图 4.32）：

```
# 基于百分数差异矩阵的 CONISS 聚类
spe.chcl <- chclust(vegdist(spe))
# 比较层次分类的离差(平方和,SS)和断棍模型的离差
bstick(spe.chcl, 10)
```

这个图建议分 **2** 组和 **4** 组合适（虚线是从断棍模型获得，在分 2 组或 4 组的地方平方和比断棍模型高）。

为了与前面聚类的结果一致，这里我们选择分 4 组。图 4.33 展示聚类树和沿着河流地图的展示图。

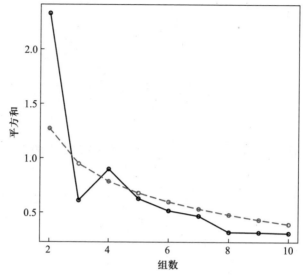

图 4.32 不同分组水平下聚类的离差平方和（SS）
和零模型的离差图（虚线为断棍模型的结果）

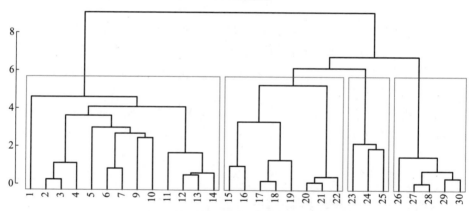

图 4.33 鱼类数据的顺序约束的聚类树

```
# 选择 4 组分类
k <- 4
(gr4 <- cutree(spe.chcl, k = k))


# 画聚类树
plot(spe.chcl, hang = -1, main = "CONISS 聚类")
rect.hclust(spe.chcl, k = k)
```

如果有必要，你可以按照离源头距离（**dfs**）这个向量去重新分配聚类树的分支。

```
# 按照离源头距离(dfs)这个向量去重新分配聚类树的分支
plot(spe.chcl,
    xvar = env$dfs,
    hang = -1,
    main = "CONISS 聚类",
    cex = 0.8)
```

看这个样方分组图，你可以发现样方 15~22 与样方 26~30 中间被样方 23~25 强行分开，主要是因为样方 23~25 是污染严重的样方，鱼类组成与其他样方明显有差异（图 4.34）。

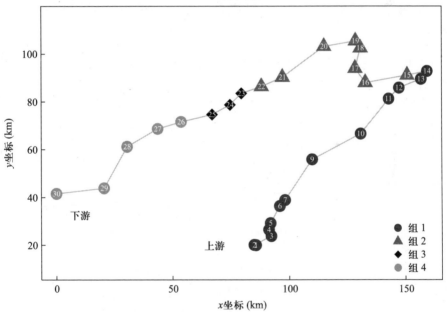

图 4.34　沿着 Doubs 河流的顺序聚类分 4 组的情况

```
# 在 Doubs 河流展示聚类的结果
drawmap(xy = spa,
        clusters = gr4,
        main = "顺序聚类")
```

可以将当前顺序聚类结果跟第 1 章鱼类数据传统分区进行比较。

4.15　另类途径：模糊聚类

　　前面所讨论的聚类方法所产生的聚类簇是非重叠的实体。此类聚类方法注重数据间断分布的自然结果。然而，还有另外一类聚类方法所获得的聚类簇的界限并不明显，称之为模糊聚类（fuzzy clustering）方法。在模糊聚类中，一个对象可以不同程度归属于两个组或多个组。打个比方，我们可以通过混合黄色和蓝色的涂料获得绿色，而且根据黄色和蓝色不同的比例可以调出不同程度的绿色。因此，一种不同于层次和非层次法被开发出来，即"模糊聚类"。本节不详细介绍模糊聚类，只简单介绍一种与非层次 k-均值划分类似的模糊聚类，也称为 c-均值聚类（c-means clustering, Kaufman 和 Rousseeuw，2005）。

4.15.1　使用 cluster 程序包内 fanny() 函数进行 c-均值模糊聚类

　　在传统的聚类结果中，每个对象只能分配给唯一的一个组，然而，c-均值聚类结果不同，一个对象可以赋予不同的组，对象与组之间的归属程度可以通过成员值（membership values）衡量。一个对象在某一组内的成员值越高，表示该对象与该组之间关系越紧密，反之亦然。每个对象的成员值总和为 1。举一个感官评价的例子，假如啤酒口味可以被品酒者判断为甜（sweet）和苦（bitter），评价同一种啤酒，30%认为是甜，70%认为是苦，这个就是啤酒模糊分类的案例。

　　运行 c-均值模糊聚类的程序包有以下两个：**cluster** 程序包（**fanny()** 函数）和 e1071 程序包（**cmeans()** 函数）。下面演示使用 **fanny()** 函数进行 c-均值聚类。

　　函数 **fanny()** 输入对象可以是样方-物种矩阵或距离矩阵。对于样方-物种数据，默认的是欧氏度量。下面直接输入前面算好的弦距离矩阵进行分析。其结果与直接输入弦转化后的物种数据"spe.ch"然后选择参数 metric = "euclidean"相同。

　　函数 **fanny()** 的输出结果是两个图：聚类簇的排序图（排序可以参考第5章）和轮廓图。此处只显示轮廓图（图 4.35），同时将主坐标分析（PCoA）（见第 5.5 节）结合对象的星状图代替原始的排序图（图 4.36）。图 4.23 中一颗小星代表一个对象，其半径与成员系数呈正比。

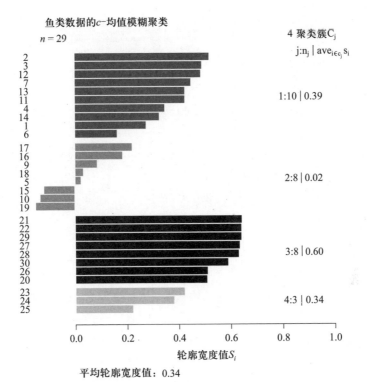

图 4.35 基于弦距离的鱼类数据 c-均值模糊聚类轮廓图

```
k <- 4          # 选择聚类分组的数量
spe.fuz <- fanny(spe.ch, k = k, memb.exp = 1.5)
summary(spe.fuz)

# 样方成员值
spe.fuz$membership
# 每个样方最接近的聚类簇
spe.fuz$clustering
spefuz.g <- spe.fuz$clustering

# 轮廓图
plot(
  silhouette(spe.fuz),
  main = "Silhouette plot - Fuzzy clustering",
  cex.names = 0.8,
```

```
  col = spe.fuz$silinfo$widths + 1
)


# 模糊聚类簇的主坐标排序(PCoA)
# 第 1 步: 鱼类数据弦距离矩阵的主坐标分析
dc.pcoa <- cmdscale(spe.ch)
dc.scores <- scores(dc.pcoa, choices = c(1, 2))
# 第 2 步: 模糊聚类簇的主坐标排序
plot(dc.scores,
    asp = 1,
    type = "n",
    main = "Ordination of fuzzy clusters (PCoA)")
abline(h = 0, lty = "dotted")
abline(v = 0, lty = "dotted")
# 第 3 步: 模糊聚类的体现
for (i in 1:k)
{
  gg <- dc.scores[spefuz.g == i, ]
  hpts <- chull(gg)
  hpts <- c(hpts, hpts[1])
  lines(gg[hpts, ], col = i + 1)
}
stars(
  spe.fuz$membership,
  location = dc.scores,
  key.loc = c(0.6, 0.4),
  key.labels = 1:k,
  draw.segments = TRUE,
  add = TRUE,
  # scale = FALSE,
  len = 0.075,
  col.segments = 2:(k + 1)
)
```

> **提示：**参数 memb.exp 称为"模糊指数"，其值从 1（接近非模糊聚类）到
> 任何大于 1 的值。

上面的轮廓图（图 4.35）显示第 2 聚类簇分组并不理想。此外，排序图（图 4.36）也显示对象（样方 10、15 和 19）的归属不清晰。

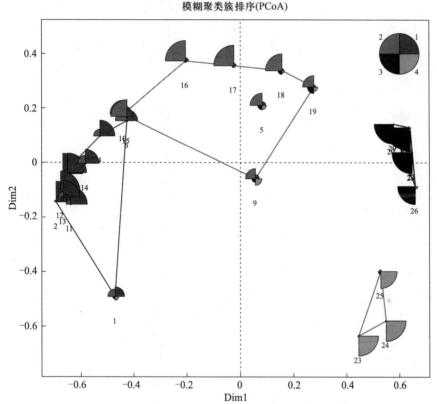

图 4.36 基于弦距离的鱼类数据 c-均值模糊聚类图。
主坐标排序分析结合星状图显示样方归属

屏幕上显示的数量结果提供每个对象的成员值。每行的和等于 1。明确属于某一聚类簇的对象具有较高的成员值，例如样方 2、21 和 23，因此它们在其他聚类簇内的成员值也相对低。相反，对于容易归类的样方，其成员值比较均匀，例如样方 5、9 和 19。另一个结果显示每个对象最接近的聚类簇，即每个对象具有最高成员值所对应的聚类簇。

代表模糊隶属度的扇区也可以添加到 Doubs 河的地图上（图 4.37）：

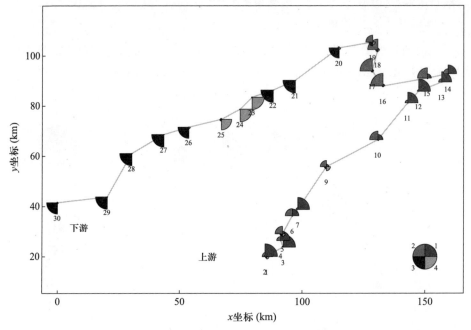

图 4.37 沿 Doubs 河的 4 组模糊聚类簇

```
# 在 Doubs 河地图绘制模糊聚类的结果
plot(
  spa,
  asp = 1,
  type = "n",
  main = "Fuzzy clusters along the river",
  xlab = "x 坐标 (km)",
  ylab = "y 坐标 (km)"
)
lines(spa, col = "light blue")
text(65, 20, "上游", cex = 1.2)
text(15, 32, "下游", cex = 1.2)
# 添加扇区以表示模糊聚类成员资格
for (i in 1:k) {
  stars(
```

```
  spe.fuz$membership,
  location = spa,
  key.loc = c(150, 20),
  key.labels = 1:k,
  draw.segments = TRUE,
  add = TRUE,
  # scale = FALSE,
  len = 5,
  col.segments = 2:(k + 1)
)
}
```

4.15.2 使用 vegclust() 函数进行噪声（noise）聚类

最近由 Miquel DeCáceres 开发的名为 vegclust 的程序包能提供一个大范围的选项来执行不同模型下的群落数据非层次或层次的模糊聚类（DeCáceres 等，2010）。这种聚类的算法被称为"噪声聚类"（Davé 和 Krishnapuram，1997）。该方法试图使模糊聚类的异常值（outlier）有更明确的意义。异常值定义如下：一旦定义了"真实聚类"形心（centroids），捕获远离"真实聚类"形心距离为 δ 的虚拟"噪声"聚类的对象（DeCáceres 等，2010）。δ 值的选择要点：δ 值太小会导致过大的异常值，即"噪声"簇中的成员数过大。另请注意，如果噪声聚类簇具有比其他聚类簇更大的组内离散度，则会增加其某些合法成员被视为异常值的可能性。

为了执行噪声聚类，我们将 vegclust() 函数应用于范数标准化后物种数据（设定 method="NC"）。像以前一样，我们将噪声聚类的结果投射到主坐标排序图中，并用扇区表示模糊成员值（图 4.38）。

```
## 生成分 4 组的噪声聚类,执行随机种子 30 以保持最好的解决方案
k <- 4
spe.nc <- vegclust(
  spe.norm,
  mobileCenters = k,
  m = 1.5,
  dnoise = 0.75,
  method = "NC",
```

```
    nstart = 30
)
spe.nc

# 物种的形心
(medoids <- spe.nc$mobileCenters)

# 模糊成员矩阵
spe.nc$memb

# 模糊聚类的基数(即每个对象属于每个聚类簇的数值)
spe.nc$size

# 获取硬成员值向量,N 表示无法被分组的对象
spefuz.g <- defuzzify(spe.nc$memb)$cluster
clNum <- as.numeric(as.factor(spefuz.g))

# 模糊聚类排序 (PCoA)
plot(dc.scores,
    # main = "模糊聚类排序 (PCoA)",
    asp = 1,
    type = "n")
abline(h = 0, lty = "dotted")
abline(v = 0, lty = "dotted")
for (i in 1:k)
{
  gg <- dc.scores[clNum == i, ]
  hpts <- chull(gg)
  hpts <- c(hpts, hpts[1])
  lines(gg[hpts, ], col = i + 1)
}
stars(
  spe.nc$memb[, 1:4],
  location = dc.scores,
```

```
key.loc = c(0.6, 0.4),
key.labels = 1:k,
draw.segments = TRUE,
add = TRUE,
# scale = FALSE,
len = 0.075,
col.segments = 2:(k + 1)
)
```

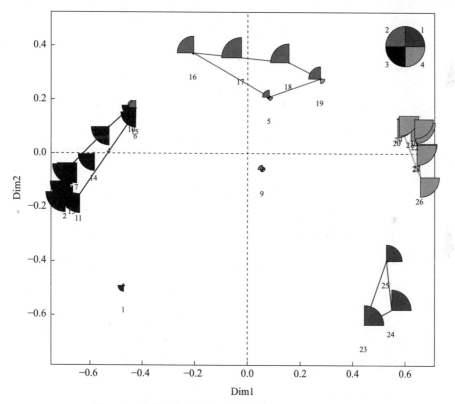

图 4.38 鱼类数据的噪声聚类排序图，样方 1 和 9 与
噪声聚类簇（N）的关系比与其他真正聚类簇更强

对被包含在 clNum 对象中的硬分类的组进行排序（图 4.39）。

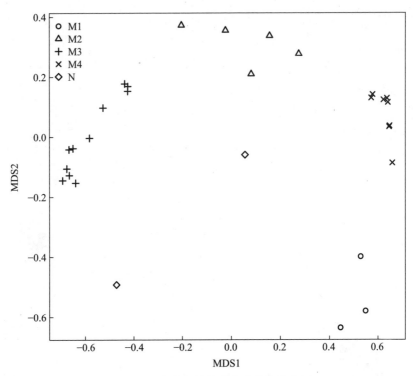

图 4. 39   鱼类数据模糊噪声聚类的排序图,
图中显示两个未被分组的样方（钻石形图例）

```
# 模糊噪声样方聚类图
plot(
  dc.pcoa,
  xlab = "MDS1",
  ylab = "MDS2",
  pch = clNum,
  col = clNum
)
legend(
  "topleft",
  col = 1:(k + 1),
  pch = 1:(k + 1),
  legend = levels(as.factor(spefuz.g)),
  bty = "n"
)
```

最后，将模糊聚类结果在 Doubs 河流地图表示出来（图 4.40）。

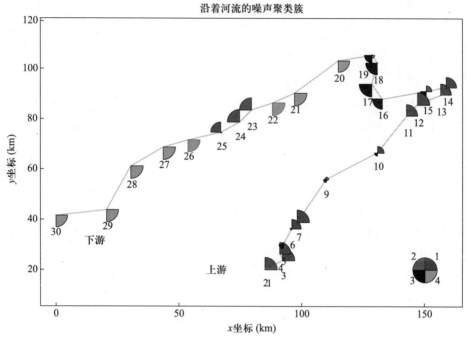

图 4.40　沿着河流的 4 组噪声聚类，样方 1 和样方 9 未被分组

```
plot(
  spa,
  asp = 1,
  type = "n",
  main = "沿着河流的噪声聚类簇",
  xlab = "x 坐标（km）",
  ylab = "y 坐标（km）"
)
lines(spa, col = "light blue")
text(65, 20, "上游", cex = 1.2)
text(15, 32, "下游", cex = 1.2)
# 给模糊聚类簇加上扇形
for (i in 1:k) {
  stars(
```

```
spe.nc$memb[ ,1:4],
location = spa,
key.loc = c(150,20),
key.labels = 1:k,
draw.segments = TRUE,
add = TRUE,
# scale = FALSE,
len = 5,
col.segments = 2:(k + 1)
)
}
```

　　虽然"硬"聚类产生的分类结果往往不太符合自然界真实的情况，但在需要明确区分对象时，硬聚类的结果很有用。相比之下，模糊聚类在描述对象归类时更加谨慎，也更贴近自然界的实际情况。此外，还有一大类专门描述数据连续结构的方法，即简单排序和约束排序，接下来的章节将要讨论这些方法。

4.16　小结

　　聚类分析是个大家族，本章不可能涵盖所有的聚类方法，但可以说读者已经学习了最主要的聚类方法并能熟练应用。不同的生态学研究课题具有自己的特征和制约因素，很多情况下聚类分析可以为解读数据结构提供有价值的信息。聚类方法有很多，关键在于如何选择合适的方法分析数据，并获得最佳的结果。

第 5 章　非约束排序

5.1　目标

如果说聚类分析的目的在于寻找数据的间断性，那么排序（ordination）的目的就在于寻找数据的连续性（通过连续的排序轴展示数据的主要趋势）。因此，排序分析在自然生态群落研究中特别适用，因为自然生态群落往往沿环境梯度呈连续性分布。

本章主要内容包括：

• 学习如何选择合适的排序方法（PCA、CA、MCA、PCoA 和 NMDS），如何使用正确的参数选项运行这些排序分析的函数以及如何正确解读排序图；

• 利用上述排序方法分析 Doubs 鱼类和甲螨数据集；

• 在排序图上叠加聚类分析的结果，以更好地解读两种分析的结果；

• 将环境变量被动加入非约束排序，解读物种数据结构；

• 自己编写 PCA 函数。

5.2　排序概述

5.2.1　多维空间

如果将每个变量都当作一个维度，那么多元数据可以视为多维空间内点的集合。因此，有多少个变量，就有多少个维度。绘制对象间散点图是揭示数据主要趋势一个很好的途径。因为生态学多元数据所含变量通常都超过 2 个，绘制所有变量组合下的二维散点图非常烦琐，且不直观。例如，绘制一个含有 10 个变量（例如物种）的对象（样方）矩阵散点图，需要（10×9）/2 = 45 张的平面散点图表示对象之间的关系。45 张平面散点图叠加在一起，既看不清楚对象之间的关系，也看不清楚变量之间的关系（一般来说，变量彼此之间并不是简单的线性依赖关系）。排序的重要目的之一是生成可视化的排序图，这就决定了排序过程实际上是将多维空间内的数据点尽可能排列在可视化的低维空间，也就是使最前面的几个排序轴尽可能包含数据结构变化的主要趋势。同时，也可以结合聚类或回归等其他方法解释排序图中的数据结构和趋势。本章将学习 5 种基本的非约束排序方法。需要强调的是，非约束排序只是描述性方法，不存在统计检验评估排序结果显著性的问题，而第 6 章约束排序则需要对排序结果进行显著性检验。

5.2.2　降维空间内的排序

大部分常用排序方法（NMDS 除外）都是基于关联矩阵（association matrix）特征向量（eigenvectors）的提取。排序方法可以按照样方之间的距离度量方式以及变量的类型进行分类。Legendre 和 Legendre（2012，表 9.1，第 426 页）提供了排序方法分类及使用范围的列表。

在降维空间排序的基本原理：假设一个包含 n 个对象 p 个变量的 $n \times p$ 的数据矩阵。n 个对象可以视为在 p 维空间内点的集合。可以想象这个集合通常不是规则的椭球体，而是某些方向长一些，某些方向扁平。这些方向并不一定与多维空间的某一维重合（一维相当于一个变量）。这个不规则球体上最长的方向代表数据点集合的最大方差的方向。第一轴一般选取在这个最长的梯度上，即在这个方向上能诠释的方差最多，也是能提供最多信息的方向。为了保证第二轴诠释第二多的方差，必须保证它与第一轴正交（orthogonal）（即线性独立、标量积为 0）。接下来各轴的提取与第二轴一样（均与前一轴正交），直至所有轴都被确定为止。

如果数据结构趋势比较明显，则排序轴提取的效率会很高，因为前几轴能包含大部分信息，即承载大部分的方差。在这种情况下，低维排序空间内（通常是两维）样方之间的距离能很好地近似多维空间内的距离。但需要注意的是，如果前几轴承载的方差比例较小，排序也是有用的，这种情况可能缘于有趣的结构藏身于一个比较杂乱的原始数据集中。这也产生一个问题：多少个排序轴值得保留和解读？换句话说，到底多少轴足以表达数据的趋势？可能不同的方法和数据有不同的标准，本章将要使用几个简单的能帮助确定排序轴数的标准。

本章所讨论的排序方法：

• 主成分分析（principal component analysis，PCA）：基于特征向量的主要排序方法。分析对象是原始的定量数据。标尺（scaling）为 1 时，排序图展示样方之间的欧氏距离，标尺（scaling）为 2 时，排序图展示样方之间的 Mahalanobis 距离。标尺（scaling）的解释见第 5.3.2.2 节。

• 对应分析（correspondence analysis，CA）：分析对象必须是频度或类频度、同量纲的非负数据。排序图展示行（对象）（标尺 1）或列（变量）（标尺 2）之间的卡方距离。在生态学研究中主要用于分析物种数据。

● 多重对应分析（multiple correspondence analysis, MCA）：分类变量数据表的排序，即所有变量都是因子的数据框。

● 主坐标分析（principal coordinate analysis, PCoA）：分析对象为距离矩阵（大部分为 Q 模式），非原始的样方-变量矩阵表格。因此，可以灵活选择关联测度（第 3 章）。

● 非度量多维尺度分析（nonmetric multidimensional scaling, NMDS）：与前面三种排序方法不同，NMDS 不是基于特征向量提取的排序方法。NMDS 尝试在预先设定数量的排序轴去排序对象，目标是保持这些对象排位关系（ordering relationships）不变。NMDS 也可以从相异矩阵开始分析。

PCoA 和 NMDS 可以对任何一种距离方阵（在 R 里面为 "dist" 类的数据）进行排序。

5.3 主成分分析（PCA）

5.3.1 概述

如果一个数据矩阵中每个变量数值都是正态分布，这样的矩阵可以称为多元正态分布矩阵。该数据 PCA 的第一个主轴（或称为第一主成分）就设定在多维空间内能够展示最大方差的方向，可以想象为一个椭圆体最长的方向，接下来的轴彼此正交，并依次缩短，所在方向也是椭圆体依次长的方向（Legendre 和 Legendre，2012）。对于含有 p 个变量的矩阵，最多可以获得 p 个主成分。

另一种表述是，PCA 排序过程将由原始变量定义的轴系统旋转，旋转后连续的新坐标轴（也称主成分）彼此正交，并依次代表方差变化最大的方向。这样，原来的点在新的坐标系统内有了新的坐标位置。PCA 排序分析的对象是离差矩阵（dispersion matrix）S，即包含方差和协方差的变量之间（相同量纲）的关联矩阵，或不同量纲的变量之间的相关系数矩阵。PCA 致力于分析定量数据，展示欧氏距离和线性关系，因此，PCA 通常不适合原始的物种多度数据分析。但是，适当转化后的物种数据可以进行 PCA（见第 3.5 节和第 5.3.3 节）。

在 PCA 排序图里，沿袭笛卡尔坐标系内散点图的传统，对象用点表示，变量用箭头表示。

在本章后面（第5.7节），你将学习如何基于矩阵运算方程自己编写PCA程序。但在日常使用中，无须自己编程，因为R里的一些程序包提供现成的PCA函数。生态学家最常用的是vegan包里的**rda()**函数。**rda()**函数名取自下一章（第6章）将要讨论的冗余分析（redundancy analysis）。其他几个程序包也提供PCA分析函数，例如**ade4**包里**dudi.pca()**函数和**stats**包里**prcomp()**函数，还有我们自己编写的PCA.newr()函数。

5.3.2　使用**rda()**函数对Doubs环境数据进行PCA分析

我们再次分析Doubs数据集。Doubs数据集有11个定量环境变量。它们有什么相关性？我们能从样方排序获得什么信息？

由于环境变量具有不同的量纲，我们这里计算基于相关矩阵的PCA。相关系数实际上也就是变量标准化后的协方差。

5.3.2.1　数据准备

```
# 加载包,函数和数据
library(ade4)
library(vegan)
library(gclus)
library(ape)
library(missMDA)
library(FactoMineR)


# 加载本章后面部分将要用到的函数
# 我们假设这些函数被放在当前的 R 工作目录下
source("cleanplot.pca.R")
source("PCA.newr.R")
source("CA.newr.R")


# 导入 Doubs 数据
# 假设这个 Doubs.RData 数据文件被放在当前的 R 工作目录下
load("Doubs.RData")
# 剔除无物种数据的样方 8
spe <- spe[-8, ]
env <- env[-8, ]
spa <- spa[-8, ]
```

```
# 导入 oribatid 甲螨数据
# 假设这个 mite.Rdata 数据文件被放在当前的 R 工作目录下
load("mite.RData")
```

5.3.2.2　基于相关矩阵的 PCA

```
# 显示环境变量数据集的内容
summary(env)
# 基于相关矩阵 PCA
# 参数 scale=TRUE 表示对变量进行标准化
env.pca <- rda(env, scale = TRUE)
env.pca
summary(env.pca) # 默认 scaling 2
summary(env.pca, scaling = 1)
```

> 提示：如果您不想查看样方和物种坐标，请将 summary() 里面设定参数
> axes = 0。

注意函数 **summary()** 内的参数 **scaling**（见下面）为绘制排序图所选择的标尺类型，与函数 **rda()** 内数据标准化的参数 **scale** 无关。

　　总结函数"summary"在默认 scaling=2 的条件下输出的结果如下（部分结果被忽略）：

```
Call:
rda (X = env, scale = TRUE)


Partitioning of correlations:
                Inertia Proportion
Total           11           1
Unconstrained   11           1


Eigenvalues, and their contribution to the correlations


Importance of components:
```

```
                            PC1    PC2     PC3     PC4      PC5 …
Eigenvalue               6.0979 2.1672 1.03761 0.70353 0.35174 …
Proportion Explained     0.5544 0.1970 0.09433 0.06396 0.03198 …
Cumulative Proportion    0.5544 0.7514 0.84571 0.90967 0.94164 …


Scaling 2 for species and site scores
* Species are scaled proportional to eigenvalues
* Sites are unscaled: weighted dispersion equal on all
* dimensions
* General scaling constant of scores: 4.189264
Species scores


          PC1      PC2       PC3       PC4      PC5       PC6
dfs   1.0842   0.5150  -0.25749  -0.16168 0.21132  -0.09485
ele  -1.0437  -0.5945   0.17984   0.12282 0.12464   0.14022
(…)


Site scores (weighted sums of species scores)
          PC1      PC2       PC3       PC4      PC5       PC6
1    -1.41243 -1.47560  -1.74593  -2.95533 0.23051   0.49227
2    -1.04173 -0.81761   0.34075   0.54364 0.92835  -1.76876
```

　　上面的 PCA 排序结果输出中有些术语需要解释：

　　● 惯量（inertia）：在 vegan 包里，它是数据"变差"（variation）的通用术语。惯量这个词来自对应分析（CA）（见 5.4 节）。在 PCA 里，"惯量"可以是变量总方差（基于协方差矩阵的 PCA 分析），也可以是相关矩阵的对角线数值和（基于相关矩阵的 PCA）（例如本案例），即变量自相关系数的总和，也等于变量的数量（例如本案例中有 11 个变量，惯量等于 11）。

　　● 约束和非约束（constrained and unconstrained）：约束排序见第 6.1 节的典范排序。PCA 是非约束排序（即不是被环境因子解释），所以这里显示"unconstrained"。

　　● 特征根（eigenvalues）：用符号 λ_j 表示，是每个排序轴的重要性（方差）的指标，可以用特征根数值，也可以用占总变差的比例表示（每轴特征根除以总惯量）。

　　● 标尺（scaling）：请不要与 rda()函数内的变量标准化参数 scale 混淆。

"scaling" 是指排序结果投影到排序空间的可视化方式。一般的排序图需要同时展示对象和变量［称为"双序图"（biplot）］，但没有同时可视化对象和变量的最优化方法。一般有两种标尺模式，不同模式的排序图有不同解读，即关注点不同。下面给出每种模式最主要的特征，更详细的解释请参考 Legendre 和 Legendre（2012，第 443~445 页）。

—1 型标尺（scaling 1）= 距离双序图（distance biplot）：特征向量被标准化为单位长度，关注的是对象之间的关系。① **双序图中对象之间的距离近似于多维空间内的欧氏距离。**② 代表变量的箭头之间的夹角不反映变量之间的相关。

—2 型标尺（scaling 2）= 相关双序图（correlation biplot）：每个特征向量被标准化为特征根的平方根，关注的是变量之间的关系。① 双序图中对象之间的距离不再近似于多维空间内的欧氏距离。② **代表变量箭头之间的夹角反映变量之间的相关性。**

—在这两种模式下，将对象点垂直投影到变量箭头上位置表示该变量在该对象内数值在所有样方内的排序位置。

—选择建议：如果分析兴趣在于解读对象之间的关系，设定 scaling = 1。如果分析兴趣在于解读变量之间关系，设定 scaling = 2。

—折中标尺，scaling = 3，也称为"对称标尺"，也是常被用到，包括通过样方和物种的特征根的平方根。这种不特别强调关注对象或是变量。这种折中标尺没有明确的解释规则。因此，我们不会在本书中进一步讨论它。

● Species scores：代表变量的箭头在排序图的坐标。由于历史的原因，在 vegan 包里，所有的响应变量都统称为物种，不管这些变量是否真的是物种。

● Site scores：对象在排序图的坐标。在 vegan 包里，所有的对象都统称为样方。

5.3.2.3 提取、解读和绘制 vegan 程序包输出的 PCA 结果

vegan 包输出的排序结果是一个复杂的实体，其元素的提取并不总是遵循 R 的基本规则。在 R 的控制台输入? cca.object，可以打开解释 rda( ) 和 cca( ) 函数输出结果的帮助文件。在帮助文件的最后案例（example）部分可以学到如何访问或提取排序结果某一部分。下面以提取某些重要的结果为例，必要时再对提取其他结果进一步检查。

特征根（Eigenvalues）

首先，请查看特征根。前面几轴的特征根一定比后面轴的大吗？随之产生的问题是：有多少个排序轴值得保留和解读？

PCA 不是统计检验，而是探索性分析方法，其目的是在低维空间尽可能多地展示数据主要趋势特征。通常，用户首先查看特征根，然后再根据被解释方差的比例决定多少个排序轴值得解读和绘图。然而，选择保留多少个排序轴

并没有统一标准，通常很随意（例如，75%的解释量）。也可以借助几种简单标准帮助选择排序轴值。一个方法是使用断棍模型（broken stick model），主要原理是将单位长度的棍子随机分成与 PCA 轴数一样多的几段，然后将这些断棍按照长短依次赋予对应的轴（即最长的棍子赋予第一轴，第二长的赋予第二轴，依此类推）。这时，可以有两种选择标准，第一种是选取特征根大于所对应的断棍长度的轴，第二种是选取特征根的总和大于所对应断棍长度总和前几轴。我们也可以排序碎石图（scree plot）（即以特征根降序排列的柱状图）。vegan 包里的 screeplot.cca() 函数也显示了将断棍模型得到的预测值表示在碎石图上，如图 5.1①。

```
# 解释 vegan 包输出的排序结果对象结构和如何提取部分结果
? cca.object
# 特征根
(ev <- env.pca$CA$eig)
# 碎石图和断棍模型
screeplot(env.pca, bstick = TRUE, npcs = length(env.pca$CA$
        eig))
```

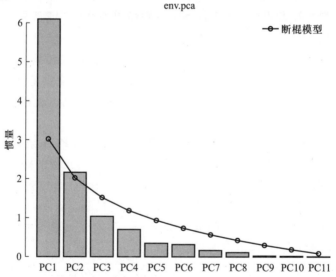

图 5.1　帮助评估具有解读价值的 PCA 轴的碎石图和断棍模型图。
以 Doubs 环境数据为例

---

① PCA 结果与断棍模型的比较也可以通过 BiodiversityR 包中 PCAsignificance 函数来完成。——著者注

样方和变量的双序图（biplots of sites and variables）

在 PCA 排序图内，为了便于区分，对象用点表示，变量用箭头表示。图 5.2 显示两种双序图，第一种设定参数 scaling = 1（最优化展示对象之间的距离），第二个设定 scaling = 2（最优化展示变量之间的协方差）。绘制双序图可以直接调用 vegan 包里 **biplot.rda()** 函数，也可以使用自编函数 **cleanplot.pca()**，同时生成两种类型排序图。

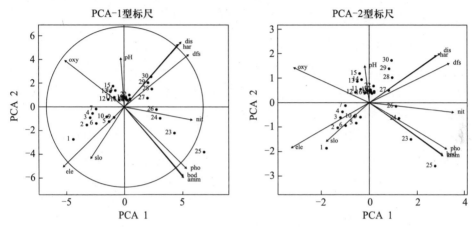

图 5.2 使用 cleanplot.pca() 函数生成的 Doubs 环境数据
PCA 分析双序图

```
# 使用 biplot.rda() 函数绘制排序图
par(mfrow = c(1, 2))
biplot(env.pca, scaling = 1, main = "PCA - 1 型标尺")
biplot(env.pca, main = "PCA - 2 型标尺")  # 默认 scaling = 2


# 使用 cleanplot.pca() 函数绘图
# 我们需要一个矩形的作图窗口来展示图形
par(mfrow = c(1, 2))
cleanplot.pca(env.pca, scaling = 1, mar.percent = 0.08)
cleanplot.pca(env.pca, scaling = 2, mar.percent = 0.04)
```

> **提示:** 还可以从 PCA 结果中提取我们感兴趣的样方或变量坐标,用 biplot(),
> text() 和 arrows() 等函数进行重新绘图。或者,您可以使用我们
> 的自编 cleanplot.pca() 函数直接让参数 select.spe 选择感兴
> 趣的变量。
>
> 为了帮助记住 scaling 的含义,vegan 包现在接受了参数 scaling =
> "sites" 用于 1 型标尺, scaling = "species" 用于 2 型标尺。
> vegan 包涉及 scaling 的所有函数都可以用此规则。

图 5.2 左图中的圆圈代表什么意义? 看下面解释内容。

现在对图 5.2 的双序图进行解读:前两轴能够解释总方差的比例是 0.751
或 75.1%,如此高的解释率足以让我们相信前两轴能够表达大部分数据结构
信息。下面将要讨论如何解读这样的双序图。

首先,必须解读的是 1 型标尺双序图中的圆圈,称作平衡贡献圆(circle
of equilibrium contribution)。它的半径等于 $\sqrt{d/p}$,这里 d 是双序图的轴数量
(通常 $d=2$),p 是 PCA 的维度(即变量的个数)[1]。平衡贡献圆的半径代表变
量的向量长度对排序的平均贡献率。因此,在任何二维的排序图中,如果某个
变量的箭头长度长于圆的半径,代表它对这个排序空间的贡献大于所有变量的
平均贡献。在 2 型标尺不可能画出一个平衡贡献的圆圈,因为 2 型标尺是对
"Mahalanobis" 空间的投影,而不是欧氏空间。实际上,准确来讲,只有变量
被标准化,且两两正交,才能准确获得变量的贡献,进而才能画出平衡贡献
圆,但在实践中很少有这种变量。

1 型标尺双序图(scaling 1 biplot)体现了从左到右的变化梯度,样方 1~
10 可以归为第一组,从图中可以明显看出,第一组位于高海拔(ele)和陡
坡(slo)、低流量(dis)低硬度(har)的离源头距离(dfs)近的上游
区域。样方 11~16 可以归为第二组,处于高氧含量(oxy)和低硝酸盐浓度
(nit)的区域。第三组样方(17~22)比较密集,几乎处于所有变量中值的
区域,也表明这些样方对前两轴的贡献不大。样方 23~25 所在区域也显示出
磷酸盐浓度(pho)、铵浓度(amm)和生物需氧量(bod)具有最高值。总
体来说,1 型标尺双序图样方分组体现水质从营养贫瘠、氧丰富到富营养化,
最后缺氧的变化。

在 2 型标尺双序图(scaling 2 biplot)内,环境变量可以划分为不同的组。

---

① 注意,在 vegan 包里通常用一个内部的常数去对结果重新标定,因此这时候变量的箭头长度
及平衡贡献圆的半径并不完全等于原始值,而是等比例于原始值,也可以参考 cleanplot.pca() 函
数的代码。——著者注

在图的左下角，显示海拔和坡度高度正相关，这两个变量也与离源头距离、流量和钙浓度组成的另外一组环境变量呈现明显负相关。氧含量与坡度和海拔呈正相关，但与磷酸盐浓度和铵浓度呈负相关，当然，也与生物需氧量负相关。双序图右半部显示的变量主要与河流的下游有关系，即流量和硬度这组变量与离源头距离这个变量和代表富营养化这组变量（即磷酸盐、铵浓度和生物需氧量）高度相关。硝酸盐浓度与这两组环境因子正相关。硝酸盐浓度与 pH 箭头几乎正交，显示它们的相关系数接近为 0。pH 的箭头很短，表明它对于前两轴的贡献并不大。但如果绘第一轴与第三轴的排序图可以发现 pH 对第三轴的贡献比较大。

这个案例表明，双序图对于总结数据的主要特征是非常有用的。样方梯度分布和聚类、变量之间的相关性都比较清晰。基于相关矩阵的双序图（2 型标尺）比直接查看变量之间的相关系数矩阵（可以通过输入 **cor**(env) 获得）更加直观。

技术备注：**vegan** 包提供另外一个绘图函数 **plot**()。这个函数是用点，而不是用箭头来表示 PCA 里的变量。**plot**()生成的排序图内代表变量的点的位置，是 **biplot**()生成的排序图中变量箭头顶点的位置，不是箭头线中点的位置，所以用 **plot**()生成的 PCA 排序图，解读的时候应该特别小心。键入 ? plot.cca 查看更详细的帮助。

5.3.2.4 将新变量投影到 PCA 双序图中

通过 **predict**() 函数可以将新的补充变量（supplementary variables）添加到 PCA 图中。此函数使用排序结果和新变量的数值来计算新变量的 PCA 坐标。新变量的数据框的行名字（样方名）一定要与原始做 PCA 的数据行名准确一致才能执行此操作。

为了演示此操作，我们首先利用去掉最后两列（oxy 和 bod）的 Doubs 环境数据进行 PCA 分析，然后将 oxy 和 bod 作为新的变量投影到 PCA 的排序图中：

```
# 去掉 oxy 和 bod 的 PCA
env.pca2 <- rda(env[, -c(10, 11)], scale = TRUE)
# 生成只有 oxy 和 bod 对数据框（作为 "新" 变量）
new.var <- env[, c(10, 11)]
# 计算新变量的坐标（箭头尖端位置）
new.vscores <-
  predict(env.pca2,
```

```
            type = "sp",
            newdata = new.var,
            scaling = 2)
# 绘制结果 - 2 型标尺
biplot(env.pca2, scaling = 2)
arrows(
  0,
  0,
  new.vscores[, 1],
  new.vscores[, 2],
  length = 0.05,
  angle = 30,
  col = "blue"
)
text(
  new.vscores[, 1],
  new.vscores[, 2],
  labels = rownames(new.vscores),
  cex = 0.8,
  col = "blue",
  pos = 2
)
```

　　此案例生成的结果非常接近所有环境变量的 PCA 计算的结果。这是因为两个缺失的变量（oxy 和 bod）与其他几个变量相关性很强。因此，没有 oxy 和 bod 的 PCA 与完整环境变量的 PCA 几乎类似，所以 oxy 和 bod 的位置也与原始的位置几乎重叠。我们测试发现，新加入 oxy 和 bod 的箭头与全环境变量 PCA 图中原始的 oxy 和 bod 箭头是重叠在一起的。

　　重要提示：将新变量投影到 PCA 结果中仅适用于新变量的数据预处理方式与已被用于 PCA 变量数据预处理方式要一致。在本案例中，原来 PCA 的变量进行标准化（scale = TRUE），但标准化是在 PCA 过程进行的，即提供给函数 rda() 的数据是未标准化的变量。因为函数 predict() 是从 PCA 输出中提取其信息（这里是 env.pca2），这表示新的变量已经在"预测"过程中自动做了跟原始的 PCA 相同的数据标准化。相反，如果原始的 PCA 分析是在输入 rda() 函数之前就做了数据转化，则新变量在给 predict() 函数之前也得做相应的手动转化。如果是根据物种多度数据 Hellinger 转化后做 PCA（见第 5.3.3 节）或任何涉及行的转化，新的物种数据中在输入 PCA 预测之前，都应该做相应的转化，即需要用相同的行的和以及平方根进行转化。

5.3.2.5 将新对象投影到 PCA 双序图中

如果已按上述方式计算 PCA，则使用 vegan 函数 rda()，vegan 包里函数 predict() 不能按照当前的计算方式，将新的对象投影到 PCA 双序图。原因是 rda() 输出只输出两类对象："rda" 和 "cca"，在这种情况下 predict() 只识别 "cca" 对象，这种情况下，样方的坐标是来自变量加权平均值（weighted averages of the variables）。但这种算法仅适用于对应分析（CA）双序图（见第 5.4.2.2 节），不适用于 RDA，因此不能用 predict() 给 RDA 的对象做预测。

但是，stats 程序包的另一个 predict() 函数可以正确预测由其他函数做出的 RDA 的样方坐标。例如，我们使用 stats 包里面的 prcomp()[①]函数做缺失样方 2、9 和 22 的 Doubs 鱼类数据的 PCA，然后再预测出缺失样方的坐标并投影到原来的排序图中。

```
# 将新对象(样方)投影到 PCA 图
# 使用 stats 包里面的 prcomp()和 predict()做缺失样方 2、9 和
# 22 的 PCA
# 并预测和投影缺失样方的坐标
# 去掉样方 9 和 22 的命令中行号标为 8 和 22 是因为我们已经去掉无物种
# 的样方 8


# 使用 prcomp()运算 PCA
# 参数'scale. = TRUE'就是基于相关矩阵的 PCA(变量标准化)
# 与 rda()函数中 'scale = TRUE'效果一样
env.prcomp <- prcomp(env[-c(2, 8, 22), ], scale. = TRUE)


# 用 biplot.prcomp()图绘制 PCA 图
# 函数 text()和 points() 好像无法给这个图加文字和点


# 用泛函数 plot()绘制 PCA 样方坐标图
```

---

① 不要使用 princomp() 函数做 PCA 分析，因为这个函数计算方差时候分母用 n 而不是 $n-1$。——著者注

```
plot(
  env.prcomp$x[ ,1],
  env.prcomp$x[ ,2],
  type = "n",
  main = "PCA scaling 1 - sites with supplementary objects",
  xlab = "PCA 1",
  ylab = "PCA 2"
)
abline(h = 0, col = "gray")
abline(v = 0, col = "gray")
text(
  env.prcomp$x[ ,1],
  env.prcomp$x[ ,2],
  labels = rownames(env[-c(2, 8, 22), ])
)


# 计算新的样方坐标
new.sit <- env[c(2, 8, 22), ]
pca.newsit <- predict(env.prcomp, new.sit)
# 将新样方投影到 PCA 图里
text(
  pca.newsit[, 1],
  pca.newsit[, 2],
  labels = rownames(pca.newsit),
  cex = 0.8,
  col = "blue"
)
```

　　将新样方投射到 PCA 时，必须采取与投影新变量相同的谨慎态度。如果数据提交给 PCA 之前经历过任何的转化（不是在 PCA 当中的转化），新样方数据必须做完全相同的转化（即转化过程的参数需要一样，也就是原始数据集的参数）。在我们的案例中不存在这个问题，因为变量的标准化是在 prcomp() 运算 PCA 时已经完成（参数 scale. = TRUE）。

　　相反，如果我们想要在函数 rda() 计算 PCA 的基础上计算和绘制补充对象的坐标，我们需要通过用特征向量的矩阵 U（Legendre 和 Legendre，2012，公式 9.18；或看本章末尾的自写代码角）乘新样方的数值（中心化，如果有必要可以除全部数据的标准差进行标准化）计算新样方坐标。此外，vegan包会对样方坐标统一乘以一个常数，这个时候你必须通过手动的方法也对新样方坐标做同样的操作，这个常数可以通过 scores() 获得。此外，如果 PCA运算的是标准化数后的数据，新样方数据中的变量也必须使用原始数据组的平均值和标准差进行标准化。这部分代码在本书随附的材料中。

5.3.2.6 组合聚类分析结果和排序结果

组合聚类分析和排序的结果对于解释或确认样方组之间的差异非常直观。在这里，你将看到有两种方式去组合聚类和排序结果：第一种是在排序图内用不同颜色去区分不同样方组；第二种是将聚类树添加到排序图上。图 5.3 一幅图展示了这两种方式组合的结果，当然，你可以给每种方法单独绘一幅图。

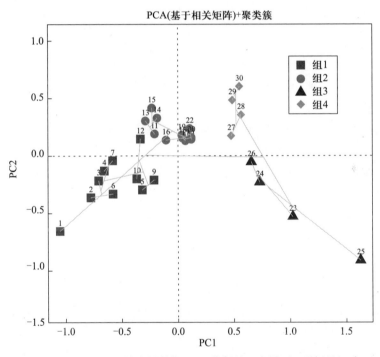

图 5.3 在 Doubs 环境变量数据 PCA 分析的双序图（1 型标尺）中
添加聚类分析的结果

\# 组合聚类分析结果和排序结果

\# 使用环境变量数据对样方进行基于变量标准化后欧氏距离的 Ward 聚类
\# 分析

```r
env.w <- hclust(dist(scale(env)), "ward.D")
# 裁剪聚类树,只保留 4 个聚类簇
gr <- cutree(env.w, k = 4)
grl <- levels(factor(gr))

# 提取样方坐标,1 型标尺
sit.sc1 <- scores(env.pca, display = "wa", scaling = 1)

# 按照聚类分析的结果对样方进行标识和标色(1 型标尺)
p <- plot(
  env.pca,
  display = "wa",
  scaling = 1,
  type = "n",
  main = "PCA(基于相关矩阵)+ 聚类簇"
)
abline(v = 0, lty = "dotted")
abline(h = 0, lty = "dotted")
for (i in 1:length(grl)) {
  points(sit.sc1[gr == i, ],
         pch = (14 + i),
         cex = 2,
         col = i + 1)
}
text(sit.sc1, row.names(env), cex = 0.7, pos = 3)
# 在排序图内添加聚类树
ordicluster(p, env.w, col = "dark grey")
# 人机互动加图例
legend(
  locator(1),
  paste("Cluster", c(1:length(grl))),
  pch = 14 + c(1:length(grl)),
  col = 1 + c(1:length(grl)),
  pt.cex = 2
)
```

> 提示：请关注排序图中如何用不同的符号形状和颜色标定不同聚类簇的样
> 方。对象 grl 包含 1 到聚类簇数量的因子水平。

5.3.3 转化后的物种数据 PCA 分析

PCA 是一种展示样方之间欧氏距离的线性方法，理论上说，并不适用于物种多度数据的分析。然而，Legendre 和 Gallagher（2001）通过数据转化解决这个问题（见第 3.5 节）。

5.3.3.1 Hellinger 转化的鱼类数据 PCA 分析

这里首先使用 decostand()函数对鱼类数据进行 Hellinger 转化，然后用 rda()进行 PCA 分析。图 5.4 展示结果。建议读者尝试别的转化，例如对数弦转化（log-chord）（见第 3.3.1 节）。

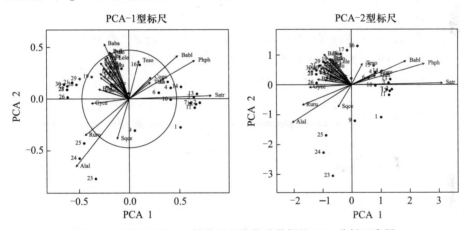

图 5.4 经过 Hellinger 转化后鱼类物种数据的 PCA 分析双序图

```
# 物种数据 Hellinger 转化
spe.h <- decostand(spe, "hellinger")
(spe.h.pca <- rda(spe.h))

# 带断棍模型的碎石图
screeplot(spe.h.pca,
  bstick = TRUE,
  npcs = length(spe.h.pca$CA$eig)
)
```

```
# PCA 双序图
spe.pca.sc1 <- scores(spe.h.pca, display = "species", scal-
ing = 1)
spe.pca.sc2 <- scores(spe.h.pca, display = "species", scal-
ing = 2)
par(mfrow = c(1, 2))
cleanplot.pca(spe.h.pca, scaling = 1, mar.percent = 0.06)
cleanplot.pca(spe.h.pca, scaling = 2, mar.percent = 0.06)
```

> **这里物种不像环境变量那样能够明显分组。但也能看出物种沿着梯度更替分布。在 1 型标尺的双序图内，可以观察到有 8 个物种对于第一、二轴有很大贡献。可以比较一下，这些物种与第 4.11 节聚类分析中聚类簇的指示种是否重合？**
>
> **可以重新运行一下没有转化的物种数据（文件名 spe）的 PCA，比较一下哪个排序图能更好地展示物种沿着河流路线的梯度分布情况？**

　　PCA 用于物理或化学属性变量排序分析，已经有很长的历史。最近，随着物种数据转化技术的使用，使 PCA 在群落数据分析方面的应用越来越广泛。数据预转化并不会改变 PCA 线性排序的属性。物种数据预转化保证物种数据本身特异性，即并没有过分强调双零的重要性。物种数据 1 型标尺 PCA 双序图揭示的是群落的潜在梯度结构，样方也是沿着这些潜在梯度（排序轴）依次排列，双序图平衡贡献圆可以识别物种变量对于排序轴的贡献程度。2 型标尺 PCA 双序图可以揭示物种之间的相关性，但如果是用转化后的物种数据进行排序，排序图上的物种之间相关性并不完全等同于原始数据的 Pearson 相关系数。

　　技术细节：卡方转化也可以用于物种数据 PCA 分析前处理。在这种情况下，物种的 PCA 结果与 CA 的结果（第 5.6 节）很相似，但不完全等同。虽然这两种方法展示同是样方的卡方距离，但是排序过程算法不一样，导致不一样的特征根和特征向量。

5.3.3.2　环境因子被动加入物种数据 PCA 分析

　　虽然排序过程直接加入环境变量的约束分析（即典范排序，见第 6 章）很常用，但有时我们想在物种数据简单排序后，再被动加入环境变量。这样做既可以总览物种数据的结构，也可以推测这种结构与环境因子的关系。这可以通过 vegan 包里 envfit() 函数实现，它也适用于 CA（第 5.4 节）、PCoA（第 5.5 节）和 NMDS（第 5.6 节）。根据 **envfit()** 的作者 Jari Oksanen 介绍："**envfit** 函数在排序图中确定环境变量向量或因子的平均值。[...] 排序图上点到环境变量向量上的投影距离代表与该环境变量相关性，因子的点是因子水平的平均值"。

envfit()函数的输出结果包含代表因子水平的点或定量环境变量的箭头的坐标，这些坐标可以被动投影到排序图。此外，用户可以通过plot()函数只显示通过envfit()函数计算的置换检验获得的相应的显著性水平的环境变量。

```
# 环境因子被动加入物种数据 PCA 分析
# 在新窗口生成 2 型标尺的 PCA 排序图
biplot(spe.h.pca, main = "鱼类数据 PCA-2 型标尺")
(spe.h.pca.env <-envfit(spe.h.pca, env, scaling = 2))
# 默认 2 型标尺
# 显示显著环境变量,用户设定变量箭头颜色
plot(spe.h.pca.env, p.max = 0.05, col = 3)

# 这行命令是在最后版的双序图中增加了显著环境变量
# 注意:必须给 envfit 提供与绘图相同的标尺
```

提示：了解如何通过 p.max = 0.05 来限制只在图中显示显著的环境变量。但这毕竟是事后被动加入环境变量，与第 6 章的典范排序明显不同。

这些新信息是否有助于解释双序图？

在约束排序中，envfit()函数也用于解释变量与排序轴回归 r^2 的显著性的置换检验。但应该说，envfit()并不是检验解释变量对响应变量是否有显著效应最好的方法，第 6 章将讨论这个问题。

5.3.4 PCA 应用领域

主成分分析是一种很强大的排序技术，但也有局限性。PCA 在生态学应用主要是用于基于定量环境变量的样方排序，以及经过适当转化后的群落组成数据的样方排序。PCA 原始假设要求数据符合多元正态分布。但在生态学领域，只要偏离正态分布不要太离谱，PCA 对于数据是否正态分布并不敏感。PCA 的主要计算步骤是基于离散矩阵（线性协方差或相关）的特征分解（eigen-decomposition）过程。虽然协方差或相关系数必须用定量变量才能算出，但二元（1-0）数据也可以用于 PCA 分析（见下面解释）。这里总结 PCA 使用条件：

- PCA 分析必须从相同量纲的变量表格开始。原因是需要将变量总方差

分配给特征根。因此，变量必须有相同的物理单位，方差和才有意义（方差的单位是变量单位的平方），或者变量是无量纲的数据，例如标准化或对数转化后的数据。

- 矩阵数据不能倒置，因为对象（样方）之间的协方差或相关没有意义。
- 协方差或相关系数必须用定量变量才能算出。但由于半定量变量之间的 Pearson 相关系数等同于 Spearman 秩相关系数，所以基于半定量数据的 PCA 排序结果中变量之间关系是反映 Spearman 秩相关。
- 二元的数据也可以进行 PCA 分析。Gower（1966）展示了基于二元变量用 PCA 排序对象的位置的案例（也见 Legendre 和 Legendre，2012）。这个时候，排序图对象之间的距离是 1 减去简单匹配系数 S_1 后的平方根（即 $\sqrt{1-S_1}$）乘以变量数量的平方根。
- 物种有-无数据进行 PCA 分析前，可以用 Hellinger 转化或弦转化对数据进行预处理。因为有-无数据的 Hellinger 距离或弦距离均等于 $\sqrt{2}\sqrt{1-Ochiai\ similarity}$，因此，有-无数据的 Hellinger 转化或弦转化后 PCA 分析的排序图（1 型标尺）内样方之间的距离是 Ochiai 距离。我们也知道 $\sqrt{1-Ochiai\ similarity}$ 是一种距离测度（Legendre 和 Legendre，2012，表 7.2），这种测度也适用于有-无物种数据的分析。
- 应该避免用变量箭头顶点的距离来评估变量之间的相关性，而是用箭头之间的角度来判断相关性。

5.3.5 使用 PCA.newr() 函数进行 PCA 分析

为了方便读者能够快速地用自己的数据进行 PCA 分析，我们编写了 **PCA.newr()** 和 **biplot.PCA.newr()** 两个函数（在自编函数 **PCA.newr.R** 里面）。下面以 Doubs 环境数据为例演示这两个函数的使用流程。

```
# PCA,这里默认是 1 型标尺双序图
env.PCA.PL <- PCA.newr(env, stand = TRUE)
biplot.PCA.newr(env.PCA.PL)

# PCA,生成 2 型标尺双序图
biplot.PCA.newr(env.PCA.PL, scaling = 2)
```

这里主成分轴正负方向是随机的，可能与 **vegan** 包输出的排序图成镜像关系。但没有关系，因为对象或变量之间的相对位置没有变化。

5.3.6 PCA 中缺失值的估算

在理想的状态下，我们希望数据是完美的，信号清晰，噪声尽可能小，最重要的是没有缺失值。不幸的是，由于各种原因，缺失值会时有发生。这会带来问题。无法在不完整的数据矩阵上计算 PCA。如果有缺失值怎么办呢？是删除缺失值所在行和列，把珍贵的同行或列数据丢弃不用？或者，为了避免这种情况，用一些方法找到有意义的替代值进行运算（统计语言中称为"插值（imput）"）。例如：利用相应变量的平均值或通过其他相关变量的回归分析获得的估计插值。当这两种解决方案出现时，我们不会考虑估计缺失值不确定性及其在进一步分析中的用途。结果，补充后的变量的标准误被低估，导致接下来的运算一些假设统计检验失效。

为了解决这些缺点，Josse 和 Husson（2012）提出了"一个正则化（regularized）的迭代 PCA 算法，为主坐标分析和主成分分析提供点估计（...）"。这个算法与 vegan 包里的算法不一样，PCA 是一轴一轴逐步迭代出来。当碰到缺失值的时候，会以该变量的平均值来替代。但不断迭代过程，缺失值会根据新的计算结果不断获得新的估计值，直到收敛为止，也就是让缺失值获得稳定的补充值。实施复杂程序的目的在于：① 避免过度拟合估算模型（即当数据里面有比较多的缺失值的时候，有太多参数需要调整的问题），以及② 克服低估内插值方差的问题。

这里有一个重要的警告：用推算得到的 PCA 的解决方案在不同 PCA 轴之间并不是嵌套关系，即基于 s 轴解决方案不等于与（$s+1$）或（$s+2$）解决方案。因此，做出所需的轴数适当的先验决定非常重要。该决定可能是经验性的（例如，使用具有特征值之和大于断棍模型预测的轴），或者在 PCA 重建过程，它可以通过数据本身的交叉验证程序告知数据哪里删除，以及计算重建误差。我们的目的是保留最小化重建误差的轴数。

Husson 和 Josse 写了一个称为 missMDA 的包，汇总了 PCA 分析所有可能通过迭代方式插值缺失值的方法。这个差值的函数为 imputePCA()。现在我们将以 Doubs 环境数据做两个实验，第一次只有 3 个缺失值（即所有 319 个数值的 1% 的缺失值），第二次是 32 个缺失值（10%）。

我们的第一个实验包括删除选择代表各种情况的三个值。第一个值将靠近带相对对称分布的变量的平均值附近。pH 平均值 = 8.04。让我们删除样方 2 中 pH 值（8.0）。第二个将接近高度不对称分布的变量的均值，pho 平均值 = 0.57。让我们删除样方 19 中的 pho 值（第 18 行，0.60）。第三个将从不对称分布变量中删除，但删除后远离均值。bod 平均值为 5.01。让我们删除样方 23 的 bod 值（第 22 行，16.4，是第二高的值）。看一下 imputePCA() 如何执行迭代?

```
# PCA 中缺失值估计实验一:3 个缺失值

# 用 NA 替换 3 个被选的值
env.miss3 <- env
env.miss3[2, 5] <- NA     # pH
env.miss3[18, 7·] <- NA    # pho
env.miss3[22, 11] <- NA   # bod

# 三个变量的新的均值(无缺失值)
mean(env.miss3[, 5], na.rm = TRUE)
mean(env.miss3[, 7], na.rm = TRUE)
mean(env.miss3[, 11], na.rm = TRUE)

# 估算
env.imp <- imputePCA(env.miss3)
# 估算值
env.imp$completeObs[2, 5]     # 原始值: 8.0
env.imp$completeObs[18, 7]    # 原始值: 0.60
env.imp$completeObs[22, 11]   # 原始值: 16.4

# 带估算值的 PCA
env.imp3 <- env.imp$completeObs
env.imp3.pca <- rda(env.imp3, scale = TRUE)

# 原始 PCA 和带估算值的 PCA 的 Procrustes 比较
pca.proc <- procrustes(env.pca, env.imp3.pca, scaling = 1)
```

上面这三个估算值,唯一比较好的估算是 pH,它恰好落在原始值上。请记住,pH 在数据中是对称分布的。另外两个估算远离原始值,这两个变量都有强不对称分布。显然,这比缺失值接近或不接近变量的平均值更重要(pho 属于这种情况,但 bod 不是这种情况)。

现在,我们看一下如何影响排序结果(前 2 轴)?为了观察这个结果,让我们在带有估算值矩阵上计算新的 PCA,并将其与原始 PCA 进行比较。通过 Procrustes 旋转新环境变量 PCA 轴,使其与原始 PCA 一致。Procrustes 旋转是最小化两个排序结构同一标号的对象图上的距离平方和，目的在于获得最多的重叠区域（Legendre 和 Legendre，2012，第 703 页）。Procrustes 旋转可以通过 vegan 包的函数 procrustes() 来执行。这里结果显示在图 5.5 左边。

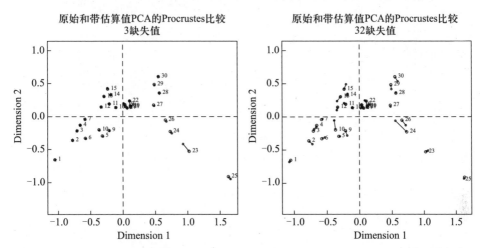

图 5.5　PCA 中缺失数据的估算。Procrustes 比较原始环境变量 PCA 和对三个缺失值进行估算的 PCA。1 型标尺，这里只绘制样方图。红色是原始 PCA 的样方；蓝色是估算值的 PCA 中的样方。左图：3 个缺失值，即 1%；右图：32 个缺失值，10%（参见书末彩插）

　　显然，实际值和重建值之间的差异对排序的影响很小。唯一可见的区别是在样方 23，其中实际值与重建值之间的差异最大。

　　我们的第二个例子是基于随机删除环境中的 32 个值矩阵。在此处报告的特定案例中，受影响的样方是样方 1（4 个 NA），样方 2、5 和 11（3 个 NA），样方 19、20、22、25 和 30（2 个 NA），以及站点 4、12、15、16、17、18、26、27 和 28（1 个 NA）。这里差异比刚才的大一点（最大的差异在样方 1），但整体图的形状，包括变量的方向（此处未显示）仍然保存得相当好（图 5.5 右）。这个案例表明了 Josse 和 Husson 的插补技巧可以用来拯救一个数据集，以避免由于删除较多缺失值所在的行和列引起的影响（此处如删除了 18 行；所有列均受影响）。

```
# PCA 中缺失值估计实验二:32 个缺失值
# 从 319 个值中随机抽取 32 个用 NA 替代
rnd <- matrix(sample(c(rep(1, 32), rep(0, 287))), 29, 11)
env.miss32 <- env
env.miss32[rnd == 1] <- NA
# 每个样方里面多少 NA?
```

```
summary(t(env.miss32))
# Alternative way to display the number of NA:
# sapply(as.data.frame(t(env.miss32)), function(x)
  sum(is.na(x)))


# 内插估算
env.imp2 <- imputePCA(env.miss32)

# 带估算值的 PCA
env.imp32 <- env.imp2$completeObs
env.imp32.pca <- rda(env.imp32, scale = TRUE)

# 原始 PCA 和带估算值的 PCA 的 Procrustes 比较
pca.proc32 <- procrustes(env.pca, env.imp32.pca, scaling = 1)

par(mfrow = c(1, 2))
plot(pca.proc,
     main = "原始和带估算值 PCA 的 Procrustes 比较 \n3 缺失值")
points(pca.proc, display = "target", col = "red")
text(
  pca.proc,
  display = "target",
  col = "red",
  pos = 4,
  cex = 0.6
)
plot(pca.proc32,
     main = "原始和带估算值 PCA 的 Procrustes 比较 \n32 缺失值")
points(pca.proc32, display = "target", col = "red")
text(
  pca.proc32,
  display = "target",
  col = "red",
  pos = 4,
  cex = 0.6
)
```

> 提示：在上面的一些设定做图标题中，\n 的使用允许人们将长标题进行换行。

在第二个示例中，我们随机删除了 **32** 个值。当然，在实际应用中，没有人这样做。我们这样做仅用于演示。

5.4 对应分析（CA）

5.4.1 引言

长期以来，对应分析（correspondence analysis，CA）是分析物种有-无或多度数据最受欢迎的工具之一。原始数据首先被转化成一个描述样方对对 Pearson χ^2 统计量的贡献率的 $\overline{Q}$ 矩阵，将获得的矩阵通过奇异值分解（singular value decomposition）技术进行特征根（奇异值平方）和特征向量的提取。因此，CA 的排序结果展示的是样方之间的 χ^2 距离（D_{16}），而不是欧氏距离 D_1。χ^2 距离不受双零问题影响，也是如第 3.3.1 节所说非对称的距离系数。因此，CA 非常适用原始的物种多度数据分析（无须预转化）。需要注意的是，进行 CA 分析的数据应该是频度或类频度非负数据，而且量纲完全一样，例如物种个体计数数据、生物量或有-无数据。

由于技术上的原因（计算 $\overline{Q}$ 矩阵过程会对频度数据进行隐含中心化），CA 产生的排序轴数总是比样方数（n）或物种数（p）较小者少 1。和 PCA 一样，正交的 CA 排序轴所承载的变差（variation）也是按顺序逐步降低，但与 PCA 不同的是，这里总变差不是用总方差来表示，而是通过一个叫总惯量（total inertia，$\overline{Q}$ 矩阵所有值的平方和，也见 Legendre 和 Legendre，2012，公式 9.25）的指标来表示。单个特征根总是小于 1。用每轴特征根除以总惯量表示每轴贡献率。

在 CA 排序图中，对象（样方）和物种通常都是用点来表示。和 PCA 一样，排序图也有两种标尺类型。这里以样方为行、物种为列的物种矩阵数据为例，解读这两种类型排序图：

• 1 型标尺 CA 双序图（CA scaling 1）：行（样方）是列（物种）的形心（centroids）。如果我们感兴趣的是对象（样方）之间的关系，应该选择 1 型标尺 CA 双序图。此时在多维空间内，样方之间距离是 χ^2 距离。解读：① 在降维空间（排序图）内样方之间距离近似于它们的 χ^2 距离，因此，在排序图上，样方点越近，代表这些样方内的物种相对多度越相似的。② 一个样方的点靠近一个物种的点，表示该物种对于该样方的贡献比较大。如果是基于物种有-无数据，表示该物种在该样方的标识很可能是 1。

●2 型标尺 CA 双序图（CA scaling 2）：列（物种）是行（样方）的形心。如果我们感兴趣的是物种之间的关系，应该选择 2 型标尺 CA 双序图。此时在多维空间内，物种之间距离是 χ^2 距离。解读：① 在降维空间（排序图）内物种之间距离近似于它们的 χ^2 距离，因此，在排序图上，物种点之间距离越近，代表它们的相对多度沿着样方分布越相似。② 一个物种点靠近一个样方点，表示该物种在该样方内存在的可能性很大，或是在该样方内的多度比在其他更远的样方内大。

在第 5.3.2.3 节提到的断棍模型同样可以用于 CA 排序轴数的取舍。下面我们将以原始的鱼类多度数据为例进行 CA 分析。

5.4.2 使用 vegan 包里的 cca() 函数进行 CA 分析

5.4.2.1 运行分析和绘制双序图

CA 分析步骤与 PCA 分析非常相似。这里我们首先运行 CA 分析，然后绘制附带断棍模型的碎石图（图 5.6）：

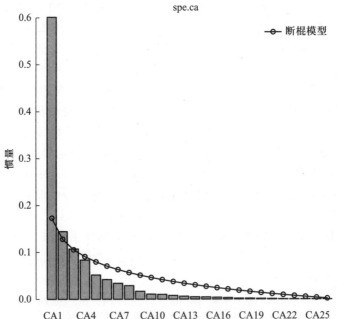

图 5.6 帮助评估具有解读价值的 CA 轴的断棍模型碎石图。
以原始 Doubs 鱼类数据为例

```
# 计算 CA
(spe.ca <- cca(spe))
summary(spe.ca)      # 默认 scaling = 2
summary(spe.ca, scaling = 1)
```

第一轴有一个很大的特征根。在 CA 里面，如果特征根超过 **0.6**，代表数据结构梯度明显。第一轴特征根占总惯量多少比例呢？需要注意的是，两类标尺下，特征根一样。标尺的选择，只影响用于制图的特征向量，不影响特征根。

```
# 使用 vegan 包里 screeplot.cca() 函数绘制附带断棍模型的碎石图
screeplot(spe.ca, bstick = TRUE, npcs = length(spe.ca$CA$
    eig))
```

无论是数量分析结果，还是碎石图都显示第一轴占绝对优势。

现在绘制 Doubs 鱼类物种数据 CA 双序图，并比较两种标尺排序图的不同之处（图 5.7）。

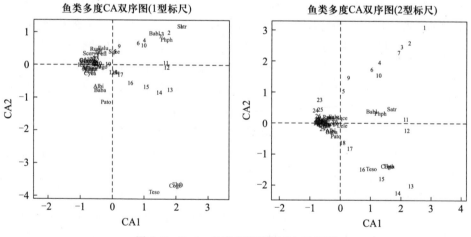

图 5.7　Doubs 鱼类多度数据 CA 双序图

```
par(mfrow = c(1, 2))
# 1 型标尺:样方点是物种点的形心
plot(spe.ca,
    scaling = 1,
```

```
      main = "CA fish abundances - biplot scaling 1"
)
# 2 型标尺(默认):物种点是样方点的形心
plot(spe.ca, main = "CA fish abundances - biplot scaling 2")
```

提示:可以将聚类分析的结果叠加到 CA 排序图。

两个图中第一轴从左到右的梯度基本上代表样方从下游（样方 19~30）到上游排列。这个梯度比较明显，也可以解释为什么第一轴的特征根特别大。很多物种的点靠近样方 19~30，表明这些物种在下游分布更多，而在上游分布比较少，甚至没有分布。第二轴的梯度从上到下是样方从上游到中游的分布。上游与中游这两组样方的梯度比较短，可能与它们的特征种比较一致有关。2 型标尺双序图展示物种组如何在样方间分布。例如，鳟鱼（Thth）、鲇鱼（Cogo）和鲤鱼（Teso）在中游的样方（11~18）分布比较多，而褐鳟（Satr）、欧亚鲹鱼（Phph）和泥鳅（Babl）在中上游分布比较多（接近样方 1~18）。

1 型标尺和 2 型标尺的双序图有什么不同？1 型标尺图中样方的点是物种多度的形心，所以 1 型标尺图更适合解释样方之间的关系和样方的梯度排列。相反，2 型标尺图物种的点是样方的形心，所以 2 型标尺图更适合解释物种之间的关系和梯度分布。在这两种图内，解读那些接近坐标原点的物种需要很谨慎。这种现象可以有两种解释，有可能这些物种倾向于在坐标轴所代表的生态梯度中值范围内分布；也有可能这些物种在整个生态梯度的分布比较均匀。

5.4.2.2 将新的补充样方或物种投影到 CA 排序图

可以使用 stats 包里的 predict() 函数将新的补充样方或物种投影到 CA 双标图中。对于 vegan 包中的函数 cca() 计算的 CA，这个函数以正确的方式计算新样方的位置（加权平均数）；对于使用 rda() 计算的 PCA，情况并非如此（见第 5.3.2.4 节）。包含新变量的数据框必须与原始的数据框具有完全相同的行名（如果补充新物种）或列名（如果补充新样方）。以下示例① 移除了三个样方的 CA，然后将这三个样方被动投影，② 移除三个物种后被动投影。

```
# 1 型标尺 CA 下补充样方的投影
sit.small <- spe[-c(7, 13, 22), ]    # 去掉 3 个样方
sitsmall.ca <- cca(sit.small)
plot(sitsmall.ca, display = "sites", scaling = 1)
```

```
# 投影 3 个缺失样方
newsit3 <- spe[c(7, 13, 22), ]
ca.newsit <- predict(
                     sitsmall.ca,
                     newsit3,
                     type = "wa",
                     scaling = 1)
text(
  ca.newsit[, 1],
  ca.newsit[, 2],
  labels = rownames(ca.newsit),
  cex = 0.8,
  col = "blue"
)


# 2 型标尺 CA 下补充物种的投影
spe.small <- spe[, -c(1, 3, 10)]   # 剔除 3 个物种
spesmall.ca <- cca(spe.small)
plot(spesmall.ca, display = "species", scaling = 2)
# 投影 3 个补充的物种
newspe3 <- spe[, c(1, 3, 10)]
ca.newspe <- predict(
                     spesmall.ca,
                     newspe3,
                     type = "sp",
                     scaling = 2)
text(
  ca.newspe[, 1],
  ca.newspe[, 2],
  labels = rownames(ca.newspe),
  cex = 0.8,
  col = "blue"
)
```

5.4.2.3 环境变量的被动曲线拟合

在第 5.3.3.2 节我们使用函数 envfit() 将环境变量投影到（转化的）鱼类数据的 PCA 双序图。但是，线性拟合和箭头投影仅考虑物种–环境的线性关系。有时人们有兴趣在更广泛的非线性基础上研究选定的环境变量与排序结果的关联关系。这可以通过在排序图上拟合这些环境变量的趋势面来实现。

这里我们将再次使用函数 envfit() 作为第一步运算，但这次要使用公式模式，并将后加的环境变量限定为 2 个。该曲线拟合本身是由 vegan 包里实现广义可加模型平滑二维样条法（GAM）的 ordisurf() 函数完成。当前这个案例，我们使用水体流量（dis）和铵浓度（amm）两个变量，如图 5.2 所示，这两个因子都很重要，并且没有过度相关，比较合适。该结果对象将在第 5.3.3.2 节使用，但接下来我们将添加两个选定环境变量拟合曲面到排序图中（图 5.8）：

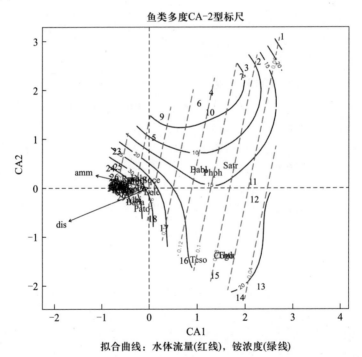

图 5.8 Doubs 鱼类多度数据的 CA 双序图（2 型标尺），后验曲线拟合两个环境变量：水体流量（红线）和铵浓度（绿线）（参见书末彩插）

```
# CA 双序图的曲线拟合
plot(spe.ca, main = "CA 鱼类多度数据 -2 型标尺",
     sub = "拟合曲线：水体流量（红色），铵浓度（绿色）")
```

```
spe.ca.env <- envfit(spe.ca ~ dis + amm, cnv)
plot(spe.ca.env)  # 双箭头
ordisurf(spe.ca, env$dis, add = TRUE)
ordisurf(spe.ca, env$amm, add = TRUE, col = "green")
```

在图中，通过观察可以得知 dis（红线）拟合曲面是强烈的非线性，而 amm（绿线）表面由平行线组成，表示是线性拟合。

5.4.2.4　基于 CA 排序轴重排数据表格

有时可以用 CA 第一轴排序结果重新排列数据表格。第 4 章曾经用过的 vegan 包里的函数 vegemite() 在这里同样可以直接利用 vegan 包输出的排序结果，对数据表格进行重新排列。我们还可以通过函数 tabasco() 将表变成热图：

```
# 根据 CA 结果的物种数据的重排
vegemite(spe, spe.ca)
# 根据 CA 结果的物种数据的重排后的热图
tabasco(spe, spe.ca)
```

请注意，此表中物种排列顺序和样方排列顺序依赖于排序轴的方向（其实是任意的）。可以发现，单纯基于第一轴的结果重新排列数据表格，并没有达到最佳的效果。因为第二轴所反映的上游（样方 1 ~ 10）到中游（样方 11 ~ 18）梯度，以及这些样方的特征种，在这个表格里并没有聚集，而是分散的。

5.4.3　使用 CA.newr() 函数进行对应分析

与 PCA 分析一样，我们也自己编写一个集成的 CA 函数：**CA.newr()**。这里以 Doubs 鱼类数据为例，演示此函数的使用。

```
# 使用函数 CA.newr() 做 CA 分析
spe.CA.PL <- CA.newr(spe)
par(mfrow = c(1, 2))
biplot.CA(spe.CA.PL, scaling = 1, cex = 1)
biplot.CA(spe.CA.PL, scaling = 2, cex = 1)

# 根据 CA 第一个排序轴对数据表进行重新排序
```

```
# 为了跟 vegemite()输出一致,这里将重排后的表格进行转置
summary(spe.CA.PL)
t(spe[order(as.vector(spe.CA.PL$scaling1$sites[,1])),
    order(as.vector(spe.CA.PL$scaling1$species[,1]))])
```

> 提示: 使用 $ scaling2 $ sites 和 $ scaling2 $species (即使用 2 型
> 标尺投影) 会生成相同的有序表。**biplot()** 函数里的参数 cex=1
> (默认=2) 作用是调整排序图内样方和物种的名称字体的大小, 以
> 达到排序图最佳的视觉效果。这个参数对于设定样方或物种特别多的
> 排序图输出很有用。

用 **CA.newr()** 的另一个好处是可以显示物种和样方累积拟合度 (R^2, 最大值为 1)。这些拟合度有助于识别哪个物种或哪个样方对轴贡献最多。例如:

```
# 物种累积拟合度
spe.CA.PL$fit$cumulfit.spe
# 样方累积拟合
spe.CA.PL$fit$cumulfit.obj
```

物种的累积拟合度表明, Phph 很好地被第一轴 (0.865) 拟合, 而 Cogo 很好地被前两轴拟合 (0.914)。另一方面, Lele 对前两轴没有任何贡献, 但是它的一半拟合度 (0.494) 是第三轴完成的。可以对这些样方进行相同的练习。

该信息可用于绘制更好的排序图, 例如, 只显示在前两轴累积拟合度至少为 0.5 的样方或物种。有时也可以选择多少轴进行下一步分析, 例如仅保留 80% 的样方累积拟合度达到 0.8 的轴数 (数字作为示例是随意给出的, 并没有依据)。

5.4.4 弓形效应和去趋势对应分析 (DCA)

长的环境梯度经常支持物种的更替。受环境因子控制的物种通常沿着环境梯度呈现单峰分布, 因此, 在一个长的梯度范围取样, 通常能够包括梯度两端的样方, 这些梯度两端的样方之间共有种很少, 相异值达到最大值[1] (或相似

---

① 卡方距离的最大值为 $\sqrt{2y_{++}}$, 其中 y_{++} 是数据框中所有频率的总和。当两个样方各自只有 1 个物种, 且这两个物种的总多度都为 1 时, 这两个样方的卡方距离达到最大值 1。有关详细信息请参阅 Legendre 和 Legendre (2012, 第 308–309 页)。——著者注

度接近于 0）。如果我们从梯度某一端的样方缓慢沿着梯度的另一端走，可以发现样方与第一个样方的差异越来越大，直到距离达到最大值。因此，此时梯度并不是线性趋势，在一个二维的 CA 排序图上产生弓形梯度，因此产生所谓的"弓形效应（arch effect）"。为了克服弓形效应，产生了新的排序方法，就是下面所要讨论的去趋势对应分析（DCA）：

● 区间划分去趋势：需要将第一排序轴分成几个长度相等的区间，在每一区间内对第二轴的坐标值进行中心化。但 DCA 分析中区间划分的数量通常是任意选择，这对于结果影响比较大。有文献表明 DCA 第二轴开始的坐标值是无意义的。我们这里也强烈警告慎用这种 DCA 分析。但是 DCA 对于估算第一轴的梯度长度（gradient length）还是有用的，这里的梯度长度用物种更替标准差单位（standard deviation units of species turnover）表征。有文献表明，如果梯度长度大于 4 表明物种沿着排序轴更有可能是单峰分布（ter Braak 和 Šmilauer，2002）。

● 多项式去趋势：弓形效应的由来是视觉上观测到第二轴与第一轴貌似存在二次曲线的关系（即第二轴坐标是第一轴坐标的二次幂）。这就解释了在前两轴的排序图内样方点的分布如同抛物线。因此，多项式解决方案是设定第二轴为第一轴的二次线性函数。虽然这种方法比较直观，但是我们建议慎用这种用法，因为它实际上在排序过程中强加了一个约束模型。

区间法 DCA 在 vegan 包用 **decorana()** 函数实现。在这个函数输出结果部分，轴的梯度长度叫作"axis lengths"。

鉴于 DCA 本身存在的问题（也见 Legendre 和 Legendre，2012，第 482-487 页的讨论），此处不再讨论这种方法。我们现在知道，即使是比较长的梯度，也可以用弦转化、Hellinger 转化和对数弦转化处理后物种数据进行 PCA 分析，见第 3.5 节、5.3.3 节和 5.3.4 节。

其实在 PCA 也存在相同的问题，称为马蹄形效应（horseshoe effect）。之所以称为马蹄形效应，是因为排序两端的样方向内弯曲，造成距离缩短，形成类似马蹄形的排列。产生马蹄形效应的主要原因是 PCA 分析过程双零当作样方类似的依据进行处理。结果，在一个长梯度的两端的样方，因为物种差异比较大，共有种少，导致很多双零数据，造成貌似物种组成很相似的假象，所以在排序图上更接近。Hellinger 转化或弦转化可以在一定程度上解决这个问题。

5.4.5 多重对应分析（MCA）

多重对应分析（multiple correspondence analysis，MCA）相当于处理分类变量（即数据框内所有的变量为因子）的 PCA。它也是处理分类变量的特殊 CA。MCA 主要用于分析用定性变量（例如调查问卷选择题或形态特征）描述一系列个体（例如，调查中的人、分类学研究中的标本）。如果样方是通过这类变量描述，MCA 也可用于环境研究中。

在 MCA 中，与 CA 一样，数据的变差（variation）仍然表示为惯量（inertia）。在大多数真实的案例中，MCA 第一轴的解释率比 CA 和 PCA 要小很多，因为 MCA 所用的数据是各个分类变量拆成若干个代表不同水平的二元数据，这样导致数据的膨胀。这样的数据矩阵也称为完全解析表（complete disjunctive table）。

在 MASS 程序包里的 **mca()** 函数和 **FactoMineR** 程序包里 **MCA()** 函数都可以运行 MCA，后者参数选项更多一些。

5.4.5.1 甲螨数据集环境变量的 MCA 分析

举个例子，让我们计算一下第二个数据集环境变量的 MCA。这里有三个定性变量：基质（7 类）、灌丛（3 个等级）和微地形（2 个等级）。函数 MCA() 也提供了将补充变量预测投影到 MCA 的结果。注意这些补充变量不参与 MCA 本身的计算；它们仅为启发式目的添加到结果中。对于更复杂，同步几个数据表的分析，见第 6 章。这里我们将添加两组补充变量：① 两个定量环境变量：基质密度和含水量，② 甲螨物种数据 Hellinger 转后经过 Ward 层次聚类分 4 组的情况。

这个分析所得结果可以通过对象的名称 $ 访问分析的数值结果，例如样方坐标 mite.env.MCAindcoord。该图形结果在图 5.9 中。

```
# 补充变量的准备:甲螨物种数据 Hellinger 转后经过 Ward 层次聚类
# 分 4 组
mite.h <- decostand(mite, "hel")
# 甲螨 Ward 层次聚类
mite.h.ward <- hclust(dist(mite.h), "ward.D2")
# 剪裁聚类树(分 4 组)
mite.h.w.g <- cutree(mite.h.ward, 4)
# 重新组合数据集
mite.envplus <- data.frame(mite.env, mite.h.w.g)


# 定性环境变量加补充变量的 MCA
#  (1) 定量环境变量
#  (2) 4 组样方分组
#  默认: graph = TRUE.
```

```
mite.env.MCA <- MCA(mite.envplus, quanti.sup = 1:2,
                    quali.sup = 6)
mite.env.MCA
```

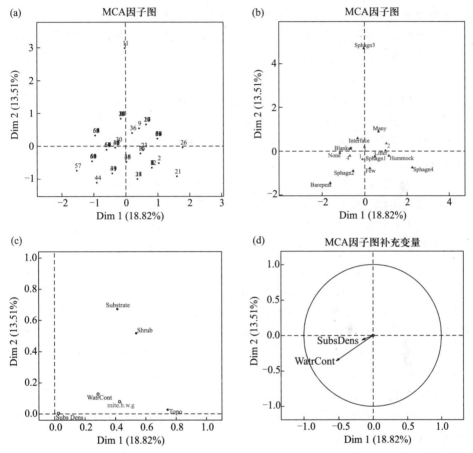

图 5.9　甲螨 2 个定性环境因子和被动补充 4 组分组定性变量的多重对应分析（MCA）的前两轴。两个轴在一起代表数据集总惯量的 32.33%。（a）样方；（b）用于本次分析定性变量的不同水平和定性补充变量（用标记为 1 到 4 的三角形标识）；（c）定性变量和补充变量在前两轴 R^2；（d）补充定量变量的投影

　　图 5.9a 展示样方排序，每个样方位于哑变量（MCA 语言中的 "modalities"）的加权形心（也就是 0-1 变量中 1 的点形心）；在 CA 语言中，1 型标尺关注样方的关系。许多样方标签都很模糊，因为几个样方位置重叠，例如样方 1、4、5、6、7 和 12 在图表上共享坐标 {0.811, 0.652}，因此重叠在一起，因为它们共同点是：Sphagnum 组 1，少灌木和小丘区域。图 5.9b 也显示

变量相同的结果。其他两个特征也值得提及。首先，样方 11 位于顶部，与其他样方隔离较远。这个站点是唯一一个包含 Sphagnum 组 3 的样方。其次，样方 44+57（在左边）和 21+26（在右边）的样方也相对分开。样方 44+57 分享"Barepeat"模态（modalities），21+26 对分享"Sphagn4"类。这两种状态在数据集中只出现两次。这些结果表明，MCA 与 CA 一样，稀有事件的属性影响很大，这可能有助于识别稀有特征或其他特殊功能定性数据集。总的来说，图 5.9a 显示了最接近森林的样方（小数字样方）在右边，以及最接近水域的地点（大数字样方）在左边。

图 5.9b 显示了样方加权形心的类别（2 型标尺表示类别）。它允许识别罕见的类别（例如"Sphagn3"）和类别组（如果有的话）。类别的位置也就是类别所在样方的区域。类别如果在坐标原点位置，表明它们对于样方组的区分没有什么贡献。

图 5.9c 表示变量与排序轴的相关系数的平方。此图可用于识别与轴最相关的变量。例如，变量"Topo"（平地与小丘）与第一轴的 $R^2 = 0.7433$ 但与第二轴仅为 0.0262（请提取 mite.env.MCAvarETA2）。变量"Shrub"跟轴 1 和轴 2 差不多 R^2，而变量"Substrate"在轴 2 的 R^2 更大。图 5.9d 展示补充量化变量投影在 MCA 排序图。

其中三个图包含有关补充变量的信息具有启发性意义。在模态图中（图 5.9b），人们也可以看到 4 组甲螨群落类型。环境变量的模态可以用来解释这样的分组。第二组群落多位于多灌木多森林凋落物的小丘区域。两个下图（图 5.9c、d）显示在定量变量中，含水量对排序平面的贡献比基质密度更大（更长的箭头），即使含水量的 R^2 也相对较低。第 1 轴比第 2 轴对甲螨分组起到的作用更大。图 5.9d 显示两个定量补充变量的最大变化方向，含水量在图的左下方较高。这个确认我们在样方图上的观察结果：环境中存在梯度变量，大致在含水量箭头的方向。

在没有图形表示的数值结果中，最重要的是模态（modalities）对轴的贡献。的确，在排序图中，最稀有的模态脱颖而出，但由于它们的稀有性，它们对排序轴没什么贡献。可以通过键入 mite.env.MCAvarcontrib 显示贡献（在我们的示例中）。在轴 1 上，最高贡献是 Hummock，Shrub-None 和 Blanket。在轴 2 上，Shrubs-Many，Sphagn3 和 Shrubs-Few 脱颖而出。这表明了变量"Topo"和"Shrub"两者的重要性。这些是以某种方式联系在一起的吗？为了发现这个原因，我们在这两个变量之间构建一个列联表：

```
# 变量"Shrub"和"Topo"列联表
table(mite.env$Shrub, mite.env$Topo)
```

　　该列联表显示了 Shrub（用"Few"和"Many"来表示）在 blankets 和 hummocks 的区域分布比较均匀，但没有 Shrub 样方只有在 blankets 样方（或相反，hummocks 样方是没有 shrub）。在图 5.9b 中观察到"Blanket"和"None"的位置是非常接近的。

5.5　主坐标分析（PCoA）

5.5.1　引言

　　PCA 和 CA 的排序都是以展示对象之间的距离为目标：PCA 是欧氏距离（或其他几种经过数据转化后的距离），CA 是卡方距离。如果认为以其他距离测度为基础去排序对象对于所研究问题更合适，PCoA 分析是首选。在 PCoA 排序过程，用户可以自己选择某种相似或距离测度度量对象之间的相互关系。换句话说，PCoA 基于 $n×n$ 的相异（距离）或相似矩阵，然后在笛卡尔坐标系内把 n 个对象的相互关系表达出来。PCoA 可以使用很多种距离系数构建的相异（距离）或相似矩阵。例如，Gower 距离 $= 1-S_{15}$ 是多种数据类型的变量组合而成的单一的测度，那么基于 Gower 距离矩阵 PCoA 排序图展示的是基于很多不同类型变量的对象之间的关系，这是 PCA 和 CA 没办法实现的排序效果。

　　与 PCA 和 CA 一样，在 PCoA 也生成一系列正交的排序轴，每个排序轴也都有一个表征其重要性的特征根。因为是基于关联矩阵，PCoA 排序可以反映对象（如果是 Q 型关联矩阵）之间或变量（如果是 R 型关联矩阵）之间的关系。如果需要将变量（物种）被动投影到对象（样方）PCoA 排序图内，可以通过与排序轴的相关分析或加权平均法进行。如果关联矩阵是欧氏距离矩阵，PCoA 以欧氏准则去运算。例如，如果数据相同，基于样方欧氏距离矩阵 PCoA 与基于物种协方差矩阵的 PCA（1 型标尺）产生相同的排序结果。但如果是用非欧氏距离来组建关联矩阵，PCoA 在正特征根后面会产生负的特征根（正负特征根之间可能会有 0 值的特征根）。因为负特征根太复杂，可能并不能代表真正的排序轴。在大部分案例中，PCoA 负特征根的轴一般是在后面的轴，对前面的几个主坐标轴不会有影响。但如果最大负特征根的绝对值大小与前几轴正特征根相当，可能就会有问题。

　　有几个技术处理可以解决负特征根这个问题，例如可以直接在对象距离的平方加个常数（Lingoes 校正），或是距离本身直接加个常数（Cailliez 校正）（Gower 和 Legendre，1986）。对于双因素的多元方差分析（MANOVA）假设检验（见第 6.3.3 节），Lingoes 校正更好是因为其是产生正确的 I 类错误，而 Cailliez 校正会稍微夸大 I 类错误的比例（Legendre 和 Anderson，1999）。在下面将要提到函数 cmdscale() 就可以进行 Cailliez 校正（参数 add = TRUE）。需要注意的是，很多相似或相异系数是非欧氏属性，但它们中某些系数的平方根具有欧氏属性。简单匹配系数（S_1）、Jaccard 系数（S_7）、Sørensen 系数（S_8）和百分数差异（又名 Bray-Curtis 系数，D_{14}）均属于这种情况。可以参考 Legendre 和 Legendre（2012）表 7.2 和表 7.3。adespatial 包里函数 dist.ldc() 会告诉用户所获得的相异系数是欧氏或非欧氏距离，以及它们的平方根是不是欧氏属性。

高级注解：还有一种避免负特征根的方法，就是保留范数标准化后的特征向量（向量长度为 1），不再除以特征根的平方根（PCoA 常用的方法）。这种方法在第 7 章 MEM 空间分析中会用到。但常规的 PCoA 内不应该使用这种方法，因为这个时候特征向量没有转化，不能生成排序图，自然也无法展示对象之间的原始距离。

对于 PCoA 排序图的解读，与 PCA 和 CA 一样是相近相似原则，对象在图上距离的远近，代表对象在关联测度上的相似度。

最后，vegan 包提供具有加权版 PCoA 函数 wcmdscale()。此函数基于 cmdscale()，可以对样方权重进行设置。权重可以是大于 1 的正实数。如果某个样方的权重为 0，会返回"NA"。负特征根 Lingoes 校正和 Cailliez 校正可通过设定参数 add = "lingoes"（默认）或"cailliez"获得。

5.5.2 利用 cmdscale() 和 vegan 包对 Doubs 数据进行 PCoA 分析

此处以 Doubs 物种数据作为例，首先计算样方之间的百分数差异（又称为 Bray-Curtis）相异矩阵，然后将这个矩阵进行 PCoA 分析。在 **vegan** 包里，通过 **wascores()** 函数可以以多度加权平均方式将物种被动投影到样方的 PCoA 排序图（图 5.10）。因为物种是加权平均投影到 PCoA 的排序图，所以物种之间关系解读与 CA 排序图一样。这样也可以通过 envfit() 函数将环境变量投影到 PCoA 的排序图中。

```
spe.bray <- vegdist(spe)
spe.b.pcoa <- cmdscale(spe.bray, k = (nrow(spe) - 1),
                       eig = TRUE)
# 绘制样方主坐标排序图
```

```
ordiplot(scores(spe.b.pcoa, choices = c(1, 2)),
        type = "t",
        main = "PCoA-物种加权平均投影")
abline(h = 0, lty = 3)
abline(v = 0, lty = 3)
```

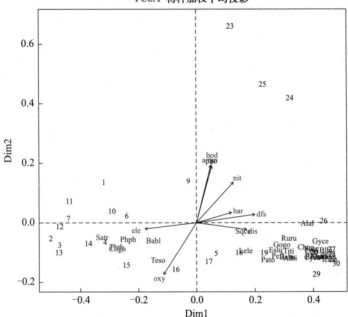

图 5.10　基于 Doubs 鱼类多度百分数差异（又称为 Bray-Curtis）相异矩阵的样方 PCoA
排序图。物种（红色）以加权平均方式被动投影到排序图内（函数 wascores()），
环境变量（绿色箭头）通过 envfit()函数被动投影到排序图。物种及样方点之间
关系解读同 CA 排序图（参见书末彩插）

> 不要担心 R 发出的关于物种得分警告。在这种情况是正常的，因为物种得
> 分不可能在 PCoA 的第一步获得。

```
# 用加权平均方法将物种投影到样方 PCoA 排序图
spe.wa <- wascores(spe.b.pcoa$points[, 1:2], spe)
text(spe.wa, rownames(spe.wa), cex = 0.7, col = "red")
# 拟合环境变量
(spe.b.pcoa.env <- envfit(spe.b.pcoa, env))
```

```
# 投影显著的环境变量(颜色根据用户自己选择)
plot(spe.b.pcoa.env, p.max = 0.05, col = 3)
```

> 提示：观察 vegan 包内两个生成排序图函数的用法：ordiplot() 和
> scores()。vegan 经常自带一些特定的函数来处理自身生成的结
> 果。另外，敲入? cca.object 获得 vegan 包关于排序的输出对象
> 组成。

5.5.3 使用 pcoa() 函数对 Doubs 数据进行 PCoA 分析

基于变量（物种）与 PCoA 排序轴的相关分析（见 Legendre 和 Legendre，2012，第 499 页）可以将变量投影到对象（样方）的 PCoA 排序图。如果样方的 PCoA 排序图是基于欧氏距离矩阵，通过相关分析将物种被动投影到 PCoA 排序图，图中物种向量（箭头）与同一物种数据进行 PCA 分析（1 型标尺）获得的物种向量一致（箭头）。可以通过函数 pcoa() 和 biplot.pcoa() 来实现 PCoA 分析和绘制被动加入物种向量的 PCoA 排序图，这两个函数 ape 包内都有。

这里主要演示 pcoa() 和 biplot.pcoa() 这两个函数用法。此处 PCoA 是基于物种数据经过 Hellinger 转化后的距离矩阵（也称 Hellinger 距离矩阵）。为了方便，此处直接调用经过 Hellinger 转化后的物种数据矩阵进入 PCoA 分析，也可以与第 5.3.3 节获得的 PCA 的结果进行比较。生成 PCoA 排序图后，同时被动加入原始或标准化后的物种，并比较图 5.11 与基于相同数据的 1 型标尺 PCA 双序图（图 5.4 左图）。

```
# 使用 pcoa() 做 PCoA 并进行物种投影
spe.h.pcoa <- pcoa(dist(spe.h))
# Biplots
par(mfrow = c(1, 2))
# 第一个排序图:Hellinger 转化的物种数据
biplot.pcoa(spe.h.pcoa, spe.h, dir.axis1 = -1)
abline(h = 0, lty = 3)
abline(v = 0, lty = 3)
text(-0.5, 0.45, "a", cex = 2)
# 第二个排序图：标准化 Hellinger 转化的物种数据
spe.std <- scale(spe.h)
```

```
biplot.pcoa(spe.h.pcoa, spe.std, dir.axis1 = -1)
abline(h = 0, lty = 3)
abline(v = 0, lty = 3)
text(-2.7, 2.45, "b", cex = 2)
```

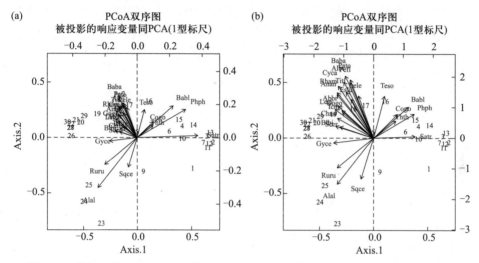

图 5.11 使用函数 pcoa() 和函数 biplot.pcoa() 获得的样方 PCoA 排序图（基于鱼类数据）。(a) 添加 Hellinger 转化的物种变量。(b) 添加 Hellinger 转化后标准化的物种变量。底轴和左轴的刻度是样方的坐标刻度，上轴和右轴刻度是物种的坐标刻度

> 提示：为了将物种投影到 PCoA 排序图，对物种进行与计算 PCoA 相异矩阵前相同的转化是非常重要的。如果变量方差比较大，标准化对于优化排序图视觉效果很有用。参数 dir.axis2 = -1 表示将第二轴倒置，目的是为了能与 PCA 结果（图 5.4，1 型标尺）进行比较。

如何比较当前 PCoA 结果与 PCA 结果？

如果希望仅绘制部分物种，则可以在 biplot.pcoa() 第二个参数位置直接使用削减的物种数据框。例如，在上面的第二张图，我们可以只选择 4 个 Verneaux 设定的区域指示种（见第 1.5.1 节）：

```
# 第三个排序图：标准化 Hellinger 转化的物种数据
# 仅显示 4 个区域的指示物种
spe.std <- scale(spe.h)
biplot.pcoa(spe.h.pcoa, spe.h[, c(2, 5, 11, 21)],
        dir.axis1 = -1)
```

```
abline(h = 0, lty = 3)
abline(v = 0, lty = 3)
```

正如前面提到，PCoA 应该是处理非欧氏距离排序的首选。由 **ade4** 包获得的 Jaccard 和 Sørensen 相异矩阵，都具有欧氏属性，因为 ade4 包对距离测度进行平方根处理。有些例外的情况，例如 **vegan** 包获得的百分数差异矩阵（又称为 Bray-Curtis）不具有欧氏属性（见第 3.3.5 节）。对于非欧氏距离，PCoA 可能产生一些负特征根。函数 **pcoa()** 含有 Lingoes 和 Cailliez 校正可处理负特征根问题，并提供与断棍模型比较的特征根结果。该函数提供与断棍模型比较的特征根。在下面的示例中，当进行负特征根校正时要求，第二列包含校正的特征根。然而获得完全欧氏距离排序解决方案的最简单方法仍然是采取计算 PCoA 之前的对距离测度进行平方根。

```
# 比较欧氏距离和非欧氏聚类的 PCoA

# Hellinger 距离矩阵 PCoA
is.euclid(dist(spe.h))
summary(spe.h.pcoa)
spe.h.pcoa$values


# 百分数差异相异矩阵 PCoA
is.euclid(spe.bray)
spe.bray.pcoa <- pcoa(spe.bray)
spe.bray.pcoa$values          # 观察第 17 个之后的特征根


# 百分数差异相异矩阵平方根 PCoA
is.euclid(sqrt(spe.bray))
spe.braysq.pcoa <- pcoa(sqrt(spe.bray))
spe.braysq.pcoa$values        # 观察特征根


# Lingoes 校正百分数差异相异矩阵 PCoA
spe.brayl.pcoa <- pcoa(spe.bray, correction = "lingoes")
spe.brayl.pcoa$values         # 观察特征根(第一列和第二列)


# Cailliez 校正百分数差异相异矩阵 PCoA
```

```
spe.brayc.pcoa <- pcoa(spe.bray, correction = "cailliez")
spe.brayc.pcoa$values       # 观察特征根(第一列和第二列)
```

如果要选择承载最大比例变差的前两轴去了解数据的结构，你会选择上面哪种结果呢？

5.6　非度量多维尺度分析（NMDS）

5.6.1　引言

如果排序的目的不是在于最大限度保留对象之间实际的差异，只是反映对象之间的顺序关系，这个时候非度量多维尺度分析（nonmetric multidimensionalscaling，NMDS）可能是一种解决方案。与 PCoA 一样，NMDS 可以基于任何类型距离矩阵对对象（样方）进行排序。与 PCoA 不同的是，NMDS 不再基于距离矩阵数值，而是根据排位顺序进行计算。这对于距离缺失的数据的确有优势，只要想办法确定对象之间的位置关系，便可以进行 NMDS 分析。NMDS 不再是特征根排序技术，也不再让排序轴承载更多的变差为目的。因此 NMDS 排序图可以任意旋转、中心化和倒置。NMDS 的计算过程如下（此处描述非常简略，详情请参考 Legendre 和 Legendre，2012，第 512 页及之后的内容）。

- 预先设定期望排序轴的数量 m。
- 在 m 维空间内构建对象的初始结构，初始结构是调整对象之间位置的起点。这一步非常棘手，因为最终的结果可能依赖初始结构。PCoA 的排序结果也许是很好的初始结构。否则，为了获得好的初始结构，可能得进行多次独立的尝试。
- 在 m 维空间内，用一个迭代程序不断调整对象位置，目标是不断最小化应力函数（stress function，其值在 0 ~ 1）。应力函数是排序空间内对象结构与原始距离矩阵之间的差异程度的指标。
- 不断调整对象位置，直至应力函数值不再减少，或达到预先指定值为止。
- 大部分运行 NMDS 程序会应用 PCA 旋转最终的排序图，使结果更容易解读。

如果预先设定的排序轴数量比较少（例如 $m=2$ 或 3），在相同轴数的条件下，NMDS 往往能够获得比 PCoA 更少失真的对象之间的关系。但 NMDS 计算需要不断迭代，对计算机的能力要求比较高，排序结果有时会依赖计算机技术。实际上，由于计算机能力的限制，最小化应力函数通常只是局部最小化，而非真正最小化。

5.6.2　鱼类数据 NMDS 分析

NMDS 排序可以通过 **vegan** 包里的 **metaMDS()** 函数实现。输入 **metaMDS()** 的数据可以是原始数据矩阵，也可以是距离矩阵。此处用鱼类多度百分数差异相异矩阵数据进行 NMDS 分析演示。**metaMDS()** 随机构建对象初始结构，并不断尝试以获得最佳的 MMDS 排序结果。用 **wascores()** 函数也可以将物种加入样方 NMDS 排序图 （图 5.12）。解释变量也可以通过 envfit() 函数被动投影到 NMDS 排序图。

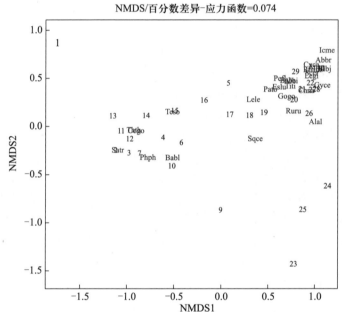

图 5.12　基于鱼类多度百分数差异相异矩阵数据的 NMDS 双序图
（通过加权平均方式被动加入物种）。物种与样方之间关系解读与 CA 一致

```
spe.nmds <- metaMDS(spe, distance = "bray")
spe.nmds
spe.nmds$stress
plot(
  spe.nmds,
  type = "t",
  main = paste(
```

```
"NMDS/百分数差异 - 应力函数 =",
round(spe.nmds$stress, 3)
  )
)
```

当前生成的排序图与 PCA、CA 和 PCoA 的排序图进行比较，有什么不同？

如果所使用的距离矩阵带有缺失值，这个时候可以用 **isoMDS()** 函数运行
NMDS 分析。**isoMDS()** 输入的是对象的初始结构（参数 y）和预先指定排序
轴的数量（参数 k）。为了减少仅达到局部最小化应力函数的风险，我们建议
使用 **labdsv** 包里的 **bestnmds()** 函数进行 NMDS 排序。**bestnmds()** 是
isoMDS() 函数的嵌套函数，需要用户提供随机产生的初始结构次数（参数
irt）。**bestnmds()** 函数应用最小应力函数值去确定最终的排序方案。

可以通过比较 NMDS 排序图内对象的距离与原始对象距离去评估 NMDS
结果（Shepard 图）。另外，也可以直接用排序图内对象的距离与原始距离进
行线性或非线性回归的 R^2 来评估 NMDS 的拟合度。**vegan** 包里的 **stress-
plot()** 和 **goodness()** 函数分别实现上述两个功能（图 5.13）。

```
# 评估 NMDS 拟合度的 Shepard 图
par(mfrow = c(1, 2))
stressplot(spe.nmds, main = "Shepard图")
gof <- goodness(spe.nmds)
plot(spe.nmds, type = "t", main = "拟合度")
points(spe.nmds, display = "sites", cex = gof * 300)
```

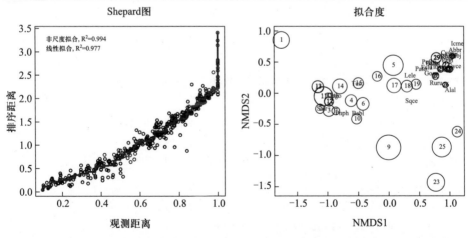

图 5.13　检验 NMDS 结果（图 5.12）的 Shepard 图和拟合度图（气泡半径反比拟合度）

> **提示**：观察如何利用 points( ) 函数内 cex 参数设置，将每个样方的拟合
> 度（从 goodness( ) 函数获得）表示在排序图内。拟合度越差的点，
> 气泡越大。

　　与其他排序方法一样，在 NMDS 排序图内也可以加上聚类分析的结果。例如，可以计算百分数差异相异矩阵的 Ward 聚类分析，然后提取 4 组，并在 NMDS 图内对属于不同组的样方进行标色。

```
# 基于百分数差异相异矩阵 Ward 聚类结果(提取 4 组)
spe.bray.ward <-
  hclust(spe.bray, "ward.D")
  # Here better than ward.D2 for 4 groups
spe.bw.groups <- cutree(spe.bray.ward, k = 4)
grp.lev <- levels(factor(spe.bw.groups))

# 与 NMDS 结果进行组合
sit.sc <- scores(spe.nmds)
p <-
  ordiplot(sit.sc, type = "n",
           main = "NMDS /% 差异 + Ward 聚类 /% 差异")
for (i in 1:length(grp.lev))
{
  points(sit.sc[spe.bw.groups == i, ],
         pch = (14 + i),
         cex = 2,
         col = i + 1)
}
text(sit.sc, row.names(spe), pos = 4, cex = 0.7)
# 添加聚类树
ordicluster(p, spe.bray.ward, col = "dark grey")
# 以交互方式添加图例
legend(
  locator(1),
  paste("Group", c(1:length(grp.lev))),
  pch = 14 + c(1:length(grp.lev)),
```

```
col = 1 + c(1:length(grp.lev)),
pt.cex = 2
)
```

5.6.3　PCoA 或 NMDS?

　　主坐标分析（PCoA）和非度量多维尺度分析（NMDS）通常追求类似的目标：在有限的轴（通常是 2 或 3）上获得有意义的对象排序。如前一节所示，在 PCoA 中，使用转化的相异矩阵的特征分解进行排序分析，而在 NMDS 中通过迭代近似算法进行排序分析。文献表明一些研究人员选择前者还是后者并没有明确的理由。读者可能会想：这两种方法是否是所有的情况都是等同吗？他们生产相同或相当类似的排序结果吗？如果不是，有哪种方法更可取？如何选择？下面列举的某些属性可以作为选择的依据：

NMDS

　　（1）迭代算法可以根据起始计算点找到不同的解决方案，在大多数情况下，起始计算点是随机选择。

　　（2）在 NMDS 计算过程中，差异性会被扭曲（拉伸或挤压）。这是该方法的公认属性。排序结果中距离并不完全对应于起始差异。

　　（3）NMDS 第一轴不一定能最大化观测矩阵的方差。然而，大多数（但是不是全部）NMDS 程序计算 NMDS 的结果实际上是 PCA 旋转的结果，使第一轴最大化的方差。

　　（4）不同的 NMDS 函数可以使用不同的标准来最小化应力函数（stress）。解决方案可能根据一个标准（或 R 函数）选择最优的结果。

　　（5）R 函数可能包含可能影响排序结果的其他几个参数。除了经验丰富的用户之外，很难确定哪种选项组合最适合特定数据集。

　　（6）用户必须设置排序的维数 k，能产生最多排序轴为 $\min[p, n-1]$，但是排序结果不确切，因为距离是扭曲的，建议设置 $k<(n-1)/2$。

　　（7）应力函数统计量并不表示 NMDS 排序所承载的数据方差的比例（解释率）。相反，它表示原始结构被扭曲的程度，这与解释率截然不同。

　　生态数据分析的应用—当用 PCA 或 PCoA 的时候，需要用 3 或 4 个排序轴才能符合要求，但如果由于别的条件的限制，比如出版物的要求，只能展示 2 个排序轴的时候，不妨选择 NMDS 来替代 PCA 或 PCoA，因为 NMDS 不涉及解释率的问题。在这种情况下，PCA 或 PCoA 的排序结果作为 NMDS 的初始结构是不错的选择，以确保 NMDS 跟原始的度量尺度比较一致。

PCoA

（1）PCoA 通过特征值分解找到最优排序结果。PCoA 结果是唯一的，不会出现随机的情况。

（2）在 PCoA 中，没有扭曲原始的相异性。

（3）PCoA 可用于查找给定相异矩阵的前几个排序轴。这些轴是最大化观测数据的方差。

（4）PCoA 可以产生对应于给定的相异矩阵的所有排序轴。排序结果是准确的。

（5）PCoA 轴的完整矩阵允许人们精确地重建对象之间距离。原因：无论使用何种不同函数。从 PCoA 轴计算出对象间欧氏距离的矩阵严格等于提交给 PCoA 的相异矩阵。证据可以从 Gower（1966）和 Legendre 和 Legendre（2012）两个文献中获得。

（6）因此，无论什么人用什么函数，只要是数据一样，都是同样的距离测度，PCoA 的结果都应该是一样，但个别可能排序轴会方向相反，但是样方点之间的相对位置不会变。

（7）伪 R^2 统计量可以通过感兴趣的轴（例如前 2 个轴）的特征根的和除以所有特征值的总和获得。这也是降维空间内所能解释的方差比例。这个统计量也是评估排序效果的指标。

生态数据分析的应用——① PCoA 生成在 2 维或 3 维空间内的对象排序图。② 原始的数据经过不同的转化后，也可以做 PCoA，此时 PCoA 的全维度里面的对象坐标差异代表转化后的数据差异。PCoA 获得的主坐标可以作为更深入分析的初始数据，例如基于距离的 RDA（db-RDA，见第 6 章）和 k-均值划分（第 4 章）。建议：在大多数应用中使用 PCoA。

5.7 手写排序函数

这里将以自己编写排序函数作为本章的结尾：

自写代码角#2

Legendre 和 Legendre（2012）提供很多排序分析的代数算法，即 R 里面可以实现的矩阵代数运算函数。尽管教大家如何编写函数并不是本书的目的，我们觉得提供一个编写排序函数的案例有助于激发读者的兴趣。另外，数量生态学是一个非常灵活的学科，任何人都会有偶然突发的想法，如果没有现成函数可以实现你的想法，这个时候自己编写函数去实现自己的想法，是一件非常有趣的事。

下面的案例基于 Legendre 和 Legendre（2012）第 9.1 节的代数公式进行编程。编程的目的是去实现基于协方差矩阵的 PCA。为获得基于相关矩阵的 PCA，我们需要首先对数据进行标准化（标准化后数据的协方差矩阵等同于相关矩阵）。

（1）计算原始数据或中心化数据的协方差矩阵 S。

（2）计算协方差矩阵 S 的特征向量和特征根（公式（9.1）和公式（9.1））。

（3）提取 1 型标尺特征向量矩阵 U 和主成分矩阵 F（公式（9.4））。

（4）提取 2 型标尺特征向量矩阵 U2 和主成分矩阵 G。

（5）结果输出。

```
# 一个简单的计算 PCA 的函数
myPCA <- function(Y) {
  Y.mat <- as.matrix(Y)
  object.names <- rownames(Y)
  var.names <- colnames(Y)
  # 中心化数据(计算 F 矩阵所需)
  Y.cent <- scale(Y.mat, center=TRUE, scale=FALSE)
  # 协方差矩阵
  Y.cov <- cov(Y.cent)
  # S 的特征向量和特征根(Legendre 和 Legendre 2012,
  # 公式 9.1 和公式 9.1)
  Y.eig <- eigen(Y.cov)
  # 将特征向量赋予矩阵 U(用于代表 1 型标尺双序图变量)
  U <- Y.eig$vectors
  rownames(U) <- var.names
  # 计算 F 矩阵(用于代表 1 型标尺双序图对象)
  F <- Y.cent%*%U         # 公式 9.4
  rownames(F) <- object.names
  # 计算矩阵 U2(用于代表 2 型标尺双序图变量,
  # 见 Legendre 和 Legendre 2012,公式 9.8
  U2 <- U%*%diag(Y.eig$values^0.5)
  rownames(U2) <- var.names
  # 计算矩阵 G(用于代表 2 型标尺双序图对象,
  # 见 Legendre 和 Legendre,2012,公式 9.14)
```

```
G <- F%*%diag(Y.eig$values^0.5)
rownames(G) <- object.names
#输出包含所有结果的列表
result <- list(Y.eig$values,U,F,U2,G)
names(result) <- c("eigenvalues","U", "F", "U2", "G")
result
}
```

目前已经写完这个函数输出的结果应该与第 5.3.5 节用 PCA.newr( )函数输出结果一样。现在可以用 Hellinger 转化的鱼类数据作为案例，验证两个函数的结果是否一致。

如何调用自己编写的函数呢？你可以将它保存为一个文件（如本例中保存为 myPCA.R）然后导入控制台，或直接拷贝全部代码直接输入 R 的控制台。

```
#使用自写函数进行鱼类 PCA 分析
fish.PCA <- myPCA(spe.h)
summary(fish.PCA)
#特征根
fish.PCA$eigenvalues
#以百分比方式表示特征根
(pv <-
    round(100 * fish.PCA$eigenvalues /sum(fish.
        PCA$eigenvalues), 2))
#用总变差(分母)代替特征根和
round(100 * fish.PCA$eigenvalues/sum(diag(cov(spe.h)))),2)
#以百分比方式表示累计特征根
round(cumsum(100 * fish.PCA$eigenvalues/sum(fish.
        PCA$eigenvalues)),2)
#双序图
par(mfrow=c(1,2))
#1 型标尺双序图
biplot(fish.PCA$F, fish.PCA$U)
#2 型标尺双序图
biplot(fish.PCA$G, fish.PCA$U2)
```

现在你也可以绘制其他任意两轴，例如轴 1 和轴 3。

与 CA 或 PCoA 函数比较，上面这个 PCA 函数代码相当简单。你也可以尝试自己写一些更复杂的函数代码。你也可以打开 **CA.newr( )** 和 **pcoa( )** 这两个函数的代码并用手里的参考书尝试解读这些代码。

第6章 典范排序

6.1 目标

简单（非约束）排序只分析一个数据矩阵，并在低维的可视化正交排序轴空间展示这些数据的结构。虽然为了更好地解读排序图，可以在非约束排序之后被动加入解释变量（见第5章）。本章所要讨论的典范排序（canonical ordination），不再是被动加入解释变量，而是从排序开始直接加入解释变量进行运算。与非约束排序不同的是，典范排序只提取和展示与解释变量有关的数据结构，并可以通过统计检验方法检验解释变量与响应变量之间关系的显著性。

典范排序方法根据两个矩阵所扮演的角色不同可以分为两组：对称（symmetrical）分析与非对称（asymmetrical）分析。

本章内容包括：

● 学习如何选择典范排序技术：非对称分析［冗余分析（RDA）、基于距离的冗余分析（db-RDA）、典范对应分析（CCA）、线性判别式分析（LDA）、主反应曲线（PRC）、协对应分析（CoCA）］；对称分析［典范相关分析（CCorA）、协惯量分析（CoIA）和多元因子分析（MFA）］；

● 探索研究物种功能属性和环境因子之间关系的方法；

● 如何设定合适的参数值去运行这些排序方法和解读排序结果；

● 用这些方法分析 Doubs 数据集；

● 探索某些典范排序分析的特殊用法，例如变差分解（variation partitioning）和基于 RDA 的多元方差分析（MANOVA）；

● 写自己的 RDA 函数。

6.2 典范排序概述

第5章描述的非约束排序，运算过程没有受到外部变量的影响；外部的变量（例如环境变量）只能通过被动的方式后加进入非约束排序。非约束排序展示的是基于单一数据矩阵的对象或变量之间的关系。因此，非约束排序只是探索性、描述性的方法。相反，约束排序是明确地探索两个矩阵之间的关系：一些情况下是响应变量矩阵和解释变量矩阵（非对称分析），另外一些情况是两个对称角色的矩阵（对称分析）。约束排序过程中同时使用两个矩阵。

典范排序过程两个矩阵（某些情况下会多于两个矩阵）的信息如何融合完全取决于排序方法。本章首先学习当今生态学两种常用的非对称约束排序：冗余分析（RDA）和典范对应分析（CCA）。这两种约束排序均是多元回归与传统排序（PCA 或 CA）的组合。我们也探索偏 RDA 分析和基于偏 RDA 分析的变差分解（variation partitioning）。典范排序的显著性可以通过置换方法进行检验。之后，我们会用简短章节探讨另外三种非对称分析：线性判别式分析（LDA，它是寻找能够解释已经分组的对象的定量解释变量组的方法）；主反应曲线（PRC，为包括重复测量的控制实验多元统计分析开发的方法）；协对应分析（CoCA，致力于从同一地点获得两个群落的共同排序）。然后，我们转向三种描述两个或多个数据集的共同结构的特征向量的对称分析方法：典范相关分析（CCorA）、协惯量分析（CoIA）和多元因子分析（MFA）。最后，我们介绍两种致力于研究物种功能属性和环境因子之间关系的方法：第四角（fourth-corner）方法和 RLQ 分析。

6.3　冗余分析（RDA）

6.3.1　引言

RDA 是一种回归分析结合主成分分析的排序方法，也是多响应变量（multiresponse）多元回归分析的拓展。RDA 一直以来是生态学家常用的分析方法，特别是自从 Legendre 和 Gallagher（2001）开发了一系列转化技术使物种数据能够用于 RDA 分析（又称基于转化的 RDA 或 tb-RDA）之后，RDA 成为一种更强大的分析工具。

从概念上讲，RDA 是响应变量矩阵与解释变量矩阵之间多元多重线性回归的拟合值矩阵的 PCA 分析。下面是 RDA 的计算过程，Y 矩阵是中心化的响应变量矩阵，X 矩阵是中心化的解释变量矩阵[①]：

- 先进行 Y 矩阵中每个响应变量与所有解释变量的多元回归，获得每个

[①]　为方便起见，一些程序和函数在分析开始之前会标准化 X 变量。这不会改变 RDA 结果，因为标准化 X 不会改变多元回归拟合值、RDA 统计检验结果显著性和 PCA 分析。——著者注

响应变量的拟合值 ($\hat{y}$) 向量 (这是大多数分析中唯一需要的矩阵) 和残差 (y_{res}) 向量 (如果有必要)。将所有拟合值 ($\hat{y}$) 向量组装为拟合值矩阵 ($\hat{Y}$)。

● 进行 $Y \sim X$ 典范性的显著性检验。

● 如果检验显著，即 X 能解释 Y 的变化量比随机数据还要多，将拟合值矩阵 ($\hat{Y}$) 进行 PCA 分析。PCA 分析将产生一个典范特征根向量和典范特征向量矩阵 U。

● 使用矩阵 U 计算两套样方排序得分 (坐标)：一套使用拟合值矩阵 ($\hat{Y}$) 获得在解释变量 X 空间内的样方排序坐标 (即计算 $\hat{Y}U$，所获得的坐标在 vegan 包里称为 "样方约束 (约束变量的线性组合)，Site constraints (linear combinations of constraining variables)"，标识为 "lc"；另一套用中心化的原始数据矩阵 Y 获得在原始变量 Y 空间内的样方排序坐标 (即计算 YU，所获得的坐标在 vegan 包里称为 "样方得分 (物种得分的加权和)，Site scores (weighted sums of site scores)"，标识为 "wa"。

● 将第一步多元回归获得的残差 (即：$Y_{res} = Y - \hat{Y}$) 矩阵进行 PCA 分析获得残差非约束排序。残差矩阵 Y_{res} 的 PCA 分析，严格说应不属于 RDA 的内容，尽管 **vegan** 包内同样是用 **rda( )** 函数运行 PCA。

本章最后 "自写代码角" 将提供 RDA 计算的代数公式。

从上面解释计算 RDA 的步骤可以看出，RDA 的排序轴实际上是解释变量的线性组合 (即线性模型拟合值的排序)。换句话说，RDA 的目的是寻找能最大程度解释响应变量矩阵变差的一系列的解释变量的线性组合，因此 RDA 是被解释变量约束的排序。约束排序与非约束排序的区别很明显：约束排序过程中解释变量矩阵控制排序轴的权重 (特征根)、正交性和方向。在 RDA 中，可以真正地说，排序轴解释或模拟 (从统计意义上讲) 依赖矩阵 (响应变量) 的变差。此外，在 RDA 中，可以检验响应变量矩阵 Y 与解释变量矩阵 X 的线性相关显著性；PCA 分析中不存在这种情况。

RDA 产生与 $[p, m, n-1]$ 这三个数值最小者相同的轴数，n 指样方的数量，p 是响应变量的个数，m 指模型自由度 (定量解释变量的数量，包括定性解释变量的因子水平；如果一个因子有 k 个水平，则需要 $k-1$ 个虚拟变量表示，所以有 $k-1$ 个自由度)。每个典范轴都是所有解释变量的线性组合 (即多元回归模型)。为了方便，RDA 中通常使用标准化后的解释变量；解释变量的标准化不会改变回归的拟合值和典范排序的结果 (在很多情况下，解释变量具有不同的量纲。解释变量标准化的意义在于使典范系数的绝对值 (即模型的回归系数) 能够度量解释变量对典范轴的贡献)。在 **vegan** 包中的 **rda( )** 函数分析结果中，不能被环境变量解释的变差 (即回归的残差) 用排在典范轴后面的非约束的 PCA 排序轴来表示。

与第 5 章 PCA 相同，RDA 可以用拟合值的协方差矩阵，也可以用相关矩阵进行计算。如果计算基于相关矩阵的 RDA，需要在函数 **rda( )** 内设定参数 scale=TRUE，但对于群落物种组成数据，一般不选择 scale=TRUE。

RDA 所有轴（全模型）和每个典范轴的统计显著性可以用置换法进行检验。本章将在适当时介绍置换检验。

6.3.2 Doubs 数据集 RDA 分析

在这一节，将尝试 RDA 的各种用法。在进行 RDA 分析之前，需要准备数据，还需要对数据进行必要的转化，并将解释变量分为两个子集。

6.3.2.1 数据准备

```
# 加载包
library(ade4)
library(adegraphics)
library(adespatial)
library(cocorresp)
library(vegan)
library(vegan3d)
library(ape)
library(MASS)
library(ellipse)
library(FactoMineR)
library(rrcov)


# 加载本章后面部分将要用到的函数
# 假设这些函数被放在当前的 R 工作目录下
source("hcoplot.R")
source("triplot.rda.R")
source("plot.lda.R")
source("polyvars.R")
source("screestick.R")


# 导入 Doubs 数据
# 假设这个 Doubs.RData 数据文件被放在当前的 R 工作目录下
load("Doubs.RData")
```

```
# 剔除无物种数据的样方 8
spe <- spe[-8, ]
env <- env[-8, ]
spa <- spa[-8, ]

# 提取环境变量 dfs(离源头距离)以备用
dfs <- env[, 1]

# 从环境变量矩阵剔除 dfs 变量
env2 <- env[, -1]
# 将 slope 变量(slo)转化为因子(定性)变量
# 以显示如何在排序图中处理定性变量
slo2 <- rep(".very_steep", nrow(env))
slo2[env$slo <= quantile(env$slo)[4]] <- ".steep"
slo2[env$slo <= quantile(env$slo)[3]] <- ".moderate"
slo2[env$slo <= quantile(env$slo)[2]] <- ".low"
slo2 <- factor(slo2,
  levels = c(".low", ".moderate", ".steep", ".very_steep"))
table(slo2)
# 生成一个含定性坡度变量的环境变量数据框 env3
env3 <- env2
env3$slo <- slo2

# 将所有解释变量分为两个解释变量子集
# 地形变量(上下游梯度)子集
envtopo <- env2[, c(1 : 3)]
names(envtopo)
# 水质变量子集
envchem <- env2[, c(4 : 10)]
names(envchem)

# 物种数据 Hellinger 转化
spe.hel <- decostand(spe, "hellinger")
```

请注意，我们已从环境数据框中删除了变量 dfs 并创建了 一 个名为 env2 的新环境变量对象。dfs-离源头距离，应该是空间变量，而不是环境变量，而且与其他几个生态上更明确的解释变量如排放、硬度和氮含量高度相关。

6.3.2.2 使用 vegan 程序包运行 RDA

vegan 包运行 RDA 排序可以有两种不同模式。第一种是简单模式，直接输入用逗号隔开的数据框对象到 **rda( )** 函数：

```
simpleRDA<-rda(Y,X,W)
```

式中 Y 为响应变量矩阵，X 为解释变量矩阵，W 为偏 RDA 分析需要输入的协变量矩阵（见第 6.3.2.5 节）。

上面这个函数表达式虽然简单，但存在局限性。最大的缺点是解释变量矩阵或协变量矩阵不能含有因子变量（定性变量）。如果有定性变量，建议使用第二种公式模式：

```
formulaRDA <- rda(Y~ var1 + factorA + var2 * var3 +
                Condition(var4), data=XWdata)
```

在这个表达式中，Y 为响应变量矩阵。解释变量矩阵包括定量变量（var1）、因子变量（factorA）及变量 2 和变量 3 的交互作用项，协变量（var4）被放到参数 **Condition( )** 里（这个是真正的偏 RDA）。所有的解释变量及协变量都放在名为 XWdata 的数据框内。

这个公式表达式与 **lm( )** 函数及其他回归函数一样，左边是响应变量，右边是解释变量，后面要举的案例也是使用上面的函数表达式。可以访问 **rda( )** 函数的帮助文件获得更多的信息。

让我们计算基于 Hellinger 转化的鱼类数据 RDA，解释变量为对象 env3，这个数据框包括除了 dfs 的所有环境变量，还包括将 slo 转为因子的数据。

```
(spe.rda <- rda(spe.hel ~ ., env3)) #关注省略模式的公式
summary(spe.rda)      #2 型标尺（默认）
```

提示：上面公式表达式中"~."表示将对象 env3 的全部列变量作为解释变量，这是一种变量全选的省略模式。如果不想看样方、物种和解释变量的坐标，你可以在 summary( ) 函数里面加参数 axes=0。

这里使用一些默认的选项，即 scale=FALSE（基于协方差矩阵的 **RDA**）和 scaling=2。

下面是 RDA 结果输出的摘录：

```
   call:
rda(formula = spe.hel ~ ele + slo + dis + pH + har + pho + nit +
amm + oxy + bod, data = env3)

partitioning of variance:
             Inertia proportion
Total         0.5025    1.0000
Constrained   0.3654    0.7271
Unconstrained 0.1371    0.2729

Eigenvalues, and their contribution to the variance

Importance of components:
                        RDA1      RDA2      RDA3      RDA4…
Eigenvalue              0.2281    0.0537    0.03212   0.02321…
Proportion Explained    0.4539    0.1069    0.06392   0.04618…
Cumulative proportion   0.4539    0.5607    0.62466   0.67084…
                        PC1       PC2       PC3       PC4…
Eigenvalue              0.04581   0.02814   0.01528   0.01399…
Proportion Explained    0.09116   0.05601   0.03042   0.02784…
Cumulative proportion   0.81825   0.87425   0.90467   0.93251…

Accumulated constrained eigenvalues
Importance of components:
                        RDA1      RDA2      RDA3      RDA4…
Eigenvalue              0.2281    0.0537    0.03212   0.02321…
Proportion Explained    0.6242    0.1470    0.08791   0.06351…
Cumulative Proportion   0.6242    0.7712    0.85913   0.92264…

Scaling 2 for species and site scores
* Species are scaled proportional to eigenvalues
* Sites are unscaled:weighted dispersion equal on all
  dimensions
* General scaling constant of scores: 1.93676
```

```
Species scores


            RDA1      RDA2       RDA3      RDA4        RDA5       RDA6
Cogo  0.13386  0.11619  -0.238205  0.018531   0.043161  -0.02973
Satr  0.64240  0.06654   0.123649  0.181606  -0.009584   0.02976
(…)
Anan -0.19440  0.14152   0.033624  0.017384   0.008122   0.01761


Site scores(weighted sums of species scores)


            RDA1       RDA2      RDA3      RDA4       RDA5        RDA6
1     0.40149 -0.154133 0.55506 1.601005  0.193004   0.916850
2     0.53522 -0.025131 0.43393 0.294832 -0.518997   0.458849
(…)
30  -0.48931  0.321574 0.31409 0.278210  0.488026  -0.150951


Site constraints(linear combinations of constraining vari-
able)


            RDA1       RDA2      RDA3      RDA4       RDA5        RDA6
1     0.55130 0.002681 0.47744 0.626961 -0.210684   0.31503
2     0.29736 0.105880 0.64854 0.261364 -0.057127   0.09312
(…)
30  -0.42566 0.338206 0.24941 0.345838  0.404633  -0.13761


Biplot scores for constraining variables


                    RDA1       RDA2       RDA3      RDA4       RDA5
ele             0.8239 -0.203027  0.46599 -0.16932 0.003151
slo.moderate  -0.3592 -0.008707 -0.21727 -0.18287 0.158087
(…)
bod           -0.5171 -0.791730 -0.15644  0.22067 0.075935-
```

```
Centroids for factor constraints

                  RDA1      RDA2      RDA3     RDA4       RDA5
slo.low        -0.2800  0.005549 -0.09029 0.07610   -0.07882
(…)
slo.very_steep  0.3908 -0.094698  0.28941 0.02321   -0.12175
```

与 PCA 情况相同，此处也需要对 RDA 输出结果做一些说明。RDA 的输出结果与 PCA 的类似，同时也增加很多内容：

• 方差分解（Partitioning of variance）：总方差被划分为约束和非约束两部分。约束部分表示响应变量 Y 矩阵的总方差能被解释变量解释的部分，如果用比例表示，其值相当于多元线性回归的 R^2。在 RDA 中，这个解释比例值也称作双多元冗余统计（bimultivariate redundancy statistic）。然而，如 Peres-Neto 等（2006）所言，类似多元线性回归的未校正的 R^2，RDA 的 R^2 是有偏差的，需要进行校正。后面将讨论如何校正 R^2。

• 特征根及其对方差的贡献（Eigenvalues and their contribution to the variance）：当前这个 RDA 分析产生了 12 个典范轴（特征根用 RDA1 至 RDA12 表示）和 16 个非约束轴（特征根用 PC1 至 PC16 表示）。输出结果不仅含有每轴特征根，同时也给出累计方差解释率（约束轴）或承载率（非约束轴），最终的累计值必定是 1。12 个典范轴累计解释率也代表响应变量总方差能够被解释变量所能解释的部分（未校正的 R^2）。累计解释率等于前面给出 "proportion constrained" 部分，在本例中，其值为 0.7271。

• 特征根有一个属性是值得提及的：12 个典范轴的特征根从 RDA1 至 RDA12 逐渐减低，但第一个残差特征根（PC1）却比最后一个典范特征根（RDA12）大（在本例中，PC1 大于大部分的典范特征根），这也意味着第一个非约束轴所承载的方差大于大部分典范轴承载的方差。若要究其原因，可以绘制前两个非约束轴的排序图，查看为何还有相当一部分方差未能解释。原因可能是还有重要的解释变量尚未考虑，或是解释变量之间存在交互作用，也有可能是响应变量与解释变量之间存在高阶的线性关系。

• 两种特征根的重要区别：典范特征根（RDAx）是响应变量总方差能被 RDA 模型解释的部分，而残差特征根（PCx）是响应变量总方差能被残差轴解释的部分，与 RDA 模型无关。

• 累计约束特征根（Accumulated constrained eigenvalues）：表示在本轴及之前所有轴的典范轴所能解释的方差占全部被解释方差的比例累计。

• 物种得分（Species scores）：双序图和三序图内代表响应变量的箭头的

顶点坐标。与 PCA 的图相同，坐标依赖 1 型和 2 型标尺（scaling）的选择。

- 样方得分：物种得分的加权和（Site scores：weighted sums of species scores）：使用响应变量矩阵 Y 计算获得的样方坐标。
- 样方约束：解释变量的线性组合（Site constraints：linear combinations of constraining variables）：使用解释变量矩阵 X 计算获得样方坐标，是拟合的（fitted）样方坐标。
- 解释变量双序图得分（Biplot scores for constraining variables）：排序图内解释变量箭头的坐标，按照下面的过程获得：运行解释变量与拟合的样方坐标之间的相关分析（Legendre 和 Legendre，2012，公式 11.21），在 2 型标尺条件下，所得分析结果直接是双序图的坐标，在 1 型标尺下，需要转化为双序图坐标（Legendre 和 Legendre，2012，公式 11.20）。所有的变量包括 k 个水平的因子（用 $k-1$ 个虚拟变量表示）都有自己的坐标。对于因子变量在排序图的坐标，用各个水平的形心（centroids）表示更合适（也见下一条说明）。
- 因子解释变量形心（Centroids for factor constraints）：因子变量各个水平形心点的坐标，即每个水平所有标识为"1"的样方的形心（centroid）。

在 **rda()** 输出结果中，大家感兴趣的典范特征系数（即每个解释变量与每个典范轴之间的回归系数）并未显示，可以用 **coef()** 函数调取（Legendre 和 Legendre，2012，公式 11.19）。

```
# 从 rda()输出结果中获得典范系数
coef(spe.rda)
```

> 提示：输入? coef.cca，查看如何获得拟合值和残差值。calibrate()
> 函数可以根据样方包含的信息将新的样方被动加入典范排序的结果。
> 见第 6.3.2.7 节。

6.3.2.3　提取、解读和绘制 vegan 包输出的 RDA 排序结果

rda() 函数输出的结果包括很多项，与 PCA 一样，每一项都可以单独提取出来并供 vegan 包之外的函数使用。

上面曾经提到，与多元回归的 R^2 一样，RDA 的 R^2 也有偏差，形成原因也相同（Peres-Neto 等，2006）。一方面，随着解释变量的增加，无论这些变量是否与响应变量相关，R^2 一般会增加。另一方面，由于随机相关的存在，解释变量的累加会使被解释方差表面上增加。在普通线性回归中，可以用 Ezekiel 公式（Ezekiel，1930）校正 R^2，同样，在多响应变量回归中，也依然适用：

$$R_{\mathrm{adj}}^2 = 1 - \frac{n-1}{n-m-1}(1-R^2) \tag{6.1}$$

式中，n 是对象的数量（样方数量），m 是解释变量的数量（更准确说，是模型的自由度，如果有因子变量的存在，一个因子有 k 个水平，需要 $k-1$ 个 0-1 变量表征，所以次因子变量数量应该计为 $k-1$）。只要模型自由度（m）小于观测值的数量（n）（保证 $n-m-1>0$），就可以用 Ezekiel 公式校正 R^2。一般而言，当 $m>n/2$ 时，上面这个校正公式可能过于保守。当校正 R^2 接近于 0 时，表示解释变量 X 对响应变量 Y 的解释能力未能优于随机生成的正态分布变量。如果校正 R^2 是负值，表明解释变量 X 的解释能力还不如随机生成的正态分布变量。

下面的案例中，$n=29$，$m=12$（在 10 个解释变量中，有的因子变量具有 4 个水平，所以占 3 个自由度）。RDA 的 R^2 和校正 R^2 均可以用 **vegan** 包内 **RsquareAdj()** 函数获得。

```
# 从 rda 的结果中提取未校正 R2
(R2 <- RsquareAdj(spe.rda)$r.squared)
# 从 rda 的结果中提取校正 R2
(R2adj <- RsquareAdj(spe.rda)$adj.r.squared)
```

可以看出，校正 R^2 总是小于 R^2。校正 R^2 作为被解释方差比例的无偏估计，后面的变差分解部分所用的也是校正 R^2。

现在首先使用拟合（"lc"）的样方数据绘制 RDA 的排序图（图 6.1）。如果一张排序图中有三种实体：样方、响应变量和解释变量，这种排序图称为三序图（triplot）。为了区分响应变量和解释变量，定量解释变量用箭头表示，响应变量用不带箭头的线表示。

```
# 1 型标尺
plot(spe.rda,
  scaling = 1,
  display = c("sp", "lc", "cn"),
  main = "RDA 三序图 spe.hel~env3-1 型标尺-lc 坐标",
        cex.main=0.9
)
```

此排序图同时显示所有的元素：样方、物种、定量解释变量（用箭头表示）和因子变量的形心。为了与定量解释变量区分，物种用不带箭头的线表示。

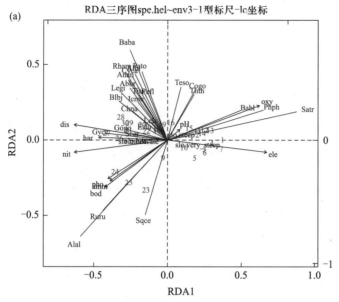

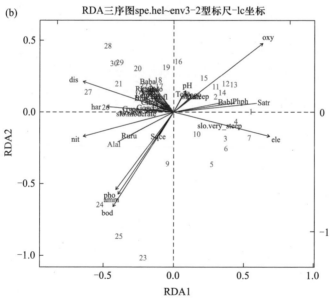

图 6.1　基于 Hellinger 转化的 Doubs 鱼类多度数据的 RDA 三序图
（解释变量为除了 dfs 所有的环境变量）：（a）1 型标尺，（b）2 型标尺。
下边和左边的坐标轴刻度为样方和响应变量的刻度，上边和右边的
坐标轴刻度为解释变量的刻度

```
spe.sc1 <-
  scores(spe.rda,
         choices = 1:2,
         scaling = 1,
         display = "sp"
)
arrows(0, 0,
  spe.sc1[, 1] * 0.92,
  spe.sc1[, 2] * 0.92,
  length = 0,
  lty = 1,
  col = "red"
)


# 2 型标尺
plot(spe.rda,
  display = c("sp", "lc", "cn"),
  main = "RDA 三序图 spe.hel~env3-2 型标尺-lc 坐标",
         cex.main = 0.9
)
spe.sc2 <-
  scores(spe.rda,
         choices = 1:2,
         display = "sp"
)
arrows(0, 0,
  spe.sc2[, 1] * 0.92,
  spe.sc2[, 2] * 0.92,
  length = 0,
  lty = 1,
  col = "red"
)
```

提示：提取坐标函数 **scores()** 中参数"choices ="表示提取哪一轴的坐标。scaling 默认是 2，如果需要选 1 型标尺，需要设定 scaling＝1。上面使用的 plot() 函数有一个定义样方符号的参数 type。对于小数据集（如这里），默认值为 type＝"text"，因此输出了样方标号，但是对于大数据集应该设置为"points"。对于大数据集，如果要强制使用样方标号而不是点，定义 type＝"text"，但做出的图比较拥挤。

可以使用参数 display＝c(...) 选择不同实体绘制排序图。"sp"代表物种，"lc"代表以拟合值（解释变量的线性组合）计算样方的坐标，"wa"代表使用物种加权计算样方坐标（CCA 是加权平均，RDA 是加权和），"cn"代表约束成分（即解释变量）。

在调用 arrows() 中，所有坐标乘以 0.92，这样箭头就不会覆盖变量的名称。通过反复测试获得此调整数字。

当前的两个 RDA 三序图所使用的样方坐标都是物种的加权和（在 vegan 包内，简写为"wa"，简写为"wa"是因为 CCA/CA 里面是加权平均 weighted averages 结果）。也可以通过拟合的样方坐标表示（简写为"lc"）。选择哪种坐标在排序图绘制样方的点取决于作图的目的。一方面，虽然拟合的样方坐标是解释变量严格的正交线性组合，但能清晰准确表达出由当前解释变量所能解释的内容，我们主张在大多数情况下使用 lc 模式作图，因为 RDA 目的是拟合值矩阵 $\hat{Y}$ "真实"排序。另一方面，通过物种加权和计算的样方坐标，能最真实地反映当前的响应变量结构，除了展示解释变量相关的内容外，还有其他未能解释的内容。McCune（1997）表示由于拟合的样方坐标带有更多的随机误差，导致绘制的排序图很杂乱。但是加权和的样方坐标介于原始数据与 RDA 拟合值之间，包含很多尚未能解释的内容，导致绘制的排序图很难解读。

当 RDA 用于方差分析时（第 6.3.2.9 节），使用物种加权和（wa）计算的样方坐标更合适，因为如果使用 lc 样方坐标，那么具有相同因子组合的样方将重叠在一起，不容易分开，而 wa 模式下，这些样方可以分得很开，很容易辨别。在方差分析时，因子变量不同水平的 lc 样方坐标是所有此类水平的样方的形心，而 wa 是展示的是离散度。

当然，也可以使用 wa 坐标绘制三序图。在 plot() 函数，用"wa"替换参数 display＝"lc"。

无论选择哪种类型的样方坐标，三序图的解读都需要依据统计显著性检验结果（见下面内容）。与多元回归一样，不显著的回归结果不能被解读，必须丢弃。

在两种标尺的 RDA 排序图内，样方和物种箭头的解读同 PCA。但是，解释变量的箭头或因子变量的形心的解读有另外的规则。下面只列出主要的几点（也见 Legendre 和 Legendre，2012，第 640-641 页）：

• 1 型标尺——距离双序图：① 样方点垂直投影到响应变量或定量解释变量的箭头或延长线上，投影点近似于该样方内该响应变量或解释变量的数值沿着变量的位置。② 响应变量与解释变量箭头之间的夹角反映它们之间的相关性（但响应变量之间的夹角无此含义）。③ 定性解释变量的形心与响应变量（物种）箭头之间的解读如同样方点与响应变量之间的解读（因为定性解释变量的形心也是一组样方的形心）。④ 定性解释变量的形心之间或形心与样方点之间的距离近似它们之间的欧氏距离。

• 2 型标尺——相关双序图：① 将样方点垂直投影到响应变量或定量解释变量的箭头或延长线上，投影点位置近似于该响应变量或解释变量在该样方内的数值。② 响应变量与解释变量箭头之间的夹角反映它们之间的相关性，响应变量之间和解释变量之间也同样解读。③ 定性解释变量的形心与响应变量箭头之间的解读如同样方点与响应变量之间的一样解读，可以通过投影点判断。④ 定性解释变量的形心之间或形心与样方之间的距离不再近似欧氏距离。

基于以上的基本知识开始解读三序图。此处以拟合的样方坐标的两个三序图为例（图 6.1）。RDA 的输出结果表明，前两个典范轴能够解释全部方差的 56.1%，其中，第一轴单独解释 45.4%。然而这些解释率都是尚未校正的值。因为 $R_{adj}^2 = 0.5224$[①] 是校正后的所有典范轴解释总方差的比例，所有第一轴单独解释的应该是 0.5224×0.6242 = 0.326，即 32.6% 的方差，而前两轴能够解释 0.5224×0.7712 = 0.4029，即 40.3% 的方差。我们对这样的解释率应当感到满意，因为生态学的数据往往受到很多因素共同影响，不要期望会有很高的 R_{adj}^2。另外，分析结果表明第一个非约束特征根（PC1，0.04581）相对第一个约束排序轴特征根（0.2281）很小，意味着响应变量主要的结构趋势已经被环境变量解释，剩下未被解释的部分没有明显的趋势。

上面这些三序图显示氧含量（oxy）、海拔（ele）、硝酸盐浓度（nit）、流量（dis）和坡度（主要是陡坡"sol.very_steep"这一水平）对于样方沿着第一轴的分布起到关键作用。两类三序图中河流的上游样方和下游样方基本都沿着第一轴分开。在 2 型标尺三序图内可以发现，有三组鱼分别与不同的环境变量密切相关：褐鳟（Satr）、欧亚鲹鱼（Phph）和泥鳅（Babl）在上游分布比较多，与高氧含量、高海拔和高坡度区域密切相关。欧鲌鱼

[①] 由命令 RsquareAdj(spe.rda)获得。——著者注

（Alal）、欧洲鲤（Ruru）和欧洲白鲜（Sqce）与磷酸盐浓度（pho）、铵浓度（amm）和生物需氧量（bod）较高的样方 23、24、25 所在的区域密切相关。其他物种偏离这两个组，并且聚集在一起，箭头都比较短，表示这些物种可能在整个流域分布均匀，也可能只分布在环境梯度的中值区域。

为了避免手动获取双序图坐标和使用箭头函数，我们提供了一个名为 triplot.rda() 的自编函数，一个命令就可以来生成 RDA 三序图。该函数提供了许多选择：lc 或 wa 坐标，1 或 2 型标尺（scaling）以及几种图形参数。在下面的例子中，我们建议只绘制前两轴的累计拟合度超过 0.6（这是个随意的值）的物种。拟合优度越高，物种与相应的轴越匹配。可以利用 vegan 包中 goodness() 函数从 rda() 结果中提取拟合度。

该函数做出的图结果如下。1 型标尺：图 6.2a；2 型标尺：图 6.2b。

```r
# 只选择拟合度(被解释的 R2)超过 0.6 的物种在前两轴的排序图
spe.good <- goodness(spe.rda)
sel.sp <- which(spe.good[, 2] >= 0.6)
# 用自编函数 triplot.rda() 做三序图, 1 型和 2 型标尺
triplot.rda(spe.rda,
  site.sc = "lc",
  scaling = 1,
  cex.char2 = 0.7,
  pos.env = 3,
  pos.centr = 1,
  mult.arrow = 1.1,
  mar.percent = 0.05,
  select.spe = sel.sp
)
triplot.rda(spe.rda,
  site.sc = "lc",
  scaling = 2,
  cex.char2 = 0.7,
  pos.env = 3,
  pos.centr = 1,
  mult.arrow = 1.1,
  mar.percent = 0.05,
  select.spe = sel.sp
)
```

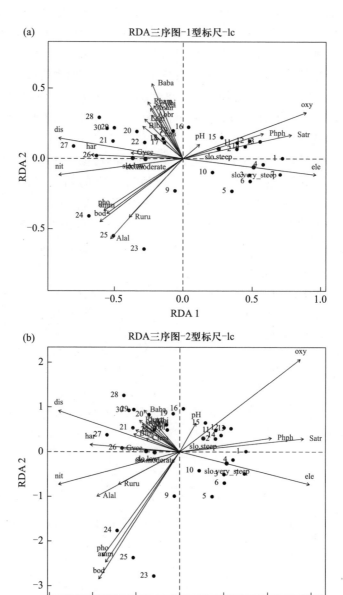

图 6.2　利用 `triplot.rda()` 函数绘制 RDA 三序图
（解释变量为除了 dfs 外所有的环境变量，拟合样方坐标）。
（a）1 型标尺；（b）2 型标尺

提示：参数 mar.percent 可以收到负值，例如 -0.1，缩小了图的边缘。在一些图表中，箭头（物种和/或环境变量）必须缩短以适应样方组的大小。缩小边缘可以弥补这一点，允许保留所有元素占据整个绘图区域。

在 triplot.rda() 函数文件的上半部分显示函数的参数提示，建议尝试各种参数设置以获得最优排序图。

6.3.2.4 RDA 结果的置换检验

生态学的数据普遍是非正态分布，因此传统的参数检验在生态学领域经常并不适合，这也是目前大部分生态学数据分析方法尽可能使用置换检验的缘故。在 RDA 中，只有在响应变量标准化后残差正态分布，才可以使用参数检验（Miller，1975；Legendre 等，2011）。显然群落组成数据无法满足这个要求，所以生态学家必须使用置换检验来验证 RDA。置换检验的原理很简单：即通过多次随机调换被检验元素的位置，每次置换都重新计算一次统计值，这样所产生的模拟统计值构成获得 p 值的参照分布；此时，可以计算当前实际数据的统计值处于参照分布的位置，实际统计值的 p 值便是实际统计值所在位置的累计概率值（或 1-累计概率值，取决于单尾或双尾检验）。需要注意的是实际统计值也被计算在参照分布里。拒绝零假设的条件是 p 值等于或小于预先设定的显著性水平 α。

置换检验中有三个关键要素需要选择：① 置换单元（permutable units），② 统计量（statistic）和③ 置换方案（permutation scheme）。

置换单元通常是响应变量（随机置换响应变量 Y 矩阵中行的位置），但有时也可以置换其他可以置换的变量（也见 Legendre 和 Legendre（2012）第 651 页之后内容，特别是第 653 页表 11.6）。举个简单的案例，零假设 H_0 是响应变量 Y 与解释变量 X 之间不存在（线性）关系，通过置换检验，可以计算零假设 H_0 在随机条件下发生的概率。具体过程：将响应变量矩阵 Y 内样方编号随机置换，同时保持解释变量 X 的样方编号不变，由此打破原始的 Y 与 X 之间的关系；每置换一次，计算一次统计量。通过成千上万次随机置换产生大样本的模拟统计量与真实值（未置换之前的统计量）进行比较，获得 H_0 发生的概率。

置换检验统计量（常被称为伪 F 值）定义为：

$$F = \frac{\mathrm{SS}(\hat{Y}/m)}{\mathrm{RSS}/(n-m-1)} \qquad (6.2)$$

式中，m 是典范轴的数量（或是模型自由度），$\mathrm{SS}(\hat{Y})$（被解释的方差）是拟合值矩阵的平方和，残差平方和（RSS）是响应变量矩阵 Y 平方和 $\mathrm{SS}(Y)$ 减

去 $SS(\hat{Y})$。

单个典范轴的显著性检验也是相同的原理。以检验第一典范轴为例：此时 $m=1$，第一轴特征根即是 F 统计量公式（公式6.2）的分子，分母为 $SS(Y)$ 减去特征根后除以 $(n-1-1)$。第一轴之后的典范轴置换检验稍复杂一点：必须以在它之前所有典范轴作为协变量重新进行偏 RDA 分析（也见第6.3.2.5 节）。参考 Legendre 等（2011）获得更详细的内容。

置换方案描述置换单元如何被置换。大部分案例是自由置换：即所有的单元无区别且能够自由交换位置，例如响应变量矩阵 Y 中每一行（即每个样方）都可以自由交换位置。在偏典范排序（下一小节内容）中，置换单元是回归模型的残差矩阵。但某些情况下，置换只能限制在数据亚组范围内，例如具有嵌套结构的因子分析或多层协变量分析。

了解了以上内容，现在可以对刚才 RDA 结果进行置换检验。首先进行全部典范轴的检验，然后再分别对单个典范轴进行检验。置换检验的函数名称为 **anova( )**，因为这个检验依赖两个离差平方和的比率。这个函数容易与传统的方差分析（ANOVA）混淆，实际上与方差分析无关。

```
# RDA 所有轴置换检验
anova(spe.rda, permutations = how(nperm = 999))
# 每个典范轴逐一检验
anova(spe.rda, by = "axis", permutations = how(nperm = 999))
```

每个典范轴的检验只能输入由公式模式获得的 rda 结果。有多少个轴结果是显著的（$a<0.05$）？

当然，对于典范轴的取舍，置换检验能够获得很好的效果，使用其他标准（例如断棍模型或 Kaiser-Guttman 准则）意义不大。但是，对于 RDA 内非约束的残差轴，断棍模型或 Kaiser-Guttman 准则仍然有用。下面使用 Kaiser-Guttman 准则选择 RDA 内非典范轴。

```
# 使用 Kaiser-Guttman 准则确定残差轴
spe.rda$CA$eig[spe.rda$CA$eig > mean(spe.rda$CA$eig)]
```

很明显，还有一部分有意思的变差尚未被目前所用的这套环境变量解释。

6.3.2.5 偏 RDA 分析

偏典范排序（partial canonical ordination）相当于多元偏线性回归分析。例如，可以气候变量 X 作为解释变量，土壤因子变量 W 作为协变量，对植物物种数据矩阵 Y 进行 RDA 分析。这样分析的目的是在控制土壤因子影响后，展示单独能够被气候变量线性模型解释的物种格局。

此处以 Doubs 数据为例演示偏 RDA 分析。在本章开始部分，已经生成两个包含部分环境变量的数据子集：一个是地形变量（对象名称为 envtopo），包括海拔（elevation）、坡度（slope）（此处使用原始的定量变量，并非之前 RDA 分析中所用的 4 个水平的定性变量）和流量（discharge）；另一个是水体化学属性变量（对象名称为 envchem），包括 pH、硬度（hardness）、磷酸盐浓度（phosphates）、硝酸盐浓度（nitrates）、铵浓度（ammonium）、氧含量（oxygen content）以及生物需氧量（biological oxygen demand）。接下来分析地形变量的影响被固定后，水体化学属性能否很好地解释鱼类物种组成的格局。

在 **vegan** 包内，输入简单模式或公式模式均可实现偏 RDA 分析。第一种模式解释变量与协变量可以在同一对象内，也可以在不同的对象内，对象的属性可以是向量、矩阵或数据框。但是这种简单模式无法识别因子变量。第二种公式模式中，解释变量 X 与协变量 W 必须放在同一数据内，数据类型的属性只能是数据框，这种模式可以识别因子变量。

```
# 简单模式:X 和 W 可以是分离的定量变量表格
(spechem.physio <- rda(spe.hel, envchem, envtopo))
summary(spechem.physio)
# 公式模式;X 和 W 必须在同一数据框内
(spechem.physio2 <-
   rda(spe.hel ~ pH + har + pho + nit + amm + oxy + bod
      + Condition(ele + slo + dis), data = env2))
```

提示：书写公式模式似乎很烦琐，但能更灵活地控制模型，而且能够使用解释变量和协变量中的因子变量，也可以加变量的交互作用。因此，在书写公式模式中，可以将坡度变量转化为因子变量再重新分析，但简单模式将无法识别因子变量。

上面两个分析的结果完全相同。

这里有必要对偏 RDA 的输出结果做些解释：

● 方差分解（Partitioning of variance）：这一项包含 4 部分。第一行 "Total" 是响应变量总惯量（total inertia，此处为总方差）。第二行 "Conditioned" 表示已经被协变量解释的方差[①]。第三行 "Constrained" 是能

[①] 从数学的角度讲，是解释变量 X 对响应变量 Y 的约束排序过程中剔除协变量 W 的影响，具体做法是通过计算 X 与 W 之间多元多重回归的残差，然后使用残差作为新的解释变量进行排序。——著者注

单独被解释变量解释的方差。第四行"Unconstrained"是残差方差。注意：右边一栏列出的部分均是尚未校正的比例值，因此存在偏差。如何计算校正后无偏差的 R^2 和偏 R^2，见接下来的变差分解（variation partitioning）部分。

　　●特征根和剔除协变量影响后特征根对方差的贡献（Eigenvalues, and their contribution to the variance after removing the contribution of conditioning variables）：这些值都是已经剔除协变量影响之后的排序轴的特征根及其对方差的贡献，其中特征根总和（包括 PC 部分的方差）等于原始数据的总方差减去协变量解释的方差。

　　下面检验偏 RDA 的显著性，如果结果为显著，则绘制含前两轴的三序图（图 6.3）

```
# 偏 RDA 检验(使用公式模式获得的 RDA 结果,以便检验每个轴)
anova(spechem.physio2, permutations = how(nperm = 999))
anova(spechem.physio2, permutations = how(nperm = 999),
    by = "axis")


# 偏 RDA 三序图(使用拟合值的样方坐标)
# 使用 triplot.rda
# 1 型标尺
triplot.rda(spechem.physio,
  site.sc = "lc",
  scaling = 1,
  cex.char2 = 0.8,
  pos.env = 3,
  mar.percent = 0
)


# 2 型标尺
triplot.rda(spechem.physio,
  site.sc = "lc",
  scaling = 2,
  cex.char2 = 0.8,
  pos.env = 3,
  mult.spe = 1.1,
  mar.percent = 0.04
)
```

提示：请参阅第 6.3.3 节的提示。关于编码带有协变量公式的两种方法。

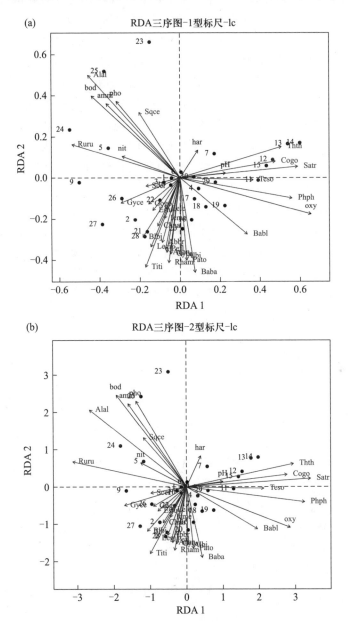

图 6.3　基于 Hellinger 转化的 Doubs 鱼类多度数据的偏 RDA 三序图，解释变量为水体化学属性，协变量为地形变量，拟合的样方坐标——参数 display 设定为"lc"：（a）1 型标尺；（b）2 型标尺

正如我们所期待，上面的偏 RDA 分析结果与之前的 RDA 分析结果有差异，但不是根本性的差别。虽然偏 RDA 分析中被解释的方差有值得讨论的特征，但此处先搁置，等在变差分解部分（见第 6.3.2.8 节）计算偏 RDA 校正 R^2 时再讨论这个问题。在图 6.3 中，大部分解释变量彼此之间都有很明显的相关性，有些变量解释鱼类群落结构的能力较差，例如硬度（har）和硝酸盐浓度（nit），因为它们的箭头比较短。这与实际情况相吻合，因为硬度和硝酸盐浓度与河流的位置有关，而河流的位置信息基本包含在协变量（地形变量）之内，可能这两个变量所能解释的方差已经作为协变量解释的方差预先剔除。1 型标尺的三序图显示样方未按河流的走向排列，也表明水体化学属性不一定沿河流的方向变化，而鱼类群落的变化却受到水体化学属性的显著影响，这种影响与样方所在位置无关。

6.3.2.6 解释变量前向选择

有时解释变量太多，需要想办法减少解释变量的数量。削减解释变量的理由有很多种，例如寻找简约的模型，或有些方法产生的解释变量过多，必须减少一部分才能进入后续分析（例如第 7 章将要讨论的基于特征根的空间分析方法）。对于 Doubs 数据，减少解释变量的数量可能有两个并不冲突的原因：第一是寻求简约的模型，第二是有些解释变量之间可能存在较强的线性相关，即共线性问题，可能会造成回归系数不稳定。

每个变量的共线性程度可以用变量的方差膨胀因子（variance inflation factor，VIF）度量，VIF 是衡量在矩阵 X 中每个变量与其他变量共线性的程度。当两个变量高度正相关，或是一个变量与其他几个变量之间有强的线性关系，VIF 值会比较高。如果 VIFs 超过 20，表示共线性很严重。理论上，VIFs 超过 10 则可能就会有共线性的问题，需要处理。高 VIF 可能表示变量在功能上与其他变量相关。在这种情况下，基于生态学的因素，我们可以从中删除一些重叠的变量。例如，如果两个变量表示相同的环境因子，但测量方式不同，例如总 N 和 NO_3^-，完全可以剔除任意一个。

具有高 VIF 的变量应该被剔除吗？其实不一定，因为如果 VIF 值高也代表这个变量跟别的变量直接高度相关，或许只用高 VIF 变量可以代表大部分的变量。因此，这个时候要让筛选程序来选择变量，而不是选择手动筛选。

对于仅包含定量变量的矩阵 X，使用以下 R 代码计算：可以很容易地获得 VIF 指数：

```
vif <- diag(solve(cor(X)))
```

在 **vegan** 包内可以通过 RDA 或 CCA 的结果直接计算 VIF。vif.cca() 函数中的算法允许用户在 RDA 中包含因子变量；该函数会自动将每个因子变量分解为 0–1 变量之后计算 VIF。如果 X 仅包含定量变量，vif.cca()函数产生与上面的等式相同的结果。下面演示 RDA 后求 VIF，当前 RDA 解释变量 X 中含有一个因子变量（slo）。可以看出，有几个变量的 VIF 值超过 10，甚至超过 20，所以有必要剔除一些解释变量。

```
# 两个 RDA 结果的变量方差膨胀因子(VIF)
# 本章第一个 RDA 结果:包括所有环境因子变量(除 dfs)
vif.cca(spe.rda)
# 偏 RDA - 固定地形变量影响后,水质的效应
vif.cca(spechem.physio)
```

没有简单完美的变量选取方法，所以只能尝试所有不同的变量组合，但这样做往往非常费时。多元回归变量筛选通常有三种模式，前向（forward）、后向（backward）和逐步（stepwise）变量选择，最后一种实际是前两种的组合。前向选择在 RDA 分析中比较常用，因为当解释变量比样本量多（大于 $n-1$）的情况下也可以执行，选择过程如下：

- 依次分别运行每个解释变量与响应变量的 RDA 分析；
- 基于下面设置的标准选择"最好"的显著的解释变量；
- 接下来寻找模型中第二个（第三个、第四个……，等等）解释变量。每次都是将剩余的变量单独跟前面解释变量组合重新计算，以确定下一个"最好"的显著的变量。
- 这个过程一直持续，直到无显著性的解释变量为止。

有几个终止变量选择的方法。传统的方法是使用预设定显著性水平 α 作为主要终止原则：即如果加入新变量的偏 RDA 置换检验显著性 p 值大于或等于 α，选择过程即被终止。然而，这个标准过于宽松，有时会选择显著但不包含任何变量的模型（因此夸大 I 类错误），或选择包括过多变量的模型（夸大被解释方差的量）。Blanchet 等（2008a）关注这两个问题并提出解决方案：

——为了防止夸大 I 类错误，首先运行包含所有解释变量的全模型置换检验，当且仅当置换检验显示显著性后，再执行变量的前向选择。

——为了减少纳入太多变量的风险，首先计算包含所有解释变量的全模型的 R_{adj}^2，将 R_{adj}^2 作为第二个终止原则。如果备选变量的偏 RDA 置换检验不显著或当前模型的 R_{adj}^2 超过全模型的 R_{adj}^2，前向选择即被终止。

模型选择中应用的另一个标准是 Akaike 信息准则（AIC）。在像 RDA 这种多元统计分析中，类似 AIC 的准则也是可以计算的，但是，根据 Oksanen（2017，vegan 包函数 ordistep()的帮助文档）说法，AIC 可能不完全值得信赖。此外，经验表明 AIC 往往非常自由。

有三个函数主要用于生态学中的 RDA 变量选择：adespatial 包中 forward.sel() 和 vegan 包 ordistep() 及它的改进版 ordiR2step()。下面让我们通过探索这些函数依次展示它们的使用。

使用函数 forward.sel() 进行变量前向选择

函数 forward.sel() 需要响应数据矩阵和解释数据矩阵，不幸的是，矩阵只能包含定量变量。因子变量必须重新编码为 0-1 变量。

为了确定最好的解释变量并决定何时终止选择变量，**forward.sel()** 函数通过置换显著性检验，依据最高 R^2 或最高偏 R^2（第二个变量开始）选择最好的解释变量，即选择能够解释总方差比例最大的变量。终止选择变量的依据有如下几个标准：达到预先设定的显著性水平 α（参数 alpha），以及包括所有解释变量的全模型的校正 R^2（参数 adjR2thresh）。注意，**forward.sel()** 允许更额外的更随意的准则，例如保留最多的变量个数、达到最大的 R^2 和对 R^2 最小贡献率等，但这些准则很少用。

下面以 Doubs 数据作为案例分析。**forward.sel()** 函数暂时不能直接分析因子变量，所以只能使用只包含定量环境变量的 env2 数据。

```
# 包括所有环境因子变量(除 dfs)RDA
spe.rda.all <- rda(spe.hel ~ ., data = env2)
# 全模型校正 R²
(R2a.all <- RsquareAdj(spe.rda.all)$adj.r.squared)
# 使用 forward.sel()|adespatial|函数选择变量
forward.sel(spe.hel, env2, adjR2thresh = R2a.all)
```

上述结果显示构建一个解释鱼类群落组成的简约模型，不必包括所有的解释变量，只使用三个解释变量（ele、oxy、bod）的 R^2_{adj}（0.5401）就接近全模型相同的 R^2_{adj}（0.5864）。

使用函数 ordistep() 进行前向选择

vegan 包的函数 ordistep() 的设计灵感来自 stats 包模型选择的函数 step()。ordistep() 函数不仅可以选择定量变量，也可以选择因子变量，并且允许前向、后向和逐步（组合）选择。它可以应用于 RDA、CCA（第 6.4 节）和 db-RDA（第 6.3.3 节）。在这个函数中，首先提供一个"空"模型，即仅带有截距的模型，以及包含所有候选变量的"完整"全模型。在前向选择中，变量按 F 值（从全模型获得）递减的顺序添加，每次添加都是通过置换检验，并在置换检验 p 超过预定义的 α 显著性水平（此处为参数 Pin）时停止。如果选择期间的两个变量 F-statistic 相等，选择 Akaike 信息准则（AIC）较低的变量以包含在模型中。ordistep() 函数也允许向后选择（从

完整的模型中删除变量，直到只剩下几个显著变量的模型）和"逐步"选择
（参数 direction＝"both"）置换概率小于或等于预定义的 Pin 值的变量进
入模型，如果在建造中的模型中，置换概率（每次添加新变量后都会变化）
变得大于 Pout 即停止。

```
# 使用 vegan 包内 ordistep() 函数前向选择解释变量
# 这个函数允许使用因子解释变量
mod0 <- rda(spe.hel ~ 1, data = env2)
step.forward <-
  ordistep(mod0,
           scope = formula(spe.rda.all),
           direction = "forward",
           permutations = how(nperm = 499)
)
RsquareAdj(step.forward)
```

提示：如果您不希望屏幕显示 ordistep() 和 ordiR2step() 的计算过程
的中间结果，添加参数 trace＝FALSE。最后，通过输入 name-of-
the-ordistep-result-object$anova 显示结果表格。

ordistep() 函数选择的变量，与未设置 R^2_{adj} 终止准则（Blanchet 等，
2008a）的 **forward.sel()** 函数的选择结果相同，同样是保留了 ele、oxy、
bod 和 slo 四个变量。另外，查看结果可以发现，含有这 4 个变量的 R^2_{adj}＝
0.5947，比全模型的 0.5864 适度超过，这是可以接受的。

使用函数 ordistep() 后向剔除变量

ordistep() 允许后向选择变量。在这种情况下，必须提供给函数包含所
有解释变量的全模型。在本案例中，后向选择的结果与前向选择结果一样，但
其他数据不一定都是这样。

```
# 使用 vegan 包内 ordistep() 函数后向选择解释变量
step.backward <-
  ordistep(spe.rda.all,
           permutations = how(nperm = 499)
)
RsquareAdj(step.backward)
```

> 提示：当参数 scope 缺失的时候，默认参数 direction＝"backward"。

使用函数 ordiR2step( )进行前向选择

　　函数 ordiR2step( )仅限于 RDA 和 db-RDA，且不允许后向选择，使用与 forward.sel( )相同的两个标准（α 和全模型的 R^2_{adj}），但它的优势是可以对因子变量进行分析。与 forward.sel( )使用具有相同定量环境数据矩阵，当然返回相同的结果：

```
# 使用 vegan 包内 ordiR2step( )函数前向选择解释变量
step2.forward <-
  ordiR2step(mod0,
            scope = formula(spe.rda.all),
            direction = "forward",
            R2scope = TRUE,
            permutations = how(nperm = 199)
  )
RsquareAdj(step2.forward)
```

> 提示：如果参数 R2scope＝TRUE，它要求 ordiR2step( )计算全模型 R^2_{adj}
> 作为第二个停止准则。实际上 R2scope＝TRUE 是默认设置，我们加
> 上它为了强调它的重要性。

　　如果 ordiR2step( )对包含因子变量而不是定量的 slo 的 env3 进行前向选择，全模型的 R^2_{adj} 比 env2 小，是因为定量的 slo 转为因子数据，信息丢失导致的。还需注意到的是，这个筛选过程整个因子是单独变量，而不会视不同的水平为独立的变量进行选择。

使用函数 ordistep( )和 ordiR2step( )对偏 RDA 进行变量前向选择

　　研究人员有可能希望偏 RDA 的过程进行变量前向选择。这可以使用 ordistep( )和 ordiR2step( )。条件变量（即协变量）必须在提供给函数的两个模型中指定。这里我们将坡度 slo 作为协变量的偏 RDA 举例说明，使用 ordiR2step( )进行变量选择。

```
# 固定 slo 后的偏 RDA 的变量前向选择
mod0p <- rda(spe.hel ~ Condition(slo), data = env2)
mod1p <- rda(spe.hel ~ . + Condition(slo), data = env2)
step.p.forward <-
```

```
ordiR2step(mod0p,
           scope = formula(mod1p),
           direction = "forward",
           permutations = how(nperm = 199)
)
```

如您所见，结果与上面得到的结果不同，因为在开始前向选择时考虑 **slope** 的影响。

简约的 RDA

上面的分析表明，最简约的 RDA 模型只包含海拔、氧含量和生物需氧量三个环境变量。你能否从这个简约模型中得到启发呢？虽然结果已经存储在对象 step2.forward 中，但我们还是直接输入公式再次运行它更加直观：

```
(spe.rda.pars <- rda(spe.hel ~ ele + oxy + bod,
  data = env2))
anova(spe.rda.pars, permutations = how(nperm = 999))
anova(spe.rda.pars, permutations = how(nperm = 999),
  by = "axis")
(R2a.pars <- RsquareAdj(spe.rda.pars)$adj.r.squared)
# 比较方差膨胀因子
vif.cca(spe.rda.all)
vif.cca(spe.rda.pars)
```

简约 RDA 的分析结果很理想，也说明减少解释变量可以提高模型的质量。当前的模型只含有三个解释变量，却有很高的显著性，而且无明显共线性的问题（三个变量的 VIF 值均小于 10）。另外，之前含有所有解释变量的 RDA 只有两个显著的典范轴，现在的简约模型却有三个显著的典范轴。

下面绘制简约模型三序图（图 6.4），并与之前全模型的三序图（图 6.1a）进行比较。

```
par(mfrow = c(2, 1))
# 1 型标尺

triplot.rda(spe.rda.pars,
  site.sc = "lc",
  scaling = 1,
```

```
cex.char2 = 0.8,
pos.env = 2,
mult.spe = 0.9,
mult.arrow = 0.92,
mar.percent = 0.01
)
```
2 型标尺见附带材料

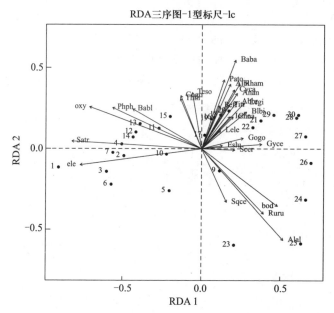

图 6.4　基于 Hellinger 转化的 Doubs 鱼类多度数据的 RDA 三序图
（1 型标尺；拟合的样方坐标 lc，解释变量为 3 个最显著的环境变量）

　　由于现在有第三个显著的典范轴，您可以绘制其他轴组合：轴 1 和 3，以及轴 2 和 3。

　　图 6.4 所示的新的三序图的确呈现与全模型的三序图（图 6.1a）相同的结构。稍后将重新解读这些结果。这些采样点和物种表现出相同的关系。三个选定的解释变量足以揭示数据主要特征。

6.3.2.7　环境重建：在 RDA 中投放新样方以估计解释变量的值

　　RDA 模型的目的是研究一组解释变量解释响应数据的结构。但如果模型的 R^2 足够大，我们可以反过来通过样方的物种的组成（多度）来估计未知的环境变量，这个时候物种也成为环境变量的生物指示物（bioindicators），这个反向的模型也称为标定（calibration）或生物指示（bioindication）。可以通过

vegan 包中 calibrate() 函数来实现这个模型。

作为一个案例，让我们虚构两个只捕获鱼类数据但未测环境变量新样方。在这个虚拟案例中，第一个新样方的 27 种鱼类多度是前 15 个样方鱼类多度的平均值，第二个新样方的 27 种鱼类多度是后 14 个样方鱼类多度的平均值。我们现在想用简约 RDA 模型，利用新样方鱼类多度来估计新样方环境变量 ele、oxy 和 bod 的值。

```
# 鱼类多度数据的新对象(虚拟)
# 变量(种类)必须与原始数据集中的变量的名字、行数和顺序匹配
# 新样方 1 多度由样方 1 到 15 中的物种多度平均值组成
site1.new <- round(apply(spe[1:15, ], 2, mean))
# 新样方 2 多度由样方 16 到 29 中的物种平均值组成
site2.new <- round(apply(spe[16:29, ], 2, mean))
obj.new <- t(cbind(site1.new, site2.new))
# 新数据的 Hellinger 转化
obj.new.hel <- decostand(obj.new, "hel")
# 标定
calibrate(spe.rda.pars, obj.new.hel)
# 与样方 7-9,22-24 的真值进行比较
env2[7:9, c(1, 9, 10)]
env2[22:24, c(1, 9, 10)]
```

标定值是否真实？哪个是好的，哪个远离真值？

请注意，这只是对环境变量的一次非常小的标定尝试。关于这方面的内容，rioja 程序包（专门致力于地层数据分析）有好多的函数可以做这个事情。

6.3.2.8 变差分解（variation partitioning）

在生态学研究中，属于不同类别的两组或两组以上解释变量共同解释一组响应变量的现象非常常见。例如在 Doubs 数据中，我们也将所有的环境变量分为第一组地形变量和第二组水体化学属性变量。由于种种原因，我们有时感兴趣的不仅是前面所提到的控制一组变量后分析另一组变量的偏分析，而且需要量化两组或多组变量单独及共同解释的变差。在生态多元数据分析中，Borcard 等（1992）首先提出变差分解的概念及分解过程，Peres-Neto 等（2006）提出使用校正 R^2 促进变差分解的使用。如图 6.5（左）所示，当同时存在两组解释变量 X 和 W 时，响应变量 Y 的总变差可以分解为几个部分。这图也显示当解释变量有 3 组或是 4 组的情况下，响应变量 Y 的总变差可以分解

为几个部分。

```
# 变差分解说明图
# 用不同的颜色标识(两个,三个和四个解释变量矩阵)
par(mfrow = c(1, 3), mar = c(1, 1, 1, 1))
showvarparts(2, bg = c("red", "blue"))
showvarparts(3, bg = c("red", "blue", "yellow"))
showvarparts(4, bg = c("red", "blue", "yellow", "green"))
```

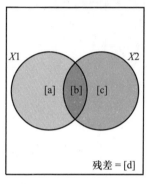 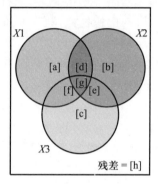 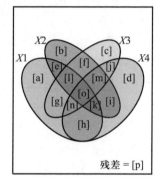

图 6.5 两组(左)、三组(中)和四组(右)解释变量 $X1$–$X4$ 共同解释响应变量 Y 的变差分解韦恩图。长方形代表响应变量总平方和

X 和 W 都能解释响应变量部分变差。由于不同组的解释变量之间通常非正交(除了后面将要提及的某些情况外),所以两组变量所能解释的变差有重叠的部分(见图 6.5 左图中〔b〕部分)。结果,两组变量一起解释的变差小于两组变量单独解释变差的和。如图 6.5 左所示,能够被 X 所解释的变差为〔a+b〕,能够被 W 解释的变差为〔b+c〕,而尚未被解释的变差为〔d〕。以两组解释变量为例,量化图 6.5 左中〔a〕、〔b〕、〔c〕、〔d〕四部分方差,必须运行三次 RDA 分析。

变差分解的概念步骤如下:

• 如果有必要,应该对 X 和 W 单独进行变量前向选择,只保留显著的变量。

• 单独以 X 作为解释变量进行 Y 的 RDA 分析,可以获得〔a+b〕部分的值。

• 单独以 W 作为解释变量进行 Y 的 RDA 分析,可以获得〔b+c〕部分的值。

• 以 X 和 W 一起作为解释变量进行 Y 的 RDA 分析,可以获得〔a+b+c〕部分的值。

- 计算上面三个 RDA 分析的 R_{adj}^2。
- 通过减法计算各部分校正后的变差。

—fraction $[a]_{adj} = [a+b+c]_{adj} - [b+c]_{adj}$

—fraction $[c]_{adj} = [a+b+c]_{adj} - [a+b]_{adj}$

—fraction $[b]_{adj} = [a+b]_{adj} - [a]_{adj} = [b+c]_{adj} - [c]_{adj}$

—fraction $[d]_{adj} = 1 - [a+b+c]_{adj}$

与前面所述相同，上面三个 RDA 分析都可以被置换检验。例如 [a] 和 [c] 部分的计算和检验也可以通过偏 RDA 分析进行。但是 [b] 部分不能被直接估计和检验。需要注意的是，目前没有公式可以直接计算偏 RDA 的校正 R^2，但上面描述的减法过程可以解决这个问题。Peres-Neto 等 （2006） 也是用这种方法去获得各部分变差的无偏估计。记住有些部分的校正 R^2 可能是负值（见第 6.3.2.3 节）。在对分析结果作生态解释时，负的校正 R^2 可以忽略 （通常视为 0）。

在 **vegan** 包内 **varpart()** 函数可以运算上面整个方差分解过程 （除第一步的变量选择外），最多可以包括 4 组解释变量。下面以 Doubs 数据为例，演示 **varpart()** 的用法。

```
#1.带所有环境变量的变差分解(除了 dfs 外)
(spe.part.all <- varpart(spe.hel, envchem, envtopo))
plot(spe.part.all, digits = 2, bg = c("red", "blue"))
```

这些图内校正 R^2 是正确的数字，但是韦恩图圆圈大小相同，未与 R^2 的大小呈比例。

第一个变差分解的案例演示两组解释变量对解释物种数据的贡献。水体化学属性变量独立的 （unique） 解释量 （[a] 部分，$R_{adj}^2 = 0.241$） 是地形变量独立解释部分 （ [c] 部分，$R_{adj}^2 = 0.112$ ） 的两倍多。两组变量共同解释 （jointly） 的部分也非常大 （[b] 部分，$R_{adj}^2 = 0.233$）。这个结果表明地形变量和水体化学属性变量之间有很强的组间相关性。由此说明通过变量选择构建简约的模型的必要性，下面演示变量选择与变差分解结合的过程。

```
##2.环境变量进行前向选择后变差分解
# 分别对两组环境变量进行前向选择
spe.chem <- rda(spe.hel, envchem)
R2a.all.chem <- RsquareAdj(spe.chem)$adj.r.squared
forward.sel(spe.hel,
  envchem,
```

```
  adjR2thresh = R2a.all.chem,
  nperm = 9999
)
spe.topo <- rda(spe.hel, envtopo)
R2a.all.topo <- RsquareAdj(spe.topo)$adj.r.squared
forward.sel(spe.hel,
  envtopo,
  adjR2thresh = R2a.all.topo,
  nperm = 9999
)
# 解释变量简约组合(基于变量选择的结果)
names(envchem)
envchem.pars <- envchem[, c(4, 6, 7)]
names(envtopo)
envtopo.pars <- envtopo[, c(1, 2)]
# 变差分解
(spe.part <- varpart(spe.hel, envchem.pars, envtopo.pars))
plot(spe.part,
  digits = 2,
  bg = c("red", "blue"),
  Xnames = c("Chemistry", "Physiography"),
  id.size = 0.7
)
# 所有可测部分的置换检验
# [a+b]部分的检验
anova(rda(spe.hel, envchem.pars),
        permutations = how(nperm = 999))
# [b+c]部分的检验
anova(rda(spe.hel, envtopo.pars),
        permutations = how(nperm = 999))
# [a+b+c]部分的检验
env.pars <- cbind(envchem.pars, envtopo.pars)
anova(rda(spe.hel, env.pars),
    permutations = how(nperm = 999))
```

```
# [a]部分的检验
anova(rda(spe.hel, envchem.pars, envtopo.pars),
    permutations = how(nperm = 999)
)
# [c]部分的检验
anova(rda(spe.hel, envtopo.pars, envchem.pars),
    permutations = how(nperm = 999)
)
```

各个部分置换检验有不显著的吗？

正如我们所预料，每组变量内部单独的变量前向选择不能解决组间变量共线性的问题。也就是说，某一组中通过变量选择保留下来的变量可能与另外一组保留下来的变量具有相关性。因此，共同解释部分［b］仍然很重要。请注意：如果将两组变量合成一组变量再进行变量前向选择，然后再分为两组进行变差分解，可能导致［b］部分很小甚至没有，因为组间和组内的高度相关的变量已经被筛选过。需要准确估计两组或更多组解释变量（通常是代表不同类别的解释变量）对响应变量 Y 变差共同的解释部分，对两组变量单独进行变量前向选择非常重要。

在当前这个案例，全部变量进行变量前向选择后所保留的三个变量（即海拔 ele、氧含量 oxy 和流量 bod）均出现在两组变量单独进行前向选择后保留变量组之中，而且分别增加坡度和硝酸盐浓度这两个变量。由于硝酸盐浓度与海拔具有较强的负相关（$r=-0.75$），导致硝酸盐浓度与海拔各自解释的变差有重叠。如果将硝酸盐浓度变量排除，重新运行上面变差的分解过程，将获得不同的结果：

```
# 3. 无变量 nit(硝酸盐浓度)的变差分解
envchem.pars2 <- envchem[, c(6, 7)]
(spe.part2 <- varpart(spe.hel, envchem.pars2, envtopo.pars))
plot(spe.part2, digits = 2)
```

上面的运行结果显示两组变量之间的相关性对变差分解的结果有影响。但是，变差分解主要目的在于量化各部分变差的量值，当然也应该包括多组变量共同解释的部分，而不是变量的选择。如果仅仅为了最小化变量的相关性，其他分析可能更合适（例如计算变量的 VIF 值，全模型变量前向选择等）。

比较前面两个变差分解的结果，非常有趣的是被两组变量解释的总变差基本相等（0.595 与 0.590），但是共同解释部分［b］却从 0.196 减少为 0.088，同时，地形变量（海拔+坡度）解释部分吸收了大部分［b］的减少量，从 0.142 增加到 0.249，但这并不意味着海拔比硝酸盐浓度对鱼类的群落组成变化影响更大。两种分析的比较只能说明对于鱼类组成变化的影响，硝酸盐浓度与海拔一致，但无法分辨这部分变差到底是与硝酸盐浓度有关，还是海拔有关。所以对这种差异的解释应该谨慎。另外，海拔与其他对鱼类群落组成有影响但尚未测定的环境因子有关，海拔作为一个综合的变量，能很好地代表其他环境因子。

从上面的比较也可以获得以下信息：

（1）变量前向选择提供简约的模型，但没有牺牲解释能力：因为前后两种分析的 R^2_{adj} 非常接近。

（2）变差分解的一个主要目的是计算共同解释的变差，但在解读时必须非常谨慎，因为共同部分很难确定与哪组变量有关。

（3）先将所有变量组合在一起进行变量前向选择后再分组，这样的做法与变差分解的初衷相违背。除非需要确定到底哪些变量对共同解释部分有贡献。

（4）变量前向选择和变差分解都是生态学数据分析非常有用的统计工具，但不能互相替代。

最后必须提醒的是，变差分解共同解释部分［b］与方差分析中因子的交互作用（interaction）不同，绝对不能混淆。交互作用是有重复的双因素方差分析中一个因子不同水平与其他因子不同水平之间的协同作用。换句话说，是一个因素的水平的改变是否引起另外一个因素水平对响应变量的作用的改变。当因子之间是独立（不相关，标量积为 0）的时候，在平衡的方差分析中，很容易获得因子的交互作用。如果两个（组）变量互相独立（不相关、正交），共同解释部分［b］将等于 0，这也证明共同解释部分［b］并不是交互作用的结果。

6.3.2.9　RDA 作为多元方差分析（MANOVA）的工具

多元方差分析（multivariate analysis of variance，MANOVA），作为一种传统的参数估计方法，其使用具有严格的限制条件（例如每组数据需要多元正态分布、方差-协方差矩阵齐性、响应变量数量必须小于对象（样方）数量减去模型自由度）。尽管 MANOVA 很适用于生态实验数据分析，但目前几乎没有真正应用到生态学数据分析中。

幸运的是，RDA 可以用于做 MANOVA 分析，同时可以用各种不同的置换检验并用三序图展示分析结果。基于 RDA 的 MANOVA 分析窍门在于使用因子变量及其交互作用项作为解释变量进行 RDA 分析。在下面的案例研究中，用正交 Helmert 对照法编码因子变量，目的是使置换检验获得正确的因子和交互

项 F 统计值。因子的交互作用项可以使用因子代码乘积表示。解释变量矩阵有如下属性（平衡设计 "balanced design"）：① 每个被编码的变量数值总和为 0；② 所有变量正交（乘积为 0）；③ 编码的主因子变量与交互作用变量正交。

为了演示基于 RDA 的 MANOVA 分析，案例使用一部分 Doubs 数据构建虚拟的双因素方差分析实验设计，即只使用前 27 个样方（样方 8 已经在第 6.3.2.1 节剔除），剩下的最后 2 个样方不进入分析。

构建的第一个因子变量代表海拔，有三个水平，第一个水平赋予样方 1-10（无数据的样方 8 已经被剔除），第二个水平赋予 11-19，第三个水平赋予 20-28。

第二个因子模拟 pH，尽可能与 pH 变量接近，因为在真实的环境数据集内，pH 基本上独立于海拔变量（相关系数 $r = -0.05$）。案例中没有直接用 pH 编译第二个因子，而是简单创建一个虚拟的接近代表 pH 的三个水平因子变量，目的是保证第二个因子与第一个因子正交。需要说明的是，案例中仅仅是方便举例说明才这样做，在真实的数据分析中，这种做法并不可行。

此时已经获得一个平衡的双因素（每因素三水平）交叉实验设计。在检验方差-协方差齐性之后，我们将应用偏 RDA 方法检验两个因子和它们的交互作用项的效应。使用 Helmert 对照法编码代替因子可以更明确地操控模型的运行。请注意，使用 0-1 数据对因子进行编码则不会使编码变量在组之间正交（因子和交互作用）。然而，在本节结束时，我们将展示如何通过函数 adonis2() 使用单个命令计算整个 MANOVA 置换检验。

当然，方差-协方差齐性的条件在 MANOVA 这里仍然需要满足，可以通过 **vegan 包内 betadisper()** 函数按照 Anderson（2006）方法进行检验。可以测试各因素的方差的齐性。但是，在交叉设计的情况下这样做存在风险。两个因素之间存在交互作用时，单独一个因素内方差齐性可能无法满足，因为组内的离散程度可以由于另外的因子水平不同而不同。为了避免这种情况，我们可以创造一个跨越真实因子的两个人为因子，即逐个定义表格的数据归属。该检验称为对组内方差齐性的检验。

```
# 生成代表海拔的因子变量(3 个水平,每个水平含 9 个样方)
ele.fac <- gl(3, 9, labels = c("high", "mid", "low"))
# 生成近似模拟 pH 值的因子变量
pH.fac <-
  as.factor(c(1, 2, 3, 2, 3, 1, 3, 2, 1, 2, 1, 3, 3, 2,
              1, 1, 2, 3, 2, 1, 2, 3, 2, 1, 1, 3, 3))
```

```
# 两个因子是否平衡?
table(ele.fac, pH.fac)
# 用 Helmert 对照法编码因子和它们的交互作用项
ele.pH.helm <-
  model.matrix( ~ ele.fac * pH.fac,
                contrasts = list(ele.fac = "contr.helmert",
                                 pH.fac = "contr.helmert"))
                                [, -1]

ele.pH.helm
```

我们删除了 **Helmert** 对照码矩阵的第一列（... ［, -1］）因为它包含一个简单的 **1** 列（截距）。

检查对照码矩阵矩阵。哪些列代表 **ele. fac**? **pH. fac**? 和交互作用?

```
# 检查 Helmert 对照表属性 1: 每个变量的和为 0
apply(ele.pH.helm, 2, sum)
# 检查 Helmert 对照表属性 2: 组内组间交叉积必须为 0
# 变量之间不相关
crossprod(ele.pH.helm)


# 通过 vegan 包内 betadisper()函数按照 Anderson(2006)方法对
# 组内协方差齐性进行检验。
cell.fac <- gl(9, 3)
spe.hel.d1 <- dist(spe.hel[1:27, ])


# 组内的离差点齐性检验
(spe.hel.cell.MHV <- betadisper(spe.hel.d1, cell.fac))
anova(spe.hel.cell.MHV)        # 参数检验(不推荐)
permutest(spe.hel.cell.MHV)  # 置换检验(推荐)


# 替代方案: 每个因子组内的离差齐性检验
# 这个检验对于小样本更稳健
# 因为现在每组有 9 个样本,而不是 3 个
# 因子 "elevation"
```

```
(spe.hel.ele.MHV <- betadisper(spe.hel.d1, ele.fac))
anova(spe.hel.ele.MHV)        # 参数检验(不推荐)
permutest(spe.hel.ele.MHV) # 置换检验(推荐)
# 因子 "pH"
(spe.hel.pH.MHV <- betadisper(spe.hel.d1, pH.fac))
anova(spe.hel.pH.MHV)
permutest(spe.hel.pH.MHV)     # 置换检验(推荐)
```

组内协方差齐性，可以继续分析。

```
# 首先检验交互作用项。海拔因子和 pH 因子(前 4 列)构成协变量矩阵
interaction.rda <-
    rda(spe.hel[1:27, ],
        ele.pH.helm[, 5:8],
        ele.pH.helm[, 1:4])
anova(interaction.rda, permutations = how(nperm = 999))
```

交互作用是否显著？显著的交互作用表示一个因子的影响依赖于另一个因子的水平，这将妨碍主因子变量的分析。

```
# 检验海拔因子的效应,此时 pH 因子和交互作用项作为协变量矩阵
factor.ele.rda <-
    rda(spe.hel[1:27, ],
        ele.pH.helm[, 1:2],
        ele.pH.helm[, 3:8])
anova(factor.ele.rda,
      permutations = how(nperm = 999),
      strata = pH.fac
)
```

海拔因子影响是否显著？

```
# 检验海拔因子的效应,此时 pH 因子和交互作用项作为协变量矩阵
factor.pH.rda <-
    rda(spe.hel[1:27, ],
```

```
        ele.pH.helm[, 3:4],
        ele.pH.helm[, c(1:2, 5:8)])
anova(factor.pH.rda,
  permutations = how(nperm = 999),
  strata = ele.fac
)
```

pH 影响是否显著?

```
# 显著影响的海拔因子 RDA
ele.rda.out <- rda(spe.hel[1:27, ]~ ., as.data.frame(ele.fac))
# 样方 wa 坐标三序图
plot(ele.rda.out,
  scaling = 1,
  display = "wa",
  main = "多元 ANOVA, 海拔 - 1 型标尺 - wa 坐标")
ordispider(ele.rda.out, ele.fac,
  scaling = 1,
  label = TRUE,
  col = "blue"
)
spe.sc1 <-
  scores(ele.rda.out,
  scaling = 1,
  display = "species")
arrows(0, 0,
  spe.sc1[, 1] * 0.3,
  spe.sc1[, 2] * 0.3,
  length = 0.1,
  angle = 10,
  col = "red"
)
text(
  spe.sc1[, 1] * 0.3,
```

```
spe.sc1[,2] * 0.3,
labels = rownames(spe.sc1),
pos = 4,
cex = 0.8,
col = "red"
)
```

提示：为了能够使读者相信当前的 RDA 分析完全等同于方差分析，可以只
分析 1 个物种 RDA，然后运行传统的双因素方差分析（因子为
ele.fac 和 pH.fac），然后比较两者的 F 值和 p 值。p 值可能会略
有不同，因为 RDA 分析基于置换检验。

检验每个主因子效应时，参数 strata 限制其他因子在同一水平进
行置换。该参数也确保检验正确的 H_0。注意：区组设计允许让这些
分析用于嵌套（例如裂区）实验设计。

如果你想创建一个含有主要因子而没有交互作用项的 Helmert 对照
码，在公式中用'+'替换'*'：...~ele.fac+pH.fac... 访问函数
model.matrix()、contrasts()和 contr.helmert()的帮助文
档文件。

在三序图部分，观察我们如何使用函数 ordispider()来连接
"wa"样方坐标和不同水平的形心。

  图 6.6 展示的 1 型标尺下，通过直线将因子不同水平的形心点相关的样方
连起来样方 wa 坐标的三序图（选择 wa 坐标以显示总的变差）。添加物种箭头
（红色）以方便解读。

  图 6.6 清楚地显示了所选物种组与海拔的关系。海拔因子可以看作是几个
重要环境的代理变量，所以这样的分析是非常有用的。该图还允许我们比较不
同水平在排序轴上的离散程度。例如，这里是第一轴左侧代表低海拔区域，右
侧代表中高海拔地区。低海拔样方"wa"坐标在第一轴的分散程度比另外两
组小得多。第二轴区分中高海拔区域，低海拔区域位于中间部分。该轴上的三
组样方的组内离散程度差不多。

  如果是非平衡的实验设计，上面的程序仍然适用，但对照码变量不正交，
因此因子和交互作用项显著性检验能力会降低。实际上，非正交的因子会有共
同解释部分（两组解释变量变差分解共同解释部分 [b]）不能简单归因于某
一个确定的因子，因此使主因子和交互作用的检验更难解读。

  最后，vegan 包提出了另一种使用样方-物种矩阵或是响应变量相异矩阵

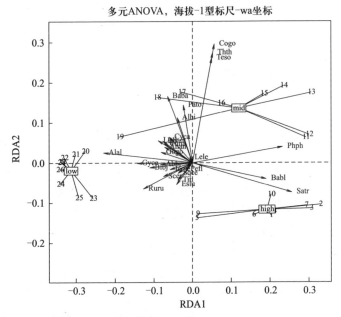

图 6.6　使用 RDA 进行多元方差分析的三序图（1 型标尺）；Doubs 鱼类数据 27 个
样方被海拔因子解释（3 个水平：低海拔、中海拔和高海拔）（参见书末彩插）

进行多元方差分析的函数：adonis()和 adonis2()。让我们简要介绍基于
McArdle 和 Anderson（2001）的函数 adonis2()，也见第 6.3.3 节介绍。在
这种背景下，我们看看整体的 MANOVA 将如何运算：

```
adonis2(spe.hel[1:27, ] ~ ele.fac * pH.fac,
  method = "euc",
  by = "term"
)
```

提示：参数 by＝term，这是默认选项，要求函数计算平方和并按照代码中
　　　所列因子的顺序评估显著性。在平衡设计中，这并不重要：调整这两
　　　个因素的顺序将产生完全相同的结果。如果不平衡的设计，改变非正
　　　交的因子顺序会改变结果，实际上引入了如第 6.3.2.8 节所说的共同
　　　解释［b］组分。只要有可能，我们要尽量避免非平衡设计。

最后，Laliberté 等（2009）提供了一个名为 manovRDa.R 的函数来通过
RDA 计算有固定和随机因子的双因素 MANOVA，参考 http://www.elaliberte.
info/code。

6.3.2.10　非线性关系的 RDA

有　点值得提的是，RDA 是通过多元线性回归分析后获得的拟合值矩阵的 PCA 分析。因此，很多用于多元回归的技术都可以在 RDA 中使用。上面所有的 RDA 模型都仅使用一阶的解释变量。然而，物种分布对环境梯度通常是单峰响应，即物种通常有最适合的生态区域。因此，对于这种情况一阶线性模型可能不太适用。绘制所有响应变量与单个解释变量之间的散点图检验非线性关系非常烦琐。识别和拟合单峰响应最简单模式是在一阶函数基础上加入二阶解释变量（即二次项）并运行变量前向选择。通过变量前向选择可以保留某些一阶或二阶变量。然而，含有二阶解释变量的 RDA 结果很难解读，所以只有充分理由认为是非线性关系时才能使用非线性的 RDA。三阶的解释变量也可以用于拟合单峰响应关系，但需要高偏态分布的响应变量（Borcard 等，1992）。这里，让我们演示两个多项式 RDA 的例子。第一个涉及一个解释变量，并显示了将二阶项包含在模型中的效果。第二个例子提出了一个前向选择后包含所有解释变量（dfs 除外）及二阶项的完整 RDA。

单一解释变量

在 Doubs 数据集内，经常发现有几个物种只在河流中游区分布。因此，可以认定这几个物种与离源头距离 "dfs" 这个变量是单峰响应关系：首先不存在，然后存在，然后再不存在。这个简单案例可以用于演示高阶变量的实验设计，即包含有指数为 1 和 2 的项。在解读结果时，必须注意物种的最适区域在中游，但在图内恰好与二阶的 das 变量（das2）方向相反（图 6.7），因为中心化后 dfs 变量的二次方刚好是中游的值（越接近 0）最小。如果物种的箭头方向与 dfs2 的方向一致，则代表该物种分布在河流的两端的分布多于中游区域（没有物种在 Doubs 数据集中显示这种特别的分布）。

```
# 生成 dfs 和 dfs 正交二阶项(由 poly( )函数获得)矩阵
dfs.df <- poly(dfs, 2)
colnames(dfs.df) <- c("dfs", "dfs2")
# 验证两个多项式是否正交
cor(dfs.df)
# 验证两个变量是否显著
forward.sel(spe.hel, dfs.df)

# RDA 和置换检验
spe.dfs.rda <- rda(spe.hel ~ ., as.data.frame(dfs.df))
```

```
anova(spe.dfs.rda)

# 三序图(拟合的样方坐标,2 型标尺)
triplot.rda(spe.dfs.rda,
  site.sc = "lc",
  scaling = 2,
  plot.sites = FALSE,
  pos.env = 1,
  mult.arrow = 0.9,
  move.origin = c(-0.25, 0),
  mar.percent = 0
)
```

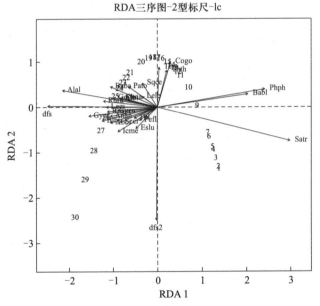

图 6.7   以 dfs（距源头距离）变量正交二阶多项式为解释变量的 Hellinger
转化后鱼类数据的 RDA 三序图（2 型标尺）

提示：如果是手动计算二阶解释变量（即一阶函数的平方），或在 **poly()**
　　　函数中设置 raw=TRUE，在计算之前，建议对一阶变量进行中心化，
　　　否则一阶变量和二阶变量将存在强烈的线性相关。当然，使用 **poly()**
　　　函数时（默认 raw=FALSE），不必要对一阶变量预先进行中心化。

　　此处生成 2 型标尺的三序图是因为我们对物种之间的关系感兴趣。乍一看，此排序图似乎有错误，但事实展示的正是所要探索的内容。最突出的特征是样方在排序图内呈弧形分布。因为是通过二阶 dfs 变量（即抛物线函数）获得样方拟合坐标（选择"lc"），所以样方的排列成为抛物线。如果需要更接近实际数据的样方排列，也可将绘图函数表达式中的"lc"用"wa"代替。

　　要说明 dfs 变量一阶和二阶的关系，需要找几种鱼来说明。首先绘制这几种鱼沿着河流的分布图。选择褐鳟（Satr）、鳟鱼（Thth）、欧鲌鱼（Alal）和鲤鱼（Titi）4 种鱼，代码与第 2.2.3 节里面生成的图 2.3 相同（图 6.8）。

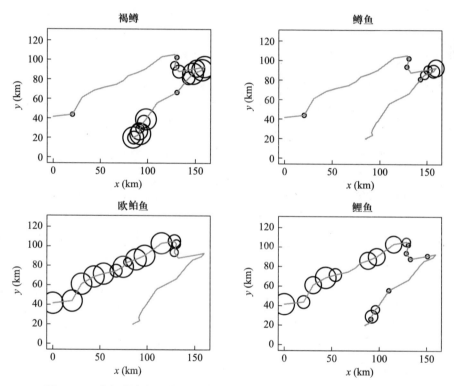

图 6.8　4 种鱼类多度沿着河流分布的气泡地图，可以解释上面所讨论的基于二阶解释变量的 RDA

　　将这 4 个地图与三序图进行比较，可以清楚说明 dfs 和 dfs2 两个变量与鱼类分布的关系。褐鳟（Satr）的多度分布与河流的上游密切相关，因此 Satr 的箭头与 dfs 方向相反但与 dfs2 正交（即独立于 dfs2）；鳟鱼（Thth）是河流中游的特征种，因此与 dfs2 的箭头恰好相反；欧鲌鱼

(Alal) 在下游分布比较多，因此 Alal 的箭头与 dfs 方向一致，但与 dfs2 方向正交，也恰好与 Satr 的方向相反。最后，鲤鱼（Titi）在三个区域都有分布，因为代表 Titi 的箭头恰好处在 dfs 和 dfs2 中间。

当然，其他更明确的环境变量也可以进行相同的分析，此处无须一一举例说明，因为上面的案例已经展示了加入一个二阶的解释变量可以增加模型的解释能力并提高拟合度：变量前向选择的结果确认 dfs2 对模型有显著的贡献，即 R^2_{adj} 从 0.428 增加到 0.490。

包含所有解释变量及其二阶项的 RDA

要运行此 RDA，我们需要计算除 dfs 之外所有解释变量的二阶项。原始多项式项是高度相关的，因此最好使用正交多项式，可以通过 stats 包函数 poly() 来产生正交多项式。但是，poly() 会产生包括所有变量两两组合的二阶项，例如 xy，$x^2 y^2$ 等。我们这里需要的只是变量和它们各自的（正交）二次项。函数 polyvars() 可以完成这个任务。

```
env.square <- polyvars(env2, degr = 2)
names(env.square)
spe.envsq.rda <- rda(spe.hel ~ ., env.square)
R2ad <- RsquareAdj(spe.envsq.rda)$adj.r.squared
spe.envsq.fwd <-
  forward.sel(spe.hel,
              env.square,
              adjR2thresh = R2ad)
spe.envsq.fwd
envsquare.red <- env.square[, sort(spe.envsq.fwd$order)]
(spe.envsq.fwd.rda <- rda(spe.hel ~ ., envsquare.red))
RsquareAdj(spe.envsq.fwd.rda)
summary(spe.envsq.fwd.rda)
```

这个结果与只用原始解释变量的 RDA（见第 6.3.2.6 节）很不同。在原始变量的 RDA 中，3 个变量（ele、oxy 和 bod）被选，产生一个 $R^2_{\text{adj}} = 0.5401$ 的模型。当前这个多项式 RDA 不太简约，保留了 9 个解释变量。但由于解释变量比较多，R^2_{adj} 显著增加，达到 0.7530。其实，保留的 9 项属于 5 个不同的变量，其中有 4 个变量（ele、oxy、slo 和 amm）同时保留了一阶和二阶项。这说明物种与有些变量是线性关系（一阶变量模拟），与有些变量是单峰关系（二阶变量模拟）。此分析的三序图（图 6.9）给出了更精细的解读。

```
# lc样方坐标(2型标尺)三序图
triplot.rda(spe.envsq.fwd.rda,
  site.sc = "lc",
  scaling = 2,
  plot.sites = FALSE,
  pos.env = 1,
  mult.arrow = 0.9,
  mult.spe = 0.9,
  mar.percent = 0
)
```

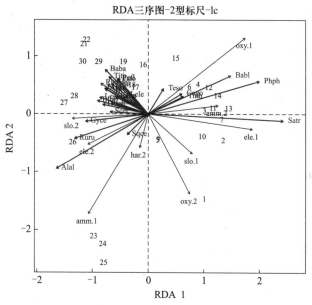

图 6.9 含所有解释变量及二阶项的变量前向选择后 Doubs 鱼类数据
多项式 RDA 三序图 （2 型标尺）

在这个三序图中可以观察到许多精细的特征。举个例子，请注意鲤鱼
（Titi）的箭头和氧含量平方（oxy.2）的方向刚好相反。检查原始数据表
明，鲤鱼往往在中等氧气浓度的地方分布比较多。粗略看一下图，其实很多物
种与鲤鱼（Titi）的情况一致。上面简单的例子让我们了解到物种的箭头与
二阶解释变量的箭头如果反向，则表示中值区域的量多。

在空间分析的框架内，高阶解释变量的应用非常普遍，因为解释变量通常
有空间坐标，而高阶变量可以构建趋势面分析模型（见第 7 章）。

6.3.3 基于距离的 RDA 分析（db-RDA）

生态学家长期以来需要一种能够分析多元框架内群落组成的数据分析方法，特别是多因子方差分析的生态学实验更需要这样的方法。包含很多 0 值的群落数据在进入 MANOVA 或其他基于欧氏距离的分析方法之前必须被转化。Legendre 和 Gallagher（2001）提供的转化方法（第 3.5 节）是解决这个问题途径之一：例如经过转化的物种数据能够进行基于 RDA 的方差分析（第6.3.2.9 节）。但这些转化仅仅用于弦距离、Helleinger 距离、卡方距离和Ochiai 距离等欧氏距离的情况，然而，生态学家可能需要用到基于非欧氏距离的 RDA。

Legendre 和 Anderson（1999）提出一种基于距离的冗余分析（db-RDA）可以解决解决上面这个问题。他们也表明，RDA 能够以方差分析方式分析由用户选择的任何距离矩阵，当然也包括非欧氏距离矩阵。能够适用于生物群落的距离测度很多，例如用于二元变量的 Jaccard 系数（$\sqrt{1-S_7}$）和 Sørensen 系数（$\sqrt{1-S_8}$），还有用于定量变量距离测度的 Bray-Curtis 系数（D_{14}）、非对称的 Gower 系数（$\sqrt{1-S_{19}}$）、Whittaker 系数（D_9）和 Canberra 系数（D_{10}），还有一些其他类型数据的距离测度，例如对称的 Gower 系数（$\sqrt{1-S_{15}}$）、Estabrook-Rogers 系数（$\sqrt{1-S_{16}}$）和专门用于定义组间距离的广义 Mahalanobis 系数，以上这些距离测度都可以用于基于 db-RDA 的典范排序分析。目前用到 db-RDA 的案例文献有 Anderson（1999）、Geffen 等（2004）和 Lear 等（2008）。

db-RDA 的分析步骤如下：

● 计算响应数据 Q-模式相异矩阵。

● 计算相异矩阵的主坐标分析（PCoA），必要时使用 Lingoes 方法校正负的特征根。将所有的主坐标矩阵保存在一个文件内；主坐标矩阵依然可以视为表征数据总方差的距离矩阵。

● 将上一步获得的主坐标矩阵作为响应变量，以可用的环境变量作为解释变量，运行和检验 db-RDA。对于方差分析的实验设计，解释变量可以是控制实验的因子。

上述步骤非常简单，在 R 里写几行相关代码逐步运行即可实现，vegan 包里函数 capscale() 也可以直接运行这个分析。如果用户提供物种数据矩阵给参数 comm，这个函数可以直接在排序图加上加权平均物种坐标。

还有另一种计算 db-RDA 的途径。McArdle 和 Anderson（2001）提出了一种替代方法，无须通过 PCoA，直接对响应变量相异矩阵进行分析。vegan 包中 dbrda() 函数可以直接执行这个分析。遗憾的是，此函数无法将物种的坐标添加到排序图中。但按照作者说法，这个函数的主要优势是，在多因子方差分析过程中，可以利用基于相异矩阵置换检验以获得正确 I 类错误。基于 Lingoes校正的 PCoA 数据的方法也有相同的属性，但如果是基于 Cailliez 校正会夸大 I 类错误（McArdle 和 Anderson，2001）。

这里我们将计算鱼类数据（减少到 27 个样方）被在第 6.3.2.9 节创建的 ele 因子解释的 db-RDA。让我们首先计算百分数差异相异矩阵作为基础。现在，我们记得在第 3 章的时候曾经提及百分数差异并不是欧氏属性，因此，如果不应用校正措施，在 PCoA 过程会产生负的特征根。校正措施可以是对相异矩阵进行平方根处理或应用 Lingoes 校正（见第 5.5 节）。

这里我们的目标是双重的：我们希望有正确的 I 类错误的检验，也要将物种的信息加到排序图当中。函数 dbrda() 应用于相异矩阵的平方根将提供我们所需要的检验。使用 Lingoes 校正的函数 capscale() 将为排序图提供物种坐标（如图 6.10 所示）。

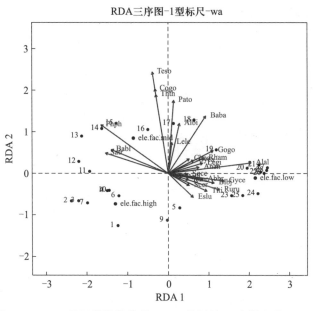

图 6.10　由 capscale() 函数计算获得 Doubs 数据的 27 个样方的 db-RDA 分析的三序图，解释变量为 ele 因子，百分数差异，Lingoes 校正，1 型标尺，wa 样方坐标，目的是为了看样方围着因子 ele 水平周围的离散程度

```
# Helmert 对照码矩阵的列名重新命名(为了方便)
colnames(ele.pH.helm) <-
  c("ele1", "ele2", "pH1", "pH2", "ele1pH1", "ele1pH2",
```

```
        "ele2pH1", "ele2pH2" )
# 产生协变量矩阵,必须是矩阵,而不能是数据框
covariables <- ele.pH.helm[, 3:8]
# 用 vegan 包 vegdist 函数计算百分数差异响应变量矩阵
spe.bray27 <- vegdist(spe[1:27, ], "bray")
# 或 adespatial 包 dist.ldc 函数计算百分数差异响应变量矩阵
spe.bray27 <- dist.ldc(spe[1:27, ], "percentdiff")


# 1. 基于平方根相异矩阵的 dbrda()
bray.ele.dbrda <- dbrda(
    sqrt(spe.bray27) ~ ele.pH.helm[, 1:2] +
    Condition(covariables))
anova(bray.ele.dbrda, permutations = how(nperm = 999))
# 基于原始数据(样方物种矩阵)的 capscale()
# 重新命名因子(为了作图美观)
ele.fac. <- ele.fac
bray.env.cap <-
  capscale(spe[1:27, ] ~ ele.fac. + Condition(covariables),
           data = as.data.frame(ele.pH.helm),
           distance = "bray",
           add = "lingoes",
           comm = spe[1:27, ])
anova(bray.env.cap, permutations = how(nperm = 999))
# 以 wa 坐标绘制排序图,目的是为了看样方围着因子水平的离散程度
triplot.rda(bray.env.cap, site.sc = "wa", scaling = 1)
```

提示: 在函数 **cmdscale( )**, 参数 add = SATRE 表示为距离矩阵加一个常数, 避免产生负特征根, 也称为 Cailliez 校正。在 capscale( )、dbrda( ) 和 adonis2( ) 中, add = "cailliez" 也产生了 Cailliez 校正。另一种选择是 add = "lingoes", 它产生 Lingoes 校正。Lingoes 和 Cailliez 校正也可用于函数 pcoa( ) {ape} 和 wcmdscale( ) {vegan}。如上所述, 在通过 db-RDA 进行 MANOVA 分析的显著性检验之前, Lingoes 校正是可取的。

在 capscale()和 dbrda()中，可以通过两种方式提供协变量：

（1）约束变量和协变量可以在同一个对象中找到，该对象必须是数据框，并且以公式模式出现，所有变量和协变量必须明确标明，协变量可以是定量或因子；

（2）如果所有协变量都是定量的（或所有因子都被编码为 0-1 变量，这种变量 R 认为是定量的数据，就像上面对象 covariables 一样），我们可以简化编码：约束变量在数据框中，而且协变量在一个单独的对象中，必须是矩阵；在这种情况下可以全局调用对象，而无须按名称详细说明协变量。当使用原始响应数据时，参数 distance 决定关联指数的类型。

上面两个分析的结果略有不同，因为① 显著性检验不是以相同的方式执行和② 让响应矩阵欧氏化的校正方法不一样。

6.3.4 手写 RDA 函数

下面的代码是 R 里面矩阵代数运算的另一个练习。

```
# 自写代码角#3

myRDA <- function(Y, X)
{

    ## 1. 数据的准备

    Y.mat <- as.matrix(Y)
    Yc <- scale(Y.mat, scale = FALSE)

    X.mat <- as.matrix(X)
    Xcr <- scale(X.mat)

    # 维度
    n <- nrow(Y)
    p <- ncol(Y)
    m <- ncol(X)
```

```
## 2. 多元线性回归的计算

# 回归系数矩阵 （公式 11.9）
B <- solve(t(Xcr) %*% Xcr) %*% t(Xcr) %*% Yc

# 拟合值矩阵（公式 11.10）
Yhat <- Xcr %*% B

# 残差矩阵
Yres <- Yc - Yhat

## 3. 拟合值 PCA 分析

# 协方差矩阵 （公式 11.12）
S <- cov(Yhat)

# 特征根分解
eigenS <- eigen(S)

# 多少典范轴特征根?
kc <- length(which(eigenS$values > 0.00000001))

# 典范轴特征根
ev <- eigenS$values[1 : kc]
# 矩阵 Yc(中心化)的总方差(惯量)
trace = sum(diag(cov(Yc)))

# 正交特征向量(响应变量的贡献,1 型标尺)
U <- eigenS$vectors[, 1 : kc]
row.names(U) <- colnames(Y)

# 样方坐标(vegan 包内'wa' 坐标,1 型标尺 公式 .11.17)
F <- Yc %*% U
row.names(F) <- row.names(Y)
```

```
# 样方约束(vegan 句内'lc' 坐标,2 型标尺 公式 .11.18)

Z <- Yhat % * % U
row.names(Z) <- row.names(Y)

# 典范系数 (公式 . 11.19)
CC <- B % * % U
row.names(CC) <- colnames(X)

# 解释变量
# 物种-环境相关
corXZ <- cor(X, Z)

# 权重矩阵的诊断
D <- diag(sqrt(ev /trace))

# 解释变量双序图坐标
coordX <- corXZ % * % D        # 1 型标尺
coordX2 <- corXZ               # 2 型标尺
row.names(coordX) <- colnames(X)
row.names(coordX2) <- colnames(X)

# 相对特征根平方根转化(为 2 型标尺)
U2 <- U % * % diag(sqrt(ev))
row.names(U2) <- colnames(Y)
F2 <- F % * % diag(1 /sqrt(ev))
row.names(F2) <- row.names(Y)
Z2 <- Z % * % diag(1 /sqrt(ev))
row.names(Z2) <- row.names(Y)

# 未校正 R2
R2 <- sum(ev/trace)
# 校正 R2
R2a <- 1 - ((n - 1)/(n - m - 1)) * (1 - R2)
```

```
# 4. 残差的 PCA
# * * * * * * * * * * * * * * * * * *
# 与第 5 章相同,写自己的代码,可以从这里开始 ...
#     eigenSres <- eigen(cov(Yres))
#     evr <- eigenSres$values
# 5. 输出 Output

result <-
list(trace, R2, R2a, ev, CC, U, F, Z, coordX,
     U2, F2, Z2, coordX2)
  names(result) <-
    c("Total_variance", "R2", "R2adj", "Can_ev",
      "Can_coeff", "Species_sc1", "wa_sc1", "lc_sc1",
      "Biplot_sc1", "Species_sc2", "wa_sc2", "lc_sc2",
      "Biplot_sc2")

  result
}
```

将此函数应用到 Doubs 鱼类数据和环境数据的 RDA 分析

```
doubs.myRDA <- myRDA(spe.hel, env2)
summary(doubs.myRDA)
```

6.4 典范对应分析（CCA）

6.4.1 引言

作为对应分析（CA）的约束分析版本，典范对应分析（canonical corres-pondence analysis, CCA）自 20 世纪 80 年代开始使用（ter Braak, 1986, 1987, 1988）以来，一直是生态学家最青睐的分析方法之一。CCA 的很多特征与 RDA 一样，所以 RDA 已经介绍过的分析步骤这里无须重复。基本上是用于 CA 分析中表征 χ^2 统计量的贡献率的 $\overline{Q}$ 矩阵加入 RDA 的加权模式

（Legendre 和 Legendre，2012，第 11.2 节）。CCA 与 CA 共享一套基础算法，只不过在排序迭代过程加入与解释变量的加权回归分析。CCA 排序图内样方点之间的距离依然是近似 χ^2 距离，物种也是用点表示。ter Braak（1986）表明 CCA 的使用需要满足一些条件[①]。CCA 与多元高斯回归很类似。CCA 三序图中一个非常引人瞩目的特征是物种在典范轴的排序位置反映其生态梯度最适点。这个特征使物种组成的生态解释更加直观和容易。CCA 图中物种用点表示，因此可以在排序图中加入物种聚类分析的结果（例如 k-均值划分），产生直观的物种分组图。

当然，CCA 也有一些缺点，这与 χ^2 距离的数学属性有关。例如 Legendre 和 Gallagher（2001）这样表达 CCA 的缺点："在具有相同的多度差异的情况下，常见种比稀有种对排序的贡献更小，导致在 CA 排序中，稀有种有过大的影响"。尽管 χ^2 距离被广泛应用，"χ^2 距离并没有被生态学家普遍接受，Faith 等（1987）使用模拟数据得出的结论是 χ^2 距离是群落物种组成数据最差距离度量之一"（Legendre 和 Gallagher，2001）。因此，对于稀有种被过分取样，并当作特定生态系统的潜在指示种时，χ^2 距离的方法应该慎用。另外，对于 CCA 分析，的确有必要预先剔除稀有种。有关非线性数据的问题，也激发了物种数据转化技术的开发，从而使非线性数据经过转化后能够进入 RDA、方差分析和其他线性模型分析。此外，总惯量（total inertia，CCA 中使用惯量度量变差）被解释的比例虽然也可以被解读为 R^2，但此 R^2 依然是有偏估计，Ezekiel 校正法在这里并不适用。自助法（bootstrap）已经被开发用来获取校正 R^2 的估计（Peres-Neto 等，2006）。

尽管有上面各种缺点，CCA 依然广泛应用并值得展示。

6.4.2 Doubs 数据集 CCA 分析

6.4.2.1 使用 vegan 包进行 CCA 分析

让我们使用 **vegan** 包的 cca() 函数以公式模式形式运行 Doubs 数据的 CCA 分析。物种数据必须是未转化的原始的多度数据，解释变量是对象 env3 中的所有变量。不要使用为 RDA 分析准备的 Hellinger 转化、对数弦转化或弦转化后的数据，因为这些转化数据计算的距离不再是 χ^2 距离，会导致结果无法解读。此外，数据表的行和，也在 CCA 回归中用作权重，因此对数据进行预转化会导致行和作为权重无意义。

---

① 两个重要的条件：物种尽可能在整个生态梯度范围内都有样本；物种在主要生态梯度上呈现单峰响应分布。这两个条件很难正式验证，但根据物种在样方内的多度信息结合样方在前几个典范轴的分布可以帮助了解物种沿着主要生态梯度的分布情况。——著者注

```
(spe.cca <- cca(spe ~ ., env3))
summary(spe.cca)      #2 型标尺（默认）
# 未校正和校正 R^2（类比的方法获得）
RsquareAdj(spe.cca)
```

> 提示：在 CCA 中，环境变量解释响应变量总变化量比例不是"真正"R^2，而是惯量比率。此外，能通过自助法程序估计"校正 R^2"（Peres-Neto 等，2006）。对 CCA，函数 RsquareAdj()使用置换的次数默认为 1000 次。因此，每次重新运行获得的值可能不一样。

CCA 与 RDA 输出结果的不同：

- CCA 总变差用均方列联系数（mean squared contingency coefficient）表示；
- CCA 典范轴的最大的轴号（即最后一个典范轴）等于 $[(p-1)$, m, $n-1]$ 中最小者，残差轴最小的轴号等于 $[(p-1)$, $n-1]$ 较小者。当前案例中这两个数值与 RDA 分析中相同；
- 在三序图内，物种用点表示；
- 样方坐标是物种坐标的加权平均（而不是物种坐标的加权和）。

6.4.2.2 CCA 三序图

vegan 包里生成 CCA 三序图的代码与 RDA 类似，除了排序图内不再用箭头而是用点表示响应变量（物种）之外（图 6.11）。

```
par(mfrow = c(2, 1))
#1 型标尺:物种坐标等比例于相对特征根
# 样方坐标是物种坐标的加权平均
plot(spe.cca,
  scaling = 1,
  display = c("sp", "lc", "cn"),
  main = "三序图 CCA spe ~ env3 -1 型标尺"
)
#2 型标尺(默认):样方坐标等比例于相对特征根
# 物种坐标是样方坐标的加权平均
plot(spe.cca,
  display = c("sp", "lc", "cn"),
  main = "三序图 CCA spe ~ env3 -2 型标尺"
)
```

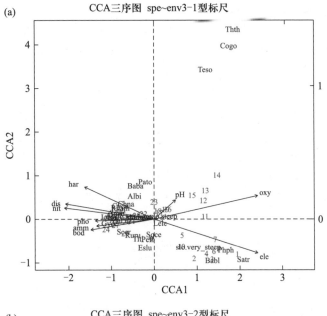

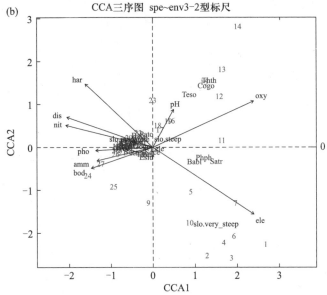

图 6.11 基于 Doubs 鱼类多度数据的 CCA 三序图，解释变量为除 dfs 之外的
所有环境变量：（a）1 型标尺；（b）2 型标尺

与 RDA 一样，加入了环境变量，也需要附加的规则解读三序图，主要有
以下几点：

• 1 型标尺—① 样方点垂直投影到定量解释变量的箭头或延长线上，投
影点位置接近该样方内该解释变量数值的位置。② 如果一个定性解释变量形

心接近某一个样方的点，表示该变量中此样方内很可能标注为 1。③ 定性解释变量的形心之间或形心与样方之间的距离接近 χ^2 距离。

• 2 型标尺—① 将物种的点垂直投影到定量解释变量的箭头或延长线上，投影点位置表示物种在该环境变量梯度上的最适区域。② 如果物种点接近某个定性变量形心，表示该物种在与此变量标注为 "1" 的样方内更常见，或有更高多度。响应变量与解释变量箭头之间的夹角反映它们之间的相关性，响应变量之间及解释变量之间的夹角也代表相关性。③ 定性解释变量的形心之间或形心与样方之间的距离不代表 χ^2 距离。

1 型标尺三序图关注样方之间的距离，但如果有极端坐标值的物种存在，便会使三序图的视觉效果大打折扣 (图 6.11a)。因此，可以重新绘制没有物种的双序图 (图 6.12 左)：

```
# CCA 无物种的双序图(1 型标尺)(拟合的样方坐标)
plot(spe.cca,
  scaling = 1,
  display = c("lc", "cn"),
  main = "双序图 CCA spe ~ env3 - 1 型标尺"
)
```

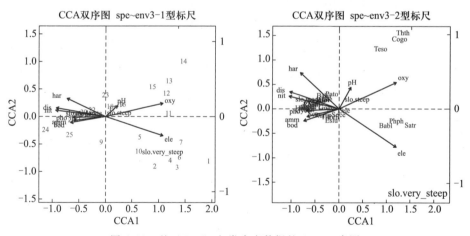

图 6.12 基于 Doubs 鱼类多度数据的 CCA 双序图

（左：1 型标尺带拟合的样方坐标，右：2 型标尺带物种坐标）

在双序图内，环境因子对鱼类群落物种组成影响更清晰，其中两个样方组比较明显。一组是处在高海拔和陡坡区域的样方 1~7 和样方 10，另一组是在高氧含量区域（样方 11~15）。剩下的样方倾向于分布在富养分的区域。需要注意的是，当前的排序图是鱼类多度为响应变量的约束分析，而不是环境因子的 PCA 分析。所以这个排序展示当前环境变量如何影响鱼类群落组织结构，而不是样方的生态类型。

2 型标尺三序图（图 6.11b）显示两个物种组：Thth、Cogo 和 Teso 这三个物种与高氧含量区域关系密切；Satr、Phph 和 Babl 与高氧含量、高海拔和陡坡区域关系密切。为了厘清物种之间的关系，解读不含样方的双序图可能更合适。生成 2 型标尺双序图的 plot() 函数中，需要设定参数 scaling = 2，还需要设定参数 display = c("sp","cn")，不再显示样方，只显示物种和环境变量（见图 6.12 右）。

```
# CCA 无样方的双序图(2 型标尺)
plot(spe.cca,
  scaling = 2,
  display = c("sp", "cn"),
  main = "双序图 CCA spe ~ env3 - 2 型标尺"
)
```

仔细观察后会发现，Scer、Cyca、Titi、Eslu、Gogo、Pefl 这些物种更适合在高铵浓度、高磷酸盐浓度和高生物需氧量区域生存，其他物种更适合在高硝酸盐浓度、中等坡度和高流量区域生存。

6.4.2.3 CCA 结果置换检验、变量前向选择和简约 CCA

与 RDA 一样，可以使用置换检验对 CCA 结果进行显著性检验。

```
# 全模型置换检验
anova(spe.cca, permutations = how(nperm = 999))
# 每轴置换检验
anova(spe.cca, by = "axis", permutations = how(nperm = 999))
```

正如第 6.3.2.2 节所表述的那样，当前的 CCA 结果虽然总体显著，但是并不简约。因此，需要对解释变量进行前向选择（见第 6.3.2.6 节），这里只能使用 ordistep() 函数，之前用过的 ordiR2step() 和 forward.sel() 函数只适用于 RDA。

```
# 使用 vegan 包 ordistep() 函数对 CCA 模型的解释变量进行筛选
# ordistep() 函数允许使用因子变量,例如 env3 中的"slo"因子变量
cca.step.forward <-
  ordistep(cca(spe ~ 1, data = env3),
           scope = formula(spe.cca),
```

```
                    direction = "forward",
                    permutations = how(nperm = 199))
```

最简约的 CCA 模型与最简约的 RDA 模型一致，同样是保留最显著的三个解释变量：海拔，氧含量和生物需氧量。使用这三个变量重新运行 CCA：

```
# 仅使用 ele、oxy 和 dbo 三个解释变量的简约 CCA 分析
spe.cca.pars <- cca(spe ~ ele + oxy + bod, data = env3)
anova(spe.cca.pars, permutations = how(nperm = 999))
anova(spe.cca.pars, permutations = how(nperm = 999),
     by = "axis")
# R 方 - 类统计
RsquareAdj(spe.cca.pars)
# 比较方差膨胀因子
vif.cca(spe.cca)
vif.cca(spe.cca.pars)
```

> 提示：虽然最简约的 RDA 和 CCA 模型含有相同的三个解释变量，但是这三个解释变量方差膨胀系数（VIFs）在两个模型中不同，因为 CCA 是加权回归模型，函数 vif.cca() 计算解释变量的 VIF 考虑行的权重（从响应矩阵估计获得）。RDA 或 CCA 解释变量如果是因子，在计算 VIF 之前它们被自动分解为 0-1 变量。

与 RDA 一样，显然变量筛选很有成效。现在最简约 CCA 模型校正后的被解释惯量是 0.5128，与包含所有变量的全模型为 0.5187 相差无几。与 RDA 不同的，当前的校正解释率是通过自助法（bootstrap）获得的，因此每次运行结果获得的校正解释率可能不一样。但当前的简约模型具有三个显著的典范轴。当前三个保留下来的解释变量 VIFs 约为 3，比 10 小很多，共线性关系微弱，结果令人满意。

由于将 R_{adj}^2 引入 CCA，让我们能够对 CCA 进行变差分解，但 vegan 包里面没有现成的函数做 CCA 的变差分解，我们需要用函数一步一步完成。鼓励有兴趣的读者编写此函数作为练习。

6.4.2.4 可人机交互的三维排序图

前面获得的最简约排序模型有三个典范轴。现在尝试 vegan 包内可人机交互的三维排序图。三维排序图非常有趣，不仅可以使研究者从不同角度观察排序图内各种实体的结构，也有利于教学过程中激发学生的兴趣。下面演示三

维排序图的生成过程。三维的排序图需要在 **vegan3d** 包内运行。

```
# 样方排序图(wa 坐标)
ordirgl(spe.cca.pars, type = "t", scaling = 1)
```

使用鼠标的右键和滑轮可以缩放三维图的大小，使用左键可以转动三维图。

```
# 将加权平均的坐标连接到线性组合坐标
orglspider(spe.cca.pars, scaling = 1, col = "purple")
```

紫色的连接线显示 CCA 模型的拟合数据的好坏。连接线越短，拟合越好。

```
# 附带聚类分析结果的样方(wa 坐标)三维排序图
# 样方编号不同颜色代表不同的聚类簇
gr <- cutree(hclust(vegdist(spe.hel, "euc"), "ward.D2"), 4)
ordirgl(spe.cca.pars,
  type = "t",
  scaling = 1,
  ax.col = "black",
  col = gr + 1
)
# 将样方连接到聚类簇的形心
orglspider(spe.cca.pars, gr, scaling = 1)
```

样方沿着主要生态梯度很好被聚类。需要牢记当前是基于鱼类数据的分析。

提示：三维排序函数中有很多有趣的参数选项。可以输入? ordirgl 了解这些选项。RDA 的结果也可以生成三维排序图，但没有简单的方法生成响应变量的箭头。

6.5 线性判别式分析（LDA）

6.5.1 引言

线性判别式分析（linear discriminant analysis，LDA）与 RDA 和 CCA 的不同之处是其响应变量是样方的分组情况。样方分组可以通过聚类分析获得，也许是代表某种生态假说。LDA 的目的是计算一组独立的（independent）定量解释变量能够多大程度解释当前样方分组的结果。需明确指出样方分组一定是独立于解释变量预先完成的，否则将会变成自证关系，导致统计检验无效。

LDA 可以提供两种类型的函数。识别函数（identification function）通过原始的（未标准化）解释变量获得，用来查找新对象应该归属于哪个组。判别函数（discriminant functions）通过标准化解释变量获得。这两个函数都是用来量化（标准化）解释变量对对象分组的贡献。下面的案例展示这两种操作（识别（identification）和判别（discriminantion））。

运行 LDA 时，必须保证解释变量组内协方差矩阵齐性，但生态学数据通常无法满足这个条件。我们将使用 vegan 包 betadisper() 函数来做这个检验。Betadisper 检验的零假设 H_0：多变量组离差矩阵齐性。p 值大于 0.05 表示数据符合 H_0 的概率很高。此外，经常被忽视初步步骤是检验解释变量在响应变量定义的组中是否确实具有不同的平均值。这个检验基于 Wilks lambda 值，实际上是在参数多元方差分析（MANOVA）中进行的整体检验（Legendre 和 Legendre，2012）。我们将使用 R 中的两个不同函数来进行此检验。

6.5.2 使用 lda() 函数进行判别式分析

lda() 是 MASS 包的函数。举一个简单案例，基于 Doubs 鱼类数据将样方分为 4 组（上面生成三维排序图过程所产生的对象 gr），然后用第 6.3.2.6 节所选择的三个最显著的环境变量（ele、oxy 和 bod）解释分组结果。函数 lda() 允许定量或 0-1 数据的解释变量矩阵，但其帮助文件警告不接受因子的解释变量。

初始步骤：用 Wilks lambda 检验验证组间离差的齐性。

```
# 基于 Hellinger 转化鱼类数据的样方 Ward 聚类分析(分 4 组)
gr <- cutree(hclust(vegdist(spe.hel, "euc"), "ward.D2"), k = 4)


# 含有三个变量的(ele, oxy 和 bod)对环境因子矩阵
env.pars2 <- as.matrix(env2[, c(1, 9, 10)])
# 使用函数 betadisper()(vegan 包)(Marti Anderson 检验)
# 验证解释变量组内协方差矩阵的齐性
env.pars2.d1 <- dist(env.pars2)
(env.MHV <- betadisper(env.pars2.d1, gr))
anova(env.MHV)
permutest(env.MHV)    # 置换检验
```

> 组内协方差矩阵不齐，需要对 ele 和 bod 两个变量进行对数化。

```
# 对 ele 和 bod 两个变量进行对数化
env.pars3 <- cbind(log(env2$ele), env2$oxy, log(env2$bod))
colnames(env.pars3) <- c("ele.ln", "oxy", "bod.ln")
rownames(env.pars3) <- rownames(env2)
env.pars3.d1 <- dist(env.pars3)
(env.MHV2 <- betadisper(env.pars3.d1, gr))
permutest(env.MHV2)
```

> 组内协方差矩阵显示齐性，可以继续分析。用 **Wilks' lambda** 检验解释变量平均值是否存在组间差异。我们展示了两种不同方法运行这个检验（H_0：组间多元平均值差异不显著）。

```
# 第一种方式:用 rrcov 包的函数 Wilks.test() 做 X² 检验
Wilks.test(env.pars3, gr)
# 第二种方式:用 stats 包的函数 manova() 基于 F 检验的方差分析
lw <- manova(env.pars3 ~ as.factor(gr))
summary(lw, test = "Wilks")
```

第一个案例：让我们计算识别函数和使用它们对于两个新的对象分组的贡献。

```
# LDA 计算(识别函数)(基于未标准化的变量)
env.pars3.df <- as.data.frame(env.pars3)
(spe.lda <- lda(gr ~ ele.ln + oxy + bod.ln,
                data = env.pars3.df))
# 此结果对象内包含大量解读 LDA 的必要信息
summary(spe.lda)
# 显示三个变量分组平均值
spe.lda$means

# 提取未标准化识别函数
# (Legendre 和 Legendre 2012 C 矩阵,公式 .11.33)

(C <- spe.lda$scaling)
```

```
# 两个新对象的分组(识别)
# 生成一个带两个新样方的对象
#  (1) ln(ele) = 6.8, oxygen = 9 和 ln(bod) = 0.8
# 和 (2) ln(ele) = 5.5, oxygen = 10 和 ln(bod) = 1.0
newo <- data.frame(c(6.8, 5.5), c(9, 10), c(0.8, 1))
colnames(newo) <- colnames(env.pars3)
newo
(predict.new <- predict(spe.lda, newdata = newo))
```

新对象（行）属于组 1-4 列后验概率可以计算结果对象的元素
"$posterior"给出。这里结果是：

```
$posterior
                 1              2              3              4
1 0.1118150083   0.8879697    0.0002152868    2.067257e-09
2 0.0009074883   0.1115628    0.8875164034    1.328932e-05
```

第一个对象（第 1 行）属于组 2 的概率最高（0.88），第二个对象属于组
3 的概率最高。现在你可以检查第 2 组和第 3 组的鱼的种类组成情况。您实际
做的是预测在新的数据框 newo 的样方应该包含哪些鱼类。

第二个案例也基于相同的数据，但计算在标准化解释变量上运行，以获得
判别函数。我们通过显示或计算其他 LDA 结果作为补充说明。使用我们自制
函数 plot.lda.R 绘制的排序图（图 6.13）。

```
# LDA 计算(判别函数)(基于标准化的变量)
env.pars3.sc <- as.data.frame(scale(env.pars3.df))
spe.lda2 <- lda(gr ~ ., data = env.pars3.sc)
# 显示三个变量分组平均值
spe.lda2$means
# 提取分组函数
(C2 <- spe.lda2$scaling)
# 计算典范特征根
spe.lda2$svd^2
# 对象在典范排序空间中的位置
(Fp2 <- predict(spe.lda2)$x)
# alternative way : Fp2 <- as.matrix(env.pars3.sc) % * % C2
```

```
# 对象的分组
# Classification of the objects
(spe.class2 <- predict(spe.lda2)$class)
# 对象归属的后验概率
#(四舍五入以便于解释)
(spe.post2 <- round(predict(spe.lda2)$posterior, 2))
# 先验分组与预测分组的列联表
(spe.table2 <- table(gr, spe.class2))
# 正确分组的比例(分类成功)
diag(prop.table(spe.table2, 1))

# 使用自编函数 plot.lda() 绘制 LDA 结果
plot.lda(lda.out = spe.lda2,
  groups = gr,
  plot.sites = 2,
  plot.centroids = 1,
  mul.coef = 2.35
)
```

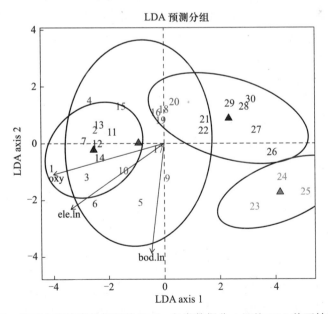

图 6.13 被三个环境变量解释的 Doubs 鱼类数据分 4 组的 LDA 前两轴排序图

> 使用 `plot.lda()` 的众多参数来最优化您的 **LDA** 图。需要不断更改 `mul.coef` 参数值调整箭头的长度。

LDA 还可以与交叉验证（cross-validation）相关联，以评估分组预测成功率。该分析需要重复多次，每次都取出一个样方作为验证样方，然后验证它被分类的位置。因此，这种方法是面向预测的方法，许多实际应用中的目的就是预测。让我们用我们的例子来运行这分析，此选项由 `lda()` 中的参数 CV = TRUE 激活。

```
# 基于刀切法(jackknife)分类的LDA(即留一法交叉验证)
(spe.lda.jac <-
  lda(gr ~ ele.ln + oxy + bod.ln,
      data = env.pars3.sc,
      CV = TRUE))
summary(spe.lda.jac)
# 正确分类的数量和比例
spe.jac.class <- spe.lda.jac$class
spe.jac.table <- table(gr, spe.jac.class)
# 分组成功率
diag(prop.table(spe.jac.table, 1))
```

`spe.jac.table` 分类比较结果似乎不如 `spe.table` 好。因为 `spe.table` 是已经被用于计算的对象的后验分类，所以结果过分乐观。相比之下，交叉验证结果通过计算"lda"和每个对象的分类（对象轮流进入"lda"的计算）获得，应该更真实。

技术说明：在上面的演示识别（identification）和判别（discriminantion）中，我们进行了两次独立的分析。实际上，使用函数 `lda()` 不是必需的；我们这么做只是为了演示目的。运行带有非标准化解释变量的函数对新对象进行分类，与标准化变量的结果一样。

6.6　其他非对称分析

上面提到的方法并不包括所有可能的非对称的多元分析模式。还有几种其他的方法在某些分析中被证明也很有用。这些方法大部分是从 RDA 衍生来的。这里简单列举三种：主响应曲线（principal response curves，PRC）（van den Brink 和 ter Braak，1998，1999）、非对称模式协对应分析（asymmetric form of co-correspondence analysis）（ter Braak 和 Schaffers，2004）。我们打算利用很短的章节来演示这两种方法。主要是利用这些函数自带的帮助文档的案例数据和代码来演示。

6.6.1 主响应曲线（PRC）

随着群落生态学的发展，以前用于单响应变量（一元）重复测量的多因子的控制实验，现在也应用于多变量的群落学研究。一个复杂的例子是一组实验设计单元（例如围隔（mesocosms））进行不同的类型或是不同强度的处理，然后在不同的时间段重复测量并跟对照组进行比较。这样实验结果可以用标准 RDA 进行分析，但得到的图和数量结果复杂，格局难以识别。特别是在每个时间段，如果处理和对照的差异不突出的时候（这类实验的很普遍的特征）就更复杂。

主响应曲线（PRC）通过修改 RDA 过程解决多变量设计实验重复测量结果分析相关的问题。PRC 重点是关注对照和处理之间的差异；它提供了清晰的图形说明处理过程中群落和物种水平上的处理效应。

设 D 为处理水平总数，T 为测量次数。采用平衡设计，每个处理水平 R 个重复，标准 RDA 响应变量数据矩阵为 $n = D \times T \times R$ 个观察（行数）和 m 个物种（列数）。解释变量将包含 $D \times T$ 交互作用因子，交互作用将指出不同处理水平在不同时间点响应变量的差别（van den Brink 和 ter Braak，1999），如果需要，加上主效应 D 和 T。相比 RDA，PRC 更关注在每个时间点处理和对照之间的不同。要实现这一点，必须删除时间的整体（overall）效应，可以通过将时间因子作为协变量来控制时间整体的效应。另一方面，解释变量是上面提到的 D×T 交互作用因子，但去除了对应于对照的水平"以确保处理的效果表现为偏离对照"（van den Brink 和 ter Braak，1999）。做随时间变化的 RDA 获得的典范系数曲线图，该曲线展示每个处理沿着时间上的得分（坐标），也称为群落的主反应曲线。物种权重可以通过它们与样方坐标的回归系数来评估。它们代表"通过主曲线获得［每个］物种的拟合响应曲线"（van den Brink 和 ter Braak，1999）。正权重高表明该物种遵守 PRC 曲线的可能性越大，负的权重值代表与 PRC 的格局相反。权重值接近 0 代表没有格局或与整体趋势前后不一致的格局。注意，在这种情况下，权重值小不代表该物种对处理的反应不足，有可能是该物种对处理响应很强，但是与整体响应（群落水平）的方向不一致。

vegan 包内的 `prc()` 函数是实现 PRC 分析的函数。该函数的帮助文档提供的案例是 van den Brink 和 ter Braak（1999）在他们的论文中使用的案例，这个案例是研究杀虫剂对水生无脊椎动物群落的影响。这里我们也展示这个案例。这个实验在水槽（ditches）中进行，观察经过杀虫剂处理后对 178 种无脊椎动物（大型无脊椎动物和浮游动物）多度的变化。物种数据是对数化的多度数据 $y_{tr} = \ln(10y+1)$。该实验涉及 12 个水槽，并进行了 11 次调查，所以 $n = 12 \times 11 = 132$ 个观察（行数）。其中 4 个水槽作为对照（即 dose = 0），另外 8 个作为 4 个不同的处理水平，即杀虫剂（chlorpyrifos）的浓度分别为 $0.1\mu g \cdot L^{-1}$、$0.9\mu g \cdot L^{-1}$、$6\mu g \cdot L^{-1}$ 和 $44\mu g \cdot L^{-1}$，每种浓度有两个槽（重复）。因此，解释因子有 4 个水平（4 个剂量水平，不包括对照），协变量 "week" 有 11 个水平。下面的代码是从 prc() 帮助文档中提取的，我们添加了注释。

```
# prc()帮助文件中的代码,附加注释
# Chlorpyrifos 实验和实验设计:农药在水槽处理(复制)
# 调查从处理前 4 周开始,到处理后 24 周结束,观测 11 次

# 提取数据(vegan 包自带的数据)
data(pyrifos)

# 创建时间(week)和处理(dose)的因子。
# 创建一个附加因子"ditch"代表水槽,用于统计检验
week <-
  gl(11, 12,
    labels = c(-4, -1, 0.1, 1, 2, 4, 8, 12, 15, 19, 24))
dose <-
  factor(rep(c(0.1, 0, 0, 0.9, 0, 44, 6, 0.1, 44, 0.9, 0, 6),
          11))
ditch <- gl(12, 1, length = 132)

# PRC
mod <- prc(pyrifos, dose, week)
mod                # 修改版 RDA
summary(mod)       # 结果对象为 PRC

# PRC 排序图; 在图的右边,只展示有值(对数转化后)很大的物种
logabu <- colSums(pyrifos)
plot(mod, select = logabu > 200)
```

```
# 统计检验
# Ditches 是随机的,我们有一个时间序列,而且只对第一轴感兴趣
ctrl <-
    how(plots = Plots(strata = ditch, type = "free"),
        within = Within(type = "series"), nperm = 999)
anova(mod, permutations = ctrl, first = TRUE)
```

分析结果如下图（图6.14）。

图6.14 显示了群落对处理的反应强度显然取决于杀虫剂的剂量。剂量越高，反应越大，持续更久。然而值得注意的是剂量在 $6\mu g \cdot L^{-1}$ 和 $44\mu g \cdot L^{-1}$ 之间的峰值强度有相似之处；不同之处在于剂量为 $44\mu g \cdot L^{-1}$ 时效应持续更长。

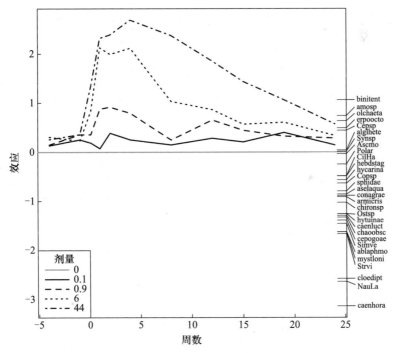

图6.14 主响应曲线（PRC）分析的结果。线代表处理与对照（"dose = 0"）的差异，线上值是 RDA 第一轴的典范系数。沿着右边缘，物种权重显示了物种与群落水平对处理的响应的一致程度

6.6.2 协对应分析（CoCA）

协对应分析（co-correspondence analysis）是基于对应分析（CA）的分析方法，主要对取自相同样方的两类不同类群的群落数据同时进行对应分析去检

验两个群落矩阵之间的关系（ter Braak 和 Schaffers，2004）。协对应分析的两个群落矩阵之间没有解释与被解释的关系，属于对称分析方法，它的非对称模式允许使用一个矩阵预测另一个矩阵。生态学家通常是利用各种类型的环境变量（例如气候因子、土壤、化学、人为影响，而非其他物种数据）解释群落组成数据，或是用生物指示物种或群落数据来反向标定和预测环变量（见第6.3.2.7 节案例）。但在某些情况下，人们可能有兴趣评估两个生物群落之间的关系，例如无脊椎动物群落和植物群落之间的关系。这可以验证无脊椎动物群落与植物群落的相关性是否比与环境变量例如物理化学变量更高？或者通过另一个更容易取样的群落去预测一个更难取样的群落。本节的方法填补一个这个方法上的空白。对其他类型的数据，CoCA 可以对称的方式运行（如协惯性分析（CoIA，第 6.9 节）），本节中感兴趣的数据以不对称的方式进行分析。

由于所涉及的两个矩阵都包含物种数据，如果要以一个群落作为解释变量，另外一个群落作为响应变量，CoCA 无疑是很好的模式。CoCA 的开发者提出使用 CoCA 做非对称分析的两个原因：① CCA（和 RDA）必须要求解释变量的个数小于样本的数量（而群落数据通常不能满足这个条件），以及②排序轴是解释变量线性组合这种模式通常不适用于解释变量为群落数据的情况，因为群落数据本身有很多零值，并且与环境条件是单峰响应的关系。ter Braak 和 Schaffers（2004）提出了 CoCA 数学原理。简要概述为：对称和非对称 CoCA 第一排序轴通过加权平均获得，其中（直接引用）"一套群落数据的物种的坐标是通过另一套群落数据的样方坐标的加权平均获得的，当获得物种坐标后，每套数据里面的样方坐标由物种坐标的加权平均获得"。然后，在对称 CoCA 中，以相同的方式提取下一个轴的坐标，后一轴的物种坐标与前一轴不相关。在非对称 CoCA 中，接下来的轴通过这样的方式构造："样方坐标来源于预测变量，与先前得出的样方坐标不相关"。可以通过交叉验证（详细信息见论文）或通过置换检验获得可解读轴的显著性。

在 R 中，对称和非对称协对应分析可以使用 **cocorresp** 程序包实现。在这里，我们展示该函数的帮助文件的例子。这个例子，也是 ter Braak 和 Schaffers（2004）论文的案例，涉及喀尔巴阡（Carpathian）山脉温泉草地的苔藓植物和维管植物的相关分析。该数据集包括 70 个样方的两个群落数据，数据中的物种为至少存在于 5 个样方的物种，即有 30 个苔藓植物和 123 个维管植物。这里介绍的预测性协对应分析：使用苔藓植物作为响应变量，维管植物作为预测变量。

```
data(bryophyte)
data(vascular)

# 使用函数 coca() 做协对应分析
# 默认选项 method = "predictive"
(carp.pred <- coca(bryophyte ~ ., data = vascular))
# 留一法交叉验证
crossval(bryophyte, vascular)
# 置换检验
(carp.perm <- permutest(carp.pred, permutations = 99))
# 仅有两个显著的轴:重新定义为 2 轴
(carp.pred <- coca(bryophyte ~ ., data = vascular, n.axes = 2))
# 提取样方坐标和物种荷载量用于作图
carp.scores <- scores(carp.pred)
load.bryo <- carp.pred$loadings$Y
load.plant <- carp.pred$loadings$X
```

我们绘制了两个图。与 **ter Braak** 和 **Schaffers**（2004，图 3）一样。这两个图中的样方坐标来自维管植物群落（carp.scores$sites$X）和物种坐标是"范数标准化样方坐标的荷载量（loadings）"。

```
# 显示作图选项
? plot.predcoca
par(mfrow = c(1, 2))
plot(carp.pred,
  type = "none",
  main = "苔藓",
  xlim = c(-2, 3),
  ylim = c(-3, 2)
)
points(carp.scores$sites$X, pch = 16, cex = 0.5)
text(load.bryo,
  labels = rownames(load.bryo),
  cex = 0.7,
```

```
  col = "red"
)
plot(carp.pred,
  type = "none",
  main = "维管植物",
  xlim = c(-2, 3),
  ylim = c(-3, 2)
)
points(carp.scores$sites$X, pch = 16, cex = 0.5)
text(load.plant,
  labels = rownames(load.plant),
  cex = 0.7,
  col = "blue"
)

# 卸载 cocorresp 包避免跟 ade4 包冲突
detach("package:cocorresp", unload = TRUE)
```

　　图 6.15 是协对应分析结果图，这些图比 ter Braak 和 Schaffers（2004）论文图 3 中有缩减。读者可在自己的计算机上运行相关的 R 代码，以获得完整的图以便在闲暇时检查它们。

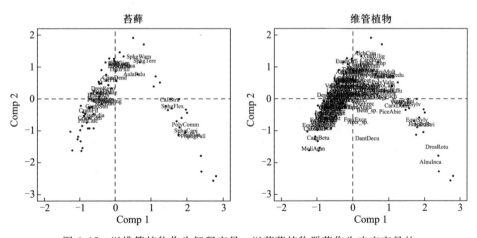

图 6.15　以维管植物作为解释变量、以苔藓植物群落作为响应变量的
预测型协对应分析（CoCA）

分析结果显示前两个典范轴一起解释苔藓植物群落 30.4% 方差。对于前两个轴，保守的交叉验证拟合度为 24.8%。交叉验证拟合以 5 个轴结束，拟合度逐渐增加到 28.3%，然后减少，因为预测能力会随着更多的轴而减小。

6.7 两个（或多个）数据集的对称分析

对称分析（symmetrical analysis）意味着被分析的两个（或更多）矩阵之间没有响应变量和解释变量之分，扮演同样的角色。对称排序与非对称排序的区别类似于相关分析与回归（Ⅰ 类）的区别，前者是描述性和探索性分析工具，适用于无单向因果关系的模型；后者具有推论过程，即通过解释变量的线性组合定向解释响应变量的变化。因此，这两种方法具有互补性，满足不同的研究目的，在具体应用中不存在选择冲突。

下面将讨论三种生态学中较常用的对称分析方法：典范相关分析（canonical correlation analysis, CCorA）、协惯量分析（co-inertia analysis, CoIA）和多元因子分析（multiple factor analysis, MFA）。此外，还有一种分析：对称模式的协对应分析（symmetric form of co-correspondence analysis）（其非对称模式在第 6.6.2 节介绍过），主要用于两个群落的同步排序，很接近于 CoIA 和 CA 组合应用，可以通过 R 里的 **cocorresp** 程序包实现。

6.8 典范相关分析

6.8.1 引言

运行 CCorA 需要两套数据表格。这种分析的目的在最大化两个表格之间相关性的典范轴上排列观测点。解决方案是最大化数据集间的离差（between-set dispersion）与数据集内的离差（within-set dispersion）比值（离差用两个矩阵的协方差代表）（Legendre 和 Legendre，2012，第 11.4 节）。进行 CCorA 分析两套数据要求是多元正态分布的定量数据，并且两套数据的变量总量必须小于 $(n-1)$，n 为样方数。

CCorA 可以检验两套多元数据线性独立性的假设。Pillai 和 Hsu（1979）表明 Pillai 迹（trace）是该检验最可靠的统计量。

大部分生态学研究都围绕"处理-响应"的假设进行数据分析，所以使用非对称排序更合适，因此 RDA 和 CCA 的应用也限制了 CCorA 的使用。CCorA

适用于两组变量之间是否相互影响之类的研究，这类问题在生态系统研究中经常出现，例如两组竞争类群、植被-食草动物系统，还有群落定居过程中土壤-植被相互关系的长期研究。只要每个表格中物种数量小于样本量 $n-1$，CCorA 就可以运行。

6.8.2　使用 CCorA() 进行典范相关分析

在第 6.3.2.8 变差分解这一节，我们曾经使用两套环境数据子集（水体化学属性和地形变量）去解释鱼类的组成结构。现在抛开变差分解的案例，我们要研究水体化学属性与地形变量之间有什么关系呢？

为了使数据尽可能符合多元正态分布的要求，某一些变量需要进行预转化，使它们更加对称（使用 stats 包中 shapiro.test() 函数用 Shapiro-Wilk 方法检验数据的正态性；但这里并没有显示检验过程）。如果变量具有不同物理量纲，CCorA 公式其实包括了变量的自动标准化，见 Legendre 和 Legendre（2012，第 11.4.1 节）的分析。但变量是否标准化，会改变 CCorA 中最后 RDA 的结果。**vegan** 包内 **CCorA()** 函数可以实现典范相关分析。

```
# 数据的准备(对数据进行转化使变量分布近似对称)
envchem2 <- envchem
envchem2$pho <- log(envchem$pho)
envchem2$nit <- sqrt(envchem$nit)
envchem2$amm <- log1p(envchem$amm)
envchem2$bod <- log(envchem$bod)
envtopo2 <- envtopo
envtopo2$ele <- log(envtopo$ele)
envtopo2$slo <- log(envtopo$slo)
envtopo2$dis <- sqrt(envtopo$dis)

# CCorA (基于标准化的变量)
chem.topo.ccora <-
  CCorA(envchem2, envtopo2,
      stand.Y = TRUE,
      stand.X = TRUE,
      permutations = how(nperm = 999))
chem.topo.ccora
biplot(chem.topo.ccora, plot.type = "biplot")
```

这里使用 biplot ( ) {vegan} 函数能识别 **CCorA** 结果对象。如果键入 biplot(chem.topo.ccora) 而不添加参数 plot.type="biplot"，你 获得了不同的样方和变量图，即四个图在同一框中；这样大型数据集更容 易比较。

CCorA 的结果表明，两组环境因子矩阵具有显著关系（置换检验的概率 = 0.001）。Pillai 迹是典范相关系数平方和。在前两轴的典范相关系数很高。结 果信息里显示的 RDA 的 R^2 和校正 R^2 严格说不能算是 CCorA 计算的一部分，但 这两个 R^2 的信息可以评估当前典范轴是否表达大部分的原始的数据的变差 （例如本例），因为即使是两个数据子集共同的变差占总变差比例很小，典范 相关系数也有可能比较大。

图 6.16 左图显示的是样方和标准化水体化学属性变量在排序图上的分布 情况。右图显示的是样方和标准化地形变量在排序图上的分布情况。注意这两 个排序图相互有关联，即典范轴显示两组变量共同的变化趋势。两个排序图内 样方点分布虽然不一样，但有关联。由于当前的每个排序图都是两组变量线性 组合的结果，所以单个变量解读比较困难。这两个排序图表达一些关系：氧含 量比较高的水域与高海拔和陡坡（即上游）区域正相关，而平均最小流量 （dis）与硬度（har）、磷酸盐浓度、硝酸盐浓度有高度正相关；而海拔 （ele）和坡度（sol）与硬度（har）、磷酸盐浓度（pho）、硝酸盐浓度 （nit）有高度负相关。

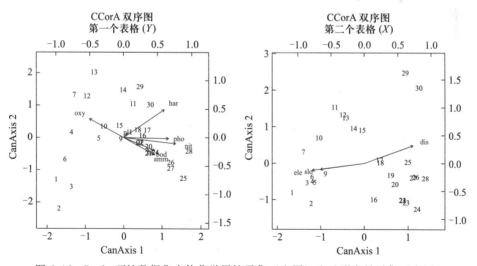

图 6.16 Doubs 环境数据集水体化学属性子集（左图）和地形变量子集（右图） 典范相关分析（CCorA）双序图

在 **stats** 包（函数 **cancor()**）和 **CCA** 包（很不幸叫这个名字）内 **cc()** 函数都可以运行 CCorA。**cc()** 函数内嵌套 **cancor()** 函数，不仅可以计算典范相关分析，也可以输出排序图（函数 **plt.cc()**），还可以处理当变量数量超过样方数量时候的典范相关分析（函数 **rcc()**）。

6.9 协惯量分析

6.9.1 引言

Dolédec 和 Chessel（1994）提出一种可以替代 CCorA 的方法称为协惯量分析（co-inertia analysis，CoIA）。Dray 等（2003）表明 CoIA 是一种灵活比较两个或多个数据集的分析方法。CoIA 是一种允许用不同的方法对每个数据矩阵结构单独进行建模的对称分析方法。

对于处理两个数据矩阵的 CoIA 计算步骤如下：

• 计算两个数据表格内变量交叉的协方差矩阵。协方差矩阵的平方和称为总协惯量（total co-inertia）。计算协方差矩阵的特征根和特征向量。特征根代表总协惯量的分解。

• 将两个原始矩阵的对象和变量投影到协惯量的排序图上。根据排序图上两组数据的投影图判断它们的关系。

基本上，CoIA 需要输入的是样方－变量矩阵。Legendre 和 Legendre（2012，第 11.5 节）提供计算方程。CoIA 有一个比较特别的属性就是在融合分析之前可以对两个矩阵用第 2 章和第 3 章提供的各种不同的方法进行转化或标准化。如果原始数据本身就具有欧氏属性，可以不对数据进行转化。

在 **ade4** 程序包内的 **coinertia()** 是计算 CoIA 的函数。但是，此函数以特定的方式实现数据转化。出于内部技术原因，必须首先将两个数据表提交给 ade4 包的排序函数：用 dudi.pca() 做 PCA，用 dudi.pco() 做 PCoA，以此类推①。该中间步骤充当数据转化过程。如果要使用未转化的数据（或预转化的物种数据），必须将 dudi.pca() 里面设定为 scale=FALSE，如果需要对数据进行标准化，必须使用 scale=TRUE。如果所需的转化涉及计算相异指数，可以通过适当的函数计算（见第 3 章）；调用 dudi.pco() 提取主坐

---

① 注意，ade4 程序包内函数的设计都是基于一种普遍的数学框架：二象性图（duality diagrams）（Escoufier，1987），因此每个函数的名字都带有 dudi（这里并没有详细描述，请参考原始的文献获得更多的信息）。——著者注

标。函数 `coinertia()` 从 `dudi.xxx()` 输出对象中检索中心化或转化的数据矩阵和计算惯量分析。

需要的注意，在两个分离的排序过程，行的权重必须相等，这个条件也限制了基于对应分析的 CoIA 的使用，因为 CA 是一种加权回归的排序方法，权重取决于数据，因此，这两个数据表可能有不同的行权重。为了生成一个基于 CA 的对称分析，我们建议使用 `cocorresp` 包中 `coca()` 函数，并设置参数 `method="symmetric"`（参见第 6.6.2 节）。

CoIA 有一个比较特别的属性就是在融合分析之前可以用不同的排序方法处理数据。Dray 等（2003）给出选择不同排序类型的案例，表明不同的排序方法会产生不同的结果。当然，必须根据研究的问题和数据的类型去选择排序的类型。在 CoIA 里最常用的方法还是第 5 章介绍的 PCA 和 CA，当然其他排序方法也可以用。另外，数据集本身也需要符合排序方法的要求。考虑到两个数据表格的变量的数学类型和数量因素，CoIA 比 CCorA 有更少限制条件。需要注意的是，在两个分离的排序过程，行的权重必须相等，这个条件也限制了基于对应分析的 CoIA 的使用，因为 CA 是一种加权回归的排序方法。因此，CoIA 的使用过程必须确保两个分离的排序的行权重一致。

6.9.2 使用 ade4 包 `coinertia()` 函数进行协惯量分析

在下面的案例中，将使用 Doubs 数据中水体化学属性和地形两个环境变量子集进行 CoIA 分析。因为 **ade4** 包里 CoIA 分析首先要求两个分离的排序分析，所以首先对两个标准化后数据子集分别进行 PCA 分析。可以设定每个独立 PCA 分析的排序轴的数量（默认为保留两轴）。可以根据每个独立 PCA 分析的特征根的方差承载率去评估保留多少个 CoIA 排序轴。例如，本案例中，水体化学属性的 PCA 分析前三轴的承载 89.5% 的方差，而地形变量的 PCA 分析前两轴承载 98.9% 的方差。在验证两个 PCA 分析过程行权重的一致性后，可以将两个 PCA 结果提交给 CoIA 分析（这里 CoIA 保留两个典范轴）。最后，用置换检验去评估两个数据的结构相似程度的显著性。

```
# 使用 ade4 包中函数对两个环境变量矩阵的 PCA 排序
dudi.chem <- dudi.pca(envchem2,
        scale = TRUE,
        scannf = FALSE)
dudi.topo <- dudi.pca(envtopo2,
        scale = TRUE,
        scannf = FALSE)
```

```
# 累积每轴特征根比例
cumsum(dudi.chem$eig / sum(dudi.chem$eig))
# 累积每轴特征根比例
cumsum(dudi.topo$eig / sum(dudi.topo$eig))

# 两个分析每行权重是否相等?
all.equal(dudi.chem$lw, dudi.topo$lw)

# 协惯量分析
coia.chem.topo <- coinertia(dudi.chem, dudi.topo,
              scannf = FALSE,
              nf = 2)
summary(coia.chem.topo)

# 第 1 个特征根解释量
coia.chem.topo$eig[1] / sum(coia.chem.topo$eig)
# 置换检验
randtest(coia.chem.topo, nrepet = 999)
# 作图结果
plot(coia.chem.topo)
```

图 6.17 是可视化 CoIA 结果。下面是 CoIA 结果的数值输出部分：

```
Eigenvalues decomposition:
          eig       covar       sdx        sdy       corr
1  6.78059294  2.603957  1.9995185  1.6364180  0.7958187
2  0.05642003  0.237529  0.8714547  0.5355477  0.5089483


 Inertia & coinertia X (dudi.chem):
    inertia       max        ratio
1  3.998074    4.346012  0.9199410
12 4.757508    5.572031  0.8538193  <= "12" means "axes 1 and 2"


 Inertia & coinertia Y (dudi.topo):
    inertia       max        ratio
1  2.677864    2.681042  0.9988147
```

12 2.964675   2.967516   0.9990428

RV:
 0.553804

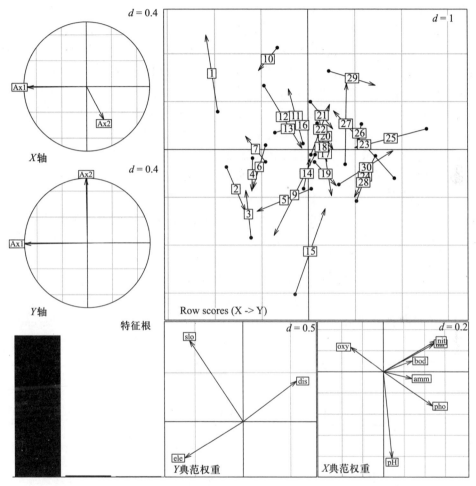

图 6.17　图解水体化学属性变量子集和地形变量子集之间的协惯量分析。
详细解读见正文部分。X 指第一个数据表格，Y 是第二个数据表格

　　上面这个数值结果第一部分首先展示 CoIA 分析协惯量矩阵特征根分解情况：特征根（eig）、协方差（covar）和两套数据样方坐标的标准差（sdX 和 sdY）和两套数据样方坐标的相关系数。这里的相关系数是通过 covar/（sdX * sdY）算得的 Person 相关系数。

　　第二和第三部分比较 X 和 Y 两个数据表格投影到 CoIA 排序空间内惯量与两个数据表格单独排序的惯量。这两个惯量的比率（ratio）可以度量两个投影

的一致性。

RV 是总惯量除以两个数据表格单独排序的两个总惯量的积的平方根（Robert 和 Escoufier，1976）。RV 的值处于 0（互相独立）到 1（完全同质）之间，是衡量两套从 X 和 Y 进行排序的样方点坐标的关联密切程度。RV 可以视为 X 和 Y 的 Pearson 相关系数的平方。

结果表明第一轴特征根承载 98.9% 的总方差，远远超过第二轴特征根。说明两个数据矩阵的大部分共同结构都可以在协惯量排序第一轴展示。图 6.17 圆圈图显示两个数据表格 PCA 的第一轴与协惯量排序的第一轴很好重合。右上图显示样方在协惯量排序图的位置（箭头起点：基于化学属性数据表格；箭头顶点：基于地形因子）。箭头越短，表示两个投影之间的一致性越高。右下图显示两组变量对典范空间的贡献。相关性高的变量的箭头方向一致，变量箭头越长，表示对排序的贡献越大。氧含量（oxy）与坡度（slo）呈正相关，磷酸盐浓度（pho）与坡度（slo）呈负相关；硝酸盐浓度（nit）、硬度（har，标识被 nit 覆盖）和生物需氧量（bod）都与海拔（ele）呈负相关，因为这三个变量在河流下游的值比较高，所以与流量（dis，下游流量比较大）呈正相关。

还有另外一个 CoIA 的拓展技术称为 RLQ 分析（Doledec 等，1996；Dray 等，2002），目的是用三个数据表格来研究物种功能性状与环境变量的关系，这三个数据表格为：样方-物种矩阵（表格 L）、样方-环境变量矩阵（表格 R）和物种-性状矩阵（表格 Q）。由 Legendre 等（1997）和 Dray 和 Legendre（2008）开发的另一种相关方法，也是这些作者称之为所谓的"第四角（fourth-corner）"算法。RLQ 和第四角分析见第 6.11 节。

6.10 多元因子分析（MFA）

6.10.1 引言

还存在一种能够分析三组或三组以上变量的对称分析称为多元因子分析（multiple factor analysis，MFA；Escofier 和 Pagès，1994；Abdi 等，2013）。MFA 实际上是一种相关分析，而不是因果关系的假设检验。在 MFA 分析中，同一组内所有变量必须是同一类型的数据（定量或定性）。如果所有的变量都是定量变量，那么 MFA 实际上就是所有变量加权组合在一起的 PCA 分析。不要将它与多重对应分析（MCA，第 5.4.5 节）混淆，MCA 是将单个定量变量矩阵进行排序，同时将别的矩阵作为被动加入的辅助信息。

MFA 的计算步骤如下：

● 每组变量（中心化和标准化（可选））分别进行 PCA 分析。对于定性变量的子集，PCA 被 MCA 取代。然后对每个中心化的表进行加权，使得所有中心化都接收相等的全局分析权重。考虑不同组间方差的不同，需要将每组变量先中心化后，再除以各自 PCA 分析（或定性的 MCA）第一个奇异值（第一个特征值的平方根），获得 k 个加权的数据表格（Abdi 等，2013）；

● 通过 cbind() 函数将 k 个加权数据表格组合成新表格，然后进行全模型的 PCA 分析；

● 然后每组变量投影到全模型排序图上；通过对象（样方）和变量的排序图评估数据组共同结构和差异。

数据组之间的结构相似性通过 RV 系数（见第 6. 9. 2 节）衡量。RV 系数在 0～1 变化，可以用置换方法进行检验（Josse 等，2008）。

到目前为止，MFA 主要用于经济学、感官评估（例如酒类品尝）和化学分析的研究，但最近的一些案例研究表明其在生态学上应用潜力很大（Beamud 等，2010；Carlson 等，2010；Lamentowicz 等，2010）。事实上，无论对于数量数据和类型数据，MFA 对于探索几个不同生态类型数据组之间的复杂关系还是很用的。

MFA 可以通过 ade4 程序包内 mfa() 函数运行。用这个函数时首先需要将所有的数据组通过 ktab. data. frame() 函数组合成 mfa() 能够识别的 ktab 类型的数据框对象。此处使用 FactoMineR 程序包内 MFA() 进行 MFA 分析，因为 MFA() 更简便并有更多的选项。

此外，MFA 扩展到按层次结构组织的数据（例如地区和次地区，或在主题和子主题中构建的不同的问卷；从不同土壤层获得的物种和环境数据）的应用也已经开发出来（Le Dien 和 Pagès，2003）。第一个这种层次多因子分析（HMFA）在生态上的应用是探索亚高山森林生态系统中的植被、土壤动物和腐殖质类型之间的分析（Bernier 和 Gillet，2012）。其原理是从最低（最高分辨率）水平开始计算每个层次变量的 MFA，从一个层次的 MFA 产生的轴（PCA 轴）（加权）结果根据（较小的）组数进行新的加权重新给下一个（更高）层次使用。HMFA 可以使用 FactoMineR 包中函数 HMFA() 运行（Lê 等，2008）。

6. 10. 2　使用 FactoMineR 进行多元因子分析

此处使用 MFA 研究 Doubs 三个数据组之间的关系：物种数据（Hellinger 转化的多度数据）、地形变量（上下游梯度）和化学变量（水体质量）。需要注意，当前 MFA 分析与约束排序不一样，约束排序过程是物种数据被环境变量解释的过程，是单向的因果关系的模型，而 MFA 是对称分析方法，研究数据组之间的相关性，不是因果关系。MFA 也没有方向性的假设可以检验。因此，MFA 这种方法不适用于不对称关系的建模，不对称关系建模是 RDA 和 CCA 的任务。但是，MFA 可以用于预先探索尚未确定因果关系的数据组之间的相关性，有结果之后再用其他独立的方法进行检验。

函数 **MFA( )** 里有一个很重要的参数"type"，这个参数的作用是去定义每个数据表格的数学类型："c"代表连续变量（可以运行基于协方差矩阵的 PCA），"s"代表标准化的连续变量（可以运行基于相关矩阵的 PCA），"n"代表定性变量（代表运行多重对应分析 MCA，见第 5.4.5 节）。在我们的案例中，可以认定物种数据属于类型"c"，同时两个环境数据（化学属性和地形变量）属于类型"s"。

可以绘制 MFA 特征值的碎石图和断棍模型图，但是 vegan 包函数 screeplot.cca( ) 对 FactoMineR 包中 MFA( ) 函数输出无效。这就是我们写一个称为 screestick( ) 函数的原因，它直接使用从任何包中输出的排序对象提取特征值向量作图。

```
# 三组变量的 MFA
# 组合三个表格(Hellinger 转化的物种数据、地形变量和水体化学属性)
tab3 <- data.frame(spe.hel, envtopo, envchem)
dim(tab3)
# 获取每组变量数量
(grn <- c(ncol(spe), ncol(envtopo), ncol(envchem)))

# 关闭前面的绘图窗口
graphics.off()
# 计算不带图的 MFA
t3.mfa <- MFA(
tab3,
group = grn,
type = c("c", "s", "s"),
ncp = 2,
name.group = c("Fish community", "Physiography",
               "Water quality"),
graph = FALSE
)
```

```
t3.mfa
summary(t3.mfa)
t3.mfa$ind

#绘制结果图
plot(t3.mfa,
     choix = "axes",
     habillage = "group",
     shadowtext = TRUE)
plot(
  t3.mfa,
  choix = "ind",
  partial = "all",
  habillage = "group")
plot(t3.mfa,
     choix = "var",
     habillage = "group",
     shadowtext = TRUE)
plot(t3.mfa, choix = "group")

#特征根、碎石图和断棍模型
ev <- t3.mfa$eig[, 1]
names(ev) <- paste("MFA", 1 : length(ev))
screestick(ev, las = 2)
```

提示：MFA()函数有一个默认的 graph＝TRUE 参数，即自动生成此处显示的三个图形。但是，这个选择不允许用户使用 RStudio 在外部图形设备中绘制图形。这就是我们在设置 graph＝FALSE 后只生成一张图的原因。

　　MFA 提供一张有趣的分析图，这个图展示两种主要的生态梯度以及三组变量之间的关系。前两个轴承载超过 63％ 的总方差。图 6.18 "偏轴（partial axes）" 代表每个数据组 PCA 的主成分投影到全模型 PCA 的情况。

　　图 6.19 "单个因子地图（individual factor map）" 显示样方的位置：带有样方编号的黑点是指 MFA 排序空间内样方坐标（即每个分离 PCA 样方的坐标形心）；用不同的线与带有样方编号的黑点相连的三个点代表三个分离 PCA 中

样方的坐标。

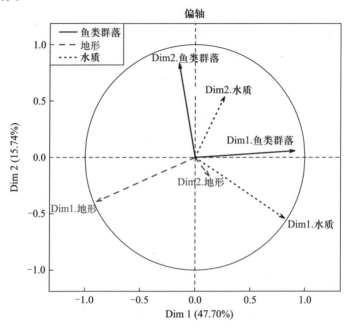

图 6.18　每组数据 PCA 轴投影到 MFA 排序 1-2 轴。
图中圆圈的半径（等于 1）代表标准化偏轴最大的长度

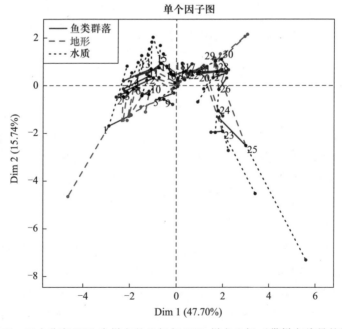

图 6.19　三个分离 PCA 中样方的坐标与 MFA 样方坐标（带样方编号的黑点，
即三个 PCA 样方坐标的形心）连接图。为了容易辨认，仅选择部分样方进行连接

图 6.20 中 "相关圈（correlation circle）" 代表所有定量变量范数标准化向量。

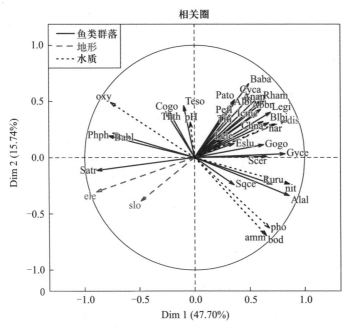

图 6.20　在 MFA 排序中轴 1 和轴 2 内每组变量的相关性图

如果一起看图 6.19 和图 6.20，可以很清楚地分辨上下游梯度主要沿第一轴分布，而水质的梯度主要是沿着第 1 轴和第 2 轴的组合（从左上角到右下角）。例如，样方 1、2 和 3 的坐标（在图 6.19 左半图）对应与图 6.20 内高海拔和高坡度及高氧含量的区域这一部分，也可以看出这个区域的生态条件是被地形因子主导。这个区域也可以被 Satr、Phph 和 Babl 这三种鱼类表征。相反，样方 23、24 和 25 与高磷酸盐浓度（pho）、高铵浓度（amm）和高硝酸盐浓度（nit）及高生物需氧量（bod）的区域密切相关，因为这 3 个样方所在区域被严重污染，而 Alal、Ruru 和 Sqce 这三种鱼可以表征这个区域。

组之间的 RV 系数可以进行统计检验：

```
## RV 系数及检验(对角线之上为 p 值)
rvp <- t3.mfa$group$RV
rvp[1, 2] <- coeffRV(spe.hel, scale(envtopo))$p.value
rvp[1, 3] <- coeffRV(spe.hel, scale(envchem))$p.value
rvp[2, 3] <- coeffRV(scale(envtopo), scale(envchem))$p.value
round(rvp[-4, -4], 6)
```

在表 6.1 矩阵表格内，对角线左下角显示 RV 系数，对角线右上角显示置换检验的 p 值。这些结果告诉我们鱼类群落组成很大程度上与地形条件相关（RV = 0.58），而地形变量与水体化学属性也有关系（RV = 0.36）。

表 6.1　MFA 提供的 RV 系数（对角线左下角）和 *p* 值（对角线右上角）

	鱼类群落 (Fish community)	地形 (Physiography)	水质 (Water quality)
鱼类群落 (Fish community)	1	0.000002	0.000002
地形 (Physiography)	0.580271	1	0.002809
水质 (Water quality)	0.505324	0.361901	1

6.11　关联物种属性和环境因子

生态位理论预测物种会在与其性状特征相适应的生态环境中定居。功能生态学（functional ecology）是一门致力于研究物种功能性状与环境因子之间关系的学科。研究人员在这类研究中遇到方法学上的问题，因为他们需要通过物种有-无或多度数据作为媒介来评估物种属性和环境因子之间的关系。目前已经提出了两种相关的方法来回答这种类型的问题：RLQ 法（Dolédec 等，1996）和"第四角法"（Legendre 等，1997；Dray 和 Legendre，2008；Legendre 和 Legendre，2012）。如 Dray 等（2014）所述，这两种方法是互补的：前者是一种允许可视化三个数据共同结构的排序方法，但只有一个全模型的统计检验，而后者包含单个性状-环境因子关系的统计检验，但不考虑性状和环境变量之间的协方差，也不输出物种和样方的信息。这些方法的作者均提出了一些改进措施提高这些方法的适用性。

此类分析所需数据有三个矩阵（图 6.21）：

- 一个 $n \times p$ 的样方-物种数据（有-无数据或多度数据），叫 A 矩阵（Legendre 等，1997）或 L 矩阵（Dray 和 Legendre，2008；Dray 等，2014）；
- 一个 $p \times s$ 的物种-性状（生物或行为属性）矩阵，叫 B 或 Q 矩阵；
- 一个 $n \times m$ 的生境特征矩阵（环境因子矩阵），叫 C 或 R 矩阵。

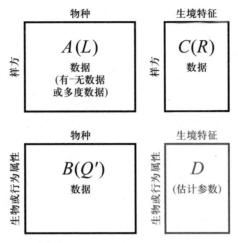

图 6.21 三个数据矩阵和第四角矩阵 D，涉及第四个角问题。
根据 Legendre 和 Legendre（2012）修改

因此，这些数据包含物种多度、物种性状和环境因子的信息。这两种方法的目的均是想方设法在物种性状和环境因子之间建立联系。RLQ 分析是通过 L 矩阵作为媒介在 Q 矩阵和 R 矩阵之间建立联系。$s \times m$ 的性状-环境因子矩阵是第四角矩阵（因此称为"第四角"方法，也见图 6.21 矩阵排列），也称为 D 矩阵。

6.11.1 第四角法

最初的"第四角"法（the fourth-corner method）（Legendre 等，1997）仅限于基于物种有-无数据的单个性状和单个环境变量之间关系的分析。Dray 和 Legendre（2008）拓展"第四角"法的检验程序，让它可以处理基于多度物种数据的多个性状和多个环境变量之间的关系。

第四角法的原理包括：① 估计矩阵 D 的参数并且② 检验这些参数的显著性，在 6 种模式中选择最合适的置换模型。D 的参数可以通过下面展示的矩阵乘积估计（Legendre 和 Legendre，2012）。下面这两种方法可以产生相同的 D 矩阵：

顺时针方向： $\qquad D = BA'C$ 或 $D = Q'L'R$ $\qquad\qquad$ (6.3)

逆时针方向： $\qquad D = C'AB'$ 或 $D = R'LQ$ $\qquad\qquad$ (6.4)

数值案例及对统计检验中 χ^2、G、F 或 Pearson r 统计量的解释，可以在 Legendre 和 Legendre（2012）第 10.6 节中找到。考虑到矩阵 L（或 A）是样方（行）-物种（列）数据，置换检验的模型可以如下方式进行：

● 模型 1：环境因子控制单个物种模式（environmental control over individual species）。置换过程在矩阵 L（或 A）的每列独立进行。这破坏了 L

和 Q（或 A 和 B）以及 L 和 R（或 A 和 C）之间的关联。零假设 H_0 表明一个物种的个体与环境条件无关是随机分布的。

● 模型 2：环境因子控制物种组合（environmental control over species assemblages）。置换过程在矩阵 L（或 A）的整行进行。H_0 表明这些样方的物种组成与环境条件不相关。该模型考虑了物种组合，通过行之间的置换保留这种物种组合，也是以组合方式对环境因子做出整体响应。

● 模型 3：博弈（lottery）。在每行（样方）内部进行物种数据的随机置换。零假设 H_0 表明物种在环境中的分布是随机配置的结果。

● 模型 4：随机物种性状（random species attributes）。矩阵 $L(A)$ 整列置换。H_0 表明物种是根据它们对生境条件（样方）的偏好进行分布的（这是通过列置换保留），而与它们的性状特征无关。

● 模型 5：行和列置换（permute rows and columns）。先整行置换后整列置换（反过来也行）。H_0 表明物种分布与物种性状和样方条件无关。这相当于 Dolédec 等（1996）在他们的 RLQ 方法所用的 $R(C)$ 行置换和 $Q'(B)$ 的列置换。

● 模型 6：这实际上是模型 2 和模型 4 的组合。Dray 和 Legendre（2008）第一次提出了这种组合，但他们指出，当 $L(A)$ 仅链接到另一个表（R 或 Q），这种方法遭受了强烈膨胀的 I 型错误的影响。ter Braak 等（2012）提议通过按顺序进行两个检验（模型 2 和 4）并拒绝整体零假设（即性状和环境无关）来解决这个问题。较大 p 值作为整体检验的 p 值。这些作者表明，该程序确保了 I 型错误的水平，如果物种数量足够（至少 30），这种做法是有效的。

Dray 等（2014）提出了以下问题：第四角法涉及多重检验，全模型 I 型错误风险（错误拒绝零假设的概率）增加，因此 Legendre 等（1997）已经提出 p 值需要校正。Dray 等（2014）提出了一个检验顺序计算，然后进行多重检验的 p 值校正，以改善检验的程序，Holm（1979）校正或错误发现率法校正（false discovery rate method，FDR；Benjamini 和 Hochberg，1995）均可使用。

ter Braak（2017）通过关注用于物种多度的第四角分析来重新审视第四角分析，并表明"第四角相关平方乘以总个体数作为检验性状与环境变量之间的线性交互作用是合适的统计量"。因此，他的论文缩小了第四角分析和基于广义混合模型的替代方法之间的差距。

6.11.2　RLQ 分析

RLQ 分析（Dolédec 等，1996）是同时对三个表格进行排序的方法，也是协惯量分析（CoIA，第 6.9 节）的拓展。该方法有效同时处理三个独立的排序，每个数据矩阵单独做一个与其数据类型相适应的排序，然后通过物种数据作为媒介组合二个排序的结果去获得环境因子和性状之间的关系。RLQ 分析实际上是第四角矩阵 D 的奇异值分解（Dray 等，2014）。对于第一个排序轴，RLQ 找到环境变量与物种性状的系数。这些系数衡量各个环境变量的贡献并用于计算样方和物种坐标；这些系数通过最大化第一轴特征根来确定。对于下一个正交排序轴，分析以相同的方式进行。有关 RLQ 数学细节，请参阅 Dray 等（2014）。

6.11.3 使用 R 进行分析

由于缺乏显著的结果，这里我们将避免使用 Doubs 数据集进行这个应用的展示。但利用 Doubs 数据进行分析的 R 代码在随附的材料中提供。这里案例数据是从 Stéphane Dray 为 Dray 等（2014）论文编写的辅助教程中提取的（ESA Ecological Archives E095-002-S1）。该案例涉及生态数据也是 Dray 等（2014）论文的数据，这个数据描述了在法国阿尔卑斯山植物性状对融雪梯度的响应。主要问题是：通过植物物种的功能性状评估积雪的持续时间对高山草原的影响。

数据来自位于西南阿尔卑斯山海拔 2700m 75 个 5m×5m 的样方。数据包括以下三个矩阵：群落组成（82 个物种，多度从 0 到 5），性状（8 个定量变量）和环境因子（4 个定量变量和 2 个分类变量）。为简化此演示，我们只选择了一些显著的环境变量（如下所示）。读者可参考 Dray 等（2014）和 Choler（2005）获得更完整的结果。

这些数据在 ade4 包中提供。下面的脚本显示了先展示 RLQ 分析后进行第四角分析。然后我们以两种分析结果的综合表示来结束。

加载数据后，RLQ 分析的第一步是计算三个数据集的单独排序分析，然后使用 ade4 包中 rlq() 函数使用相同的框架计算三个数据集的协惯量分析（第 6.9 节）获得的排序坐标。每个数据单独的排序方法可以根据数据的数学类型进行选择。在这里，遵循 Dray 等（2014）意见，我们计算物种数据的 CA，定量属性数据的 PCA，环境因子有定量和分类变量，因此我们用一种称为 Hill-Smith 分析（Hill and Smith，1976）的特殊 PCA 来处理。

然后根据三个数据的排序坐标计算 RLQ 分析。简单 plot() 命令允许用户在单个图形窗口中绘制所有结果图，但是结果图相当拥挤，因此我们也提供了分别绘制结果的代码。这些图如图 6.22 所示。下面的代码以全局"模型 6"检验（按照 ter Braak 等，2012）作为结论。在"模型 6"两项检验产生组合 p 值 = 0.001，因此拒绝零假设，意味着 L-Q 和 R-L 两个连接很显著。

```
data(aravo)
dim(aravo$spe)
dim(aravo$traits)
dim(aravo$env)
# 初步分析：CA, Hill-Smith 和 PCA
afcL.aravo <- dudi.coa(aravo$spe, scannf = FALSE)
acpR.aravo <- dudi.hillsmith(aravo$env,
            row.w = afcL.aravo$lw,
            scannf = FALSE)
acpQ.aravo <- dudi.pca(aravo$traits,
            row.w = afcL.aravo$cw,
            scannf = FALSE)


# RLQ 分析
rlq.aravo <- rlq(
            dudiR = acpR.aravo,
            dudiL = afcL.aravo,
            dudiQ = acpQ.aravo,
            scannf = FALSE)
plot(rlq.aravo)
# 属性-环境因子交叉相关表
rlq.aravo$tab
# 由于上面这个图太拥挤，我们可以在大的图形窗口中逐一绘制这些图


# 样方(L)坐标
s.label(rlq.aravo$lR,
  plabels.boxes.draw = FALSE,
  ppoints.alpha = 0,
)
# 物种(Q)坐标
s.label(rlq.aravo$lQ,
  plabels.boxes.draw = FALSE,
  ppoints.alpha = 0,
)
```

```
# 环境变量
s.arrow(rlq.aravo$l1)
# 物种属性
s.arrow(rlq.aravo$c1)
# 全局检验
randtest(rlq.aravo, nrepet = 999, modeltype = 6)
```

> 提示：请注意，在初步分析中，CA 使用不相等的样方权重。调用的另外两
> 个 dudi.xxx() 和 CA 样方权重（afcL.aravo$lw）是来自其他
> （Hill-Smith 和 PCA）的分析。

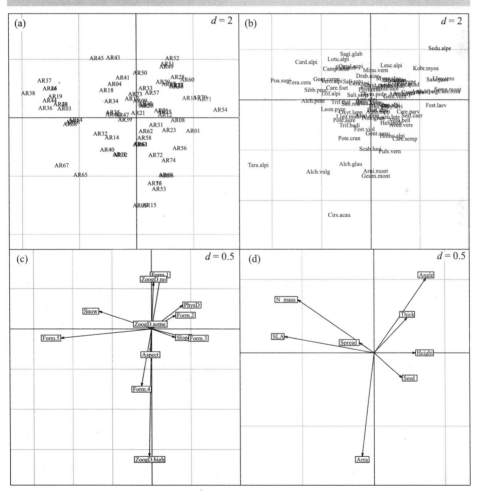

图 6.22　高山植物群落的 RLQ 分析结果：（a）样方（L）坐标，（b）物种（Q）坐标，
（c）环境变量和（d）物种性状

Dray 等（2014）对结果解释如下："第一个 RLQ 轴的左（负）部分展示的物种（*Poa supina*、*Alchemilla pentaphyllea* 或 *Taraxacum alpinum*）［图 6.22b］）具有较高的 SLA（比叶面积）、N-mass（叶含氮量）、较低的 Height（树高）和较小的 Seed（种子质量）［图 6.22d］。这些物种主要存在于雪后期融化的栖息地［图 6.22a、c］。轴的右侧部分突出了与凸起地形有关的特征属性（直立和厚叶），物理上受到干扰，大多是雪早期融化的栖息地。对应的物种是 *Sempervivum montanum*、*Androsace adfinis* 或 *Lloydia serotina*。第二个 RLQ 轴概述了位于凹坡的动物园干扰地点。这些栖息地的特点是大叶种（*Cirsium acaule*、*Geum montanum*、*Alchemilla vulgaris*）分布比较多。"

现在将相同的数据提交给第四角分析，该分析提供了双变量的检验，即一次检验一个性状和一个环境变量之间的关系。这个是多重比较，因此必须对 p 值进行校正。鉴于数量众多，为了得到足够精确的 p 值估计所需的置换数，计算这种分析的最精巧的方法在于第一次计算时不对多重检验进行任何校正，而是对结果进行相应的后校正，这样无须重新计算整个庞大分析因为置换检验耗时太久。

使用由 Dray 等（2014）推荐的模型 6 通过 ade4 的 fourthcorner() 函数计算第四角分析。多个检验的校正由函数 p.adjust.4thcorner() 处理，因为这个函数能够直接处理 fourthcorner() 函数的结果对象。我们首先将结果绘制成带有彩色框架的表格（图 6.23）。

```
fourth.aravo <- fourthcorner(
                tabR = aravo$env,
                tabL = aravo$spe,
                tabQ = aravo$traits,
                modeltype = 6,
                p.adjust.method.G = "none",
                p.adjust.method.D = "none",
                nrepet = 49999)
# 多重检验 p 值校正(FDR 方法)
fourth.aravo.adj <- p.adjust.4thcorner(
                fourth.aravo,
                p.adjust.method.G = "fdr",
                p.adjust.method.D = "fdr",
                p.adjust.D = "global")
# 绘图
plot(fourth.aravo.adj,alpha=0.05,stat="D2")
```

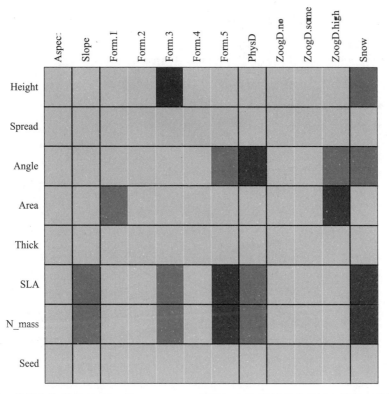

图 6.23 使用假发现率（false discovery rate, FDR）方法进行多次验证 *p* 值校正的第四角
方法检验结果。α = 0.05 显著性水平，显著正相关表示为红框，
显著负相关表示为蓝框（参见书末彩插）

上图需要更详细解释。例如，SLA（比叶面积）和 N_mass（叶氮含量）
与 Snow（雪）（平均融雪日期）和 Form.5（微凹地形）正相关，这个关系也
能从图 6.22c、d 中观察到。这表明能够忍受更长时间积雪的物种 SLA 和
N_mass 更高：氮含量较高部分原因是积雪中储存的氮气，也可能是由于积雪
对土壤温度和含水量有保护作用（Choler, 2005），一旦植物有机会见到阳光，
这种保护作用可以保证更多的含水量、更大的叶面积进行更强的光合作用，以
便让植物快速增长。相反，与这两个性状呈负相关的 PhysD 区域（由于低温
扰动造成的物理干扰），往往发生在没有积雪的地方，因此更容易暴露在振荡
高温下。

通过在双序图上表示性状和环境变量（从 RLQ 分析获得）并用蓝线表示
负相关、红线表示正相关（从第四角分析获得），可以提高 RLQ 和第四角分析
之间的互补性（图 6.24）：

```
# 组合 RLQ 和第四角分析的双序图
plot(fourth.aravo.adj,
  x.rlq=rlq.aravo,
  alpha=0.05,
  stat="D2",
  type="biplot"
)
```

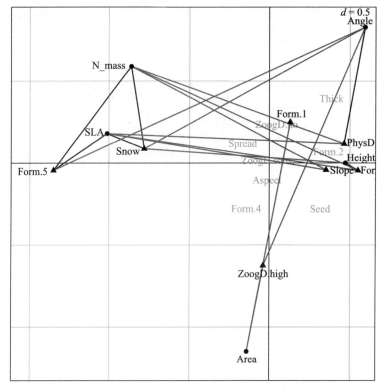

图 6.24 从 RLQ 分析中获得的物种性状和环境变量的双序图。
显著负相关标为蓝色，显著正相关标为红色，相关分析的结果来自第四角分析
（参见书末彩插）

在这个双序图中，正如上面讨论的一样，性状 SLA 和 N_mass 与环境特征 Snow 和 Form.5 有正相关关系。SLA 和 N_mass 是关系密切的性状，这两个值比较高的物种经常分布在雪需要花比较长时间融化的凹陷区域。当然，从这个图中也可以确定许多其他关系。

6.12 小结

排序是一种能够提供丰富信息的生态学数据分析方法。由于排序能够同时分析多个数据矩阵，并且有各种不同分析版本，是揭示、解释、验证和模拟多元数据内生态关系的强大工具。下面的表格总结了我们认为最重要而且实用的分析方法，并指出这些方法的应用潜力（表 6.2）。这绝不是故事的结局，研究人员会不断提出新的问题，要解决这些新问题，要么挖掘现成方法的应用潜力，要么创造新的方法。新的方法的优点和局限性必须受到严密审视，使它们融入已经存在的非常强大的生态群落数据统计工具箱。本书也鼓励研究人员能够加入开发新方法的活动。

表 6.2　本章所描述的分析方法的名称和特征

名称/缩写	用法 （案例）	R 函数 （程序包）	数据类型、应用条件、限制条件
A. 非对称分析			
冗余分析 （RDA）	用 X 预测 Y 变差分解	rda|vegan| varpart|vegan|	所有数据类型，物种必须预转化； $m<(n-1)$；线性模型
典范对应分析 （CCA）	用 X 预测 Y	cca|vegan|	Y：物种多度数据；X：所有类型； $m<(n-1)$；单峰模型
线性判别分析 （LDA）	用数量变量解释 分类情况	lda|MASS|	Y：分类情况；X：数量变量；线性模型
主反应曲线 （PRC）	在控制实验中， 模拟群落内不同 时间段的反应	prc|vegan|	Y：群落数据；因子"处理"；因子"时间"
空间-时间交 互分析（STI）	检验无重复样本 的空间-时间数 据交互作用	|STI|	Y：群落数据；T：时间向量；S：空间坐标
协对应分析 （非对称模式） （CoCA）	用一个群落预测 另一个群落	coca|cocorresp|	Y：群落数据 1；X：群落数据 2；两个群落数据都必须取自相同的样方；单峰模型

名称/缩写	用法 (案例)	R 函数 (程序包)	数据类型、应用条件、限制条件
B. 对称分析			
协对应分析 (对称模式) (CoCA)	最优化两个群落 的比较（描述性 分析）	coca{cocorresp}	Y_1：群落数据 1； Y_2：群落数据 2； 两个群落数据都必须取自相同的 样方；单峰模型
典范相关分析 (CCorA)	两个数据矩阵共 同结构	CCorA{vegan}	两个定量变量矩阵；线性模型
协惯量分析 (CoIA)	两个（多个）数 据矩阵共同结构	coinertia {ade4}	非常广泛和灵活；可以包括很多 类型数据和排序方法
RLQ 分析 (RLQ)	物种功能属性与 环境因子关系	rlq{ade4}	三个数据表：物种样方数据；物 种-环境因子数据；物种-属性 数据
多元因子分析 (MFA)	两个（多个）数 据矩阵共同结构	mfa{ade4} MFA{FactoMineR}	两个或多个加权矩阵数据同步排 序；同一矩阵内的变量数学类型 必须一致
RLQ 分析 (RLQ)	物种功能属性与 环境因子关系	rlq{ade4}	三个数据表：物种样方数据；物 种-环境因子数据；物种-属性 数据
第四角分析	物种功能属性与 环境因子关系	fourthcorner fourthcorner2 {ade4}	三个数据表：物种样方数据；物 种-环境因子数据；物种-属性 数据

第7章 生态学数据空间分析

7.1 目标

生态学数据空间分析是一个很大的领域，几本书都未必能讲完。如果读者想了解 R 语言在空间分析方面的应用，可以参考 Bivand 等（2013）的新书。本章讨论的空间分析方法非常有限，一段简短的引言之后将介绍主要的几种专为生态学尺度依赖（scale-dependent）的空间结构数据而开发的分析方法；这些方法当然也可以用于其他领域。这些方法一般基于一组以不同的方式描述空间结构的变量。这些通过样方坐标或样方间邻体关系推导而来的空间变量，可以通过多元回归或典范排序的方式对生态学数据的空间结构进行解释，并确认不同尺度下（通过不同的取样设计实现）显著的空间结构。本章分析过程将用到前面章节所介绍的多种技术方法。

本章内容包括：
- 学习如何计算空间相关测度和绘制空间相关图（correlogram）；
- 学习如何根据样方坐标和样方之间的连接（link）构建空间变量；
- 确认、检验和解读尺度依赖的空间结构；
- 组合空间分析和变差分解；
- 在典范排序中，通过计算被解释部分和残差排序得分的方差图评估空间结构。

7.2 空间结构和空间分析：简短概述

7.2.1 引言

正如第 6 章提到的那样，空间结构在生态学数据分析中扮演非常重要的角色。生物群落一般在多种尺度上具有空间结构，这种多尺度空间结构由多层次生态过程引起。另外，beta 多样性是群落组成空间变化的测度，所以研究引起群落组成空间变化的因素也是 beta 多样性分析的重要组成部分（见第 8 章）。环境控制模型（the environmental control model）的观点主张外界环境（气候的、物理的、化学的）控制生物群落。如果这些外界环境因子具有空间结构性，那么它们的格局也将反映在生物群落上（例如沙漠中湿润的区域往往呈现斑块状分布，因此那里的植被也是斑块状分布）。生物控制模型预测群落内种间和种内的相互作用（例如动物群居生活；植物群落内自上而下或自下而上的过程），与生态漂变和扩散限制的中性过程一样，都可以引起群落组成的空间自相关。最后，历史事件（例如林火或人类居住的干扰）也可以形成当前生物群落的空间格局。

总之，生态学数据是多种空间与非空间结构的组合：

- 每个响应变量（物种）的总体平均（overall mean of each response variable）。

- 如果整个取样区域受到一个复合的过程影响，且这个过程影响范围大于取样区，总体平均会随梯度发生变化，导致趋势（trend）的存在。

- 区域尺度的空间结构（spatial structures at regional scales）：如果各种不同的（生物或非生物）生态过程对群落的影响发生在比整个取样区域小的尺度上，将产生可识别的空间结构。

- 局部确定但无法识别的空间结构，可能是因为取样尺度不够小，导致无法识别微尺度斑块。

- 随机噪声（误差）：变差的残差（随机）组分。这部分由每个取样点本身的局部效应引起。

空间分析的目的之一是区分上面这些空间结构的来源并分别建模。

7.2.2 诱导性空间依赖和空间自相关

正如前面所述，响应变量矩阵 Y 的空间结构可以有两个主要来源：由外部（环境）因子控制的空间结构和来自响应变量本身的空间结构。第一种称为诱导性空间依赖（induced spatial dependence），第二种称为空间自相关（spatial autocorrelation），此处需要对这两种空间相关做一个很重要的区分。

如果以 y_j 来表示响应变量 y 在样方 j 的值，那么诱导性空间依赖模型可以表示为：

$$y_j = \mu_y + f(X_j) + \varepsilon_j \tag{7.1}$$

式中，μ_y 是变量 y 的总体平均值，X 是一组解释变量，ε_j 是随着样方位置变化而随机变化的误差项。附加项 $[f(X_j)]$ 表示用解释变量代表的外部过程对 y_j 的影响程度。解释变量的空间结构都反映在 y 上。当响应变量形成梯度时，Legendre（1993）称之为"真梯度（true gradients）"，即由外部因素而非自相关引起的梯度。

空间自相关模型可以表示为：

$$y_j = \mu_y + \sum f(y_i - \mu_y) + \varepsilon_j \qquad (7.2)$$

公式（7.2）表示样方 j 内响应变量 y_j 受样方 i 周围 y 值的影响程度。这个影响可以通过目标样方周围的样方（中心化）响应变量 y 的加权和来建模。生物学解释是目标样方受到周围特定半径范围内其他样方影响的程度，也就是赋予周围邻体样方的影响权重。这个权重往往依赖空间距离。基于空间自相关模型（公式 7.2）的空间插值称为克里格插值法（Isaaks 和 Srivastava，1989；Bivand 等，2013）。克里格插值是一类广泛使用的插值方法，但此处并不深入讨论。在 R 的 `geoR` 程序包中有克里格插值函数。

如果潜在的生态学过程影响范围大于取样区域，空间自相关也有可能产生梯度假象。Legendre（1993）称这种空间结构为"假梯度（false gradients）"。目前还没有分辨真梯度和假梯度的统计方法，只能依赖生物学假设去推断：在某些情况下，我们可以假设产生空间相关的生态过程是否也能够产生空间自相关。在其他情况下，可以通过比较当前研究区域尺度上的过程与更大区域尺度的过程去分辨真梯度和假梯度（Legendre 和 Legendre，2012）。

空间相关（spatial correlation）用来度量这样一种事实：空间接近的两个点之间的值比随机抽取的两个点之间的值更相似（正相关）或更相异（负相关）。这种由真正的自相关（公式 7.2）或空间依赖（公式 7.1）引起的空间结构对统计检验有不利的影响。对于具有空间相关的响应变量，如果已知样方的位置和生物过程，至少在某种程度上可以通过其他样方的值预测目标样方的值。这种相关关系意味着样方值之间彼此不是随机独立的，这种情况违背了样本独立性的统计假设。换句话说，每个新的样本并未带来一个新的自由度。因此，在分析具有空间相关的数据时，参数检验的自由度往往被高估，导致检验结果偏向"自由"的一边：即导致零假设经常被错误地拒绝。虚拟数据模拟的结果也表明，无论是响应变量（例如物种）还是解释变量（例如环境因子）存在空间相关，都会带来"高估自由度"的问题（Legendre 等，2002）。

7.2.3 空间尺度

尺度（scale）这个词在不同的学科具有不同的含义。这里，尺度包括取样设计和空间分析的几种属性。

取样设计有三个属性属于空间尺度范畴（Legendre 和 Legendre，2012，第 13.0 节）：

- 取样单元大小（grain size）：取样单元的尺寸（直径、面积或体积）。
- 取样区间（sampling interval）：有时也称为取样间隔，邻体取样点之间的平均距离。

● 取样程度（extent）（有时也称为取样范围）：整个取样范围包括样带的总长度、取样区域的总面积或总体积（例如空气样本或水样本）。

取样设计的三个属性会影响可识别和可度量的空间结构的类型和大小。① 取样单元整合（integrate）了发生在取样单元内的空间结构：我们无法识别等于或小于取样单元的空间结构。② 取样间隔决定能够被识别的最小空间结构。③ 研究区域的取样程度是可测空间格局大小的上限。因此，如何正确匹配三个取样设计属性与被验证的假设和被研究系统的特征非常重要（Dungan等，2002）。

研究对象的生态背景决定如何最优化取样单元大小、取样间隔和取样范围。最优化的取样单元大小应与研究对象的单位匹配（例如动植物个体、植被的斑块等）。取样间隔也应与研究对象的平均距离相匹配。取样范围应尽量包含所研究生态过程的所有区域。可以参考 Dungan 等（2002）了解关于取样设计的建议。

此处需要注意的是，"大尺度（large scale）"和"小尺度（small scale）"有时容易混淆，因为在生态学和地图学中这两个词的意思恰好相反。在生态学中，小尺度指微小的空间范围，大尺度指大的空间范围；相反，在地图学中，大比例尺（large scale）的地图（例如 1∶25000）比小比例尺（small scale）的地图（例如 1∶1000000）更详细。因此，我们主张在生态学中使用"宽尺度（broad scale）"和"微尺度（fine scale）"（Wiens，1989）。虽然这两个词并不是严格意义上的反义词，但在生态学上，我们认为这两个词比"大尺度"和"小尺度"更合适。

生态过程发生在不同的尺度上，导致复杂的、多尺度的生态格局。确定格局的尺度和寻找与格局相关的生态过程是当今生态学研究的重要目标。为了实现这个目标，研究人员必须依赖合适的取样设计和强大的分析工具，本章所讨论的分析方法就是针对后面这个目的而设计。

7.2.4　空间异质性

过程或格局在区域间的变化称为空间异质性（spatial heterogeneity）。空间分析中很多方法都致力于度量空间异质性的强度和广度，同时检验空间相关是否存在。空间相关检验不仅可以验证"数据中不存在空间相关"这样的零假设，也可以直接获得空间相关信息，并在概念或统计模型中使用这些信息（Legendre 和 Legendre，2012）。

构建结构函数（structure functions）是研究与样方间距离有关的空间异质性的最常用方法。结构函数类型很多，相关图（correlogram）、变异函数图

（variogram）、周期图（periodogram）等均属于结构函数。详细讨论这些结构函数并非本章的目的，但的确有必要专设一节描述相关图，因为后面的第 7.4 节经常用到相关图这种基础空间相关测度。

7.2.5 空间相关或自相关函数和空间相关图

度量一元定量变量的空间相关性主要有两种方法：Moran 指数 I（Moran，1950）和 Geary 指数 c（Geary，1954）。Moran 指数 I 的计算与 Pearson 相关系数计算很类似：

$$I(d) = \frac{\frac{1}{W}\sum_{h=1}^{n}\sum_{i=1}^{n}w_{hi}(y_h - \bar{y})(y_i - \bar{y})}{\frac{1}{n}\sum_{i=1}^{n}(y_i - \bar{y})^2} \qquad 当\ h \neq i \qquad (7.3)$$

在没有空间相关时，Moran 指数的期望值是：

$$E(I) = \frac{-1}{n-1} \qquad\qquad (7.4)$$

当 Moran 指数值小于 $E(I)$ 表示负空间相关，大于 $E(I)$ 表示正相关。当 n（样本数）很大时，$E(I)$ 接近于 0。

Geary 指数 c 更像是距离测度：

$$c(d) = \frac{\frac{1}{2W}\sum_{h=1}^{n}\sum_{i=1}^{n}w_{hi}(y_h - y_i)^2}{\frac{1}{n-1}\sum_{i=1}^{n}(y_i - \bar{y})^2} \qquad 当\ h \neq i \qquad (7.5)$$

在没有空间相关时，Geary 指数 c 的期望值是：$E(c) = 1$。Geary 指数值小于 1 表示正空间相关，大于 1 表示负相关。

y_h 和 y_i 是变量 y 在样方 h 与样方 i 内的值。为了计算空间相关系数，首先需要构建样方间的地理距离矩阵，然后距离矩阵需要转化为 d 等级距离分类矩阵。Moran 指数和 Geary 指数的公式均是计算在某一确定的距离等级 d 内的空间相关指数，也就是说，如果两个样方间的距离属于距离等级 d，则 $w_{hi} = 1$，否则 $w_{hi} = 0$。W 是当前距离等级内所有样方对的数量，即当前距离等级内 w_{hi} 的和。

相关图是空间相关系数沿距离等级的变化图。相关图结合统计检验可以评估变量空间相关结构的范围和类型。一个典型的空间相关系数变化现象：在很短的距离内为正值，随着距离增加逐渐下降到负值，当距离到达某一点则变为不显著；当距离超过不显著的阈值之后，所有的样方对之间可以视为空间独立。需要强调的是空间相关图可以展示任何类型的空间相关，无论是"诱导性空间相关（公式 7.1）"还是"空间自相关（公式 7.2）"产生的相关。但在很多地方相关图常常称为"空间自相关图"，这种说法有些误导。

　　spdep 程序包内 **sp.correlogram()** 函数能够计算单变量的空间相关图，下面将用此函数绘制甲螨（mite）数据中"基质密度（substrate density）"这个环境变量的空间相关图。首先使用 **dnearneigh()** 函数定义所有距离 ≤0.7 m 的样方对，然后用 **plot.links()** 函数可视化这些样方对之间的连接，紧接着用函数 **sp.correlogram()** 计算邻体的距离等级，之后再计算每个距离等级的 Moran 指数。距离等级是连接图内两个样方之间的连接数或步长，例如，如果 A 和 C 之间通过 B 连接，那么 A–B 和 B–C 是连接 A–C 的必须途径，因此 A–C 之间的距离等级为 2。

　　注意：经纬度坐标（有时可以简写为 Lat/Lon 或 LatLon）可以通过 **SoDA** 程序包内 **geoXY()** 函数转换为笛卡尔坐标。

```
# 加载包,函数和数据
library(ape)
library(spdep)
library(ade4)
library(adegraphics)
library(adespatial)
library(vegan)
# 加载本章后面部分将要用到的函数
# 我们假设这些函数被放在当前的 R 工作目录下
source("plot.links.R")
source("sr.value.R")
source("quickMEM.R")
source("scalog.R")

# 导入甲螨数据 mite.Rdata
##假设这个 mite.Rdata 数据文件被放在当前的 R 工作目录
load("mite.RData")

# 数据转化
mite.h <- decostand (mite, "hellinger")
mite.xy.c <- scale(mite.xy, center = TRUE, scale = FALSE)
```

```
# 单变量空间相关图(基于 Moran 指数 I)
# 寻找距离在 0.7m 及其倍数范围内(即 0 到 0.7m,0.7 到 1.4m,等等)
# 的所有样方对. 这些点在 0.7m 处不形成连通图。
plot.links(mite.xy, thresh = 0.7)
nb1 <- dnearneigh(as.matrix(mite.xy), 0, 0.7)
summary(nb1)

# 基质密度的相关图
subs.dens <- mite.env[ ,1]
subs.correlog <-
  sp.correlogram(nb1,
                 subs.dens,
                 order = 14,
                 method = "I",
            zero.policy = TRUE)
print(subs.correlog, p.adj.method = "holm")
plot(subs.correlog)
```

> 提示: 使用 **print()** 函数绘制相关图是因为它包含多重检验的校正 p 值。
> 在相关图内, 每个距离等级的 Moran 指数都需要检验。如果不校正 p
> 值, 犯 I 类错误的风险会大大增加。此处使用 Holm (1979) 校正。

基质密度的相关图只有一个显著的距离等级：在距离等级为 1 时（即 0.0~0.7 m）显示正的空间相关。距离等级 4 似乎显示负的空间相关，但多重检验 Holm (1979) 校正后的 p 值（见第 7.2.6 节）表明这个距离等级下 Moran 指数并不显著。除此之外，没有识别到显著的空间相关，也就是说，当距离超过 0.7 m 或更保守估计超过 2.8 m（超过第 4 距离等级）时，样方间的基质密度可以认为空间独立。

多变量的空间相关可以通过 Mantel 相关图（Mantel correlogram）(Sokal, 1986; Oden 和 Sokal, 1986; Borcard 和 Legendre, 2012) 评估和检验，即计算样方相异矩阵与样方距离等级矩阵的标准化的 Mantel 相关系数 r_M（类似于 Pearson 相关系数），样方距离等级矩阵中，样方对之间的距离属于设定距离等级时赋予值为 0，否则赋予 1。每个距离等级均可以计算一个 Mantel 相关系数 r_M。每个相关系数 r_M 都可以用置换检验进行检验。无空间相关的 Mantel 相关系数期望值为 $r_M = 0$。

　　Mantel 相关图可以通过 **vegan** 包内 **mantel.correlog( )** 函数进行计算、检验和绘图（图 7.1），所需数据是响应变量的距离矩阵和样方地理坐标（或样方间的地理距离矩阵）。下面是甲螨数据 Mantel 相关图的案例，数据首先去趋势（见第 7.3.2 节）以保证数据二阶稳定（second-order stationary）（见第 7.2.6 节）。

```
# 甲螨数据 Mantel 相关图
# 数据首先进行去趋势处理(见第 7.3 节)
mite.h.det <- resid(lm(as.matrix(mite.h)~., data = mite.xy))
mite.h.D1 <- dist(mite.h.det)
(mite.correlog <-
  mantel.correlog(mite.h.D1,
                  XY = mite.xy,
                  nperm = 999))
summary(mite.correlog)
#绘制 Mantel 相关图
plot(mite.correlog)
```

提示：在上面 mantel.correlog( )函数中使用 Sturge 准则自动计算距离等级数，也可以使用参数 n.class 自己设定等级数。

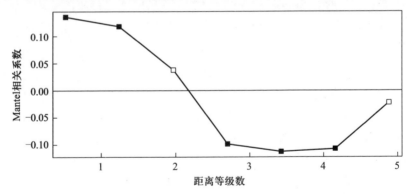

图 7.1　Hellinger 转化和去趋势后甲螨物种数据的 Mantel 相关图。
图中实心方形代表多重检验 Holm 校正后显著的多元空间相关。
横坐标的单位是 m，这是构建距离等级的原始单位

　　在上面函数代码中，大部分使用默认参数设置，包括多重检验 Holm 校正（见第 7.2.6 节）。距离等级数可以通过 Sturge 准则［距离等级数 = $1+(3.3219 \times \log_{10}n)$，$n$ 为样本的数量，在本例中是距离对的数量］计算。可以从结果对象

中读取最终计算所得的距离等级数和相应分割点的情况。

```
# 等级数
mite.correlog$n.class # 或: mite.correlog[2]
# 分割点
mite.correlog$break.pts # 或: mite.correlog[3]
```

> **提示：** 默认选项"cutoff = TRUE"是限制相关图中距离等级数（本案例
> 中只显示前 7 个等级），未显示后 5 个距离等级（后 5 个等级中样方
> 对越来越少）。

结果表明前两个距离等级有显著的正空间相关（即 0.15~1.61 m 区间；也见分割点），第 4 至第 6 个等级（2.34~4.52 m 区间）显著负相关。查看环境变量可能会提供群落结构空间相关的生态解释。距离接近的样方显示相似的群落组成，原因是土壤条件相似。但是，如果距离超过 2.7 m（第 4 距离等级），则可能落入另外一个具有对照意义的土壤斑块，这也解释了为什么超过2.7 m 之后甲螨群落就产生差异。

7.2.6 空间相关检验的条件

正如上面所述，空间相关系数可以检验显著性，但必须符合一些条件。如果使用置换检验，数据正态性的要求可以放宽。为了检验空间相关系数的显著性，必须符合"二阶稳定（second-order stationarity）"的要求。所谓二阶稳定是指变量的平均值和空间协方差（公式 7.3 的分子）在整个研究区域不变，且方差（公式 7.3 的分母）是有限的。换句话说，使用相同的空间相关函数足以描述研究区域所有部分的空间变化。对于存在明显趋势的数据（即"真梯度"），空间相关系数显著性无法检验。对于从一个空间结构明显不同的区域获得的变量，应使用不同的空间相关系数建模。单一趋势的数据通常可以通过样方地理坐标的一阶函数实现去趋势（见第 7.3 节），上面我们做 Mantel 相关图之前就做过这个分析。

此外，Wackernagel（2003）提出一种二阶稳定的放宽模式（也称为"内在假设（intrinsic assumption）"），是指在整个研究区域所有距离为 d（公式 7.5 的分子）的两点差值（$y_h - y_i$）的平均值为 0 且存在不变和有限的方差（Legendre 和 Legendre，2012）。如果具备这些条件则可以计算和查看相关图（correlograms），但不能检验空间相关系数的显著性。

Legendre 和 Legendre（2012，第 800 页）描述如何解读所有方向的相关图（即所有方向用同一距离等级的相关图表示）和单一方向相关图。

此处还必须提及的是"多重检验（multiple testing）"。在第 7.2.5 节，多个空间相关值同时检验显著性。在这种情况下，犯 I 类错误的概率将随着检验的次数增加而增加。如果进行 k 次检验，由二项式定理可知犯 I 类错误的总概率（技术上称"实验错误率（experimentwise error rate）"）应等于 $1-(1-\alpha)^k$，式中 α 为一次单独检验的值。例如图 7.1，显示 Mantel 相关图中同时进行 7 次检验，如果没有校正，犯 I 类错误的概率至少是 $1-(1-0.05)^7=0.302$，而不是 $\alpha=0.05$。目前已有一些校正多重检验犯 I 类错误的概率方法（参见 Legendre 和 Legendre，2012；Wright，1992）。最保守的方法是将显著性水平除以多重检验的次数：$\alpha'=\alpha/k$，然后将获得的 p 值与 α' 进行比较；或者相反，将 p 值乘以 k（即 $p'=pk$）然后与未校正的 α 比较。对于非独立的检验，Holm 校正（Holm，1979）可能更有效，主要原因是 Holm 校正逐步使用 Bonferroni 校正过程。Holm 校正首先将 k 次检验未校正的 p 值由大到小进行排列，然后将最小的 p 值乘以 k，第二小的 p 值乘以 $k-1$，依此类推。如果某个校正后的 p 值小于前面的 p 值，则使该 p 值等于前面的 p 值，最后比较最终的 p 值和未校正的 α 值确定显著性。

校正方法除了上面的两种，还有其他几种，可以通过 **stats** 程序包内 **p.adjust()** 函数实现。当需要同时检验几个空间相关系数的显著性时也可以调用 **p.adjust()** 函数。这个函数输入数据必须是一个 p 值向量。

7.2.7 模拟空间结构

除了前面提到的空间相关分析方法之外，建模导向（modelling-oriented）的空间分析方法也值得介绍。通过寻找生态数据的空间结构，你会发现很多过程可以产生空间结构；其中最重要的过程是（过去或当前）环境压力和生物过程。因此，识别数据的空间结构并进行模拟是非常有趣的事情。空间结构可以被假设与解释变量有关，也可以帮助产生这样的新假设：究竟哪些过程产生这种空间结构。

任何尺度都可能存在空间结构。识别不同尺度和分别模拟对应的空间结构是生态学家长期追求的目标。一种比较粗放的多元分析方法是将趋势面分析（trend-surface analysis）融入典范排序。正如 ter Braak（1987）所建议和 Legendre（1990）所演示的那样，响应变量可以被（中心化）样方坐标的多项式函数解释。Borcard 等（1992）已经展示如何将趋势面分析融入变差分解中，从而确认物种数据纯空间解释的变差组分。

多元趋势面分析只能提取非常简单的空间结构，因为原始的多项式非常烦琐，且高度相关。因此，在实际应用中，一般只限用到三阶多项式。基于特征根的空间函数是空间分析方法的突破，将在介绍完趋势面分析后再讨论（第 7.4 节）。

7.3 多元趋势面分析

7.3.1 引言

很多生态学数据取样于地理表面，因此，最原始的空间建模方式是建立响应变量与取样点的空间 $X-Y$ 坐标之间的回归关系。当然，简单回归仅能模拟线性趋势（linear trend）。线性趋势可以通过从样带收集的数据与 X 坐标的回归进行拟合，而平面趋势也可以通过相同的方法拟合。

一种常用的曲线结构的建模方式是增加坐标变量的多项式作为解释变量。二阶和三阶项都是常用的多项式。为了减少各项之间相关性（至少是减少二阶项的相关性），X 和 Y 坐标构建高阶项之前需要中心化（但不标准化，因为标准化可能扭曲取样设计的方向比例）。一阶、二阶和三阶多项式表达式如下：

$$\hat{z}=f(X, Y)= b_0+b_1X+b_2Y \tag{7.6}$$

$$\hat{z}=f(X, Y)= b_0+b_1X+b_2Y+b_3X^2+b_4XY+b_5Y^2 \tag{7.7}$$

$$\hat{z}=f(X, Y)= b_0+b_1X+b_2Y+b_3X^2+b_4XY+b_5Y^2+b_6X^3+b_7X^2Y+b_8XY^2+b_9Y^3 \tag{7.8}$$

可以直接通过 `poly()` 函数（默认参数 raw = FALSE）产生正交的多项式。在正交的多项式内，单项式 X、X^2、X^3 和 Y、Y^2、Y^3 的范数（norms）均等于 1，且同一坐标高低阶项之间相互正交，但含 X 的单项式一般不与含 Y 的单项式正交，除非从规则的正交栅格中取样；同时含 X 和 Y 的单项式一般也不相互正交，且范数不等于 1。在回归和典范分析中，使用正交的多项式和使用原始的多项式，R^2 相同。在寻找简约空间模型时选择解释变量的过程，使用正交的多项式作为备选变量更有优势，因为正交项之间不相关，不会产生共同解释部分。

通过 RDA 或 CCA 可以将趋势面分析用于多元数据分析，分析的结果是一组独立的空间模型（每个典范轴代表一个模型），可以使用前向选择保留只含有显著成分的模型。

7.3.2 练习趋势面分析

为了对空间结构的形状有感官认识，我们首先构建一个规则的栅格中 X 和 Y 坐标的多项式项，并绘制栅格图。然后对甲螨数据进行趋势面分析。

```
# 从规则的正方形表面取样的简单模型
# 构建一个 10×10 的栅格样区
xygrid <- expand.grid(1:10, 1:10)
plot(xygrid)
# 中心化
xygrid.c <- scale(xygrid, scale = FALSE)
# 创建和绘制 X 和 Y 的一阶、二阶和三阶函数
X <- xygrid.c[ ,1]
Y <- xygrid.c[ ,2]
XY <- X + Y
XY2 <- X ^2  + Y ^2
XY3 <- X ^2 - X * Y - Y ^2
XY4 <- X + Y  + X ^2 + X * Y  + Y ^2
XY5 <- X ^3  + Y ^3
XY6 <- X ^3 + X ^2 * Y + X * Y ^2  + Y ^3
XY7 <- X + Y + X ^2 + X * Y + Y ^2 + X ^3
        + X ^2 * Y + X * Y ^2 + Y ^3
xy3deg <- cbind(X, Y, XY, XY2, XY3, XY4, XY5, XY6, XY7)
s.value(xygrid, xy3deg, symbol = "circle")
# 可以尝试其他组合，比如使用减号或回归系数不等于 1 的情况。
```

可以尝试其他组合，比如使用减号或回归系数不等于 1 的情况。

```
# 甲螨数据趋势面分析
# 构建前面中心化过的甲螨数据 X-Y 坐标原始数据 (非正交) 的三阶多项式
# 函数
mite.poly <- poly(as.matrix(mite.xy.c), degree = 3, raw =
                TRUE)
colnames(mite.poly) <-
    c("X", "X2", "X3", "Y", "XY", "X2Y", "Y2", "XY2", "Y3")
```

poly() 函数产生的多项式按顺序分别是：X，X^2，X^3，Y，XY，X^2Y，
Y^2XY^2，Y^3。在 poly() 输出的结果矩阵中，变量名称取自两个变量的
阶数，例如，"1.2" 表示 X^1 * Y^2。这里获得的是原始的多项式，如果构
建正交多项式，设定参数 raw=FALSE。

```
# 基于 9 个多项式项的 RDA
(mite,trend.rda <- rda(mite.h ~ .,
                          data = as.data.frame(mite.poly)))
# 计算校正 R2
(R2adj.poly <- RsquareAdj(mite.trend.rda)$adj.r.squared)

# 基于地理坐标正交的三阶项 RDA
mite.poly.ortho <- poly(as.matrix(mite.xy), degree = 3)
colnames(mite.poly.ortho) <-
    c("X", "X2", "X3", "Y", "XY", "X2Y", "Y2", "XY2", "Y3")
(mite.trend.rda.ortho <-
  rda(mite.h ~ .,
      data = as.data.frame(mite.poly.ortho)))
(R2adj.poly2 < - RsquareAdj(mite.trend.rda.ortho)$
              adj.r.squared)
# 使用 Blanchet 等(2008a)双终止准则的变量前向选择
(mite.trend.fwd <-
    forward.sel(mite.h, mite.poly.ortho, adjR2thresh =
              R2adj.poly2))

# 新 RDA 只保留 6 项
(mite.trend.rda2 <- rda(mite.h ~ .,
                 data = as.data.frame(mite.poly)[ ,mite.trend.fwd
                            [ ,2]]))

# 全部典范轴检验和单轴检验
anova(mite.trend.rda2)
anova(mite.trend.rda2, by = "axis")
# 绘制三个独立显著的空间模型(典范轴)加上第 4 轴(p 值大约为 0.06)
mite.trend.fit <-
  scores(mite.trend.rda2,
          choices = 1:4,
          display = "lc",
          scaling = 1)
s.value(mite.xy, mite.trend.fit, symbol = "circle")
```

> 提示：注意此处 RDA 排序图内显示的是拟合值的样方坐标（1 型标尺），图
> 中展示纯的空间模型，即空间变量的线性组合；样方的投影展示样方
> 间的欧氏距离。
>
> 如果将多项式项直接输入 rda 函数，代码可以这样写：mite.
> trend.rda <- rda(mite.h~Xm+Ym+I(Xm^2)+I(Xm*Ym)+I
> (Ym^2))；注意高阶项和交互作用项必须使用 I() 函数区别，否则 R
> 会将这些项当作方差分析处理。

上面的分析表明，甲螨群落具有显著的空间结构，并有三个显著的独立空
间模型（有可能第四个也是显著的，因为置换检验有随机性，图 7.2）。第一

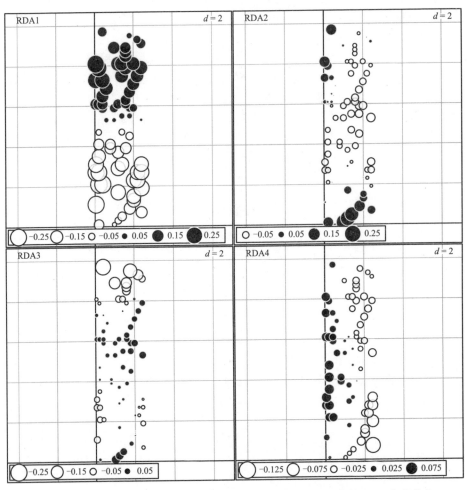

图 7.2 Hellinger 转化甲螨数据的三阶趋势面分析。三个显著的 RDA 典范轴和
第四个边际显著的典范轴，代表线性独立的空间结构

个模型（即 RDA 排序第一典范轴，占总被解释方差的 73.8%）展示取样区域上半部和下半部之间强烈的差异，其他两个模型（分别占被解释方差的 12.1% 和 8.5%）展示小尺度的空间结构。第四轴（占被解释方差的 3.0%，$p \approx 0.05$ 但每次检验可能不一样）可能展示左右的空间差异。

环境变量也可以通过回归方式解释空间结构模型。但此处未探讨这个内容，在完成其他空间建模框架之后再讨论。

趋势面分析最重要的应用是去趋势（detrending）。第 7.2.6 节已经提到过在检验空间相关显著性之前需要对数据进行去趋势处理，下面将要学习的基于特征根的空间分析也需要对响应变量数据进行去趋势处理。一般先检验响应变量数据的空间线性趋势，如果趋势显著，需要对响应变量数据进行去趋势处理，即用 X–Y 坐标对变量做回归分析，然后保留残差，使用 **lm( )** 函数可以很容易获取回归的残差。

```
# 甲螨数据是否有线性趋势？
anova(rda(mite.h, mite.xy)) # 结果：趋势显著
# 去趋势甲螨数据
mite.h.det <- resid(lm(as.matrix(mite.h) ~ .,data = mite.xy))
```

去趋势后的数据随时准备用于后面更复杂的空间分析和建模。

最后，趋势面也可用于模拟地图上距离很远样方组的空间结构。在这种情况下，所有属于一个组的样方具有相同的 X–Y 坐标（通常是该组坐标的质心）。然后组内结构可以用下面介绍的技术进行建模。

7.4 基于特征根的空间变量和空间建模

7.4.1 引言

趋势面分析是非常粗放（coarse）的空间建模方法。生态过程和生态数据的多尺度属性需要寻求在所有尺度都能够对空间结构进行识别和建模。换句话说，需要在宽尺度（整个取样区域）至微尺度（取样间隔数量级）都能够对空间结构进行建模。为了能够在典范排序中实现这个目标，必须构建能够模拟所有尺度的空间结构的变量。邻体矩阵主坐标分析（principal coordinates of neighbour matrices，PCNM）（Borcard 和 Legendre，2002；Borcard 等，2004）及衍生出的一系列方法（例如 MEM）就是专门为这样的目标而设计。本节将详细讨论这些方法。

先前的 PCNM 实际上现在被称为基于距离 MEM 或 dbMEM。dbMEM 实际上是略微修改的 PCNM，下面将解释原因。dbMEM 是一个更广泛的方法系列：现在称为 MEM（Moran 特征根图 "Moran's eigenvector maps"，Dray 等，2006）的特例。因此在文献中首字母缩略词 PCNM 应该只是暂时的。我们提倡使用该系列方法的首字母缩略词 MEM 和 dbMEM 来替代原始名称 PCNM。

7.4.2　基于距离的 Moran 特征根图（dbMEN）和邻体矩阵主坐标分析（PCNM）

7.4.2.1　引言

Borcard 和 Legendre（2002）以及 Borcard 等（2004）提出基于样方间地理距离削减矩阵构建特征向量。这些特征向量具有令人感兴趣的有趣的特征空间解释变量。让我们简要介绍一下原始 PCNM 的原理，看看它如何被改进成为今天的 dbMEM。

传统（第一代）PCNM 的计算步骤：

● 构建样方之间的欧氏（地理）距离矩阵。距离越大意味着两个样方之间的交流越难。

● 削减（truncate）距离矩阵规模，只保留一定规模的邻体之间的距离。选取邻体的阈值（thresh），阈值取决于样方坐标。大部分情况下尽可能选短的距离，但必须保证所有样方都必须被小于或等于阈值的长度所连接；否则，样方将被分为不同的亚组，而不同亚组将产生不同的特征函数，由此导致所有分析是亚组的空间结构建模，而不是全组的空间结构建模。如何选择阈值将在下面讨论。所有距离超过阈值的样方对之间的距离都被赋予相当于 4 倍阈值的值。

● 计算削减距离矩阵的主坐标分析（PCoA）。

● 在大部分研究中，保留具有正空间相关（Moran 指数大于 $E(I)$，公式 7.4）的特征向量。这一步需要计算所有特征向量 Moran 指数，因为这个量不能直接从特征值导出。

● 使用保留的特征向量作为空间解释变量，与响应变量进行多元回归或 RDA 分析。

在上面描述的传统的 PCNM 方法中，削减距离矩阵对角线值为 0，表示样方连接到自身的距离。然而 Dray 等（2006）显示将对角线值设置为 4 thresh 而不是 0 可以获得更有趣的空间属性。特别是，得到的空间特征向量的特征根，现在称为 dbMEM（distance-based Moran's eigenvector maps 首字母缩写），与这些使用削减后保持连接的样方对的特征函数计算出的 Moran 系数呈正比（Legendre 和 Legendre，2012）。这使得大多数生态研究中使用的模拟正空间相关特征向量变得更容易识别；因为 Moran 系数大于期望值 I（公式 7.4）。但是请注意，PCNM 获得的特征函数和 dbMEM 是一样的。

dbMEM 的方法与趋势面分析相比有一些优势。首先，dbMEM 可以获得很多比取样间隔更宽尺度的正交（线性独立）空间变量；其次，如 Borcard 和 Legendre（2002）通过大量的数据模拟所演示，dbMEM 可以对任何类型的空间结构进行建模。

dbMEM 可以用于任何取样的设计。规则取样的空间变量更容易解读，如果是不规则的取样设计，为了保证所有点都能被连接，阈值有时可能会比较大。大的阈值意味着微空间结构的丢失，因此，对于不规则取样，理想的阈值应在保证所有点都能被连接的条件下选择尽可能小的距离。最常用的解决方案是计算样方坐标单链接聚合聚类的最小拓展树（参见第 4.3.1 节），并保留最大边值。在保证所有样方点都被连接的要求下，如果选择到的阈值很大，Borcard 和 Legendre（2002）建议① 增加有限的虚拟补充点去减少阈值距离，② 然后计算 dbMEM 变量，③ 从 dbMEM 变量矩阵中剔除虚拟补充点。添加虚拟补充点的措施可以使小的空间结构得以展示，但会导致 dbMEM 的变量不再相互正交。如果添加的补充点比例很小，偏离正交性的程度不会太明显。在研究区域（例如分离的森林斑块；群岛中的不同岛屿）最大的间隙相对于一个或多个不同实体之间的分离距离大得多的情况下，另外一个问题会出现，这个问题将在讨论嵌套采样的第 7.4.3.5 节讨论。

7.4.2.2 规则取样的 dbMEM 变量

当取样点的空间坐标是沿着一条样带或一个平面内等距离取样，dbMEM 变量将呈现正弦变化。对于从一条样带获得的 n 个等距离样方，取样区间距离为 s，第 i 个特征函数的波长 $\lambda_i = 2(n+s)/(i+1)$（Guénard 等，2010，公式 3）①。下面演示一维（图 7.3）和二维（图 7.4）规则等距离取样 dbMEM 分析案例。dbMEM 通过 adespatial 程序包中 dbmem() 函数获得。

```
#1. 一维取样:100 个等距离取样点的样带,相邻两点距离为 1
# dbmem()自动计算阈值,这里是 1
tr100 <- 1 : 100
#
#正空间相关的 dbMEM 特征函数的创建
#默认 MEM.autocor ="positive"
tr100.dbmem.tmp <- dbmem(tr100, silent = FALSE)
```

---

① 获取样方之间距离 $s=1$ 的波长的简单的 R 函数为：`wavelength <-function(i,n) {2 * (n+1)/(i+1)}`。——著者注

```
tr100.dbmem <- as.data.frame(tr100.dbmem.tmp)
# 展示特征根
attributes(tr100.dbmem.tmp)$values
# 计算正特征根的数量
length(attributes(tr100.dbmem.tmp)$values)
```

> 相邻点之间的距离为 1，在当前这种情况下，**dbmem( )** 函数自动计算阈值
> 为 1。

```
# 绘制一些模拟正空间相关的沿着样线 dbMEM 变量(图 7.3)
par(mfrow = c(4, 2))
somedbmem <- c(1, 2, 4, 8, 15, 20, 30, 40)
for(i in 1:length(somedbmem)){
    plot(tr100.dbmem[ ,somedbmem[i]],
            type = "l",
            xlab = "X 坐标",
            ylab = c("dbMEM", somedbmem[i]))
}


#2. 二维取样:等距离栅格。点之间的最小距离等于1(图 7.4)
#产生栅格点坐标
xygrid2 <- expand.grid(1:20, 1:20)


# 正 Moran 系数的 dbMEM 特征函数的创建
xygrid2.dbmem.tmp <- dbmem(xygrid2)
xygrid2.dbmem <- as.data.frame(xygrid2.dbmem.tmp)
# 计算特征根的数量
length(attributes(xygrid2.dbmem.tmp)$values)


# 使用 s.value {adegraphics} 函数绘制 dbMEM 变量
somedbmem2 <- c(1, 2, 5, 10, 20, 40, 80, 120, 189)
s.value(xygrid2, xygrid2.dbmem[ ,somedbmem2],
  method = "color",
  symbol = "circle",
  ppoints.cex = 0.5
)
```

> 提示：函数 dbmem() 有一个名为 MEM.autocor 的参数来设定计算所有或部分空间特征函数。默认 MEM.autocor = "positive"，即只计算 Moran 系数大于期望值（公式 7.4）的模拟正空间相关的特征向量。通常还有一个 0 特征根和几个负特征根；获取相应的特征向量可以通过设定参数 MEM.autocor 为 "non-null"、"all"、"negative" 其中一个。
>
> 这里我们将样方的地理坐标矩阵直接给函数 dbmem()。该函数还接受样方的地理距离矩阵。
>
> 在生成图 7.4 的代码中，查看 adegraphics 包中函数 s.value() 如何一次性生成九个图。

在规则抽样设计的情况下，带有正的 Moran 指数的 dbMEM 的数量接近 $n/2$。图 7.3 和图 7.4 显示规则取样的 dbMEM 变量为周期性分布（图中各小图的排列顺序为从大尺度到小尺度）。正如前面所讨论的，dbMEM 不仅可以模拟这种周期性结构，也可以模拟其他类型的空间结构。甚至短距离的空间相关也可以通过微尺度 dbMEM 变量模拟，这个问题将在后面讨论。

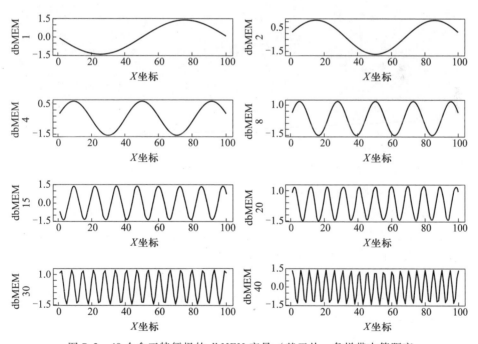

图 7.3　49 个含正特征根的 dbMEM 变量（基于从一条样带中等距离获取的 100 个样点）中的某一部分

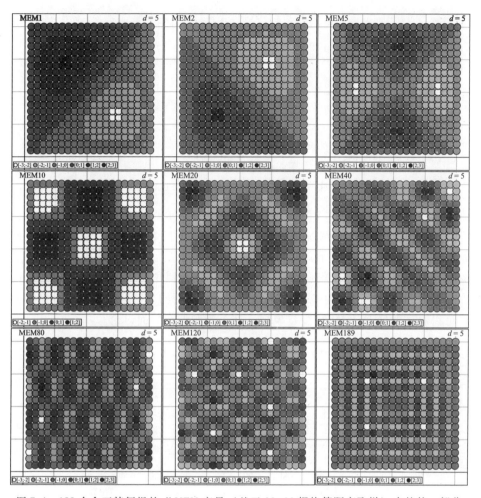

图 7.4 189 个含正特征根的 dbMEM 变量（基于 20×20 栅格等距离取样）中的某一部分

7.4.2.3 甲螨数据 dbMEM 分析

dbMEM 不局限于模拟规则取样空间结构，也可以模拟不规则取样的空间结构，但不规则取样的 dbMEM 分析存在不利因素，即 dbMEM 变量不再呈现规律性变化，有时会使尺度的评估变得很困难。

下面将对 Hellinger 转化后的甲螨数据进行 dbMEM 分析。在下面的代码中，和上面案例一样，我们使用 adespatial 包[①]中的 dbmen() 函数构建 dbMEM变量。

---

① 为了获得"传统"PCNM 特征函数，用户可以应用 vegan 包里函数 pcnm() 生成。但是，该函数不提供 Moran 指数来识别建模正空间相关的特征向量。如果需要选择仅仅保留正空间相关的特征函数，需要单独计算 Moran 系数。——著者注

```
# 第 1 步 . 构建 dbMEM 变量矩阵
mite.dbmem.tmp <- dbmem(mite.xy, silent = FALSE)
mite.dbmem <- as.data.frame(mite.dbmem.tmp)
# 计算削减距离阈值:
(thr <- give.thresh(dist(mite.xy)))
# 展示特征根和计算特征根数量
attributes(mite.dbmem.tmp)$values
length(attributes(mite.dbmem.tmp)$values)
# 参数 silent = FALSE 允许函数展示削减水平
```

> **提示**: 函数 dbmem() 的参数 silent = FALSE 允许函数在屏幕上显示削减
> 水平; 这个水平比最小拓展树中让样方之间所有都保持连接的最大距
> 离稍微大一点。这里我们通过 adespatial 包内 give.thresh()
> 函数分别计算这个距离。

从输出结果可以发现, 前 22 个 dbMEM 变量模拟显著的正空间相关 (5%
显著性水平)。在进行 RDA 分析之前, 我们首先将使用 Blanchet 等 (2008a)
双终止准则进行变量前向选择确定最终保留的 dbMEM 变量。

```
# 第 2 步 . 运行基于去趋势 Hellinger 转化甲螨数据的全模型 PCNM 分析
(mite.dbmem.rda <- rda(mite.h.det ~ ., mite.dbmem))
anova(mite.dbmem.rda)


# 第 3 步 . 如果分析为显著,计算校正 R2 和进行 dbMEM 变量的前向选择
(mite.R2a <- RsquareAdj(mite.dbmem.rda)$adj.r.squared)
(mite.dbmem.fwd < - forward.sel (mite.h.det, as.matrix
(mite.dbmem),
  adjR2thresh = mite.R2a))
(nb.sig.dbmem <- nrow(mite.dbmem.fwd))    # 显著的 dbMEM 数量
# 依次排列显著的 dbMEM 的变量
(dbmem.sign <- sort(mite.dbmem.fwd[ ,2]))
# 将显著的 dbMEM 变量设定为新的对象
dbmem.red <- mite.dbmem[ ,c(dbmem.sign)]
# 第 4 步 . 只用 8 个显著的 dbMEM 变量进行新的 RDA 分析
#(前向选择后 R2adj = 0.2418))
```

```
(mite.dbmem.rda2 <- rda(mite.h.det ~ ., data = dbmem.red))
(mite.fwd.R2a <- RsquareAdj(mite.dbmem.rda2)$adj.r.squared)
anova(mite.dbmem.rda2)
(axes.test <- anova(mite.dbmem.rda2, by = "axis"))
# 显著轴的数量
(nb.ax <- length(which(axes.test[ ,ncol(axes.test)]<= 0.05)))


# 第 5 步. 绘制两个显著典范轴
mite.rda2.axes <-
  scores(mite.dbmem.rda2,
         choices = c(1:nb.ax),
         display = "lc",
         scaling = 1)
par(mfrow = c(1,nb.ax))
for(i in 1:nb.ax){
    sr.value(mite.xy, mite.rda2.axes[ ,i],
             sub = paste("RDA",i),
             csub = 2)
             }
```

提示：上面代码中函数 **scores**( )默认参数设置 display="wa"，此处必
       须使用样方拟合值（典范模型）坐标，所以必须设定 display=
       "lc"。

去趋势甲螨数据 dbMEM 分析结果表明空间结构能够解释群落数据
24.18%的方差（见 mite.fwd.R2a，通过变量前向选择保留 8 个变量的校正
R^2略大于全模型的校正 R^2）。前三个显著的典范轴能够解释 24.18×0.8895[①] =
21.5%的总方差；样方拟合值已经在图 7.5 中显示。这三个图（图 7.5）展示
了去趋势甲螨数据的空间结构变化。这种空间变化是否与环境变量有关？评估
这一点的简单方法是通过函数 lm( )建立这三个典范轴的样方坐标与环境变量
简单的回归关系。在此过程中，我们确保回归系数参数检验是有效的，也就是

---

① 0.8895：可以在 RDA 输出中 "Accumulated constrained eigenvalues" 部分查到。该值代表前三
个典范轴解释的方差占总被解释方差的比例。因此，如果校正后的总解释方差（8 个典范轴）是
24.18%，那么由轴 1，2 和 3 一起解释的方差是 24.18%×0.8895 = 21.5%。——著者注

必须验证回归残差是否正态分布。正态检验可以通过 Shapiro – Wilk 检验
（stats 包的函数 shapiro.test()）来完成。

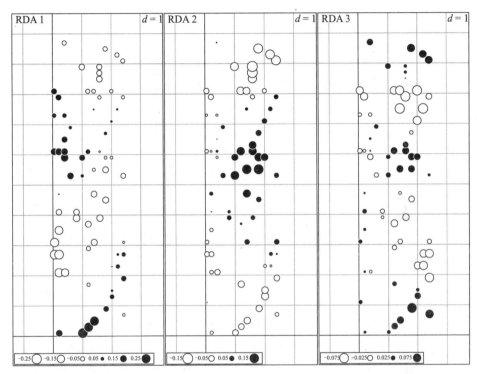

图 7.5 去趋势甲螨数据 dbMEM 分析（只含 8 个显著的 dbMEN 变量）中前三个
典范轴的样方拟合坐标值在取样区域的分布图（显著性水平 $\alpha = 0.05$）

```
# 空间变化解读:显著典范轴与环境变量的回归分析
# 残差正态性检验
mite.rda2.axis1.env <- lm(mite.rda2.axes[ ,1] ~ ., data =
                          mite.env)
shapiro.test(resid(mite.rda2.axis1.env))
summary(mite.rda2.axis1.env)


mite.rda2.axis2.env <- lm(mite.rda2.axes[ ,2] ~ ., data =
                          mite.env)
shapiro.test(resid(mite.rda2.axis2.env))
summary(mite.rda2.axis2.env)
```

```
mite.rda2.axis3.env <- lm(mite.rda2.axes[ ,3] ~ ., data =
                         mite.env)
shapiro.test(resid(mite.rda2.axis3.env))
summary(mite.rda2.axis3.env)
```

可以发现，与三个空间排序轴有关联的环境变量并不相同（除了灌丛 **shrubs** 这个变量）。当然，每个排序轴也不能被环境变量完全解释。更准确地评估解释比例需要使用变差分解方法。

上面 dbMEM 分析生成的空间模型包含了从 22 个模拟正空间相关的 dbMEM 变量经过前向选择保留下来的变量。因此，前三个典范轴也是从宽尺度（dbMEM1）到微尺度（dbMEM20）的线性组合，这种做法在关注响应变量全尺度的空间结构时可行，但无法区分宽尺度、中尺度和微尺度的空间结构。

为了解决这个问题，另一种 dbMEM 分析方法是先将显著的 dbMEM 变量分组再分别进行 RDA 分析。因为 dbMEM 变量之间相互线性独立，因此基于分组 dbMEM 变量的亚模型之间也互相独立。这种 dbMEM 变量分组方式可以区分不同尺度的空间结构。但没有统一的方法将 dbMEM 哪个变量定义为宽尺度、中尺度和微尺度变量，一般是任意设定。如何确定呢？一般有下面几种方法：

• 可以预先提供分组标准，例如可以根据变量的格局大小定义。

• 尝试通过检查尺度图（scalogram）（图 7.6）来识别特征函数组。尺度图（scalogram）横坐标为顺序降低的特征根（Legendre 和 Legendre，2012，第 864 页）。纵坐标为每个特征根的未校正 R^2。这个图可以通过我们的自编函数 scalog.R() 来绘制，scalog.R() 输入对象为公式模式的 rda() 函数获得的

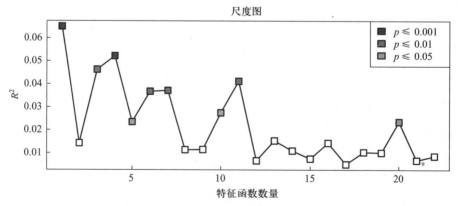

图 7.6 尺度图显示去趋势 Hellinger 转化甲螨数据 dbMEM 分析特征函数解释方差比例（未校正 R^2）的变化趋势。带有颜色小框展示置换检验的结果。p 值比基于 Blanchet 等（2008a）双终止标准的前向选择的 p 值更自由（参见书末彩插）

RDA 的结果对象。

> \# 通过自编函数 scalog.R() 来绘制显著 dbMEM 分析特征函数解释
> \# 方差比例(未校正 R2)
> **scalog**(mite.dbmem.rda)

• 通过变量前向选择后将连续的轴定义为不同的亚组。这种方法比尺度图 (scalogram) 中的显著性检验更保守,因为当达到全局模型的校正 R^2 时,解释变量停止加入。

• 先绘制显著的 dbMEM 变量图 (图 7.7),然后再根据这些变量在图上展示的空间尺度分组。

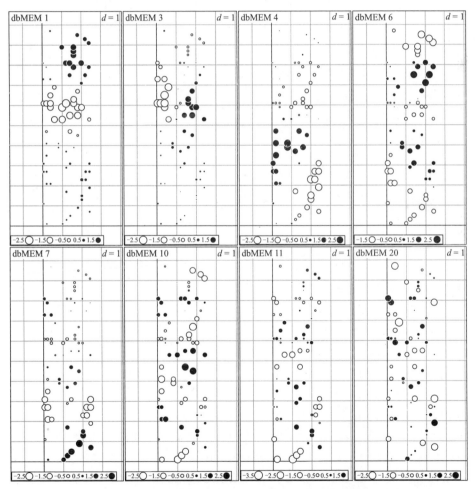

图 7.7 8 个显著的模拟正空间相关 dbMEM 变量图。
这 8 个变量将用于去趋势甲螨数据 dbMEM 分析

```
#用自编函数 sr.value()绘制 8 个显著 dbMEM 变量图
par(mfrow = c(2, 4))
for(i in 1 : ncol(dbmem.red))
{
    sr.value(mite.xy,
             dbmem.red[ ,i],

             sub = paste("dbMEM",dbmem.sign[i]),
             csub = 2)
}
```

根据图 7.7，例如可以定义 dbMEM1、3、4 为宽尺度的变量，dbMEM6、7、10 和 11 为中尺度的变量，变量 PCNM20 作为微尺度的预测变量。现在需要对宽尺度、中尺度和微尺度分别进行 RDA 分析。

```
# 甲螨 dbMEM 分析-宽尺度
(mite.dbmem.broad <-
  rda(mite.h.det ~ ., data = mite.dbmem[ ,c(1,3,4)]))
anova(mite.dbmem.broad)
(axes.broad <- anova(mite.dbmem.broad, by = "axis"))
#显著轴的数量
(nb.ax.broad <-
  length(which(axes.broad[ , ncol(axes.broad)] <=  0.05)))

#绘制两个显著典范轴
mite.dbmembroad.axes <-
  scores(mite.dbmem.broad,
         choices = c(1,2),
         display = "lc",
         scaling = 1)
par(mfrow = c(1, 2))
sr.value(mite.xy, mite.dbmembroad.axes[ ,1])
sr.value(mite.xy, mite.dbmembroad.axes[ ,2])
#解读宽尺度空间变化:两个显著的典范轴与环境变量的回归
mite.dbmembroad.ax1.env <-
```

```
    lm(mite.dbmembroad.axes[ ,1] ~ ., data = mite.env)
summary(mite.dbmembroad.ax1.env)
mite.dbmembroad.ax2.env <-
    lm(mite.dbmembroad.axes[ ,2] ~ ., data = mite.env)
summary(mite.dbmembroad.ax2.env)
```

> 回归分析的结果清楚表明宽尺度空间结构与微地形和灌丛缺失密切相关。

```
# 甲螨 dbMEM 分析 – 中尺度
(mite.dbmem.med <-
    rda(mite.h.det ~ ., data = mite.dbmem[ ,c(6,7,10,11)]))
anova(mite.dbmem.med)
(axes.med <- anova(mite.dbmem.med, by = "axis"))
# 绘制显著典范轴
(nb.ax.med <- length(which(axes.med[ ,ncol(axes.med)] <=
    0.05)))
# 绘制显著的典范轴
mite.dbmemmed.axes <-
    scores(mite.dbmem.med, choices = c(1,2),
            display = "lc",
            scaling = 1)
par(mfrow = c(1, 2))
sr.value(mite.xy, mite.dbmemmed.axes[ ,1])
sr.value(mite.xy, mite.dbmemmed.axes[ ,2])


# 解读中尺度空间变化:两个显著的典范轴与环境变量的回归
mite.dbmemmed.ax1.env <-
    lm(mite.dbmemmed.axes[ ,1] ~ ., data = mite.env)
summary(mite.dbmemmed.ax1.env)
mite.dbmemmed.ax2.env <-
    lm(mite.dbmemmed.axes[ ,2] ~ ., data = mite.env)
summary(mite.dbmemmed.ax2.env)
```

> 回归分析的结果表明中尺度空间结构与土壤覆盖类型和土壤湿度（变量
> WatrCont）有关。

```
(mite.dbmem.fine <-
  rda(mite.h.det ~ ., data = as.data.frame(mite.dbmem
    [ ,20])))
anova(mite.dbmem.fine)
```

因为 RDA 不再显著，分析终止。

　　微尺度空间结构与环境变量之间没有显著关系的情况经常发生。在这个案例中，微尺度 dbMEM 变量是不显著的。大部分情况下微尺度 dbMEM 变量是模拟由群落动态产生的局部空间结构，通常与环境变量没有关系。这个问题将在后面讨论。

7.4.2.4　利用函数 quickMEM( )快速运算 dbMEM 分析

　　一站式的 dbMEM 分析可以使用函数 **quickMEM( )**。这个函数只要求输入两个参数：响应变量表格（如果有必要，需要进行预转化）和样方的地理坐标（一维或二维）。当所有参数在默认的情况下，**quickMEM( )**运行整套 dbMEM 分析：检验数据的趋势性；如果趋势显著；进行去趋势处理；构建 dbMEM 变量和检验 RDA 全模型显著性；对正空间相关的 dbMEM 变量进行前向选择；运行保留的 dbMEM 变量的 RDA 分析并检验典范轴的显著性；输出 RDA 结果（包括 dbMEM 变量组）和绘制显著典范轴的空间地图。

```
# 使用 quickMEM( )函数进行一站式 dbMEM 分析
mite.dbmem.quick <- quickMEM(mite.h, mite.xy)
summary(mite.dbmem.quick)
# 特征根
mite.dbmem.quick[[2]]    # 或 mite.dbmem.quick$eigenvalues
# 变量前向选择的结果
mite.dbmem.quick[[3]]    # 或 mite.dbmem.quick$fwd.sel
```

　　函数 **quickMEM( )**内几个参数可以满足不同的分析需求。例如，如果检测到数据具有显著的趋势，默认进行去趋势处理，但也可以选择不运行去趋势（参数 detrend = FALSE）。除非用户提供特定的阈值（例如：thresh = 1.234），否则削减阈值将自动设置。如果用户提供已有的空间独立变量（myspat = …），获取 dbMEM 变量的运算将跳过。

　　quickMEM( )输出一个包含大量结果的列表（list）对象。summary 函数总结结果对象只显示列表各个元素的名称。可以通过上面所示代码来提取列表的组分（例如 mite.dbmem.quick[[2]]）。如果需要绘制 RDA 结果的双序图，代码如下：

```
# 从 quickMEM 函数输出结果,捃取和绘制 RDA 结果(2 型标尺)
plot(mite.dbmem.quick$RDA, scaling = 2)
sp.scores2 <-
  scores(mite.dbmem.quick$RDA,
         choices = 1:2,
         scaling = 2,
         display = "sp")
arrows(0, 0,
  sp.scores2[ ,1] * 0.9,
  sp.scores2[ ,2] * 0.9,
  length = 0,
  lty = 1,
  col = "red"
)
```

> **提示**: 这里使用 vegan 包中 plot.cca() 函数来作图是因为$RDA 的结果
> 是 vegan 包输出的对象格式。

2 型标尺能够比较准确地展示某些物种与 dbMEM 变量之间的关系。这些关系可以用于探索物种分布在哪个尺度上具有空间结构。

7.4.2.5　组合 dbMEM 分析和变差分解

变差分解（variation partitioning）可以用于评估环境变量与所有尺度的空间变量对响应变量解释程度（例如一组环境变量与三组不同尺度的空间变量）。第 6.3.2.8 节讨论的变差分解的函数 **varpart()** 只能识别定量变量（非因子），因此，计算时必须为环境变量 3~5 重新编码，使之成为二元变量。

变差分解的目的是量化各种不同因素单独或共同解释响应变量变差的比例，其中线性趋势可以视为产生变差的一部分来源。线性趋势可以发生在响应变量，也可发生在解释变量。因此，不建议在变差分解之前对响应变量进行去趋势处理，但需要检验线性趋势的显著性，如果线性趋势显著，变差分解过程应考虑线性趋势的影响。请注意，我们考虑由一对 X-Y 坐标作为整体表示线性趋势。如果线性趋势显著，我们没有必要提前对 X-Y 坐标进行变量前向选择，目的是为了保证无论大小的任何线性趋势。

我们在第 6.3.2.8 节已经讨论过，在变差分解之前，需要对每一组的解释变量独立进行变量前向选择。因此，这里似乎应该以未去趋势的响应变量分别对环境变量和 dbMEM 变量进行 RDA 变量前向选择。但是，由于技术原因建议对这个过程进行修改：我们确实会以未去趋势的响应变量对环境变量进行 RDA 变量的前向选择。但是，如果线性趋势是显著的，我们要选择去趋势的响应变量对 dbMEM 变量进行变量前向选择。因为 dbMEM 也模拟包括线性趋势在内的所有的空间结构（Borcard 等，2002）。如果响应变量具有线性趋势，那么响应变量的线性趋势必然也能够被某一个模拟线性趋势的 dbMEM 的子集解释。在对于环境变量与 dbMEM 变量两组变量的变差分解过程，线性趋势会掩盖 dbMEM 中除了线性趋势之外其他的空间结构[①]。

在本案例中，我们将显著的 dbMEM 变量拆分划分为宽尺度和微尺度两组。图 7.8 展示了变差分解的结果。

```
# 甲螨-趋势-环境-dbMEM 变差分解
# 1. 检验趋势
mite.XY.rda <- rda(mite.h, mite.xy)
anova(mite.XY.rda)


# 2. 环境变量检验和前向选择
# 将环境变量 3-5 重新编码成二元变量
substrate <- model.matrix( ~ mite.env[ ,3])[ ,-1]
shrubs <- model.matrix( ~ mite.env[ ,4])[ ,-1]
topography <- model.matrix( ~ mite.env[ ,5])[ ,-1]
mite.env2 <- cbind(mite.env[ ,1:2], substrate, shrubs,
topography)
colnames(mite.env2) <-
  c("SubsDens", "WatrCont", "Interface", "Litter", "Sphagn1",
    "Sphagn2", "Sphagn3", "Sphagn4", "Shrubs_Many", "Shrubs_
    None", "topography")
# 环境变量的前向选择
mite.env.rda <- rda(mite.h ~., mite.env2)
(mite.env.R2a <- RsquareAdj(mite.env.rda)$adj.r.squared)
```

---

① 我们也可以考虑使用 X-Y 坐标作为协变量，通过 vegan 包的函数 ordiR2step()用未去趋势的响应变量对 dbMEM 进行变量前向选择。但是，这个过程意味着 dbMEM 变量只能解释在 X-Y 坐标上回归后的残差，后果是残差的 dbMEM 变量将不再是正交的，这个对于变差分解将非常不利。因此，我们不建议用这个步骤。——著者注

```
mite.env.fwd <-
    forward.sel(mite.h, mite.env2,
                adjR2thresh = mite.env.R2a,
                nperm = 9999)
env.sign <- sort(mite.env.fwd$order)
env.red <- mite.env2[ ,c(env.sign)]
colnames(env.red)
```

```
# 3. dbMEM 变量检验和前向选择
# ----------------------------------
# 运行去趋势甲螨数据的全模型 dbMEM 分析
mite.det.dbmem.rda <- rda(mite.h.det ~., mite.dbmem)
anova(mite.det.dbmem.rda)
# 因为分析表明显著,计算校正 R2 和运行 dbMEM 变量前向选择
(mite.det.dbmem.R2a <-
    RsquareAdj(mite.det.dbmem.rda)$adj.r.squared)
(mite.det.dbmem.fwd <-
    forward.sel(mite.h.det,
                as.matrix(mite.dbmem),
        adjR2thresh = mite.det.dbmem.R2a))
# 显著的 dbMEM 变量
(nb.sig.dbmem <- nrow(mite.det.dbmem.fwd))
# 识别和按顺序排列显著的 dbMEM 变量
(dbmem.sign <- sort(mite.det.dbmem.fwd$order))
# 赋予所有显著 dbMEM 变量一个新的对象
dbmem.red <- mite.dbmem[ ,c(dbmem.sign)]
```

```
# 4. 将显著 dbMEM 变量任意分成宽尺度和微尺度两组变量
# 宽尺度:dbMEM 1, 3, 4, 6, 7
dbmem.broad <- dbmem.red[ , 1 : 5]
# 微尺度:dbMEM 10, 11, 20
dbmem.fine <- dbmem.red[ , 6 : 8]
# 5. 甲螨-环境-趋势-dbMEM 变差分解
(mite.varpart <-
```

```
    varpart (mite.h, env.red, mite.xy, dbmem.broad, dbmem.
        fine))
# 图解变差分解各个部分并附上数值
par(mfrow = c(1,2))
showvarparts(4, bg = c("red", "blue", "yellow", "green"))
plot(mite.varpart,
    digits = 2,
    bg = c("red", "blue", "yellow", "green")
)
```

函数 plot.varpart() 的默认选项为负的 R_{adj}^2 不添加数值，如果要显示负数值，请设置参数 cutoff = -Inf。

```
# 检验单独解释部分[a],[b],[c]和[d]
# [a]部分,环境变量独立解释部分
anova(
  rda (mite.h, env.red, cbind(mite.xy, dbmem.broad, dbmem.
    fine))
)
# [b]部分,趋势独立解释部分
anova(
  rda (mite.h, mite.xy, cbind(env.red, dbmem.broad, dbmem.
    fine))
)
# [c]部分,宽尺度空间变量独立解释部分
anova (rda(mite.h, dbmem.broad, cbind (env.red, mite.xy,
    dbmem.fine))
)
# [d]部分,微尺度空间变量独立解释部分
anova(
  rda ( mite.h, dbmem.fine, cbind ( env.red, mite.xy,
    dbmem.broad))
)
```

所有部分的解释比例都是显著的。

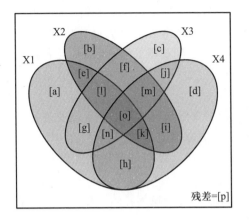 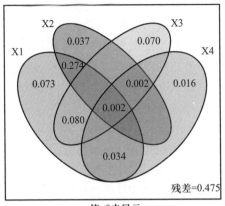

值<0未显示

图 7.8 非去趋势甲螨数据变差来源分解为环境变量组分（X1），线性趋势组分（X2），
宽尺度（X3）和微尺度（X4）dbMEM 空间变量组分。图中未标数字的部分
表示负的 R_{adj}^2 值。所有的数字均可以从输出结果表格获得

  解读图 7.8 这种复杂的变差分解图的时候，必须牢记 R^2 的校正过程都是直接通过 RDA 完成的，无须通过偏 RDA 或是多元回归获取（这里是输出表格的前 15 行）。而从 [a] 到 [p] 每部分的数值可以通过减法获得。但通过减法经常会获得数值很小的负 R_{adj}^2。负的 R_{adj}^2 表示该解释变量能够解释总变差的比例比随机生成的变量解释的比例还要小，因此，通常在实际应用中，负的 R_{adj}^2 通常视为 0 且不解读[①]，但为了使所有组分的 R_{adj}^2 加起来等于 1，有时必须标注为真实的 R_{adj}^2。

  全部环境变量和全部空间变量共能解释 52.5% 的未去趋势甲螨数据的变差（见 "All" 部分的 R_{adj}^2）。环境变量（结果输出的 X1 矩阵）能够解释 40.8% 变差，但只有 7.3% 与空间变量无关（[a] 部分）。[a] 部分也代表与局部环境条件相关的物种-环境关系。

  环境变量和空间变量的共同解释组分代表环境变量空间结构所能解释的部分（特别是 [e]、[g] 和 [l]）。[e]（解释 27.4% 变差）是环境变量和线性趋势（X-Y 坐标）共同解释的部分，这是典型的"诱导性空间变差（induced spatial variation）"，即环境变量空间变化引起响应变量产生类似的空间变化。[g]（解释 8.0% 变差）和 [h]（3.4%）是环境变量和宽尺度、微尺度 dbME 变量共同解释的部分，这两部分也是环境变量空间变化引起响应变量产生类似

---

  ① 如果两个变量或两组变量共同解释部分 [b] 为负，表示 X 和 W 合在一起作为解释变量解释 Y 的 R^2 比两个单独作为解释变量的 R^2 之和还要大（Legendre 和 Legendre，2012，第 573 页）。例如，当 X 和 W 之间负相关，且它们与 Y 均正相关，就会发生这种情况。——著者注

的空间变化，但空间结构比线性趋势的空间结构更复杂。当有些变差能够被环境变量和空间变量共同解释时，在推断物种与环境相互关系时必须特别小心：可能是环境变量直接影响物种（直接的诱导性空间变差），也可能是尚未测量但具有空间结构的过程影响物种群落和环境变量（例如：历史事件引起的空间变化）。

变差分解的结果也显示各组变量独立解释部分差异比较大：环境变量独立解释部分（[a]，7.3%）和宽尺度空间变量独立解释部分（[c]，7.0%）比较大，但趋势独立解释部分（[b]，3.7%）和微尺度空间变量独立解释部分（[d]，1.6%）比较小。

还有一部分只能被空间变量解释而不能被环境变量解释的变差大约占总变差的 11.6%（包括 [b]、[c]、[d]、[f]、[i]、[j] 和 [m]）。这些变化量与宽尺度和中尺度的空间变量关系密切，可以认为宽尺度和中尺度上尚未测量的环境变量或许可以解释这部分变化量，当然也不能排除是过去历史事件在甲螨群落留下的痕迹（Borcard 和 Legendre，1994）。微尺度空间变量能解释的变差可能与中性（neutral）生物学过程有关。中性生物学过程包括生态漂变（物种数量动态取决于由竞争、捕食-被捕食等过程决定的随机繁殖和随机存活）和随机扩散（动物的迁徙和植物的繁殖扩散）。通过 dbMEM 变量控制空间相关的影响，可以用于检测物种-环境之间真正的关系，这部分将在第 7.4.3.4 节讨论。

尽管宽尺度和微尺度 dbMEM 变量相互正交，但它们共同解释的方差部分 [j+m+n+o] 等于 -0.7%，而不是等于 0，究其原因可能是其他变量（环境变量和趋势变量）与 dbMEM 变量未正交，也可能是这部分数值通过校正 R^2 的相减获得，而 R^2 校正计算过程解释变量样本量不同会产生误差。

7.4.3 更广泛的 MEM：除地理距离外的权重

7.4.3.1 引言

dbMEM 利用非常巧妙的方法去构建一组线性独立的空间变量。dbMEM 自发布之后很快受到广大学者的青睐，一些研究论文也使用这种方法，但故事还没有结束。

Dray 等（2006）表明原始的 PCNM 是更广泛的一类分析方法——Moran 特征向量图（Moran's eigenvector map，MEM）的一种特例，并以此明确了原始的 PCNM 的数学形式。他们同时也演示了 MEM 特征向量的特征根与 Moran 空间相关指数（公式 7.3）之间的关系。

Dray 等（2006）认为基于空间特征根分解的样方之间的关系由两部分构成：① 连接矩阵（connectivity matrix）表示对象之间的连接列表；② 连接的

权重（weights）矩阵，最简单权重是二元权重矩阵（即两个对象连接为 1，不连接为 0）。复杂一点的情况是对象之间连接的权重以非负的数值表示，代表连接点之间（有机体、能量、信息等）交流的难易程度，例如，权重的数值可以反比于样方之间欧氏距离的平方。

此外，Dray 等（2006）还表明：① 使用样方间的相似（similarities）矩阵代替距离矩阵，② 设定样方自身的关系为零（null）相似性，③ 避免 PCoA 运算过程中特征向量平方根标准化，这样可以获得一类既能够直接给出 Moran 指数也能够最优化空间变量的方法——MEM。MEM 方法可以产生 $n-1$ 个带正特征根或负特征根的空间变量，即得到更大范围内模拟正负空间相关的空间变量。MEM 特征向量会使 Moran 指数最大化，而特征根等于 Moran 指数乘以一个常数。因此，数据空间结构按照这样一种方式排列：轴首先展示正的自相关结构（正相关程度递减），然后展示负的自相关结构（负相关程度递增）。

MEM 运算过程首先需要定义描述样方之间关系的两个矩阵：
- 二元连接矩阵 B：定义样方对之间是否连接（连接为 1，不连接为 0）；
- 权重矩阵 A：定义连接的强度。

最终的空间权重矩阵（spatial weighting matrix）W 是矩阵 B 和 A 的 Hadamard 积（即相同位置项的乘积）。

可以通过距离（首先选定某个距离阈值，然后连接距离阈值范围内所有的点）或其他的连接方法（例如 Delaunay 三角网、Gabriel 图或在 Legendre 和 Legendre（2012）第 13.3 节所描述的其他方法）构建连接矩阵 B。当然，连接矩阵也可根据特殊需求设定，例如，只允许沿湖岸（而不是整个水域）或沿岛屿的海岸线连接样方。

权重矩阵 A 并非必需，但它经常用距离赋予连接的权重，例如，因为生态过程对群落的影响经常随距离的增加而减弱，可以设定权重反比于距离或距离的平方。B 和 A 矩阵的设定非常重要，因为直接影响所获得的空间变量，空间变量进而影响空间分析的结果，特别是在不规则的取样下，影响更大。"在规则取样下（例如规则栅格取样），使用不同方法获得的 W 矩阵，空间结构分析结果应该非常相似。但对于不规则样方分布，不同方法获得的 W 矩阵对正负特征根的数量和以特征向量模拟的空间结构的影响非常大"（Dray 等，2006）。Dray 等（2006）也提供如下一般性的建议：

"空间权重矩阵 W 的选择是空间分析中最关键的步骤。这个矩阵是样方间空间相互作用的建模。在某些情况下，可以采用生物学理论导向的规则构建空间权重矩阵 W[...]。然而，在大多数情况下，用特定的规则构建 W 矩阵非常困难，根据数据的情况（数据导向）构建 W 矩阵也经常用。如果根据数据设定 W 矩阵，目标则是构建一个能够获得最优性能的空间模型的空间权重矩阵 W"。

对于数据导向的方法，Dray 等（2006）也提出相应的做法：用户首先构建一系列可能的空间权重矩阵，计算每种候选空间权重矩阵的 MEM 特征函数，按照解释能力对特征函数进行排位，然后再逐一输入空间模型并记录最低的校正 AIC_c。对于每种候选的空间权重矩阵都进行上述计算，最终保留产生最低校正 AIC_c 的 W 矩阵。

基于 AIC_c 选择空间权重矩阵 W 并不是唯一的选择。我们也可以利用 Blanchet 等（2008a）双终止准则对所有候选模型中的 MEM 变量进行前向选择，然后保留最高 R^2_{adj} 的模型。当然，Dray 等（2006）论文发表时 Blanchet 等（2008a）的双终止准则还未发表，Dray 等（2006）在论文里提到前向选择的弊端，而 Blanchet 等（2008a）双终止准则能够很好地解决这个弊端。

7.4.3.2 甲螨数据广义 MEM 分析

Dray 等（2006）曾经使用甲螨数据演示 MEM 分析。此处重复他们的分析，同时探索在分析过程中如何做正确的选项选择。下面的案例基本上参考 Stéphane Dray 编写的 MEM 分析教程，在此对 Dray 表示感谢。

MEM 分析的代码现在在 adespatial 程序包都可以找到，这些函数让模型的选择变得相对简单。当然，最终的结果取决于所选择的模型类型。函数 test.W() 组合了 MEM 变量的构建程序和模型选择程序，非常有用，详细情况可以查看 test.W() 函数帮助文件。

下面尝试三类模型：

- 第一类是基于二元权重的 Delaunay 三角网；
- 第二类是从与第一类相同的连接矩阵（Delaunay 三角网）开始，再添加权重。权重反比于样方之间的欧氏距离：$f_2 = 1 - (d/d_{max})^\alpha$，式中 d 是地理距离值，d_{max} 是距离矩阵内的最大值。这个权重确保交流的难易程度是从 1（交流容易）到 0（无交流）的变量。
- 第三类是基于取样点周围的特定距离（连接阈值）范围评估一系列模型。如果样方对的距离在设定范围距离之内，都视为连接，否则视为不连接。可以通过响应变量的多元变异函数图（multivariate variogram）确定连接阈值。变异函数图是半方差（semivariance）随距离等级的变化图，其中半方差是方差距离依赖的测度，与之前讨论的相关图类型相同（例如：Bivand 等，2013）。并与第二类模型一样，权重反比于样方之间的欧氏距离，最终结果将与 Dray 等（2006）论文中的分析结果相同。

为了与 dbMEM 分析保持一致，我们将只选择 Moran 指数大于期望值的 MEM 变量（即模拟正空间相关）。如果要选择使用所有 MEM 变量计算分析，请在调用函数 test.W 中更改参数 MEM.autocor 为"all"。

第一类和第二类 MEM 模型：非权重（二元）和距离权重的 Delaunay 三

角网。

```
# 最优空间权重矩阵的筛选
# 1. 基于 Delaunay 三角网搜索
# 使用 mite.h.det 作为响应变量,使用 mite.del 作为构建 Delaunay
# 三角网的数据。
# 非权重矩阵(仅二元权重):1 表示连接(交流容易);0 表示不连接(无交
# 流)。
# 使用 test.W 函数从基于 Delaunay 三角网构建的 MEM 变量中选择变量。
# Delaunay 三角网和模型选择
(mite.del <- tri2nb(mite.xy))
mite.del.res <-
  test.W(mite.h.det,
         mite.del,
         MEM.autocor = "positive")
```

> 屏幕结果显示最优模型的 **AIC$_c$值为−93.87**(基于 **6 个 MEM** 变量)。

```
#总结最优模型的输出结果
summary(mite.del.res$best)
# 返回最小 AICc 值模型的未校正 R2
(R2.del <-
  mite.del.res$best$AIC$R2[which.min(mite.del.res$best$
                          AIC$AICc)])
# 最小 AICc 值模型的未校正 R2
RsquareAdj(
  R2.del,
  n = nrow(mite.h.det),
  m = which.min(mite.del.res$best$AIC$AICc)
)
# 2. 通过距离函数设定权重的 Delaunay 三角网
# 距离被转化为最大值为 1,并且随着幂 y 增加。
# 被函数 f2 转化的距离值,接近 1 代表样方之间交流容易
# 接近 0 表示样方之间交流困难
f2 <- function(D, dmax, y)
{
```

```
  1 - (D/dmax)^y
}
# 属于 Delaunay 三角网内连接的最大欧氏距离
max.d1 <- max(unlist(nbdists(mite.del, as.matrix(mite.xy))))
# 设定幂参数由 2 到 10
mite.del.f2 <-
  test.W(mite.h.det, mite.del,
         MEM.autocor = "positive",
         f = f2,
         y = 2:10,
         dmax = max.d1,
         xy = as.matrix (mite.xy) )
```

屏幕结果显示最优模型的 **AIC$_c$值为 −95.32**（基于 **4 个 MEM 变量**）。

```
# 最优模型未校正的 R2
(R2.delW <-
  mite.del.f2$best$AIC$R2[which.min(mite.del.f2$best$AIC
                        $AICc)])
# 最优模型校正的 R2
RsquareAdj(
  R2.delW,
  n = nrow(mite.h.det),
  m = which.min(mite.del.f2$best$AIC$AICc)
)
```

第三类 MEM 模型：基于距离的连接矩阵。

```
# 3a. 基于距离的连接矩阵(以点为中心、以距离阈值为半径范围内的点均
# 连接)
# 通过去趋势甲螨数据的多元变异函数图(基于 20 个距离等级)选择距离
# 阈值
(mite.vario <- variogmultiv(mite.h.det, mite.xy, nclass = 20))
plot(
  mite.vario$d,
```

```
mite.vario$var,
ty = 'b',
pch = 20,
xlab = "距离",
ylab = "C(距离)"
)
```

　　图 7.9 展示多元变异函数图，纵坐标是所有物种一元变异函数的和。图中显示方差从 0 m 到 4 m 区间是增加的。如果保证所有样方都连接的最短距离为 1.011187 m（见 dbMEM 分析），尝试构建从 1.0111 m 至 4 m（与 dbMEM 分析相同，4 倍阈值）的 10 个等距离分布的距离等级邻体矩阵。

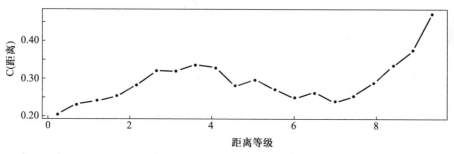

图 7.9　去趋势甲螨数据的多元变异函数图（20 个距离等级）

```
# 10 个邻体矩阵(nb 类)构建
# 10 个距离阈值向量
(thresh10 <- seq(give.thresh(dist(mite.xy)), 4, le = 10))
# 生成 10 个邻体矩阵
# 每个邻体矩阵包含所有连接距离 ≤ 阈值
list10nb <-
  lapply(thresh10,
         dnearneigh,
         x = as.matrix(mite.xy),
         d1 = 0)
# 显示第一个邻体矩阵部分内容
print(
  listw2mat(nb2listw(list10nb[[1]], style = "B"))[1:10,1:10],
  digits = 1
```

```
)
# 现在可以用 test.W() 函数分析 10 个邻体矩阵,此处没有连接的权重
mite.thresh.res <-
  lapply(list10nb,
    function(x) test.W(x,
                        Y = mite.h.det,
                        MEM.autocor = "positive")
)
# 最小 AICc 值,最优模型,最优模型的距离阈值
mite.thresh.minAIC <-
  sapply(mite.thresh.res,
          function(x) min(x$best$AIC$AICc, na.rm = TRUE))
# 最小 AICc (10 个模型当中的最优模型)
min(mite.thresh.minAIC)
# 最优模型的位置
which.min(mite.thresh.minAIC)
# 削减距离阈值
thresh10[which.min(mite.thresh.minAIC)]
```

> 提示: **dnearneigh()** 函数要求输入两个地理位置维度。如果用户只有一个维度的数据(例如样带数据或时间序列数据),需要添加一个常数列。

确认以最低 AIC$_C$ 模型作为最优模型。这个模型的距离范围是多少? 多少 MEM 变量被选择?

上面的结果与带权重 Delaunay 三角网的 MEM 模型产生结果相比更好,最优模型(距离阈值为 2 m)的 AIC$_C$ 为 -99.85,而且只保留 4 个 MEM 变量。下面请看,如果通过反比于距离的权重矩阵能否改善分析效果。

```
# 3b 变体:与上面一样属于第三类 MEM 模型,但连接通过距离幂函数 1-
# (d/dmax)^y # 设距离被转化为最大值为 1,并且随着幂 y 增加。
# 被函数 f2 转化的距离值,接近 1 代表样方之间交流容易
# 接近 0 表示样方之间交流困难
mite.thresh.f2 <-
  lapply(list10nb,
```

```
          function(x) test.W(x, Y = mite.h.det,
          MEM.autocor = "positive",
          f = f2,
          y = 2:10,
          dmax = max(unlist(nbdists(x, as.matrix(mite.xy)))),
          xy = as.matrix(mite.xy)))
# 最低 AIC,最优模型
mite.f2.minAIC <-
  sapply(mite.thresh.f2,
          function(x) min(x$best$AIC$AICc, na.rm = TRUE))
# 最低 AIC,最优模型
min(mite.f2.minAIC)
# 最优模型的位置
(nb.bestmod <- which.min(mite.f2.minAIC))
# 最优模型实际的 dmax
(dmax.best <- mite.thresh.f2[nb.bestmod][[1]]$all[1,2])
```

> 提示：函数的输出显示每个阈值的上限，因此此函数提供的实际 d_{max} 通常小
> 于用户通过选择距离阈值获得的 d_{max}。例如在本例中，用户设定的 10
> 个距离阈值中第 6 个为 2.671639，但真实的矩阵中并无此距离值，
> 只有真实距离 2.668333，因此实际的 d_{max} 应该是 2.668333。
>
> 在某些应用程序中，计算后跟一个或多个警告：
> ```
> 1: In nb2listw(nb, style = "B", glist = lapply(nbdist, f),
>    zero.policy = TRUE) :
> zero sum general weights
> ```
> 这意味着当前的邻体矩阵定义下一个或多个点没有邻体。这可能重要
> 也可能不重要，取决于分析的背景。

从 AIC_c 分析，当前这个模型具有最小的 AIC_c 值 （-100.96），是最理想的
模型。下面将从这个最优模型（含 6 个 MEM 变量）输出对象中提取一些有用
的信息。

```
# 最优 MEM 模型的信息提取
mite.MEM.champ <-
  unlist(mite.thresh.f2[which.min(mite.f2.minAIC)],
```

```
                    recursive = FALSE)
summary(mite.MEM.champ)
# 最优模型 MEM 变量位置
(nvars.best <- which.min(mite.MEM.champ$best$AIC$AICc))
# 按照 R2 大小对 MEM 变量排位
mite.MEM.champ$best$AIC$ord
# 最优模型保留的 MEM 变量
MEMid <- mite.MEM.champ$best$AIC$ord[1:nvars.best]
sort(MEMid)
MEM.all <- mite.MEM.champ$best$MEM
MEM.select <- mite.MEM.champ$best$MEM[ , sort(c(MEMid))]
colnames(MEM.select) <- sort(MEMid)
# 最优模型未校正的 R2
R2.MEMbest <- mite.MEM.champ$best$AIC$R2[nvars.best]
# 最优模型校正的 R2
RsquareAdj(R2.MEMbest, nrow(mite.h.det), length(MEMid))
# 使用 plot.links()函数绘制连接图
plot.links(mite.xy, thresh = dmax.best)
```

　　最优的 MEM 模型包含 6 个 MEM 变量（1、2、3、6、8、9），其 R^2_{adj} = 0.258。想要避免过度拟合的读者可以使用基于 AIC 的 MEM 分析结果并使用 Blanchet 等双终止原则前向选择。备选的 MEM 变量都已经存在于 MEM.all 这个对象里面。双终止原则前向选择产生具有 MEM 1、2、3 和 6 的模型（R^2_{adj} = 0.222）。

　　与 dbMEM 分析类似，可以将 6 个显著的 MEM 变量作为解释变量对去趋势甲螨数据进行 RDA 分析：

```
# 被显著的 MEM 变量约束的去趋势甲螨数据 RDA 分析
(mite.MEM.rda < - rda(mite.h.det ~ ., as.data.frame
(MEM.select)))
(mite.MEM.R2a <- RsquareAdj(mite.MEM.rda)$adj.r.squared)
anova(mite.MEM.rda)
(axes.MEM.test <- anova(mite.MEM.rda, by = "axis"))
# 显著轴的数量
(nb.ax <-
```

```
length (which(axes.MEM.test[ ,ncol(axes.MEM.test)] <=
        0.05)))
#绘制两个显著典范轴的样方坐标图
mite.MEM.axes <-
    scores(mite.MEM.rda,
           choices = 1:nb.ax,
           display = "lc",
           scaling = 1
)
if(nb.ax <=  2)
{
        par(mfrow = c(1,2))
} else {
        par(mfrow = c(2,2))
}
for(i in 1:ncol(mite.MEM.axes))
{
sr.value(mite.xy, mite.MEM.axes[ ,i])
}
```

  MEM 模型和 dbMEM 模型的 R^2_{adj} 很相近（分别是接近 0.26 和 0.24），但 dbMEM 模型需要 8 个变量才能达到这样的解释能力，明显比 MEM 模型（只需要 6 个 MEM 变量）复杂。MEM 模型结果图解（此处未显示）与 dbMEM 分析非常相似，说明这两种分析揭示了相同空间结构。

  为了与 dbMEM 变量进行比较，可以在取样区域图中绘制 6 个 MEM 变量。

```
#6个显著MEM变量的空间分布地图
if(ncol(MEM.select) <=  6)
{
        par(mfrow = c(2,3))
}   else  {
        par(mfrow = c(3,3))
}
for(i in 1:ncol(MEM.select))
{
```

```
sr.value(mite.xy,
        MEM.select[ ,i],
        sub = sort(MEMid)[i],
        csub = 2)
}
```

MEM 变量与 dbMEM 变量乍一看很相似，但仔细看差异很大。实际上，这两组变量相关性很弱。

```
# MEM 变量和 dbMEM 变量相关性分析
cor(MEM.select, dbmem.red)
```

尽管 MEM 运算过程很烦琐，需要不断尝试才能获得最优的模型，但最终能够获得一组令人满意的、简约的、高效的空间变量。

7.4.3.3 其他类型的连接矩阵

某些特殊情况下，如果我们已经有特定的空间模型，上面描述的从多个备选模型选择最优模型的办法显然没法使用。本小节将演示如何手动构建几种类型的连接矩阵。

根据研究内容（假设、数据），研究人员有时可能需要设置更密或更稀疏的连接矩阵。有时可能是技术上的原因（例如，在第 7.4.2.1 节 dbMEM 分析中所描述的最小拓展树和 Delaunay 连接矩阵，可能不合适）。有时可能是生态上的原因，比如采样区的地理构造（包括可能存在的障碍、生物体的扩散能力、基质的通透性等）。

除了上面分析中所用到的 Delaunay 三角网之外，**spdep** 程序包还提供很多定义连接矩阵的方法。图 7.10 显示其他几种在 Legendre 和 Legendre（2012）第 13.3 节描述的连接图。图 7.10 中这些连接图按照嵌套关系进行排列，例如最小拓展树（minimum spanning tree）的边缘（连接）被包括在相对邻体图内（relative neighbourhood graph）。

```
# 其他连接矩阵
# 按照嵌套关系排列的连接矩阵
# 所有的连接矩阵都被存为 nb Delaunay 三角网类型对象(与前面案例一
# 样)
#Delaunay 三角网
mite.del <- tri2nb(mite.xy)
# Gabriel 图
```

```
mite.gab <- graph2nb(gabrielneigh(as.matrix(mite.xy)),
                     sym = TRUE)
# 相对邻体图(relative neighbourhood graph)
mite.rel <- graph2nb(relativeneigh(as.matrix(mite.xy)),
                     sym = TRUE)
# 最小拓展树(minimum spanning tree)
mite.mst <- mst.nb(dist(mite.xy))
```

所有的连接矩阵都被存为 **nb** 类型对象。

Delaunay三角网   Gabriel图   相对邻体   最小拓展树

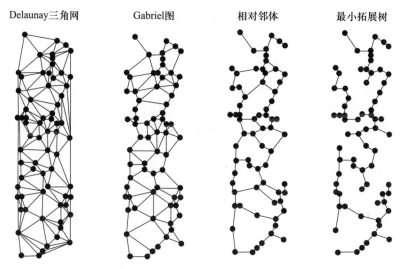

图 7.10 应用于甲螨取样区域图的 4 种类型连接矩阵。4 个图呈现连接数递减的规律。
每个图的连接是前一个图的连接的子集

```
# 绘制连接矩阵图
par(mfrow = c(2,2))
plot(mite.del, mite.xy, col = "red", pch = 20, cex = 1)
title(main = "Delaunay 三角网")
plot(mite.gab, mite.xy, col = "purple", pch = 20, cex = 1)
title(main = "Gabriel 图")
plot(mite.rel, mite.xy, col = "dark green", pch = 20, cex = 1)
title(main = "相对邻体")
plot(mite.mst, mite.xy, col = "brown", pch = 20, cex = 1)
title(main = "最小拓展树")
```

上面这些连接矩阵有时会包括一些不需要的连接（比如，沿着区域的边界的连接）。通过人机交互或直接输入命令代码的方式可以剔除这些连接。

```
# 编辑连接
# 1. 人机交互方式
plot(mite.del, mite.xy, col = "red", pch = 20, cex = 2)
title(main = "Delaunay 三角网")
mite.del2 <- edit.nb(mite.del, mite.xy)
```

如果要删除某个连接，点击连接的两个节点并按照屏幕提示操作。

```
# 2. 或者将 nb 类型对象转换为可编辑矩阵,
# 然后通过命令代码剔除连接
mite.del.mat <- nb2mat(mite.del, style = "B")
# 剔除样方 23 和样方 35 之间的连接
mite.del.mat[23,35] <- 0
mite.del.mat[35,23] <- 0
# 重新转换为 nb 对象
mite.del3 <- neig2nb(neig(mat01 = mite.del.mat))
plot(mite.del3, mite.xy)
# 案例:Delaunay 三角网内样方 23 的邻体列表
mite.del[[23]]        # 删除连接之前
mite.del2[[23]]       # 通过人机交互方法删除连接之后
mite.del3[[23]]       # 通过命令代码方法删除连接之后
```

下面的代码将演示如何基于某个距离范围构建连接矩阵：样方对之间的距离属于给定距离范围的将被连接，否则不被连接。

```
# 基于某个距离(给定半径)的连接矩阵
# 使用 dbMEM 案例中最小的削减距离 dmin = 1.011187m 作为半径
dmin = 1.011187
mite.thresh4 <- dnearneigh(as.matrix(mite.xy), 0, dmin * 4)
# 显示矩阵的一部分
nb2mat(mite.thresh4)[1:10,1:10]

# 使用更短的距离(1 * dmin,2 * dmin)
mite.thresh1 <- dnearneigh(as.matrix(mite.xy), 0, dmin * 1)
```

```
mite.thresh2 <- dnearneigh(as.matrix(mite.xy), 0, dmin * 2)
# 使用更长的距离
mite.thresh8 <- dnearneigh(as.matrix(mite.xy), 0, dmin * 8)


# 绘制部分连接矩阵
par(mfrow = c(1,2))
plot(mite.thresh1, mite.xy, col = "red", pch = 20, cex = 0.8)
title(main = "1 * dmin")
plot(mite.thresh4, mite.xy, col = "red", pch = 20, cex = 0.8)
title(main = "4 * dmin")
```

$1 * d_{min}$ 版本的图显示有一个样方（样方 7）没有被连接。为了避免出现这样的问题，可以使用略大一些的距离阈值。例如此处使用 **1.0011188** 可以使样方 **7** 也被连接。距离小于 **4 m** 的样方对非常多，所以 $4 * d_{min}$ 的图显得非常拥挤。

上面这些连接矩阵依然属于 "nb" 属性的对象。为了进一步调用这些矩阵，需要将其转换为另外一种称为 "listw" 类型对象，转换函数是 **nb2listw()**。

在最简单的情况下，二元矩阵可以直接转换（包括矩阵类型的连接矩阵，可以使用函数 **listw2mat()**）：

```
# "nb"对象转换为"listw"对象
# 案例：上面生成 mite.thresh4 对象。"B"代表二元矩阵
mite.thresh4.lw <- nb2listw(mite.thresh4, style = "B")
print(listw2mat(mite.thresh4.lw)[1:10,1:10], digits = 1)
```

上面的二元矩阵（非权重）可以直接使用 **scores.listw()** 函数产生 MEM 变量（见下面）。

现在如果需要使用基于欧氏距离的权重矩阵（矩阵 A）代替二元矩阵，需要做两步：① 以对应的欧氏距离数值［函数 **nbdists()**］代替二元矩阵中的 "1"；② 在本案例中，反比于距离的函数作为权重值（反映样方之间交流的难易程度）（其他案例中可以使用不同方式定义权重值）：

```
# 生成空间权重矩阵 W = 矩阵 B 和矩阵 A 的 Hadamard 积
# 将连接矩阵内"1"以欧氏距离代替
mite.thresh4.d1 <- nbdists(mite.thresh4, as.matrix(mite.xy))
```

```
# 使用相对距离的反数(即 1-相对距离)作为权重
mite.inv.dist <-
  lapply(mite.thresh4.d1,
           function(x) 1-x/max(dist(mite.xy))
           )
# 生成空间权重矩阵 W。参数"B"代表二元数据但仅表达连接矩阵,而非
# 权重矩阵
mite.invdist.lw <-
  nb2listw(mite.thresh4,
             glist = mite.inv.dist,
             style = "B")
print(listw2mat(mite.invdist.lw)[1:10,1:10], digits = 2)
```

使用相对欧氏距离的反数对所有样方对之间的非零连接进行权重赋值。

现在计算 MEM 空间变量,使用 adespatial 程序包内 **scores.listw()** 函数进行计算。下面基于刚生成的权重距离矩阵计算 MEM 空间变量,并检验其空间相关性 (Moran 指数)。

```
# MEM 变量计算(基于 listw 类型的对象)
mite.invdist.MEM <- scores.listw(mite.invdist.lw)
summary(mite.invdist.MEM)
attributes(mite.invdist.MEM)$values
barplot(attributes(mite.invdist.MEM)$values)


# 将所有的 MEM 向量存在新的对象中
mite.invdist.MEM.vec <- as.matrix(mite.invdist.MEM)


# 每个特征向量 Moran 指数的检验
mite.MEM.Moran <-
  moran.randtest(mite.invdist.MEM.vec, mite.invdist.lw, 999)


# 显著空间相关的 MEM 变量
which(mite.MEM.Moran$pvalue <=  0.05)
```

```
length(which(mite.MEM.Moran$pvalue <=  0.05))
```

MEM 变量 1、2、3、4、5 和 6 模拟具有显著的正空间相关。

```
# 显著空间相关的 MEM 变量
MEM.Moran.pos <-
  which ( mite.MEM.Moran $ obs  > - 1 / ( nrow ( mite.invdist.
      MEM.vec )-1))
mite.invdist.MEM.pos <- mite.invdist.MEM.vec[ ,MEM.Moran.pos]
# 显著的正空间相关 MEM 变量
mite.invdist.MEM.pos.sig <-
  mite.invdist.MEM.pos [ ,which(mite.MEM.Moran$pvalue <=
                0.05)]
```

为了演示 MEM 变量和 Moran 指数有直接的联系，我们可以绘制 MEM 变量特征根和 Moran 指数之间的散点图：

```
# MEM 特征根 vs. Moran 指数散点图
plot(attributes(mite.invdist.MEM)$values,
     mite.MEM.Moran$obs,
     ylab = "Moran's I",
     xlab = "Eigenvalues"
)
text(0, 0.55,
     paste("Correlation = ",
           cor(mite.MEM.Moran$obs,
               attributes(mite.invdist.MEM)$values
               )
           )
)
```

和前面 dbMEM 分析相同，MEM 变量也可以作为解释变量，并对响应变量进行 RDA 分析和多元回归分析。

这里的演示仅仅是有限的几个案例，建议读者查看 **adespatial** 程序包使用手册，其中详细介绍了如何产生、展示和应用各种不同的连接矩阵。

7.4.3.4 使用 MEM 控制空间相关

Peres-Neto 和 Legendre（2010）探索多项式和 MEM 特征函数在统计检验

中控制空间相关的潜在用途。他们的主要结论是：MEM 能够充分实现控制空间相关的目标，多项式则不能。同时，他们也提出利用 MEM 控制空间相关的步骤：① 使用所有正的 MEM 变量检验响应变量是否存在显著的空间结构。② 如果全模型为显著，利用前向选择 MEM 变量，但必须按物种逐个分析后保留被选择 MEM 变量的集合（创新点），即保留所有被选过一次及一次以上的 MEM 变量。③ 将保留的 MEM 变量作为协变量矩阵去控制空间相关的影响，然后再检验 MEM 解释过的物种－环境变量的关系。Peres-Neto 和 Legendre（2010）表明上述分析可以在空间相关存在的情况下获得物种－环境变量关系分析（线性模型）的准确的 p 值（即犯 I 类错误的概率）。

7.4.3.5 嵌套空间尺度取样设计的 MEM

很多具有层次结构的自然实体（例如：集合种群或集合群落；不同尺度的景观）需要嵌套取样设计（nested sampling designs）。Declerck 等（2011）曾经列举过嵌套取样的案例，研究高安第斯山（High Andes）几个山谷湿地水池内水蚤集合群落。作者利用双水平的空间模型分析山谷内部和山谷之间集合群落的空间结构。山谷之间的空间组分可以通过一组虚拟变量进行模拟。而对于山谷内部的空间组分，每个山谷都选择其中几个水池取样，因此每个山谷都可以通过计算获得一组 MEM 变量。将虚拟变量和 MEM 变量组成一个单一交错矩阵。MEM 变量通过所表征的山谷重新进行组织，对于每个山谷，不属于该山谷的 MEM 变量全部设为 0，Legendre 等（2010）在该文献附录 C 中提到类似的方法（空间－时间分析）。Declerck 等（2011）提供的 **create.MEM.model()** 函数，可以从笛卡尔坐标系和组间与组内样方编号信息直接构建交错空间矩阵。**create.MEM.model()** 函数的升级版 **create.dbMEM.model()** 已经被包括在 adespatial 程序包中。

7.4.4 应该使用正空间相关还是负空间相关的 MEM？

由上面的空间建模案例生成的 dbMEM 变量和 MEM 变量中，有些是模拟正空间相关，有些是模拟负的空间相关。于是问题也随之产生：应该将所有显著的空间变量都作为解释变量进行下一步的典范排序或多元回归分析？还是只选正空间相关变量？

这个问题没有明确的答案。从生态学的角度讲，自然界连续变化的过程往往呈现正空间相关的现象，因此一般情况下正空间相关更受关注。另一方面，经验告诉我们，显著的负空间相关往往与局部的偶然数据结构有关，在变差分解过程中它们属于纯的空间组分，即与生物的相互作用有关。如果对负的空间相关感兴趣，所有的特征向量都应该考虑进入下一步的分析。

dbMEM 分析可以生成 $n-1$ 特征函数（$n=$ 样方数量），其中几乎 $n/2$ 为正空间相关的变量，因此，可以使用 Blanchet 等（2008a）双终止准则（包括计算全模型的 R_{adj}^2）的变量前向选择程序对所有变量进行筛选。广义的 MEM 分析可以产生 $n-1$ 个空间变量，如果全部输入回归模型，将得到非常烦琐的模型。Blanchet 等（2008a）提出应该将正相关和负相关的 MEM 变量分别进行变量筛选（通常是前一半为正相关变量，后一半为负相关变量），然后使用 Sidák（1967）方法校正概率值：$P_s = 1-(1-P)^k$，式中 P 是被校正的 p 值，k 是检验的次数（此处 $k=2$）。当然，这仅在感兴趣的是负空间相关性的具体情况下有用。

7.4.5 具有方向性的非对称特征向量图（AEM）

7.4.5.1 引言

上面所用到的 dbMEM 和 MEM 分析都是模拟物理过程产生的无方向性的响应空间结构（例如群落）。换句话说，任何位置的点对周围的影响都不具有方向性。

然而，在某些情况下，必须考虑方向性。最突出的案例是河流或溪流，这些特殊区域的物理过程具有地理不对称性，即一个点对另一个点的影响一般是从上游到下游的方向，但鱼类从下游到上游的洄游则是相反的方向。基于距离矩阵或连接矩阵计算的 dbMEM 变量和 MEM 变量并不具有方向性。不包括方向信息的模拟虽然能够揭示主要的空间结构，但不能充分展示所有方向性结构信息。方向性过程可能会让数据产生趋势，所以数据的趋势不一定在非对称特征向量图（asymmetric eigenvector map，AEM）分析之前提取。换句话说，数据的趋势性分析应该属于 AEM 分析的一部分。

这也是 Blanchet 等（2008b）开发具有方向性的非对称特征向量图（AEM）的原因。AEM 也是一种基于特征函数的分析方法，分析过程需要用到物理过程的方向性，必要时还可以加入与 MEM 分析相同的信息（如样方的空间坐标、连接图、权重）。AEM 分析对模拟树形取样设计的空间结构效果最好，例如河流网络、二维的跨河取样设计或大河或海洋水流流向的取样。根据研究目的，河流网络的原点（orgin）或根部（root）可以设定在上游（例如研究可溶性化学物质的流向、浮游生物的扩散，等等），也可以设定在下游（例如研究鱼类入侵线路）。

对于样带或时间系列数据分析，利用 AEM 变量和利用 MEM 变量作为解释变量的回归分析或典范排序分析结果很相似，大部分情况下具有相似的 R^2（虽然不一定完全相等）。AEM 特征函数与 MEM 特征函数都是余弦状，虽然 AEM 比 MEM 的波长更长。如果 n 个取样点沿着样带均匀分布，假设取样点之间的距离为 s，那么第 i 个 AEM 变量的波长为 $\lambda_i = 2ns/i$。AEM 分析更合适模拟由方向性物理过程产生的梯度或其他空间结构。

AEM 分析是专为具有方向性的因果关系的物理过程驱动群落的分析而设计的。这种空间结构与简单的生态梯度不同，生态梯度是指生态因子具有空间结构，但同时不排除群落本身也可以在任何方向有相互作用。因此对于生态梯度，用 dbMEM 和 MEM 模拟可能更合适。

7.4.5.2　AME 分析的原理和应用

AME 分析所需的基本信息是一个表格，其中每个样方通过连接（根据图形学术语，此后称为"边缘（edges）"）描述，所有的样方都放在具有方向性的节点上，这样生成一个矩形的样方-边缘表格 E。在 E 表格内，如果某一个样方需要经过该边缘才能达到网络的根，标注为 1，否则标注为 0。

Legendre 和 Legendre（2012，第 1.4.3 节）给出一个鱼类从河口到一组通过流向连接的湖泊迁移的案例。还有其他一些案例，例如沿着大河和海洋水流方向进行二维栅格规则或不规则取样，每个取样点对其下游点有方向性的影响。假设取样过程从上游到下游，其中虚拟的样方"0"标注在取样区域的上游，代表这个树形结构的根，同时第一行每个点都与这个根连接，网络中所有边缘均被编号。在表格 E 内，行（i）代表样方，列（j）代表边缘。AEM 所用表格 E 的构建规则：$E(i, j) = 1$ 表示将样方 i 必须经过边缘 j 才能到达根（或样方 0）；否则 $E(i, j) = 0$。

如果有必要，可以赋予表格 E 内边缘（列）权重，例如，有些路径方向性影响的传递比其他路径更容易。

接下来的步骤是将表格 E 转化为特征函数。实现这个转化有很多不同的方法，其中最简单的是对表格 E 进行 PCA 分析，然后获得的主成分即为特征函数。AEM 能够产生 $n-1$ 个正特征根，但不会产生负特征根。但特征函数可以被分为模拟正空间相关和模拟负空间相关的变量，因此，与 MEM 变量一样，显著变量的筛选必须分为两组进行。

Blanchet 等（2008b）对 AEM 构建有更详细的解释。他们也提出一些与边缘的定义和权重有关的问题，这些问题对于 AEM 分析结果的影响很大。Blanchet 等（2011）提出 AEM 用于真实生态数据的三种情况。

此处第一个案例基于 Legendre 和 Legendre（2012，第 14.3 节第 889 页）所示范的河流树形图，构建一组虚拟的 AEM 变量。这个案例演示如何手动构建最简单的 AEM 变量。8 个节点是由通过河流连接的 6 个湖泊，加上两条河的交汇点（图 7.11）。可以使用 adespatial 程序包内函数 **aem( )** 实现 AEM 分析。

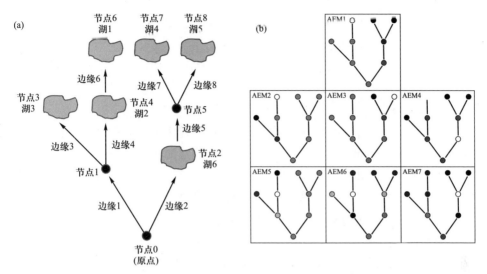

图 7.11 AEM 变量构建。(a) 河流网络；(b) aem()函数产生的 7 个相应的
AEM 变量（依照 Legendre 和 Legendre，2012 重绘）

```
# 生成河流树形图代码
# 见 Legendre 和 Legendre（2012，第 889 页）.
node1 <- c(1, 0, 0, 0, 0, 0, 0, 0)
n2lk6 <- c(0, 1, 0, 0, 0, 0, 0, 0)
n3lk3 <- c(1, 0, 1, 0, 0, 0, 0, 0)
n4lk2 <- c(1, 0, 0, 1, 0, 0, 0, 0)
node5 <- c(0, 1, 0, 0, 1, 0, 0, 0)
n6lk1 <- c(1, 0, 0, 1, 0, 1, 0, 0)
ln7k4 <- c(0, 1, 0, 0, 1, 0, 1, 0)
n8lk5 <- c(0, 1, 0, 0, 1, 0, 0, 1)
arbor <- rbind(node1, n2lk6, n3lk3, n4lk2, node5,
               n6lk1, ln7k4, n8lk5)


# AEM 变量构建
(arbor.aem <- aem(binary.mat = arbor))
arbor.aem.vec <- arbor.aem$vectors
# AEM 特征函数也可以利用奇异值分解（函数 svd()）获得,其实 aem() 函数
# 也做相同的运算。
arbor.c <- scale(arbor, center = TRUE, scale = FALSE)
```

```
arbor.svd <- svd(arbor.c)
#奇异值
arbor.svd$d[1:7]
# AEM 特征函数
arbor.svd$u[ ,1:7]
```

如果数据点和边缘的数量太多,上述简单的程序已经无法解决。下面演示构建复杂的 AEM 变量,该取样设计包括 10 个跨河的样带,每个样带有 4 个样方,边缘的权重反比于相对距离的平方(图 7.12)。**spdep** 程序包内函数 **cell2nb( )** 可以构建预先定义栅格维度的邻体列表。

```
# 取样设计代码:10 个跨河的样带,每个样带有 4 个样方,边缘的权重反比
# 于相对距离的平方
# X-Y 坐标
xy <- cbind(1:40, expand.grid(1:4, 1:10))
# nb 类型对象(spdep 程序包)包含类似国际象棋的"女王"的连接
nb <- cell2nb(4, 10, "queen")
# 样方-边缘矩阵(产生一个虚拟对象"0")
# 具有逐个边缘矩阵的自动绘图
edge.mat <- aem.build.binary(nb, xy)
# 欧氏距离矩阵
D1.mat <- as.matrix(dist(xy))
# 提取边缘,剔除那些直接连接"0"的边缘
edges.b <- edge.mat$edges[-1:-4,]
# 构建一个代表每个边缘长度的向量
length.edge <- vector(length = nrow(edges.b))
for(i in 1:nrow(edges.b))
{
    length.edge[i] <- D1.mat[edges.b[i,1], edges.b[i,2]]
}
# 将相对距离平方的反数作为每个边缘的权重
weight.vec <- 1-(length.edge/max(length.edge))^2
# 从 edge.mat 对象构建 AEM 特征函数
example.AEM <-
  aem(aem.build.binary = edge.mat,
```

```
      weight = weight.vec,
      rm.link0 = TRUE)
example.AEM$values
ex.AEM.vec <- example.AEM$vectors
```

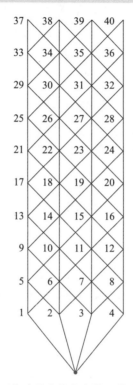

图 7.12 为演示 AEM 分析而构建的虚拟方向性二维取样设计：10 个跨河的样带，每个样带有 4 个样方。样方 0 设定在上游（图的底部）以明确水流的方向

下面构建 40 个样方内观察到的 5 种虚拟物种：

```
# 构建 5 种虚拟物种
# 两种随机分布的物种
sp12 <- matrix(trunc(rnorm(80,5,2),0),40)
# 其中一个物种限制分布于溪流上半部分
sp3 <- c(trunc(rnorm(20,8,2.5),0), rep(0,20))
# 另一个物种限制分布于样带的左半部
sp4 <- t(matrix(c(trunc(rnorm(20,8,3),0), rep(0,20)),10))
sp4 <- as.vector(sp4)
```

```
# 还有一个物种限制分布于左上部 4 个样方
sp5 <- c(4,7,0,0,3,8, rep(0,34))
# 构建物种矩阵
sp <- cbind(sp12, sp3, sp4, sp5)
colnames(sp) <- c("sp1", "sp2", "sp3", "sp4", "sp5")
```

现在准备使用先前生成的前一半的 AEM 变量（20 个正空间相关的变量）运行 AEM 分析。需要注意的是，5 个物种中有 4 个物种具有随机成分，因此每次运行 AEM 分析，结果会有所不同。

```
# 前 20 个 AEM 变量的全模型 AEM 分析(计算 R2a)
AEM.20 <- rda(sp ~ ., as.data.frame(ex.AEM.vec[ ,1:20]))
(R2a.AEM <- RsquareAdj(AEM.20)$adj.r.squared)


# AEM 变量的前向选择
AEM.fwd < - forward.sel ( sp, ex.AEM.vec, adjR2thresh =
                           R2a.AEM)
(AEM.sign <- sort(AEM.fwd[ ,2]))
# 将显著的 AEM 变量赋予新的对象
AEM.sign.vec <- ex.AEM.vec[ ,c(AEM.sign)]
# 显著 AEM 变量的 RDA
(sp.AEMsign.rda <- rda ( sp ~ ., data = as.data.frame(AEM.
                          sign.vec)))
anova(sp.AEMsign.rda)
(AEM.rda.axes.test <- anova(sp.AEMsign.rda, by = "axis"))
# 显著轴的数量
(nb.ax.AEM <- length (which(AEM.rda.axes.test[ ,4] <=
                      0.05)))
# 校正 R2
RsquareAdj(sp.AEMsign.rda)


# 绘制显著典范轴
AEM.rda.axes <-
  scores(sp.AEMsign.rda,
         choices = c(1,2),
```

```
        display = "lc",
        scaling = 1)
par(mfrow = c(1,nb.ax.AEM))
for(i in 1:nb.ax.AEM) sr.value(xy[ ,c(2,3)], AEM.rda.axes[ ,i])
```

在具有随机物种分布的情况下，大部分运行中，上面的案例结果揭示由溪流上半部的物种所形成的上下对照格局，以及由溪流左上部的物种所形成的左右对照格局。分布更窄的物种 5 所形成的格局并不明显。

在 Blanchet 等（2008a，b，2011）以及 Gray 和 Arnott（2011），Sharma 等（2011）等论文中提出了 AEM 建模的应用。

7.5　另外一种了解空间结构的途径：多尺度排序（MSO）

7.5.1　原理

Wagner（2003；2004）采用一种与前面所讨论的方法完全不同的途径，将空间信息和 MEM 特征函数整合到典范排序中。根据"残差的自相关会影响统计检验结果"这个众所周知的观点，Wagner 引入地统计学方法设计诊断（diagnostic）工具，这个工具允许① 可以将排序结果划分给不同的距离等级，② 区分诱导性空间依赖与空间自相关，以及③ 变异函数检验重要的统计假设，例如残差的独立性和稳定性。多尺度排序（multiscale ordination，MSO）的计算步骤如下①：

● 对物种数据进行 RDA 分析，解释变量类型不限，如环境变量、空间变量等。RDA 分析不仅可以提供拟合值矩阵和它的特征向量，也可以提供残差矩阵和它的特征向量。

● 通过由拟合值矩阵计算得到变异函数矩阵，获得典范排序轴的空间方差图（variance profiles）。

● 通过由残差矩阵计算得到的变异函数矩阵，获得残差排序轴的空间方差图。

● 绘制被解释方差和残差方差的变异函数图。置换检验可以用于检验距离

---

① Wagner（2004）描述的是多尺度的 CCA 排序，但多尺度的 RDA 排序也是同样的原理。——著者注

等级内空间相关的显著性。

变异函数矩阵是包含距离等级和方差-协方差矩阵的三维数组（Wagner，2003，图2.2；Legendre 和 Legendre，2012，图13.11）。每个矩阵的对角线量化所对应距离等级对于数据总方差的贡献。MSO 通过计算约束排序拟合值的变异函数矩阵，从而使空间结构分解。将变异函数矩阵乘以典范特征向量将获得每个特征根的空间分解（方差像（variance profiles））。残差的空间分解也可以利用相同方式进行。

7.5.2 甲螨数据多尺度排序：探索性方法

下面以甲螨数据为案例演示 MSO 分析。Wagner（2004）也使用相同的数据进行 MSO 分析，但她用的是基于 CCA 的 MSO，此处将演示基于 RDA 的 MSO，因此结果可能有差异。MSO 分析可以通过 **vegan** 程序包内 **mso( )** 函数实现。**mso( )** 的输入对象是 **cca( )** 或 **rda( )** 的运算结果以及地理坐标数据和变异函数的距离等级区间大小（参数"grain"）。第一个案例将 MSO 作为一种探索性分析方法是由 Wagner 提出的。MSO 图可以显示响应变量的空间结构能否被解释变量（环境）单独解释。在这种情况下，响应变量应该是未去趋势数据（H. Wagner，私人通信），但此时变异函数的置信区间仅仅是指示意义，因为准确的变异函数需要通过二阶稳定的数据获得。

在下文中，输入的是 Hellinger 转化甲螨数据的 RDA 分析的结果（以环境变量为解释变量）。变异函数图的距离等级间隔大小采用之前 PCNM 分析时用过的削减阈值 1.011187。

```
# 多尺度排序(MSO)
# 未去趋势的甲螨数据的 MSO vs. 环境 RDA
mite.undet.env.rda <- rda(mite.h~., mite.env2)
(mite.env.rda.mso <-
  mso(mite.undet.env.rda,
      mite.xy,
      grain = dmin,
      perm = 999))
msoplot(mite.env.rda.mso, alpha = 0.05/7)
```

图7.13 上半部分带十字的虚线代表被解释部分（拟合值矩阵）与残差的实际变异函数的和。连续实线表示数据矩阵变异函数的置信区间范围。虚线单调递增表示数据存在很强的线性梯度。但是，残差的变异函数（图7.13 的下半部）基本不变，未显示出与距离相关的空间结构（7 个等级同时检验的显著性

水平必须进行 Bonferroni 校正，即显著性水平除以距离等级的数量）。以上结果表示环境变量可以很好地解释数据宽尺度的线性梯度。

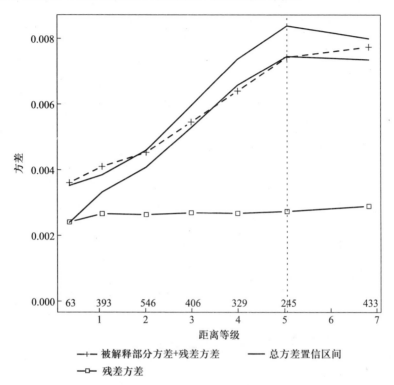

图 7.13　基于 Hellinger 转化甲螨数据 RDA 分析（环境变量为解释变量）
的 MSO 分析图（图的解读见正文部分）

图 7.13 有一个有趣的现象：当物种−环境相关不再随尺度变化时，虚线基本处于置信区间范围之内。但一些距离等级虚线处于置信区间范围之外（见等级 1、2 和 5，对应于沿横坐标的距离 0、1 和 4），表明在这些距离范围内假设物种−环境相关性没有尺度效应并运行无空间效应的物种−环境分析不合理。相反，我们也期望回归系数应该随着尺度变化，除非我们能够控制区域尺度空间结构的影响，否则全模型的回归系数的估计没有意义。

下面以最优模型中 6 个 MEM 变量代表的空间变量作为协变量，以环境变量为解释变量，运行基于偏 RDA 分析的 MSO 分析（对象 `MEM.select` 从第 7.4.3.2 节中获得）（图 7.14）。

```
mite.undet.env.MEM <-
  rda(mite.h,
    mite.env2,
```

```
     as.data.frame(MEM.select))
(mite.env.MEM.mso <-
  mso(mite.undet.env.MEM,
      mite.xy,
      grain = dmin,
      perm = 999))
msoplot(mite.env.MEM.mso, alpha = 0.05/7,ylim=c(0, 0.0045))

# 增加高度让图例不跟线重叠
```

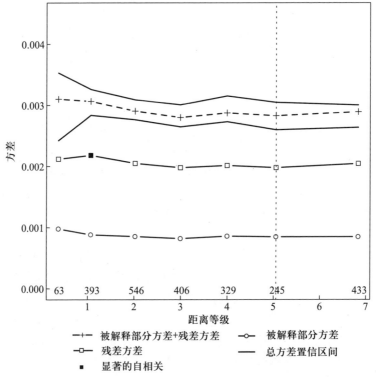

图 7.14 基于 Hellinger 转化的甲螨数据偏 RDA 分析的 MSO 分析图
(最优 MEM 模型中 6 个变量代表的空间变量为协变量，以环境变量为解释变量)

该分析表明模型内尺度依赖的问题已经得到很好解决。残差中剩下一个显著空间相关性，而物种-环境相关（在考虑 MEM 空间结构之后）变异函数在整个尺度都基本保持在置信区间范围之内（以 "+" 表示的这条线）。此外，MEM 变量已经解释了数据主要梯度，导致拟合值（被解释方差）的变异函数不随距离等级发生变化。R 控制台的输出以下面这个信息开始："Error variance of regression model [is] underestimated by −1.3%"，实际是指总残差方差减去残差方差的基台值（sill）。当差值为负值或是 NaN（非数值），表明显著的自相关缺失引起回归误差的低估。当残差存在显著空间自相关时，差值将可能为正值（例如 10%），将警示残差不符合独立性的条件，统计检验无效（见7.2.2 节）。

7.5.3 去趋势甲螨物种和环境数据多尺度排序

下面将 MSO 分析用于去趋势甲螨数据和环境因子数据，去趋势是为了满足计算变异函数置信区间的条件。初步计算（这里未显示）显示仅通过 Y 坐标去趋势可以完全消除残差中的空间自相关。因此此处在 RDA 分析之前，需要对甲螨数据和环境数据进行去趋势处理。

```
# 基于去趋势甲螨数据和环境数据的 MSO 分析
# 对甲螨数据 Y 方向去趋势
mite.h.det2 <- resid(lm(as.matrix(mite.h) ~ mite.xy[ ,2]))
#对环境数据 Y 方向去趋势
env2.det <- as.data.frame(
                        resid(lm(as.matrix(mite.env2) ~
                            mite.xy[ ,2])))
# RDA 和 MSO
mitedet.envdet.rda <- rda(mite.h.det2 ~., env2.det)
(miteenvdet.rda.mso <-
  mso(mitedet.envdet.rda,
      mite.xy,
      grain = dmin,
      perm = 999))
msoplot(miteenvdet.rda.mso, alpha = 0.05/7)
# msoplot(miteenvdet.rda.mso, alpha = 0.05/7, ylim = c(0,
      0.006))
```

图 7.15 也告诉我们一个与第一次 MSO 分析类似的故事，分析前的去趋势处理剔除了宽尺度上的梯度，所以宽尺度的梯度不明显。残差方差不具有空间相关性，第 2、4、5 距离等级拟合值加上残差的变异函数已经超出置信区间的范围。变异函数总体上没有趋势，但局部空间方差存在。MEM 能否成功控制这些局部空间方差呢？

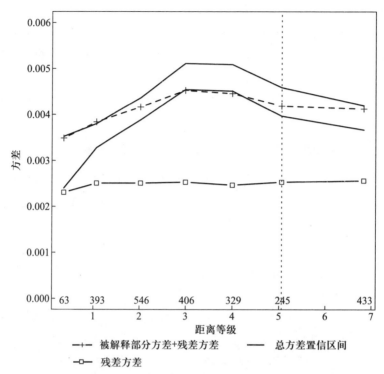

图 7.15 基于 Hellinger 转化并去趋势的甲螨数据 RDA 分析（去趋势的
环境变量为解释变量）的 MSO 分析图（图的解读见正文部分）

```
# 去趋势甲螨数据 MSO 分析 vs.RDA 分析(MEM 控制空间结构)
mite.det.env.MEM <-
  rda(mite.h.det2,
      env2.det,
      as.data.frame(MEM.select))
(mite.env.MEM.mso <-
  mso(mite.det.env.MEM,
      mite.xy,
      grain = dmin,
      perm = 999))
msoplot(mite.env.MEM.mso, alpha = 0.05/7)
# msoplot(mite.env.MEM.mso, alpha = 0.05/7, ylim = c(0,
      0.005))
```

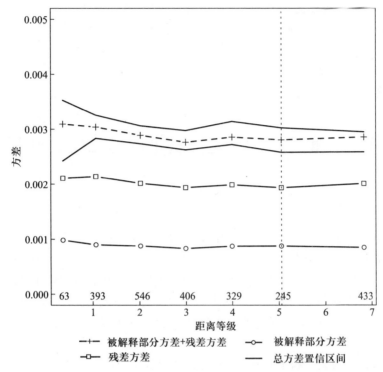

图 7.16　　基于 Hellinger 转化并去趋势的甲螨数据 RDA 分析（最优模型中
6 个 MEM 变量代表的空间变量为协变量，以环境变量为解释变量）
的 MSO 分析图（图的解读见正文部分）

　　答案是"可以"（图 7.16）。与数据未去趋势的案例一样，我们并没有发现残差或偏 RDA 拟合的数据具有空间方差。与图 7.14 比较，变异函数非常相似。MEM 变量成功解释了不能被环境变量解释的空间方差。

　　当前这个案例说明，当研究目标是检验物种-环境关系，同时区分空间方差是由空间依赖（公式 7.1）还是空间自相关（公式 7.2）引起时，多元地统计学方法与典范排序及 MEM 变量组合很有潜力。但这种方法在有些方面仍有待探索，Wagner（2004）指出："这里的结果与 Borcard 等（1992）分析的结果有很大差异［作者注解：在 1992 这篇文章中，我们使用空间坐标的 3 阶变量进行空间模拟］。Borcard 发现总惯量 12.2% 具有空间结构，但不能被环境变量解释。这里基于 CCA 分析结果的空间分解多尺度排序（MSO）分析中，空间自相关的出现限于距离小于 0.75 m 的范围之内，并没有证据表明有任何格局能够解释 12.2% 这么大的比例的总惯量。Borcard 等（1992）得出较大比例的非环境空间结构组分，可能是空间和环境的混合影响引起的（Méot 等，1998）"。但我们相信典范排序揭示的纯粹空间结构真实存在（因为 MEM 分析表明有很大比例的纯空间结构），并不是空间和环境混合效应的结果。为什么 MSO 不能揭示纯的空间结构？可能的原因是 MSO 中没有正确的方式量化方差的不同组分（H. Wagner，私人通信）。然而，这并不是说 MSO 是没用的方法，其实，MSO 与本章所描述的一些强大工具结合，会提高我们从生态学数据中提取有意义的空间结构信息的能力。

7.6 无重复多元方差分析中的时空交互作用检验

7.6.1 引言

本节的标题可能看起来很荒谬：我们都知道如果要检验方差分析中交互作用项的显著性，必须在不同的组合内有重复实验设计，因为只有组合内有重复的样本，才能为检验组合的交互作用提供自由度。因此，这里提出的方法必须使用一种技巧（trick）去分配一些主因子效应的自由度给交互作用项。如何才能做到这一点？在这一节，我们正准备研究 s 个样方被调查了 t 次的数据分析。

在双因素的交互和平衡的 ANOVA 设计中涉及两个因素 s 和 t（因此有 $s \times t$ 个水平的组合）和每个组合的 r 个重复，方差的可解释部分的自由度等于 $(s \times t) - 1$。主因素的检验分别占用 $(s-1)$ 和 $(t-1)$ 个自由度。当每个组合有 r 个重复（$r>1$）时，交互项使用 $(s-1) \times (t-1)$ 个自由度。和 $st(r-1)$ 个误差自由度。换句话说，$st(r-1)$ 是提供组合内残差的自由度。组合内没有重复，$r=1$ 和 $st(r-1)=0$。因此，在考虑了主因子之后的 $(s-1) \times (t-1)$ 个自由度要分配给交互作用和误差的组合，因此没办法单独分给交互作用，所以交互作用的检验无法实现。

那么在一个无重复的双因素方差分析中，有没有可能检验交互作用的显著性呢？答案是：在有些特别情况下可以实现，例如当两个因素中的至少一个可以被编码为小于 $(s-1)$ 或 $(t-1)$ 个自由度时，和/或如果交互作用可以编码为小于 $(s-1) \times (t-1)$ 个自由度的时候。这里讨论的情况对于一组地点进行随时间多次调查的群落数据，例如世界上许多国家的政府机构所执行用于长期定位监测项目。这种类型的采样产生了无重复的重复测量实验设计，这是一种双因素实验设计。样方和调查时间不可能重复，充其量，相邻的样方点也只能是假重复。调查时间也同样有这样的特点。

在这样的数据中，在单个样方的水平没有重复：每个样方都是在给定的调查区域非重复的样本。但是，在这种情况下交互作用是一个重要的指标：如果存在交互作用，它可能意味着要么是群落空间结构随着时间的推移而发生了变化，或者反过来说，群落的时间演变在不同样方不一样。事实上，交互作用对于重复测量的实验设计是非常重要的，它应该是"生态学家应该寻找的第一统计指标"（Legendre 等，2010）。与任何 ANOVA 一样，存在交互作用意味着我们应该对每个样方的时间因素进行单独的分析，并对每个时间点的空间结构进行单独分析。

这里让我们将 ANOVA 视为多元回归，此时解释变量设计为矩阵，即把因子变为二元数据。我们在第 6.3.2.9 节中做过如何将一个因子编码成一组正交的 Helmert 对照码。在本案例中，我们要对 s 个样方和 t 次调查进行编码，我们需要 $(s-1)$ 和 $(t-1)$ 对照码，因为每个因子只用比水平数少 1 的二元变量就够了。如果交互作用可以被检验，那么它的设计矩阵就是通过将空间矩阵中的每个 Helmert 对照码乘以每个创建时间对照码，结果是一组 $(s-1)\times(t-1)$ 新的对照码，与代表主要因素的对照码成正交。现在，这个空交互作用分析是取代表示空间或时间设计 dbMEM 的一个子集对照码。该选择子集以捕获具有正空间或时间相关性的所有变化。由于该子集包含少于 $(s-1)$ 或 $(t-1)$ 个变量（因为空间或时间变量拟合不足，under-fitted），由于交互项子集包含小于 $(s-1)\times(t-1)$ 个变量，这样就可以保存一些可用于估计剩余误差的自由度，因此可以检验交互作用的显著性。

在此基础上，Legendre 等（2010）提出了以下划分方差和自由度的不同 ANOVA 模型。

● 模型 1：有重复标准的交叉双因素 ANOVA 设计。$(s-1)$、$(t-1)$ 和 $(s-1)\times(t-1)$ Helmert 对照码形成的设计矩阵代表空间、时间和交互作用。$st(r-1)$ 自由度仍然保留给误差项。

● 模型 2：无重复标准的交叉双因素 ANOVA 设计。$(s-1)$ 和 $(t-1)$ Helmert 对照码形成的设计矩阵代表空间和时间。剩下的 $(s-1)\times(t-1)$ 自由度用于估计误差方差。可能存在交互作用但无法进行检验。

● 模型 3a：无重复的交叉双因素 ANOVA 设计，但空间拟合不足：u 个 dbMEM 空间变量取代 $(s-1)$ 空间 Helmert 对照码；$u<(s-1)$。可以构造包含 $u\times(t-1)$ 项的交互设计矩阵。仍然剩下 $(s-u-1)\times t$ 自由度可以估计误差方差。检验因子交互作用有可能进行。

● 模型 3b：无重复的交叉双因素 ANOVA 设计，但时间拟合不足：v 个 dbMEM 空间变量替换 $(t-1)$ 时间 Helmert 对照码；$v<(t-1)$。可以构造包含 $v\times(t-1)$ 项的交互设计矩阵。仍然剩下 $(t-v-1)\times t$ 自由度可以估计误差方差。检验因子交互作用有可能进行。

● 模型 4：无重复的交叉双因素 ANOVA 设计，但空间和时间拟合不足：u

个 dbMEM 空间变量取代 $(s-1)$ 空间 Helmert 对照码和 v 个 dbMEM 变量取代了 $(t-1)$ 时间 Helmert 对照码；$u<(s-1)$ 和 $v<(t-1)$；可以构造包含 $u×v$ 项的交互设计矩阵。仍然剩下 $[s×t-(u+v+u×v)-1]$ 自由度可以估计误差方差。检验因子交互作用有可能进行。

• 模型 5：无重复的交叉双因素 ANOVA 设计，但交互作用拟合不足：主因素由 $(s-1)$ 和 $(t-1)$ Helmert 对照码表示，但交互作用变量是使用模型 4 创建 u 和 v 个 dbMEM 表示。交互作用项的自由度为 $u×v$，剩下 $[(s-1)×(t-1)-u×v]$ 自由度给残差误差。

• 模型 6：模型 6 是一种特殊情况，这里想要检验空间的显著性，或在时空交互作用存下的时间效应。有一种方法，在 Legendre 等（2010）论文中称为模型 6a（但没有 R 函数；见下文），依次检验存在 t 次空间结构的，并进行多次检验 p 值校正。使用的空间变量是为模型 3a，4 和 5 构造的 dbMEM。此变体未在 stimodels() 函数中实现。另一种方法，在论文中称为模型 6b（有 R 函数），包括对所有 t 次测量的空间结构的同时检验，也使用交互作用矩阵的空间 dbMEM 变量。通过对每个样方构造时间 dbMEM 的交互作用矩阵，相同方案可以来检验时空交互作用的时间结构。读者可以参考 Legendre 等（2010）论文的附录 C 了解更多细节。注意：在下面介绍的 stimodels() 函数中，称为 6a 和 6b 的模型都是交错型，6a 用于检验空间，6b 用于检验时间。

模型 3、4 和 5 允许检验交互作用，但缺点是在使用 dbMEM 变量编码因子和交互作用项（在三个模型中包含 dbMEM）中存在一些不合适的拟合缺失项。因为这种拟合缺失是残差误差的一部分，在检验中会丢失一些功效。此外，交互作用和主因素置换检验可以解决各种不合适的拟合缺失项。总之，Legendre 等推荐模型 5 去检验交互作用，主要是因为它的置换检验具有正确的 I 类错误，并且该模型提供了检测交互作用的最高功效。作者的建议如下："如果有重复，模型 1 是正确的选择。如果没有重复，使用模型 5 检验时空交互更安全（就 I 类错误率而言）。如果交互作用不显著，可以使用模型 2 检验主因素效应。[…]，相反，如果交互作用显著，那就应该对不同的样本进行空间和时间系列的单独的分析"。另一个论点强烈地赞成模型 5 检验交互作用是这个模型保留最小数量的自由度给残差，这增加了检验的能力。交互作用存在情况下主因素分析可以通过 stimodels() 函数的模型 6a 或 6b 运行，也可以直接运行函数 quicksti()（见下文）。

7.6.2 用 sti 函数验证时空交互作用

作为他们论文的补充，Legendre 等（2010）发布了一个从未提交给 CRAN 的名为 STI 的包。最近，这个包的函数现在称为 stimodels() 和 quicksti()，已被纳入 adespatial 程序包。注意：在 CRAN 网站上也有一个名叫 STI（大写）的包，与这里提到的分析没有任何关系，属于完全不同的分析。

本书大部分内容中使用的两个案例数据集并不适合于时空交互作用分析。因此，我们将使用 adespatial 包中提供的数据集，同时也是 Legendre 等（2010）所使用的数据集。这个数据集是在蒙特利尔大学 des Laurentides 生态站沿 Lac Cromwell 上游溪流铺设的 22 个捕获器获得的毛翅目昆虫（trichopteran）的数据。总共捕获 10 次，每次间隔 10 天，总共捕获到 56 种成体昆虫。因此，我们有一个线性的空间布局数据：22 取样点和 10 个时间点，总共产生 220 行的观测值矩阵。

在执行时空交互作用的分析的两个函数中，stimodels()函数提供了更多参数选择，quicksti()只提供了在 model5 下一种快捷方式 sti 分析，然后检验主要因素的检验。如果交互作用显著，quicksti()则在模型 6a 和 6b 下运行，否则在模型 5（或 2：使用 Helmert 对照码做主要因素的标准检验）下运行。让我们使用函数 stimodels()计算 sti 分析。

注意：STI 程序包（作为论文的补充部分）原始时空特征函数实际上是第一代 PCNMs。默认情况下，至少在规则取样设计的情况下，函数保留了一半模拟正空间自相关的 PCNM 变量。adespatial 程序包中包含的 stiModels() 和 quicksti() 函数计算的是保留那些带正空间自相关 dbMEM 变量。

```
# Trichoptera 数据空间时间交互作用分析

# 加载 Trichoptera 数据
data(trichoptera)
names(trichoptera) # Species code
```

前两列分别包含样方号和取样次数号。

```
# Hellinger 转化
tricho.hel <- decostand(trichoptera[ ,-c(1,2)], "hel")
# sti 分析
stimodels(tricho.hel, S = 22, Ti = 10, model = "5")
#使用 quicksti()进行快速简单的 sti 分析
quicksti(tricho.hel, S = 22, Ti = 10)
```

除非你要检索生成 sti 结果的工作流，否则的话将 sti 结果存在单独对象中是没有必要的。输出对象以原始格式包含检验的数值结果，生成以下屏幕显示：

```
========================================
      Space-time ANOVA without replicates
Pierre Legendre, Miquel De Caceres, Daniel Borcard
========================================


Number of space points (s) = 22
Number of time points (tt) = 10
Number of observations (n = s*tt) = 220
Number of response variables (p) = 56


Computing dbMEMs to code for space
Truncation level for space dbMEMs = 1
Computing dbMEMs to code for time
Truncation level for time dbMEMs = 1


Number of space coding functions = 10
Number of time coding functions = 4

MODEL V: HELMERT CONTRAST FOR TESTING MAIN FACTORS.
        SPACE AND TIME dbMEMs FOR TESTING INTERACTION.
  Number of space variables = 21
  Number of time variables = 9
  Number of interaction variables = 40
  Number of residual degrees of freedom = 149


Interaction test: R2 = 0.1835 F = 2.313   P(999 perm) = 0.001
Space test:       R2 = 0.2522  F = 6.0569   P(999 perm) = 0.001
Time test:        R2 = 0.2688  F = 15.0608 P(999 perm) = 0.001
--------------------------------------------------
      Time for this computation = 2.899000 sec
========================================
```

结果输出首先显示一些关于数据的基本信息。接着显示计算的空间和时间 dbMEMs 的数目，它显示空间数（21Helmert 对照码）、时间（9 Helmert 对照码）和交互作用变量。在本例中，10 个空间和 4 个时间 dbMEMs 产生 10×4 =

40 个交互作用变量。共有 220 个行观测值；因此，残差自由度（*df*）的数量等于 220−21−9−40−1 = 149。

结果表明，空间和时间之间的交互作用具有很高的显著性（$F < 2.313$，$p < 0.001$）。这就意味着，trichopteran 群落中样方之间的组成差异随着时间变化（即不同的时间点物种构成有显著差异），或者反过来说，群落组成的时间变化在不同取样位置（捕获陷阱）不遵循相同的过程。在这种情况下，主要效应的检验不容易解释。为此，我们必须采用模型 6 检验。我们可以两次使用 stiModels() 函数来运行这个检验，分别将参数 model = "6a" 和 model = "6b"。因为函数 quicksti() 会自动执行此操作，我们运行它只是为了演示。

```
# 使用 quicksti() 进行快速简单的 sti 分析
quicksti(tricho.hel, S = 22, Ti = 10)
```

交互作用的检验结果当然和上面一样；使用交错矩阵空间时间结构检验给出了以下结果：

```
------------------------------------------------------
            Testing for the existence of separate
                spatial structures (model 6a)
------------------------------------------------------


  Number of space variables = 100
  Number of time variables = 9
  Number of residual degrees of freedom = 110


Space test：R2 = 0.4739  F = 2.0256  P(999 perm) = 0.001


------------------------------------------------------
Testing for separate temporal structures (model 6b)
------------------------------------------------------


  Number of space variables = 21
  Number of time variables = 88
  Number of residual degrees of freedom = 110


Time test：R2 = 0.4981  F = 2.4936  P(999 perm) = 0.001
```

当存在交互时，这些检验是有效的。它们都显示了 trichopteran 群落的显著空间结构和显著的时间变化。更准确地说，它们意味着至少有一个样方显示显著的时间变化和至少一个时间点存在显著的空间结构。

7.7　小结

在过去的几十年中，生态数据空间结构分析取得了巨大进展。Legendre（1993）提出的范式转换（paradigm shift）方式已经越来越受重视，不仅是空间结构本身很重要，而且还需要开发能够识别、表示和解释由生态过程相互作用引起的复杂空间结构的建模工具。虽然地统计学领域已经开发出一整套用于描述和预测空间结构的方法，其中有些方法可以直接用于生态数据，但生态学特殊的数据和科学问题要求一些直接与生态学多元数据及其环境数据相关的特殊方法。本章描述了一部分最重要的方法，我们鼓励读者能够将这些方法运用到自己的数据分析当中。

第8章　群落多样性

8.1　目标

今天我们对全球环境退化和生态评估、监测、保护和修复问题的关注，增加了对测量生物多样性或生态群落的组分（component）的兴趣（参见 Loreau，2010）。群落最简单的组分就是物种丰富度（richness）。丰富度是一个非常简单有效的数字，是一个除了科学界外，媒体和政策决策者都容易理解的指标。但丰富度仅仅是群落属性里的一个小元素。

在很多人的心目中，"多样性"或"生物多样性"这个词只是指一个特定地区的物种数量，但实际上生物多样性的概念有很多的维度。单"物种多样性"本身就可以用多种方式来定义和度量（参见 Magurran，2004；de Bello 等，2010；Legendre 和 Legendre，2012，第6.5节）。从基因组到景观不同层次的生物组织中都存在多样性的概念。在群落层面，功能多样性（functional diversity），即功能性状的多样性，与谱系多样性（phylogenetic diversity）一样，近年来备受关注。正如我们在前几章中所探讨的范围一样，这里我们将主要关注物种和群落水平的问题，并探讨分类多样性不同的方面的问题。

在本章中，我们将：

- 概述在生态学上多样性的概念；
- 计算各种 alpha 物种多样性的度量；
- 探索 beta 多样性的概念；
- 将 beta 多样性分解为样方贡献（local contribution）和物种贡献（species contribution）；
- 将 beta 多样性分解为替换（replacement）、丰富度差异（richness difference）和嵌套（nestedness）；
- 简要介绍功能多样性的概念。

8.2   多样性的多面性

8.2.1   引言

地球上的生命在不同空间尺度上，从分子水平（基因）到跨越大陆的生物区（biome）都会呈现出不同的多样性。因此，多样性概念本身就说明多样性尺度的复杂性，没有一个简单数字或方法可以很好地描述多样性的复杂性。不同的层次上多样性均有其特定的规则和组织方式，因此需要用不同的方法来表示不同层次的多样性。

现代遗传多样性已经发展为依赖高效计算机产生的大数据分析的学科。探讨遗传多样性已经超出本书的范围。建议有兴趣的读者可以参考 Paradis（2012），Cadotte 和 Davies（2016）等与遗传多样性相关的专业书籍。

物种多样性是本书重点关注的群落水平上方法的核心。例如，第 7 章所介绍的许多方法的目的是验证产生于群落组成或 beta 多样性在生态系统中空间变异过程的假设。在本章中，我们将探讨分类（群落）多样性研究的一些重要问题。

从物种转到生态功能性状是当代群落生态学演绎生态模型的一种重要手段，以便这些模型可以扩展到生境水平，并摆脱物种水平的影响，这就是功能生态学（functional ecology）的目标。Southwood（1977）提出这样的观点："生境为进化过程形成特殊的生活史策略（性状）提供了生存空间"。近年来功能生态学得到了快速发展，其中一小部分问题在本书第 6.11 节（四角问题）讨论过。不过，到现在为止，关于功能生态学的研究方法还都在探索过程中，尚未有统一的框架。所以，本书除了在第 8.5 节用很短的篇幅探讨一点概念的问题，基本上也不涉及功能多样性的内容。

8.2.2   用单一数值度量的物种多样性

8.2.2.1   物种丰富度和稀疏度（rarefaction）

物种多样性最简单的度量指标是物种种数或称为丰富度，以 q 表示。虽然看起来非常直接，但如何度量 q 的确存在一个问题。计算 q 需要依赖于从所感兴趣区域取一定面积的样方（或水生物环境下一定体积的样本）。然而，整个区域真正的物种数在现实中是无法获得的。每个取样单元只包含一定数量物种，有些稀有种不容易被取样到。还有另外一个问题是一个抽样单元或一组抽样单元所含物种数通常是随取样面积（或体积）增加而增加的。因此用样方或是样方组的物种丰富度来代替真实的物种数是有偏差的。

Magurran（2004）指出"物种密度（species density）"和"数量物种丰富度（numerical species richness）"之间的区别，物种密度是一定收集面积的物种数量（Hurlbert，1971）；而数量物种丰富度是一定收集数量的个体或生物量的物种数（Kempton，1979）。为确保两个不同地点之间的物种丰富度的可比性，Sanders（1968）提出了一个叫稀疏度（rarefaction）的指标，它是指含有相同个体数中的物种数；因此，稀疏度其实就是所谓的"数量物种丰富度"。需要注意的是稀疏度只能通过原始（未转换）的多度（个体数）来计算。Sanders 的公式已被 Hurlbert（1971）修正。稀疏度 q' 值可以通过一个标准化的 n' 来计算，n' 是基于一个包含 n 个个体 q 个物种的真实抽样获得。Hurlbert 计算公式如下（Legendre 和 Legendre，2012，第 6.5 节）（其原理就是从 n 个个体中随机抽 n' 个个体含有各个物种的概率和）：

$$E(q') = \sum_{i=1}^{q} \left[1 - \frac{\binom{n-n_i}{n'}}{\binom{n}{n'}} \right] \tag{8.1}$$

这里 $n' \leq (n-n_1)$，n_1 是多度最高的物种的个体数，括号内是组合，即：

$$\binom{n}{n'} = \frac{n!}{n'! \ (n-n')!}$$

8.2.2.2 物种多度多样性组分：丰富度和均匀度

一个取样单元中物种多度的向量可以被看作是一个定性变量，其中每个物种是一个状态，多度分布是观测的频率分布。在这个逻辑下，这个定性变量的离散度（dispersion）可以通过此样方中 q 个物种每个物种的相对频度 p_i 来计算，即著名的 Shannon 公式（Shannon，1948）：

$$H = - \sum_{i=1}^{q} p_i \log p_i \tag{8.2}$$

Shannon 指数会随着物种数量的增加而增加，当然相对频度也在起作用。实际上，Shannon 指数的确是考虑两个组分的贡献：① 物种数（物种丰富度）和② 物种频度分布的均匀度（evenness）或均匀性（equitability）。对于任意数量个体数的样方，当所有物种多度一样的时候，H 值最大：

$$H_{\max} = - \sum_{i=1}^{q} \frac{1}{q} \log \frac{1}{q} = \log q \tag{8.3}$$

因此，Pielou 均匀度 J 可以定义为下面这个公式（Pielou，1966）：

$$J = H/H_{\max} \tag{8.4}$$

需要注意的是，Pielou 均匀度数值与 Shannon 指数公式中对数的底

（base）设为多少无关。奇怪的是，尽管 Pielou 均匀度一直被认为是严重依赖于物种丰富度（Sheldon，1969；Hurlbert，1971）的不好的指标，但它的确是在生态学文献中使用最广泛的均匀度指数。

均匀度与物种多度分布模型（species abundance model）的形状有关。物种多度分布模型图的横坐标是物种多度递减的秩（rank），纵坐标是每个物种多度的对数值。物种多度分布模型主要有四种：几何（geometric）、对数（log）、对数正态（lognormal series）和断棍模型（broken stick model）。按照这一顺序，它们代表了均匀度从差异非常大到比较均衡的梯度，几何模型意味着少数几个物种多度占绝对优势而大多数物种是稀有的；断棍模型代表物种多度分布比较平均但也不是绝对相等，断棍模型的物种多度分布在自然群落中基本上不会出现。沿着这个顺序，均匀度也是逐渐增加的。物种多度分布可以通过 vegan 包中的 radfit() 函数来作图和选择不同的模型拟合。

自写代码角#4

写一个计算样方的 Shannon-Weaver 熵指数函数，计算公式如下：

$$H' = -\sum \left[p_i \times \log(p_i) \right]$$

这里 $p_i = n_i/N$，n_i 是每个物种的多度，N 是所有物种的总多度。

当你写完函数后，查阅一下 vegan 包 diversity() 函数中有关 Shannon-Weaver 熵指数的代码，看看 Jari Oksanen 和 Bob O'Hara 写的函数是不是很简洁优雅？

在生态学上还有一个经常用的多样性指数叫 Simpson 指数（Simpson，1949），Simpson 指数是用从样方中随机抽两个个体属于同一物种的概率来表示：

$$\lambda = \sum_{i=1}^{q} \frac{n_i(n_{i-1})}{n(n-1)} = \frac{\sum_{i=1}^{q} n_i(n_i - 1)}{n(n - 1)} \tag{8.5}$$

这里的 q 是物种的数量，当 n 很大时，n_i 趋近于 $(n-1)$，公式可以简化为：

$$\lambda = \sum_{i=1}^{q} \left(\frac{n_i}{n} \right)^2 = \sum_{i=1}^{q} p_i^2 \tag{8.6}$$

事实上，当两个个体同属同一个物种的概率比较大的时候（即物种丰富度低的时候），这个数值就比较大。因此通常是使用了转换形式的指数：$D = 1 - \lambda$（Gini-Simpson 指数，Greenberg，1956）或 $D = 1/\lambda$（逆 Simpson 指数；Hill，1973）。逆 Simpson 指数通常对多度大的物种（一般数量很少）多度变化不敏感。Gini-Simpson 指数也有 $D = (1-\lambda)/\lambda$ 版本，就是用随机抽两个个体属于不同物种的概率与属于同一物种的概率的比值来表示（Margalef 和 Gutiérrez，1983）。

事实上，Hill（1973）和 Pielou（1975）已经注意到了物种丰富度、Shannon 熵指数和 Simpson 指数均是下面这个叫 Rényi 广义熵（Rényi's generalized entropy）（Rényi，1961）公式的特例：

$$H_a = \frac{1}{1-a}\log \sum_{i=1}^{q} P_i^a \tag{8.7}$$

这里的 a 是熵的阶数（$a=0, 1, 2\cdots$）。Hill（1973）提出一个与之对应的多样性指数：

$$N_a = e^{H_a} \tag{8.8}$$

按照 Hill（1973）的说法，表 8.1 所列就是 Rényi 前三个熵 H_a（当 $a=0, 1$ 和 2 时）和所对应的多样性指数 N_a。系数 a 是用来量化物种多度及均匀度的重要性：当 $a=0$ 多样性仅仅是物种数量（即 0-1 数据）；随着 a 增加多度大物种权重逐渐增加。a 可以扩展，取值可以超过 2（见第 8.4.1 节，图 8.3）。

表 8.1　Rényi 前三个熵 H_a（当 $a=0, 1$ 和 2 时）和所对应的 Hill 多样性数值

熵数量	多样性指数
$H_0 = \log q$	$N_0 = q$（$q=$number of species）
$H_1 = -\sum p_i \log p_i = H$	$N_1 = \exp(H)$
$H_2 = -\log \sum p_i^2$	$N_2 = 1/\lambda$

注：以黑体表示的是三种使用最广泛的指数。

对于这个解释，按照 Pielou（1975）理论，Shannon 均匀度变为 H_1/H_0。Hill（1973）提出下列比率作为均匀度的指标：$E_1 = N_1/N_0$（Shannon 均匀度 Hill 版本）和 $E_2 = N_2/N_0$（Simpson 均匀度）。当今许多群落生态学家提出用分类多样性 Hill 数来代替 Shannon 熵指数，用 Hill 比例代替 Pielou 均匀度（例如 Jost，2006）。因为这些有时称为"数值相当（numbers equivalent）"的数值更容易解释："它们代表产生多样性指数观测值所需的可能的元素（个体、物种等）"（Ellison，2010；从 Jost，2007 的表述进行修改）。多样性数值也可以通过线性模型进行解释，因为它们更可能与环境变量呈线性关系。这些真正的多样性指数（Jost，2006）是群落多样性统一框架的一部分，这个框架包括分类、功能和谱系方面及由其分解的 alpha，beta 和 gamma 组分（de Bello 等，2010）。这个主题将在 8.5.2 节讨论。

8.2.3　计算分类（物种）多样性指数

8.2.3.1　Doubs 鱼类群落的物种多样性指数
让我们首先加载鱼类物种数据和程序包

```r
# 加载包,函数和数据
library(ade4)
library(adegraphics)
library(adespatial)
library(vegan)
library(vegetarian)
library(ggplot2)
library(FD)
library(taxize)


# 加载本章后面部分将要用到的函数
# 我们假设这些函数被放在当前的 R 工作目录下
source("panelutils.R")
source("Rao.R")


# 导入 Doubs 数据
# 假设这个 Doubs.RData 数据文件被放在当前的 R 工作目录下
load("Doubs.RData")
# 去除无物种数据的第 8 号样方
spe <- spe[-8, ]
env <- env[-8, ]
spa <- spa[-8, ]


# 导入甲螨数据
# 假设这个 mite.Rdata 数据文件被放在当前的 R 工作目录下
load("mite.RData")
```

读者可以很容易计算经典的 alpha 生物多样性指数。此处可以使用 vegan 程序包里的 diversity() 函数计算某些鱼类数据 alpha 多样性指数。

```r
# 获取 diversity()函数帮助
? diversity
# 计算鱼类群落 alpha 多样性
N0 <- rowSums(spe > 0)          # 物种丰富度
N0 <- specnumber(spe)           # 物种丰富度 (备选)
```

```
H <- diversity(spe)              # Shannon 熵指数（e 为底）
Hb2 <- diversity(spe, base = 2)  # Shannon 熵指数（2 为底）
N1 <- exp(H)                     # Shannon 多样性指数（e 为底）
                                 # 丰富种的数量
N1b2 <- 2^Hb2                    # Shannon 多样性指数（2 为底）
N2 <- diversity(spe, "inv")      # Simpson 多样性指数
                                 # 建群种的数量
J <- H / log(N0)                 # Pielou 均匀度指数
E10 <- N1 /N0                    # Shannon 均匀度指数（Hill 比例）
E20 <- N2 /N0                    # Simpson 均匀度指数（Hill 比例）
(div <- data.frame(N0, H, Hb2, N1, N1b2, N2, E10, E20, J))
```

> **提示**：注意函数 rowSums() 并不是专门计算生物丰富度的函数，在这里用
> 于计算物种丰富度是一种特殊用法。rowSums（数组）表示计算数
> 组每行的数值和。这里，设定 spe>0 将多度变为逻辑向量（即 0-1
> 数据）再求和，等价于计算此样方的物种数。

具有相同取样单位（即物种数量相当）的 Hill 数（N）和由 Hill 数计算
获得的 Hill 比率（E），作为生物多样性指数经常可以替换 Shannon 熵（H）和
Pielou 均匀度（J）。

与 Shannon 熵指数不同的是，Shannon 多样性指数 N_1 与对数底（2，e 或
10）的选择无关。因为当物种数为 1 的时候，Shannon 熵指数刚好为 0，本案
例样方 1 刚好是这种情况，这样没法算出样方 1 的 Pielou 均匀度（J）。另外，
我们可以证明，跟 Hill 比率（E）比较，Pielou 均匀度是有偏估计，因为
Pielou 均匀度与物种丰富度有系统性正相关关系（如图 8.1 相关矩阵图所示）。

```
# 多样性系数之间的相关
cor(div)
pairs(div[-1, ],
      lower.panel = panel.smooth,
      upper.panel = panel.cor,
      diag.panel = panel.hist, main = "Pearson 相关矩阵"
)
```

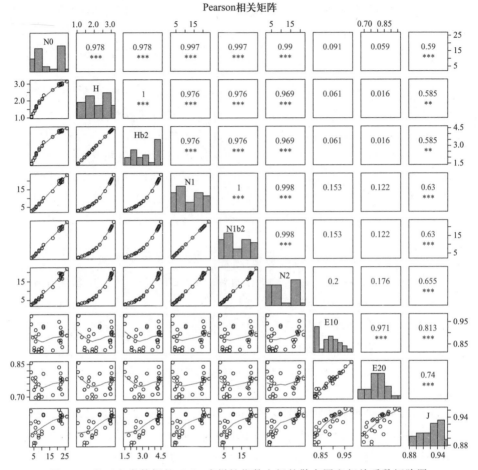

图 8.1 基于鱼类数据的 alpha 多样性指数之间的散点图和相关系数矩阵图

8.2.3.2 甲螨群落的稀疏度（rarefaction）分析

Hurlbert（1971）稀疏度可以通过 vegan 包里的 rarefy()函数获得。稀疏度必须通过原始的多度数据来计算，由于 Doubs 鱼类数据是用 0-5 的等级数据来表示多度，无法进行稀疏度的计算。这里用甲螨群落数据演示稀疏度计算。

通常来说，计算稀疏度的时候，我们要设定的取样规模（sample size）应为当前所考察的所有样方内个体数最少的数值，以这个取样数值来比较不同样方内相同个体数下物种的丰富度。本案例中甲螨群落数据大部分样方的个体数大于 80 个，但少数几个样方内个体数量偏少，最少的甚至只有 8 个。因此，这里我们要设置计算稀疏度取样规模为 80 个个体（当然你这么设置会获得一个警告）。

在计算稀疏度之前，我们首先算一下与物种丰富度和个体数等相关的统计量。

```
# 70 个苔藓或土壤钻孔里面的物种数
(mite.nbsp <- specnumber(mite))
# 物种数最少和最多的钻孔
mite.nbsp[mite.nbsp == min(mite.nbsp)]
mite.nbsp[mite.nbsp == max(mite.nbsp)]
range(mite.nbsp)
# 每个钻孔的多度
(mite.abund <- rowSums(mite))
range(mite.abund)
# 物种数最小的钻孔的多度
mite.abund[mite.nbsp == min(mite.nbsp)]
# 物种数最大的钻孔的多度
mite.abund[mite.nbsp == max(mite.nbsp)]
# 多度最少的钻孔的物种数
mite.nbsp[mite.abund == min(mite.abund)]
# 多度最多的钻孔的物种数
mite.nbsp[mite.abund == max(mite.abund)]
# 80 个个体的稀疏度
mite.rare80 <- rarefy(mite, sample = 80)
# 比较观察物种数和预测物种数的钻孔的秩
sort(mite.nbsp)
sort(round(mite.rare80))
# 最大和最小预测物种数的样方
mite.rare80[mite.rare80 == min(mite.rare80)]
mite.rare80[mite.rare80 == max(mite.rare80)]
# 最小预测物种数的样方
mite[which(mite.rare80 == min(mite.rare80)),]
# 最大预测物种数的样方
mite[which(mite.rare80 == max(mite.rare80)),]
```

正如第一行代码的结果所显示那样，这个数据集中样方的实际物种数是 5~25 种。两个个体数最少的样方之一（样方 57）也是整个数据集中物种数最少的样方。然而，个体数最多的样方（样方 67）却只含有很少的物种数（6

种)。含有最多物种的是样方 11 (25 个物种)。

上面这些比较都是在非标准化样本（即不同的个体数）条件下的比较。而稀疏度是基于 80 个个体取样规模的基础上进行比较，这样的取样会重新对样方的物种数进行排序。最小被估物种数（稀疏度）应该是样方 67。而正如上面所说，其实样方 67 是含有最多个体数的样方。如果详细查看一下样方 67 的物种组成就很好解释这种现象：在总共 781 个个体中，有 723 个个体属于同一个物种（Limncfci），其他 5 个物种的个体数仅有 58 个，这就导致了抽取 80 个个体的物种数为降低到 3.8 个物种。稀疏度最高的是样方 30，80 个个体的取样规模下拥有了 19.1 个物种，而该样方真实的物种数和个体数分别是 21 个物种和 97 个个体，因此取 80 个个体的取样规模的物种数很接近实际物种数。

稀疏度的另外一个用途可以绘制被估物种数随取样个体数的变化图。稀疏度曲线可以通过 rarecurve() 函数获得，如图 8.2 所示。

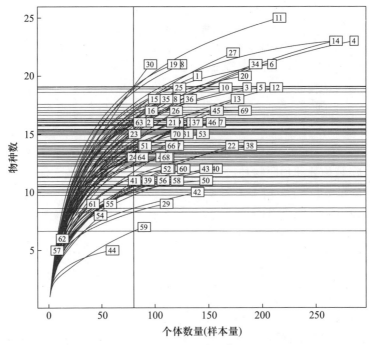

图 8.2 甲螨数据中 70 个样方中 69 个样方的稀疏度曲线图。样方 67 被剔除，因为它太靠左会影响整个图的布局。图中小框中的数字是样方号。垂直线是对应的 80 个个体位点。水平线是每个样方 80 个个体被估物种数

```
# 稀疏度曲线
rarecurve(
  mite[-67,],
  step = 1,
  sample = 80,
  xlab = "个体数量（样本量）",
  ylab = "物种数",
  label = TRUE,
  col = "blue"
)
```

8.3　alpha、beta 和 gamma 多样性的空间差异

物种多样性因空间而异，这看起来似乎是微不足道的现象，直到 Whittaker（1960，1972）的两篇开创性论文才引起相当的重视。在 Whittaker 的概念中，alpha（α）是局部多样性，beta（β）是多样性的空间变化，而 gamma（γ）是区域多样性。这些概念的提出引起了生态学家的极大兴趣。

alpha 多样性已在第 8.2.2 节介绍过，主要就是通过不同的方式去度量特定的面积（样方）或特定的数量内物种数的变化（参考 Legendre 和 Legendre，2012，第 6.5 节）。

gamma 多样性是整个研究区域的物种多样性。但整个研究区域的调查通常是不可能实现的，只能通过该区域所有调查样方（通常用于计算 alpha 多样性的样方）物种数总和作为该区域的 gamma 多样性。

beta 多样性是另一回事。它可以理解为研究区域内物种组成在不同取样点之间的变化（Legendre 等，2005；Anderson 等，2006，2011）。beta 多样性内容丰富，生态学家比较关注，因此值得单独用一节来介绍。

8.4　Beta 多样性

计算 beta 多样性可以用 0-1 数据，也可以用定量数据。计算 beta 多样性有很多种方法，其中有些方法是试图用一个数字来度量 beta 多样性，大部分方法主要是关注 beta 多样性是空间上变异（variation）这个本质，并通过本书

第 3、5、6 和 7 章所介绍的一些方法来度量。下面章节（第 8.4.2 和 8.4.3 节）将介绍这些测量 beta 多样性的方法的一部分，但在此之前让我们来简要了解一下最简单的 beta 多样性度量方法。

8.4.1　单一数值的 beta 多样性

第一个 beta 多样性计算公式是 Whittaker 提出的利用 0-1 数据计算的 $\beta = S/\overline{\alpha}$。这里 S 是群落组成矩阵总的物种数（即 gamma 多样性）。$\overline{\alpha}$ 是 n 个样方的平均物种数。β 是度量区域总的物种数比样方平均物种数多多少的问题。因为它是比率（ratio），这个 β 指数又称为倍性（multiplicative）指数。还有一些倍性 β 指数被提出过，可以参考 Legendre 和 Legendre（2012）第 260 页介绍的内容及文中所提的相关参考文献。

另外一种方差分析类型（ANOVA-type）的加性（additive）beta 多样性也属于单一数值的 beta 多样性，原理可以参考 Lande（1996）。这个加性 beta 多样性公式为：$D_T = D_{among} - D_{within}$，这里 D_T 是 gamma 多样性，D_{within} 是样方的平均多样性（alpha 多样性）。因此，D_{among} 是样方之间多样性的变化（即 beta 多样性）。这里的多样性部分 D 可以是物种丰富度（N_0），Shannon 指数 H_1 或 Simpson 指数 $1-\lambda$（不是 $N_2 = 1/\lambda$ 这个逆 Simpson 指数）。具体可以参考 Lande（1996）和 *Ecology* 杂志（2010：1962—1992 页）"论坛（Forum）"专栏。

最近也有很多学者提出一些基于 Hill 数统一框架下的加性或倍性的群落多样性的分解（Jost，2006；Jost，2007；de Bello 等，2010）。

Gamma 物种多样性，即是研究区域所取样方内所包含的物种数，可以简单通过物种数据框获得，其实就是物种数据矩阵列的数量。现在有很多算法来估计区域物种库（species pool），甚至包括被取样遗漏的物种也可以通过某种算法来估计。vegan 包中 specpool() 这个函数就是专门做类似的物种数估计，其原理是根据低频率的物种（即出现在一两个样方内的物种）比例来做物种数的估计。

```
# Gamma 丰富度和期望物种库
? specpool
(gobs <- ncol(spe))
(gthe <- specpool(spe))
```

比较一下实测 gamma 多样性和四个模型（Chao、一阶和二阶刀切法 Jackknife、自助法 bootstrap）预测 gamma 多样性的差别。看一下未被观测到的物种能贡献多少给"黑暗多样性（dark diversity）"。

vegetarian 程序包的 d() 函数是计算 Hill 数的平均 alpha 多样性、倍性

beta 和 gamma 多样性的简单方法。d() 函数中 lev 参数是选择所计算的多样性类型，q 参数是多样性指数的阶数（任何零或正数，整数或实数；阶数越高，代表物种多度权重越大；参数 q 对应于表 8.1 中的下标 a）。感谢这个框架，它可以将倍性 beta 多样性绘制为多样性指数阶数的函数。

```
# Hill 数的加性分解 (Jost, 2006, 2007)
? d
# 平均 alpha 物种丰富度
d(spe, lev = "alpha", q = 0)
# 平均 alpha Shannon 多样性
d(spe, lev = "alpha", q = 1)
# 平均 alpha Simpson 多样性
d(spe, lev = "alpha", q = 2, boot = TRUE)


# 倍性 beta 物种丰富度
d(spe, lev = "beta", q = 0)
# 倍性 beta Shannon 多样性
d(spe, lev = "beta", q = 1)
# 倍性 beta Simpson 多样性
d(spe, lev = "beta", q = 2, boot = TRUE)


# Gamma 物种丰富度
d(spe, lev = "gamma", q = 0)
# Gamma Shannon 多样性
d(spe, lev = "gamma", q = 1)
# Gamma Simpson 多样性
d(spe, lev = "gamma", q = 2, boot = TRUE)


# 绘制倍性 beta 多样性随着阶数变化图
mbeta <- data.frame(order = 0:20, beta = NA, se = NA)
for (i in 1:nrow(mbeta)) {
  out <- d(spe, lev = "beta", q = mbeta$order[i], boot = TRUE)
  mbeta$beta[i] <- out$D.Value
  mbeta$se[i] <- out$StdErr
}
```

```
mbeta
ggplot(mbeta, aes(order, beta)) +
  geom_point() +
  geom_line() +
  geom_errorbar(
    aes(order, beta, ymin = beta - se, ymax = beta + se),
    width = 0.2) + labs(y = "倍性 beta 多样性",
                        x = "多样性测度阶数")
```

提示：注意 ggplot2 程序包中 ggplot() 函数非常规的语法用于画图 8.3
中的线图。

事实证明，倍性 beta 多样性随着阶数从 2 增加到 7 过程明显增加，这个阶
数增加的过程代表均匀性权重愈来愈大，丰富度权重越来越小（图 8.3）。

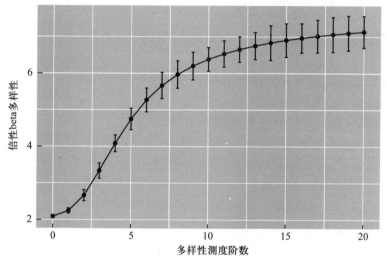

图 8.3　鱼类数据倍性 β 多样性随着多样性指数阶数增加的函数图。
图中的误差线通过自助法（bootstrap）获得

另外一个有用的函数是 Rao()，这个函数不仅可以算加性的分类物种多
样性，而且还可以算功能多样性和谱系多样性。Rao() 目前没有在 R 的程
序包里面，但可以通过 Bello 等（2010）这篇综述文章的在线附录获得代码。
Rao() 函数计算的所有生物多样性指数都是通过 Rao 二次熵，对应于物种
（逆）Simpson 多样性。我们将在 8.5 节用这个函数来计算 Doubs 河鱼类多度
数据的分类多样性、谱系多样性和功能多样性。

到现在为止，还是仅仅用一个数值来度量 beta 多样性。beta 多样性是表征研究区域内样方点之间物种组成和丰富度的变化，因此，我们可以通过不同的方法获得的样方对之间的差异矩阵来研究 beta 多样性。下面章节主要就是致力于解释这一类方法。

8.4.2 beta 多样性作为群落组成数据的方差：SCBD 和 LCBD 指数

8.4.2.1 引言

beta 多样性体现生物群落变化的产生和维持过程，因此，生态学家往往对 beta 多样性更感兴趣，因此有大量的文献讨论 beta 多样性的定义和测定方式。本节我们提出一种新的方法来定义 beta 多样性，这个概念将连接样方-物种矩阵的方差和本书描述很多分析和分解不同部分的方差的方法。

beta 多样性可以通过不同的方式来定义。Whittaker 的定义（1960）是物种组成在所感兴趣的地理区域内的样点之间的变化。有很多数学公式来描述这个变化。但总体上可以分为两类：① beta 多样性可以被解读为替换（turnover），即沿着预定的空间、时间或环境梯度方向性的变化。② beta 多样性可以被定义为在不考虑梯度的抽样研究单元中的群落物种组成变化。这两个概念都属于 Whittaker 定义的 beta 多样性范围。

很多论文都提出生物多样性三个层次的概念。并且大部分关于 beta 多样性度量都是与 alpha 多样性和 gamma 多样性有关。在本书第 8.4.1 节中所提到的加性和倍性的 beta 多样性就是从 alpha 和 gamma 推导过来的。在 *Ecology*（2010：1962—1992 页）的 "论坛（Forum）" 专栏，Ellison（2010）呼吁度量 beta 多样性的计算应该独立于其他两个多样性水平。Legendre 和 De Cáceres（2013）的方法实现这种愿望，这个方法通过计算样方-物种多度矩阵的总方差 Var(Y) 来作为 beta 多样性的估计值，Pélissier 等（2003）、Legendre 等（2005）和 Anderson 等（2006）也使用了类似的方法。Var(Y) 的计算独立于 alpha 和 gamma 多样性。第 5 章的简单排序、第 6 章的约束排序都是使用样方-物种组成的数据来分解物种组成的在取样点之间的变化格局。同样，第 7 章描述的空间特征根的分析方法主要是用于分解群落数据在不同的空间尺度上的空间变异，因此这些方法均应该可以看作属于 beta 多样性分析的范畴。

8.4.2.2 计算以 Var(Y) 度量的 beta 多样性

物种矩阵的总方差 Var(Y) 可以通过三个步骤获得。首先，计算每个物种多度值 y_{ij} 在所对应列中的离差平方矩阵 $[s_{ij}]$。

$$s_{ij} = (y_{ij} - \bar{y}_j)^2 \tag{8.9}$$

矩阵 Y 的离差平方和即是 s_{ij} 的和。

$$SS_{Total} = \sum_{i=1}^{n} \sum_{j=1}^{p} s_{ij} \qquad (8.10)$$

Y 的总方差 $Var(Y)$ 就是离差平方和除以 $(n-1)$：

$$BD_{Total} = Var(Y) = SS_{Total}/(n-1) \qquad (8.11)$$

这里我们称方差为 BD_{Total} 是因为我们用它来作为总 beta 多样性的度量。

必须注意的是，如果你要用这种方式来计算 beta 多样性，必须对物种多度数据进行预转化，如 Hellinger 转化或弦转化（见 3.5 节），否则，这里所算的都是原始的欧氏距离，而对于物种组成的数据，原始的欧氏距离通常不适用。

$Var(Y)$ 也可以通过距离矩阵 D 直接获得（证明过程见 Legendre 和 Fortin，2010，附录 1）。只要是确定合适的距离测度（见下面的第 8.4.2.3 节），都可以用来计算 $Var(Y)$。SS_{Total} 可以通过距离矩阵 D_{hi} 的一半（对角线的上半截或下半截都可以）的平方总和除以 n 获得：

$$SS_{Total} = SS(Y) = \frac{1}{n} \sum_{h=1}^{n-1} \sum_{i=h+1}^{n} D_{hi}^2 \qquad (8.12)$$

注意，这里的 n 是样方的个数。

对于非欧氏距离矩阵 D（比如 Jaccard 系数、Sørensen 系数和百分数差异），$[\sqrt{D_{hi}}]$ 才是欧氏距离，所以计算公式变为：

$$SS_{Total} = SS(Y) = \frac{1}{n} \sum_{h=1}^{n-1} \sum_{i=h+1}^{n} D_{hi} \qquad (8.13)$$

然后 BD_{Total} 依然是按照公式 8.11 计算。

第二种计算方法（公式 8.13）让我们可以以任何一种距离测度来计算 BD_{Total}，但是 Legendre 和 De Cáceres（2013）指出并不是所有的距离测度都适合计算 beta 多样性。

$Var(Y)$ 来度量 beta 多样性最大的好处就是，当如果是以物种-样方矩阵而并不是以距离矩阵来计算 $Var(Y)$ 时，beta 多样性可以被分解为样方的贡献（local contributions of the sites to beta diversity，称为 LCBD 指数）和物种的贡献（species contributions to beta diversity，称为 SCBD 指数）。

8.4.2.3 用距离矩阵度量 beta 多样性的特性

Legendre 和 De Cáceres（2013）用 14 种特征分析总结 16 种定量的距离测度。他们指出适合用来度量 beta 多样性的距离测度必要的 6 种特性（详情见 Legendre 和 De Cáceres（2013）的附录 S3）：双零不对称（P4）；当没有任何共同物种的样方之间的距离最大（P5）；在系列嵌套组合中距离不减少，例如单一的物种数量在一个或是两个物种增加时，距离不应该减少（P6）；物种重复的不变性：样方-物种矩阵中，如果以列为单位增加两个或多个拷贝后，样方之间的距离跟原始样方的距离一样（P7）；测度单位的不变性，例如生物量用 g 和 mg，样方之间的距离应该是不变的（P8）；存在固定的距离最大值（P9）。特征 P1 到 P3 是所有的距离指数共有的特征。Legendre 和 De Cáceres（2013）基于 11 种特性，通过 PCA 的方法比较了 16 种距离测度，并最终确定了 5 种类型的指数适合算 beta 多样性。在本书中已经描述的适用于 beta 多样性的距离指数中，我们要提一下 Hellinger 距离、弦（chord）距离以及百分数差异距离（又名 Bray-Curtis 距离）。相反，欧氏距离和卡方距离并不符合某些特性。这里提到所有的距离指数均符合数值在 0~1 之间或是 0~$\sqrt{2}$，且当两个样方之间的物种组成完全不同的时候距离最大。Legendre（2014）提到的 Ružička 指数，虽然不在 Legendre 和 De Cáceres（2013）的研究当中，但也是符合适合作为 beta 多样性测度的特性。用于二元数据的 Jaccard、Sørensen 和 Ochiai 指数，也符合这些特性。关于二元指数和数量型指数之间的对应关系，可以参考 Legendre 和 De Cáceres（2013）论文中的表 1。

对于数值范围处于 0~1 之间的距离指数，BD_{Total} 最大值是 0.5，对于 0~$\sqrt{2}$ 的距离指数，BD_{Total} 最大值是 1。当样方两两比较时（即所有的样方对），物种组成完全不同的情况下，BD_{Total} 达到最大。

8.4.2.4 beta 多样性样方贡献（LCBD）

样方 i 对样方-物种矩阵的 beta 多样性的贡献是样方-物种离差平方矩阵 S 的第 i 行（即第 i 个样方）的和：

$$SS_i = \sum_{j=1}^{p} s_{ij} \tag{8.14}$$

因此，第 i 个样方相对贡献率（LCBD）可以表述为：

$$LCBD_i = SS_i / SS_{Total} \tag{8.15}$$

这里，$SS_{Total} = \sum_{i=1}^{n} ss_i$（公式 8.10）。

LCBD 可以在取样点地图上标出（通常用符号的大小来表示）。如果用 Legendre 和 De Cáceres（2013）的话来说"LCBD 大小表征了从群落组成方面看该样方在所有样方中的独特程度"。LCBD 的显著性可以通过随机、独立置换每个物种在样方中的多度分布来获取。这个检验的零假设是物种在样方中随机分布。置换检验的原理是保持物种的总多度不变，但是物种在各个样方中的多度分布重新随机配置，因此在置换过程，alpha 多样性也被改变。

Legendre 和 De Cáceres（2013）也展示了如何通过距离矩阵来计算 LCBD。这个计算涉及与 PCoA 计算过程相同的距离矩阵的转化。

8.4.2.5 beta 多样性物种贡献（SCBD）

将 beta 多样性分解为每个物种的贡献，只能通过样方-物种的矩阵来进行，而通过距离矩阵获得的 beta 多样性将无法进行这个分解，因为距离矩阵中已经没有物种的多度分布的信息。

物种 j 对样方-物种矩阵的 beta 多样性的贡献可以表述为样方-物种离差平方矩阵 S 的第 j 列（即第 j 个物种）的和：

$$SS_j = \sum_{i=1}^{n} s_{ij} \tag{8.16}$$

这里同样 $SS_{Total} = \sum_{i=1}^{n} ss_i$（公式 8.10）。

因此，第 j 个物种相对贡献率（SCBD）可以表述为：

$$SCBD_j = SS_j / SS_{Total} \tag{8.17}$$

8.4.2.6　使用 adespatial 程序包中 beta.div( ) 函数计算 LCBD 和 SCBD

Legendre 和 De Cáceres（2013）写了一个函数 beta.div( ) 来计算 $Var(Y)$ 的 beta 多样性，以及将它分解为 LCBD 和 SCBD。现在这个函数已经被纳入 adespatial 程序包中。这里我们以 Doubs 鱼类数据为例，虽然 Legendre 和 De Cáceres（2013）文章做了同样分析，但之前鱼类数据用弦转化，现在用的是 Hellinger 转化，两种转化都是合适的。Legendre 和 De Cáceres（2013）也展示了用 11 种不同的距离指数算出来的 LCBD 是高度一致的。

```
# 使用 beta.div {adespatial} 计算 Hellinger 转化的鱼类数据
# beta 多样性
spe.beta <- beta.div(spe, method = "hellinger", nperm = 9999)
summary(spe.beta)
spe.beta$beta  # SSTotal 和 BDTotal


#SCBD 大于平均值的物种
spe.beta$SCBD[spe.beta$SCBD >= mean(spe.beta$SCBD)]
```

您可以绘制与图 2.3 一样的最大 SCBD 的物种沿河流分布图。

```
# LCBD 变量
spe.beta$LCBD
# p 值
spe.beta$p.LCBD
# Holm 校正
p.adjust(spe.beta$p.LCBD, "holm")
```

```
#显著的 LCBD 值的样方(Holm 校正后 p 值仍然小于 0.05)
row.names(spe[which(p.adjust(spe.beta$p.LCBD, "holm") <=
          0.05),])


# 沿着河流地图的 LCBD 图
plot(spa,
     asp = 1,
     cex.axis = 0.8,
     pch = 21,
     col = "white",
     bg = "brown",
     cex = spe.beta$LCBD * 70,
     main = "LCBD 值",
     xlab = "x 坐标(km)",
     ylab = "y 坐标(km)"
)
lines(spa, col = "light blue")
text(85, 11, "* * *", cex = 1.2, col = "red")
text(80, 92, "* * *", cex = 1.2, col = "red")
```

我们这里获得的 SS_{Total} = 14.07，BD_{Total} = 0.5025。这两个数值与 Legendre 和 De Cáceres（2013）文章中稍微不同，主要是因为这里使用不同的距离系数。有 5 个物种的 SCBD 值大于平均值：褐鳟（Satr）、欧亚鲹鱼（Phph）、欧鲌鱼（Alal）、泥鳅（Babl）和贡献比较小的欧洲鲤（Ruru）。这 5 个物种的多度（Hellinger 转化后多度）在样方间的变化最大，这也让它们成为有趣的生态指示种。

最大 LCBD 值集中在样方 1、13、23 周围的区域（图 8.4）。置换检验表明，样方 1 和 23 的 LCBD 的 p 值通过 Holm 校正后（29 次的同时检验需要校正 p 值）仍然是显著的。这两个样方之所以脱颖而出，原因在于含有比较少的物种，导致与别的样方显著不同。这一点也允许我们强调一下，LCBD 高的样方，可能不是我们想象的传统意义上含有较多稀有种或是物种丰富的"好"样方，任何偏离物种多度总体分布的格局均有可能增加 LCBD 值。在本案例中，样方 1 位于河流最上游位置，只含有一个物种，褐鳟（Satr），其鱼类组成与遭受城市污染需要被修复的样方 23~25 差别很大。

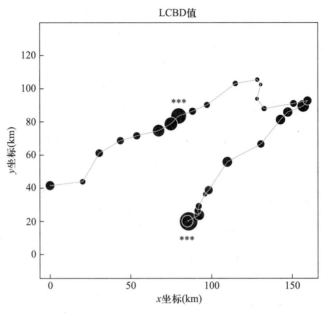

图 8.4 基于鱼类多度数据 Hellinger 转化后计算获得的 Doubs 河 29 个样方的 LCBD 指数分布图。气泡的大小与 LCBD 值呈正比；因此最大的气泡代表对于总体 beta 多样性贡献最大的样方。∗∗∗指示的是经过 Holm 校正后 LCBD 依然显著（$p \leqslant 0.05$）的样方

8.4.3 将 beta 多样性分解为替换、丰富度差异和嵌套

Harrison 等（1992）、Williams（1996）和 Lennon 等（2001）提出群落间的不同由两个过程引起：物种替换（species replacement）（有时也称为周转，turnover）和丰富度差异（richness difference）（物种的增加（gain）或减少（loss），或其特例：嵌套（nestedness））。

物种替换是由于物种都有其最适的生境和忍耐度（tolerances），导致在某个环境梯度上，可以观察到物种组成发生了替换的现象。很多原因可以引起物种替换，包括环境压力，也可能是竞争和历史事件（即过去发生的干扰和其他过程在群落中留下的痕迹）。

丰富度差异（richness difference）可能是由于当地物种的丧失引起，也可能是当地非生物条件的改变引起的生态位数量的差异，或是其他的生态过程导致群落内物种的不同。嵌套（nestedness）是丰富度差异的一种特例，即丰富度少的样方的物种恰好是丰富度高的样方物种的子集（subset）。

这个新的 beta 多样性的设想产生了几种将距离矩阵分解为"物种替换"和"丰富度差异性"两个组分的方法。Legendre（2014）文章附录 S1 部分，回顾这些方法的发展，提出一个统一的代数框架来比较已经发表的公式。

Legendre（2014）认为这些方法归为两个主要的指数族，并以领导创造这两类方法的主要学者 Podani 和 Baselga 命名。相关的参考文献在 Legendre（2014）可以获得。下面这些表述和表格的灵感来自 Legendre（2014）。

在两个族的指数中，下面这些是比较样方 1 和样方 2 的共同的数量指标：

● 共有的物种（a：样方 1 和样方 2 共有物种的数量；A：样方 1 和样方 2 共有物种的多度总和）；

● 样方 1 独有的物种（b：样方 1 独有的物种数；B：样方 1 独有的物种的多度总和）；

● 样方 2 独有的物种（c：样方 2 独有的物种数；C：样方 2 独有的物种的多度总和）。

> **重要提示**：相对的计数定量数据（例如群落盖度的百分比数据）无法进行相异系数的分解。因为一个物种的多度（盖度）比例已经是考虑别的物种的多度，所以比较样方间相对多度的总和是无意义的。

下面这两个表（表 8.2 和表 8.3）用两个虚拟的样方来展示上面这些数量指标：

这里的 a、b 和 c 与第 3 章计算二元相异指数 Jaccard（S_7）和 Sørensen（S_8）时所用的数量值是一样的。A、B 和 C 用于计算这两个二元相异指数的定量数据版本：Ružička 指数（Jaccard 系数定量数据版本）和百分数差异（percentage difference D_{14}，又称为 Bray-Curtis 系数，是 Sørensen 系数定量数据版本）。

表 8.2　一个 0-1 数据的虚拟样方对，展示用 a、b 和 c 来计算物种替换和丰富度差异系数

	Sp01	Sp02	Sp03	Sp04	Sp05	Sp06	Sp07	Sp08	Sp09	Sp10	Sp11	Sp12
Site1	1	1	1	1	1	1	1	1	1	0	0	0
Site2	1	1	1	1	0	0	0	0	0	1	1	1
		a				*b*				*c*		

注：这里，$a=4$、$b=5$、$c=3$。

表 8.3　一个定量多度数据的虚拟样方对，展示用 A、B 和 C 来计算多度替换和多度差异系数

	Sp01	Sp02	Sp03	Sp04	Sp05	Sp06	Sp07	Sp08	Sp09	Sum
Site1	15	8	5	10	19	7	0	0	14	78
Site2	10	2	20	30	0	0	25	11	14	112
Min(1,2)	10	2	5	10	0	0	0	0	14	41=A
Unique1	5	6	0	0	19	7	0	0	0	37=B
Unique2	0	0	15	20	0	0	25	11	0	71=C

注：Min(1, 2)：样方 1 和 2 中比较小的多度值；Unique 1 和 Unique 2：样方 1 或样方 2 独有的多度差值。Min(1, 2) 的和等于 A，Unique 1 和 Unique 2 的和分别等于 B 和 C。这里 $A=41$，$B=37$，$C=71$。

在 Legendre（2014）的综述文章中，用于估计 0-1 数据物种替换的公式，分子要么是 $\min(b, c)$ 或 $2 \times \min(b, c)$。实际上，b 和 c 中较小者往往也被认为是物种间被替换的物种数。对于定量数据，相应也是 $\min(B, C)$ 或 $2 \times \min(B, C)$ 作为分子。计算丰富度差异，感兴趣的统计量是 $|b-c|$，例如，表 8.2 中，$b=5$，$c=3$，所以可以视为样方 1 中的 3 个物种被样方 2 的物种替换掉，但两个样方的物种数量差值是 2 个物种。对于定量数据，相应的多度差异是 $|B-C|$，例如表 8.3 中 $|71-37|=34$。图 8.5 展示 0-1 数据情况下，通过 a、b、c 计算不同的指数过程。

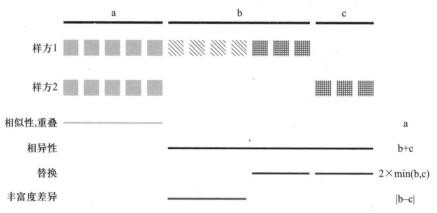

图 8.5　两个分别含有 12 个物种（样方 1）和 8 个物种（样方 2）虚拟的样方对。
图解展示在 0-1 数据中 a、b、c 和相异性（dissimilarity）、替换（replacement）、
丰富度差异（richness difference）和嵌套（nestedness）的关系。
图来自 Legendre（2014）

8.4.3.1　Podani 族指数

Podani 族的替换和丰富度（多度）差异的计算公式和计算过程已经体现在表 8.4 中（基于表 8.2（0-1 数据）和表 8.3（定量数据））。这些指数均是以比例形式存在，分子和分母的计算公式均在表中展示。

观察一下你就会发现，在所有情况下替换和丰富度（或多度）差异指数加起来等于相应的相异指数。

Podani 和 Schmera（2011）提出一个叫"嵌套（nestedness）"的指数，定义为：当 $a>0$ 时 $N=a+|b-c|$，当 $a=0$ 时 $N=0$。N 可以通过除以 $(a+b+c)$ 转化为 0~1 之间数值。作者们也指出丰富度差异仅代表一部分的嵌套，因此嵌套的正确评估应该包括共有的物种数（a）。见第 8.4.3.3 节嵌套指数的计算。

表 8.4 基于表 8.2（0-1 数据）和表 8.3（定量数据）计算 Podani 族指数的公式

	有-无数据	多度数据
分子		
替换	$2\times\min(b,c)$	$2\times\min(B,C)$
案例	$2\times 3=6$	$2\times 37=74$
丰富度或多度差异	$\mid b-c\mid$	$\mid B-C\mid$
案例	$\mid 5-3\mid=2$	$\mid 37-71\mid=34$
相异性	$(b+c)$	$(B+C)$
案例	$5+3=8$	$37+71=108$
Jaccard-Ružička 组		
分母	$(a+b+c)$	$(A+B+C)$
案例	$4+5+3=12$	$41+37+71=149$
相异性	$D_J=(b+c)/(a+b+c)$	$D_{Ru}=(B+C)/(A+B+C)$
案例	$D_J=8/12=0.667$	$D_{Ru}=108/149=0.725$
替换	$Repl_J=2\times\min(b,c)/(a+b+c)$	$Repl_{Ru}=2\times\min(B,C)/(A+B+C)$
案例	$Repl_J=6/12=0.500$	$Repl_{Ru}=74/149=0.497$
丰富度或多度差异	$RichDiff_J=\mid b-c\mid/(a+b+c)$	$RichDiff_{Ru}=\mid B-C\mid/(A+B+C)$
案例	$RichDiff_J=2/12=0.167$	$RichDiff_{Ru}=34/149=0.228$
Sørensen-百分数差异组		
分母	$(2a+b+c)$	$(2A+B+C)$
案例	$2\times 4+5+3=16$	$2\times 41+37+71=190$
相异性	$D_S=(b+c)/(2a+b+c)$	$D_{14}=(B+C)/(2A+B+C)$
案例	$D_S=8/16=0.500$	$D_{14}=108/190=0.568$
替换	$Repl_s=$ $2\times\min(b,c)/(2a+b+c)$	$Repl_{D14}=$ $2\times\min(B,C)/(2A+B+C)$
案例	$Repl_s=6/16=0.375$	$Repl_{D14}=74/190=0.389$
丰富度或多度差异	$RichDiff_S=\mid b-c\mid/(2a+b+c)$	$RichDiff_{D14}=\mid B-C\mid/(2A+B+C)$
案例	$RichDiff_S=2/16=0.125$	$RichDiff_{D14}=34/190=0.179$

注：$D_J=1-S_7$；$D_S=1-S_8$

8.4.3.2 Baselga 族指数

Baselga 族指数包括替换（有时也称为周转 turnover）和嵌套。替换指数很容易跟 Podani 族指数进行比较，但 Baselga 族指数中的嵌套与 Podani 族指数嵌套（通过丰富度和多度差异获得）并不相同，也与 Podani 和 Schmera（2011）提出的嵌套并不相同。

Baselga（2010）描述一个基于 Sørensen 相异指数 D_s 的替换指数（他的论文中称为周转 turnover），并提出通过 Sørensen 相异指数减去替换指数获得嵌套组分。在表 8.5 中，这两个指数分别叫作 $Repl_{BS}$ 和 Nes_{BS}。同样的推理也适用于 Jaccard 相异指数 D_J。对于定量数据，a、b、c 分别被 A、B、C 替换。表 8.5 展示这些指数（包括数字案例）。

表 8.5 基于表 8.2（0-1 数据）和表 8.3（定量数据）的
Baselga 族替换（周转）和嵌套指数的计算案例

	有-无数据	多度数据
Jaccard–Ružička 组		
相异性 案例	$D_J = (b+c)/(a+b+c)$ $8/12 = 0.667$	$D_{Ru} = (B+C)/(A+B+C)$ $108/149 = 0.725$
替换（周转） 案例	$Repl_{BJ} = \dfrac{2\min(b,\ c)}{a+2\min(b,\ c)}$ $6/[4+(2\times3)] = 0.600$	$Repl_{BR} = \dfrac{2\min(B,\ C)}{A+2\min(B,\ C)}$ $(2\times37)/[41+(2\times37)] = 0.643$
嵌套 案例	$Nes_{BJ} = \dfrac{\lvert b-c \rvert}{a+b+c} \times \dfrac{a}{a+2\min(b,\ c)}$ $(2/12)\times[4/(4+2\times3)] = 0.067$	$Nes_{BR} = \dfrac{\lvert B-C \rvert}{A+B+C} \times \dfrac{A}{A+2\min(B,\ C)}$ $Nes_{BR} = (34/149)\times[41/(41+(2\times37))]$ $= 0.081$
Sørensen-百分数差异组		
相异性 案例	$D_S = (b+c)/(2a+b+c)$ $8/16 = 0.500$	$D_{14} = (B+C)/(2A+B+C)$ $108/190 = 0.568$
替换（周转） 案例	$Repl_{BS} = \dfrac{\min(b,\ c)}{a+\min(b,\ c)}$ $3/(4+3) = 0.429$	$Repl_{B,D14} = \dfrac{\min(B,\ C)}{A+\min(B,\ C)}$ $(37)/[41+37] = 0.474$
嵌套 案例	$Nes_{BS} = \dfrac{\lvert b-c \rvert}{2a+b+c} \times \dfrac{a}{a+\min(b,\ c)}$ $(2/16)\times[4/(4+3)] = 0.071$	$Nes_{BS} = \dfrac{\lvert B-C \rvert}{2A+B+C} \times \dfrac{A}{A+\min(B,\ C)}$ $Nes_{BR} = (34/190)\times[41/(41+37)]$ $= 0.094$

所有这些指数都很容易混淆。Legendre 在 2014 年论文中指出这些系数之间的相似性和差别，具体总结如下：

（1）各种指数的分子均是估计①替换和②丰富度差异或嵌套。不同族的分母虽有不同，但均是为了标准化指数。但是，分母的选择会影响基于这些指数绘制的排序图中样点的位置。

（2）Podani 族中的替换指数和丰富度（多度）差异指数，在 Baselga 族中叫替换（有时也称为周转 turnover）和嵌套指数。但丰富度差异并不等于嵌套，见下面第 8.4.3.3 节。

（3）按照 Legendre 和 De Cáceres（2013）的标准（见第 8.4.2.3 节），两个族的指数，替换和丰富度差异（Podani 族），或替换和嵌套（Baselga 族）和所对应的 4 个相异指数均适合计算 beta 多样性。

（4）Podani 族中的替换指数和丰富度（多度）差异指数、Baselga 族中替换指数容易用生态术语解释。但是 Baselga 族中嵌套并不容易解读，但是还是符合逻辑的。

（5）这些指数矩阵均可以通过主坐标分析（PCoA）方法（见第 5.5 节）绘制样方的排序图。Podani 族替换指数和丰富度（多度）差异指数特别适合做排序分析，因为它们具有欧氏距离属性。见 Legendre（2014，附录表 S1.4）。

（6）有些讨论说 Baselga 族中替换指数 $Repl_{BS}$ 有高估的问题（Carvalho 等，2012），相反，Podani 族替换指数 $Repl_J$ 有低估的问题（Baselga，2012）。这些问题均源于用于标准化指数的分母的选择。按照 Legendre（2014）的观点："可以根据研究的需求来选择用于标准化指数的分母"。

8.4.3.3 嵌套（nestedness）的概念

与物种替换和丰富度（或多度）差异容易理解不同，嵌套的概念显得更加晦涩。嵌套的定义和度量方式在很多文献中引起一些争议，详见 Legendre（2014）。这里我们展示几个不同的数量案例来比较 Podani 和 Baselga 嵌套指数不同的特征。

表 8.6 这些案例是根据 Jaccard 相异系数推导获得的。这里的嵌套值变化范围从两个样方完全不同（即没有共同点物种）到完全相同（所有的物种都相同）。下面这些公式中的用于计算嵌套值的变量均跟上面提到的一样。

Podani：$N = \dfrac{a + |b-c|}{a+b+c}$ if $a>0$ and $N=0$ if $a=0$

Baselga：$Nes_{BJ} = \dfrac{|b-c|}{a+b+c} \times \dfrac{a}{a+2\min(b,\ c)}$

基于表 8.6，让我们来看一下 Podani 和 Baselga 嵌套指数的行为特征。

最小值（Minimum value）：当 $a=0$ 时两个指数均等于 0（表 8.6 中案例

1)。因为当物种组成完全不同的时候，两个样方不互为子集，这是合乎逻辑的特征。需要注意的是 Baselga 嵌套指数是通过公式第二项分子 a 来实现这个属性，而 Podani 直接将 $a=0$ 作为一个例外情况单独列出。当 $b=c$ 时（案例 2 和案例 9 的情况），Baselga 嵌套指数 Nes_{BJ} 也等于 0，这个符合作者对嵌套的定义：嵌套只能存在于物种丰富度不同的样方之间。而当 $b=c$ 时（即两个样方有相同的物种数），Podani 嵌套指数的值刚好等于 Jaccard 相似系数 S_7，此时，$Repl_J$ 和 Podani 嵌套指数的和也刚好等于 1（案例 2）。

最大值（Maximum value）：标准化后的 Podani 嵌套指数最大值能够达到 1；当 b 或 c 等于 0 的时候（案例 8），Baselga 嵌套指数等于 Jaccard 相异系数 D_J。两个指数均在 $a>0$ 且 b 和 c 有一个为 0 的情况下达到最大值，而且这个时候与单独的物种数量无关（b 和 c）。有个重要的不同是，当 $b=c=0$ 的时候（即两个样方物种组成完全相同的时候，案例 9），Podani 嵌套达到最大值 1，而 Baselga 嵌套为 0。这个也彰显两个嵌套定义的重大不同：Podani 和 Schmera（2011）提出 a 是嵌套的主要组分，因此当两个样方有完全相同的物种组成称为完全嵌套。而 Baselga 嵌套完全相反，强调的是丰富度的差异，即 $|b-c|$，而 a 仅有适度的贡献。另外，如果 b 和 c 保持不变，Podani 嵌套随着 a 的增加而单调增加，但 Baselga 嵌套随着 a 增加先增加到最大值后降低（案例 3、4 和 5）。

表 8.6   比较 Podani 和 Schmera（2011）嵌套和 Baselga 嵌套指数 Nes_{BJ} 的数字案例

案例	a	b	c	Podani 嵌套	Baselga 嵌套	Jaccard 相异性
1	0	5	4	0.000	0.000	1.000
2	1	4	4	0.111	0.000	0.889
3	2	3	2	0.429	0.048	0.714
4	4	3	2	0.556	0.056	0.556
5	8	3	2	0.692	0.051	0.385
6	8	5	4	0.529	0.029	0.529
7	2	100	1	0.981	0.481	0.981
8	4	5	0	1.000	0.556	0.556
9	9	0	0	1.000	0.000	0.000

注意 Podani 嵌套指数容易获得固定的上限（$=1$），然而 Baselga 嵌套上限 $D_J=(1-S_7)$ 却无法达到 1。实际上，当两个样方无共同物种的时候，Jaccard 相异系数达到最大值 1，这个时候，Baselga 嵌套 $Nes_{BJ}=0$。

嵌套 = Jaccard 相异系数：正如上面所示，当 $a>0$ 且 b 或 $c=0$（案例 8）的时候，Baselga 嵌套等于 Jaccard 相异系数 D_J。当 $a=b+c-|b-c|$ 时（案例 4、6 和 7），Podani 嵌套指数等于 Jaccard 相异系数，这就意味着 b 与 c 的差值越大，a 越小，因为嵌套等于 $D_J=(1-S_7)$（案例 7）。换句话说，不仅是 a 比较大的时候，如果两个样方的物种很不同，Podani 嵌套指数也有可能比较大。

接下来这些特征也可以从上面这些比较中获得：① Podani 和 Baselga 均认同当有共同物种的时候（$a>0$），嵌套是有可能的。② 当 b 或 c 为 0 时，这两个指数均达到最大值。③ 两个嵌套指数均随着 $|b-c|$ 的增加而增加。④ Podani 指数直接把共有的物种数作为嵌套的直接贡献，Baselga 恰恰相反。结果，当 $b=c=0$ 时，Podani 嵌套达到最大值 1，而 Baselga 嵌套则为 0。⑤ 在 Podani 指数中，a 对于嵌套的贡献是清晰的，但在 Baselga 嵌套指数中，a 的效应是复杂且非单调的。⑥ Podani 嵌套有固定和可以达到的最大值 1；而 Baselga 嵌套指数最大值并没有固定值，随样方对不同而改变，一般情况下最大值等于 $D_J=(1-S_7)$，也有可能等于 1。

8.4.3.4 使用 adespatial 程序包中 beta.div.comp() 函数计算替换、丰富度差异和嵌套

与 Legendre（2014）一样，我们这里同样以 Doubs 鱼类数据作为案例。第一步需要先计算相异指数（dissimilarity）、替换（或周转）（replacement（or turnover））和丰富度或多度差异（或嵌套）（richness or abundance difference（or nestedness））矩阵。这里我们以计算基于 Jaccard 指数的 Podani 指数为例，然后提取某些结果并作图以检验结果。

```
# 基于Jaccard指数的Podani指数(有-无数据)
fish.pod.j <- beta.div.comp(spe, coef = "J", quant = FALSE)
# 查看输出对象属性
summary(fish.pod.j)
# 展示总统计量
fish.pod.j$part
```

beta.div.comp() 函数输出的对象是个包括了 3 个距离矩阵的列表：替换（$repl），丰富度/多度差异矩阵（Baselga 族是嵌套矩阵）（$rich）和所选择的相异矩阵（这里是 Jaccard 系数）（$D）。另外，输出的结果也包括一个含有总统计量的结果向量：① BD_{Total}，② 总替换多样性，③ 总丰富度多样性（或嵌套），④ 总替换多样性/ BD_{Total}，⑤ 总丰富度多样性（或嵌套）/BD_{Total}。最后一项（$note）输出的是相异系数的名称。

除了 beta.div.comp() 函数之外，还有 adespatial 包里的函数

LCBD.comp()允许用户计算任何具有"dist"类的相异矩阵相关的总方差（BD_{Total}），或由其他 R 函数计算任何类似的矩阵将 BD_{Total} 加成分解为 *Repl*、*RichDiff*、*Nes* 或其他组分。LCBD.comp()函数也可以由距离矩阵计算 LCBD 指数。

与 Jaccard 距离矩阵及其 $Repl_J$ 和 $RichDiff_J$ 相关的多样性组分是在平方根值上计算的，因为 Jaccard 相异系数不具有欧氏属性，而是它的平方根才有。总的多样性的计算是通过距离矩阵 D 计算 SS_{Total} 和 BD_{Total}，如公式 8.13 和 8.11 所示。

在本案例中，总统计量的结果向量如下：

[1] 0.3258676 0.0925460 0.2333216 0.2839988 0.7160012

这里很容易辨认，第二项和第三项的和 =（四舍五入）0.09 + 0.23 = 0.32，即替换多样性和丰富度差异多样性等于 BD_{Total}。在这个案例中，总丰富度差异多样性占 BD_{Total} 的比例更大（71.6%）。

在 Legendre（2014）的案例中，因为鱼类进入河流总是从下游开始，最后一个样方（样方 30）作为其他所有样方的参考样方进行丰富度差异计算。我们将在这个基础上研究基于 Jaccard 系数的 Podani 丰富度差异（表 8.4 中的 $RichDiff_J$）。样方 30 物种比较丰富（见第 8.2.3 节）。因此，不同的样方沿着河流能够达到不同的高位点，物种丰富度差异被期望离样方 30 越远值越大。这个丰富度差异的增加速度是一样的吗？还是某些特殊的事件和环境改变这个格局呢？

为了生成这个变化图，我们必须首先从丰富度差异矩阵提取相应的值来产生样方号的对应值向量，结果展示在图 8.6 中。

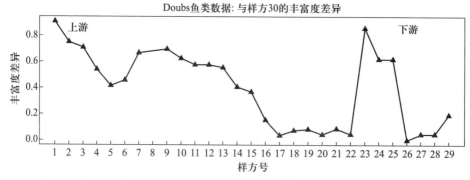

图 8.6　Doubs 鱼类数据：样方 1~29（去除样方 8）与样方 30 的丰富度差异（基于 Jaccard 系数的 Podani 丰富度差异 $RichDiff_J$）

```
# 提取丰富度差异矩阵
fish.rich <- as.matrix(fish.pod.j$rich)
#画所有的样方与第 30 个样方的丰富度差异
fish.rich.30 <- fish.rich[29, ][-29]
site.names <- seq(1, 29)[-8]
plot(site.names,
  fish.rich.30,
  type = "n",
  xaxp = c(1, 29, 28),
  main = "Doubs 鱼类数据：与样方 30 的丰富度差异",
  xlab = "样方号",
  ylab = "丰富度差异"
)
lines(site.names, fish.rich.30, pch = 24, col = "red")
points(
  site.names,
  fish.rich.30,
  pch = 24,
  cex = 1.5,
  col = "white",
  bg = "red"
)
text(3, 0.85, "上游", cex = 1, col = "red")
text(27, 0.85, "下游", cex = 1, col = "red")
```

> 提示：请观察如何提取样方 1~29（已经剔除样方 8）与样方 30 的丰富度差
> 异数据：将丰富度差异的距离矩阵（fish.pod.j$rich）转化为普
> 通的方阵（fish.rich），然后提取最后一行，去掉最后一个数值
> （样方 30 与本身的丰富度差异），注意没有任何物种的样方 8 已经被
> 预先剔除。

　　图 8.6 显示，在样方 17 后的下游区域，除了样方 23、24 和 25 之外，与
样方 30 的丰富度差异均很小。样方 23、24 和 25 的区域在 20 世纪中叶受到严
重城市污染，导致物种丰富度比较少。而在这三个点上游区域丰富度又恢复到
比较高，也表明这三个点是由于人类活动干扰引起的。从样方 17 开始到样方

9 的上游区域，与样方 30 的丰富度差异稳步增加，然后样方 6、5、4 又往下掉，之后又增加到最高点样方 1。出于某些原因（可能是在 20 世纪 60 年代取样时刚好 Pontarlier 市对下游产生较大污染），与上游的其他地区相比，样方 7~13 区域的物种丰富度相当低。

　　我们现在将画基于 Jaccard 指数的 Podani 替换（*Repl*_J）和丰富度差异（*RichDiff*_J）指数以及 Jaccard 相异矩阵。与 Legendre（2014）案例中不同，这里我们将绘制相邻样方点之间的值，而不是与样方 30 的差值，以强调本地邻体对的差异（图 8.7）。

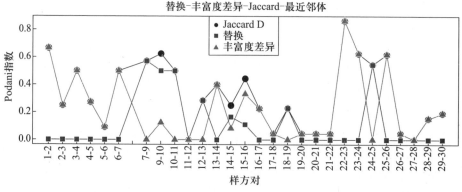

图 8.7　Doubs 鱼类数据：最近邻体之间的 Podani 替换 *Repl*_J、丰富度差异 *RichDiff*_J 指数，以及 Jaccard 相异系数 $D_J = (1-S_7)$。对于每个样方对 *Repl*_J+*RichDiff*_J = *D*_J，Jaccard 相异系数值经常被不同组分的值覆盖

```
# 提取替换矩阵
fish.repl <- as.matrix(fish.pod.j$repl)
#提取 Jaccard 相异系数矩阵 Dj
fish.jac <- as.matrix(fish.pod.j$D)


# 最近邻体的 Jaccard，替换和丰富度差异指数
# 首先提取相异方阵的亚对角线数值
fish.repl.neigh <- diag(fish.repl[-1, ]) # 替换 Replacement
fish.rich.neigh <- diag(fish.rich[-1, ])
                            # 丰富度差异 Richness difference
fish.jac.neigh <- diag(fish.jac[-1, ]) # Jaccard Dj 指数

absc <- c(2:7, 9:30) # 横坐标
```

```
label.pairs <- c("1-2", "2-3", "3-4", "4-5", "5-6", "6-7", " ",
  "7-9", "9-10", "10-11", "11-12", "12-13", "13-14", "14-15",
  "15-16", "16-17", "17-18", "18-19", "19-20", "20-21", "21-22",
  "22-23", "23-24", "24-25", "25-26", "26-27", "27-28", "28-29",
  "29-30")
plot(
  absc,
  fish.jac.neigh,
  type = "n",
  xaxt = "n",
  main = "替换-丰富度差异 - Jaccard - 最近邻体",
  xlab = "样方对",
  ylab = "Podani 指数"
)
axis (side = 1, 2:30, labels = label.pairs, las = 2,
    cex.axis = 0.9)
lines(absc, fish.jac.neigh, col = "black")
points(
  absc,
  fish.jac.neigh,
  pch = 21,
  cex = 2,
  col = "black",
  bg = "black"
)
lines(absc, fish.repl.neigh, col = "blue")
points(
  absc,
  fish.repl.neigh,
  pch = 22,
  cex = 2,
  col = "white",
  bg = "blue"
)
```

```
lines(absc, fish.rich.neigh, col = "red")
points(
  absc,
  fish.rich.neigh,
  pch = 24,
  cex = 2,
  col = "white",
  bg = "red"
)
legend(
  "top",
  c("Jaccard D", "替换", "丰富度差异"),
  pch = c(16, 15, 17),
  col = c("black", "blue", "red")
)
```

> 提示：请观察如何提取相邻样方对之间替换、丰富度和 Jaccard 相异矩阵差值：将已经获得了样方对的"dist"类的距离矩阵转化为普通的方阵（例如：`fish.repl`），然后去掉第一行后提取对角线数据（即相当于提取原始矩阵的亚对角线部分）。

　　当然，这个图跟 Legendre（2014）的图 2a 完全不同。这里我们是将每个样方跟前一个样方进行比较，因此获得不同的信息。请看前 7 个样方，替换均为 0，样方差异均由丰富度差异引起。在中游区域，物种的替换对邻体样方之间的差异起主要作用。请注意比较大的邻体丰富度差异出现 22-23、23-24 和 25-26 样方对上面，主要是因为物种数在样方 23、24 和 25 比较低。有意思的是，除了三个样方对（9-10，14-15 和 15-16），均是要么丰富度差异、要么替换指数单独构成样方间的相异指数。

　　另外一个有趣的事情是使用 ade4 程序包内 `triangle.plot()`函数画丰富度差异、替换和相应的相似指数的三角图（Legendre 2014，图 4）。在三角图中，每个点代表一个样方对的三组数据：$S = (1-D)$，*Repl*，和 *RichDiff* 或 *AbDiff*。在图 8.8 中，我们在每个图中加入这三组变量的平均值的点。这 4 个图代表的 0-1 数据和定量数据的 Podani 指数和相应的相似指数。

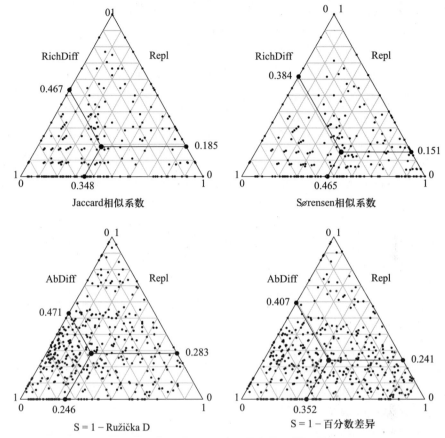

图 8.8 基于 Doubs 鱼类数据的样方对之间丰富度差异、替换和相应的相似指数的三角图。
图中黑色的大点表示三个指数平均值的点和平均值样方对（mean pair of sites）的点

```
# 三角图
# Jaccard
fish.pod.J <- beta.div.comp(spe, coef = "J", quant = FALSE)
# Sorensen
fish.pod.S <- beta.div.comp(spe, coef = "S", quant = FALSE)
# Ruzicka
fish.pod.qJ <- beta.div.comp(spe, coef = "J", quant = TRUE)
# 百分数差异 Percentage difference
fish.pod.qS <- beta.div.comp(spe, coef = "S", quant = TRUE)
# 为三角图的数据框 Data frames for the triangular plots
```

```
fish.pod.J.3 <- cbind((1 - fish.pod.J$D),
                        fish.pod.J$repl,
                        fish.pod.J$rich)
colnames(fish.pod.J.3) <- c("Similarity", "Repl", "RichDiff")
fish.pod.S.3 <- cbind((1 - fish.pod.S$D),
                        fish.pod.S$repl,
                        fish.pod.S$rich)
colnames(fish.pod.S.3) <- c("Similarity", "Repl", "RichDiff")
fish.pod.qJ.3 <- cbind((1 - fish.pod.qJ$D),
                         fish.pod.qJ$repl,
                         fish.pod.qJ$rich)
colnames(fish.pod.qJ.3) <- c("Similarity", "Repl", "AbDiff")
fish.pod.qS.3 <- cbind((1 - fish.pod.qS$D),
                         fish.pod.qS$repl,
                         fish.pod.qS$rich)
colnames(fish.pod.qS.3) <- c("Similarity", "Repl", "AbDiff")

par(mfrow = c(2, 2))
triangle.plot(
    as.data.frame(fish.pod.J.3[, c(3, 1, 2)]),
    show = FALSE,
    labeltriangle = FALSE,
    addmean = TRUE
)
text(-0.45, 0.5, "RichDiff", cex = 1.5)
text(0.4, 0.5, "Repl", cex = 1.5)
text(0, -0.6, "Jaccard 相似系数", cex = 1.5)
triangle.plot(
    as.data.frame(fish.pod.S.3[, c(3, 1, 2)]),
    show = FALSE,
    labeltriangle = FALSE,
    addmean = TRUE
)
text(-0.45, 0.5, "RichDiff", cex = 1.5)
```

```
text(0.4, 0.5, "Repl", cex = 1.5)
text(0, -0.6, "Sørensen 相似系数", cex = 1.5)


triangle.plot(
    as.data.frame(fish.pod.qJ.3[, c(3, 1, 2)]),
    show = FALSE,
    labeltriangle = FALSE,
    addmean = TRUE
)
text(-0.45, 0.5, "AbDiff", cex = 1.5)
text(0.4, 0.5, "Repl", cex = 1.5)
text(0, -0.6, "S = 1 - Ružička D", cex = 1.5)
triangle.plot(
    as.data.frame(fish.pod.qS.3[, c(3, 1, 2)]),
    show = FALSE,
    labeltriangle = FALSE,
    addmean = TRUE
)
text(-0.45, 0.5, "AbDiff", cex = 1.5)
text(0.4, 0.5, "Repl", cex = 1.5)
text(0, -0.6, "S = 1 - 百分数差异", cex = 1.5)
#展示三角形图中平均值点
colMeans(fish.pod.J.3[, c(3, 1, 2)])
colMeans(fish.pod.S.3[, c(3, 1, 2)])
colMeans(fish.pod.qJ.3[, c(3, 1, 2)])
colMeans(fish.pod.qS.3[, c(3, 1, 2)])
```

8.4.3.5 解释替换和丰富度差异

替换和丰富度差异是否跟环境因子有联系呢？这个问题可以通过典范排序来探讨。实际上，研究替换和丰富度差异跟环境因子的关系可以通过基于距离的 RDA（db-RDA，见第 6.3.3 节）。这里我们用 vegan 包中的 dbrda() 函数来运行这个运算。

```
# 替换 replacement
repl.dbrda <- dbrda(fish.repl ~ ., data = env, add = "cail-
                    liez")
anova(repl.dbrda)
RsquareAdj(repl.dbrda)

# 丰富度差异 difference
rich.dbrda <- dbrda(fish.rich ~ ., data = env, add = "cail-
                    liez")
anova(rich.dbrda)
RsquareAdj(rich.dbrda)

plot(
    rich.dbrda,
    scaling = 1,
    display = c("lc", "cn"),
    main = "被环境因子解释的丰富度差异"
)
```

第一个 db-RDA 结果（替换指数）显示替换指数与环境因子的关系为微弱（$R^2_{adj} = 0.038$，$p = 0.007$）。因为一般来说，替换指数具有很强的非欧氏属性，所以不建议用 RDA 分析。这里我们没给双序图，以避免误导。相反，丰富度差异与环境因子直接关系密切（$R^2_{adj} = 0.168$，$p = 0.001$）。R^2_{adj} 双序图的前两轴（图 8.9）证实了大的丰富度差异主要发生在高海拔区域的样方，而小的丰富度差异主要发生在低海拔的下游区域，因为低海拔区域污染物排放比较多，所以氮的浓度比较高[1]。

第 8.4.3.4 节和 8.4.3.5 节的分析都是用基于 Jaccard 的 Podani 替换和丰富度差异指数。我们建议读者以相应的定量数据的 Ružička 指数为基础重复练习 Sørensen 百分数差异指数以及 Baselga 族指数。

---

[1]　注意 Podani 族指数和 Sørensen 系数的丰富度差异矩阵均有完全的欧氏属性（见 Legendre 2014, 附录 S1, 表 S1.4）。因此如果 R^2_{adj} 比较大，读者可以使用这样的矩阵做 RDA 分析。Legendre（2014, 图 S6.2b）展示一个 *RichDiff*$_S$ 矩阵的 PCoA 排序案例。——著者注

被环境因子解释的丰富度差异

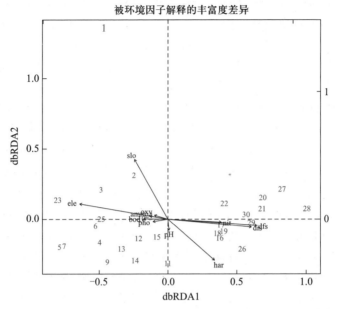

图 8.9 用基于距离的 RDA（1 型标尺）研究被环境因子解释的丰富度差异 *RichDiff*₁

8.5 群落功能多样性、功能组成和谱系多样性

本章的前面部分讨论的是分类学（物种）多样性，但是我们不能到此为止，我们还需要介绍现代群落生态学和功能生态学领域最流行的研究内容：功能多样性。功能多样性同分类学多样性和谱系多样性一样，是群落水平的三个多样性之一。

这里将严格限制我们的讨论范围局限于最近在功能群落生态学流行的两种研究方法的原理和应用。第一种方法是基于多性状变量的各种距离矩阵来计算 alpha 功能多样性（Villéger 等，2008；Laliberté 和 Legendre，2010）。第二种方法是我们在第 8.4.1 节提到统一框架的部分，也就是将 Rao 二次熵（Botta-Dukát，2005）分解为 alpha、beta 和 gamma 多样性（de Bello 等，2010）。

8.5.1 alpha 功能多样性

使用基于距离的方法，Villéger 等（2008）提出一个群落内功能多样性的三个组分：功能丰富度（functional richness，FRic）代表群落占据的功能空间，即在功能性状多维空间中能够涵盖群落内所有物种功能性状的最小凸型体体积；功能均匀度（functional evenness，FEve）度量多维功能空间内连接物种点最小拓展树的物种多度分布均一性；功能分异（functional divergence，FDiv）度量物种的多度在功能空间中的分布规律。FEve 和 FDiv 的数值处于 0~1 之间。如果功能性状数据是定量连续的数据，功能性状空间可以通过原始的物种-性状矩阵来表征，如果是功能性状数据含有定性数据，可以通过性状矩阵的 Gower 距离矩阵的主坐标（PCoA）来表征。

　　Laliberté 和 Legendre（2010）也将一个基于距离的多性状多样性指数：功能离散度（functional dispersion，FDis）纳入这个框架。FDis 是每个物种到连接所有物种的功能性状的质心的平均距离，这个平均距离是考虑到了物种相对多度的权重。上面提到的这些功能指数的计算函数均可以在 R 里面的 FD 程序包找到。FD 程序包也计算 Rao 二次熵、群落加权性状平均值（community-weighted means of trait values，CWMs，即通过物种多度加权的样方水平的性状多样性）和功能组丰富度（functional group richness，FGR）的函数。

　　Rao 二次熵被认为是一种简单而普遍的多样性指数（见第 8.5.2 节，当然也和功能离散度 FDis 密切相关。群落加权性状平均值 CWMs 严格意义上不能算功能多样性指数，但是代表群落里的功能组成[①]。功能组丰富度 FGR 是群落内功能组的数量，功能组可以通过基于功能性状的物种聚类来定义。

　　现在我们不能再继续解释功能多样性的概念，我们希望有兴趣的读者应该参考刚才所引用的文献。下面我们将进行基于距离的鱼类数据功能多样性计算。这里我们需要两个数据矩阵，一个是鱼类的样方-物种多度矩阵 spe，一个是物种-性状矩阵 tra。

```
summary(fishtraits)
rownames(fishtraits)
names(spe)
names(fishtraits)
tra <- fishtraits[ ,6:15]
tra
```

　　当前的性状数据包括 4 个定量数据和 6 个描述鱼类食性的二元数据。这些数据来源不同，主要来自 fishbase.org 网站（Forese 和 Pauly，2017）。定量性状是：体长（BodyLength，成年鱼平均体长），最大体长（BodyLengthMax，成年鱼最大体长）、体型因子（ShapeFactor，体长/体宽的比例）和营养级水平

[①]　Peres-Neto 等（2017）强烈批评通过做定量性状数据与环境变量（代表环境梯度）线性模型（相关、回归或 RDA）获得的标准化 CWM 矩阵。特别是，当只有性状或只有环境梯度对物种分布的结构起重要决定作用的时候，相关分析的检验严重高估了 I 型错误。我们推荐使用 6.11 节所描述的四角（fourth-corner）方法解决这个问题。——著者注

（TrophicLevel，在营养级链中的相对位置）。

FD 程序包的 dbFD() 函数可以计算所有基于距离的功能多样性指数，当然也包括 CWMs 和 FGR。为了计算 FGR，我们必须根据聚类树来定义功能组（或是分类水平）的数量（为了提高结果的格局，至少要选 5 个组）：

```
#基于距离功能多样性指数
? dbFD
res <-
    dbFD(
      tra,
      as.matrix(spe),
      asym.bin = 5:10,
      stand.FRic = TRUE,
      clust.type = "ward.D",
      CWM.type = "all",
      calc.FGR = TRUE
    )
# g  #剪裁聚类树确定功能组
# 10 #选择功能组数
res

# 将这些指数加入 div 数据框
div$FRic <- res$FRic
div$FEve <- res$FEve
div$FDiv <- res$FDiv
div$FDis <- res$FDis
div$RaoQ <- res$RaoQ
div$FGR <- res$FGR
div
```

> **提示:** stand.FRic 参数可以让我们是否选择通过全物种的 FRic 来标准化功能多样性丰富度 FRic。标准化后的 FRic 值处于 0~1 之间。

为了让结果有更好的视觉效果，我们可以在 Doubs 河流图上画出这些多样性指数的变化（图 8.10，代码见附加的完整的 R 脚本）。

比较这些地图的差异，如何解读这些格局呢？

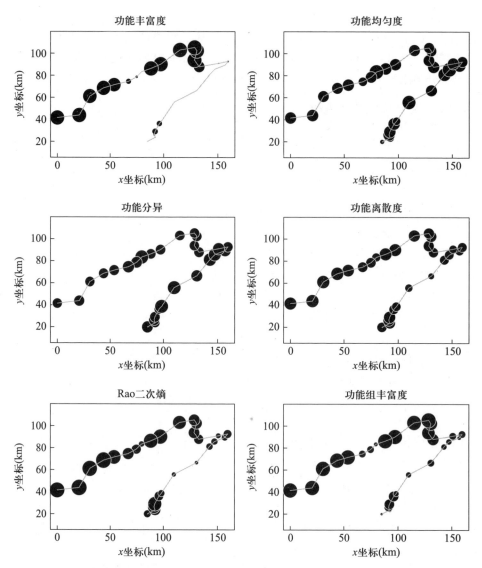

图 8.10 鱼类数据的功能丰富度（左上）、功能均匀度（右上）、功能分异（左中），
功能离散度（右中）、Rao 二次熵（左下）和功能组丰富度（右下）
沿着 Doubs 河流的变化趋势

CWMs 可以通过 dbFD（）函数获得，也可以直接通过 functcomp（）函数
获得：

```
# 群落加权平均性状值(CWMs)
functcomp(tra, as.matrix(spe), CWM.type = "all")
```

> 提示：CWM.type 参数是选择二元性状变量或定性变量的输出方式。如果设定为 "dom"，就表示每个定性变量只输出一个总的结果，如果设定为 "all" 就表示定性变量的每个水平都有结果。

通过在河流图画出 CWMs 的变化，你能看出 CWMs 沿着河流的变化趋势吗？

8.5.2　beta 分类、谱系和功能多样性

Bello 等（2010）提出一个"统一的框架（A unified framework）"来计算多样性不同方面（分类学［通常是物种水平］、谱系和功能）和不同的空间组分（alpha、beta、gamma）。这个统一的框架基于"Rao 二次熵（Rao quadratic entropy）"或称为"二次多样性指数 Q（quadratic diversity index Q）"（Rao，1982），即被物种比例加权后的所有可能的物种对之间相异系数和。

$$Q = \sum_{i=1}^{q} \sum_{j=1}^{q} d_{ij} p_{ic} p_{jc} \tag{8.18}$$

d_{ij} 是物种 i 和物种 j 之间的差别（相异性），p_{ic} 是物种 i 在群落 c 内的相对多度，p_{jc} 是物种 j 在群落 c 内的相对多度，q 是群落内的物种数（或是整个数据集的物种数），而 Q 是群落 c 的（alpha）二次指数或 Rao 指数。如果是分类学（物种）多样性（TD），当 $i \neq j$ 的时候 $d_{ij} = 1$，当 $i = j$ 的时候，$d_{ij} = 0$，此时的 Q 是逆 Simpson 指数（见第 8.2.2.2 节）。如果是谱系多样性（PD），物种对之间的差异可以通过谱系树上分支长度度量（或是基于谱系树的等级分类）。对于功能多样性（FD），基于性状数据可以计算物种之间的差异。

由于 d_{ij} 变化区间被限制在 0（当 i 和 j 是同一个物种）到 1 之间，如果所有的物种是完全不同的（包括功能或谱系的不同），逆 Simpson 指数（TD）代表潜在的最大值，这个值也是 Rao 指数（PD 或 FD）所能达到的最大值，因此 Simpson 指数与 Rao 指数之间的差值或是比率也算是测量谱系或功能冗余度的指标。

TD、PD 和 FD 的空间组分（即 alpha 和 beta）可以从 Rao 指数应用于 gamma 多样性和无偏 beta 多样性（加性或倍性）推导获得。beta 多样性可以通过"等价数值"（见第 8.2.2.2 节）校正获得无偏估计值。这个方法首先被 Jost（2007）提出来，见 Bello 等（2010）详细的内容。下面我们用一个案例来帮助读者更好地理解这个方法。

我们以 Doubs 鱼类数据为例，首先我们从最简单的鱼类谱系树获得鱼类之间的同表型距离（cophenetic distance）矩阵。准确的谱系树是通过合适 DNA 序列测序获得，显然解释这种方法已经远远超出本书的范围。这里，我们只能

用 taxize 程序包中 classification() 函数来构建当前这些鱼类物种的分类上被普遍接受的分类的位置，通过这个分类树中物种之间的拓扑关系计算最简单的谱系距离矩阵。

```
# 基于简化的分类学谱系矩阵计算
# 根据物种名构建物种分类学谱系树
splist <- as.character(fishtraits$LatinName)
# ncbi 基因数据库相对于 GBIF 不稳定
# spcla <- classification(splist, db = "ncbi")
spcla <- classification(splist, db = "gbif")
# 计算距离矩阵和谱系树
tr <- class2tree(spcla)
tr$classification
tr$distmat
# 将分类树转为同表型矩阵
# 把同表型距离值限制在 0-1 之间
phylo.d <- cophenetic(tr$phylo) /100
# 将物种编码来代替物种拉丁名
rownames(phylo.d) <- names(spe)
colnames(phylo.d) <- names(spe)
```

> 提示：这里我们使用参数 db ="gbif"，表示从 GBIF 数据库（Global Biodi-versity Information Facility, www.gbif.org）获得分类树。也可以选择其他数据库，比如选择 Genbank 数据库就得设置 db ="ncbi"。

我们也需要根据鱼类的功能性状数据计算鱼类的功能性状相异矩阵。因为这里的功能性状具有二元数据，也有定量数据，所以我们只能通过 gowdis() 函数计算 Gower 距离矩阵。然后，我们可以绘制最简单的谱系分类树和功能性状距离矩 Ward 聚类树（图 8.11）。

```
# 功能性状距离矩阵(Gower 距离)
trait.d <- gowdis(tra, asym.bin = 5:10)

# 绘制分类学谱系树和功能性状 ward 聚类树
trait.gw <- hclust(trait.d, "ward.D2")
par(mfrow = c(1, 2))
```

```
plot(tr)
plot(trait.gw, hang = -1, main = "")
```

接下来我们需要运行 Rao() 函数来计算物种（即不考虑谱系的分类）、谱系和功能多样性指数，以及由它们分解的 alpha、beta 和 gamma 组分。

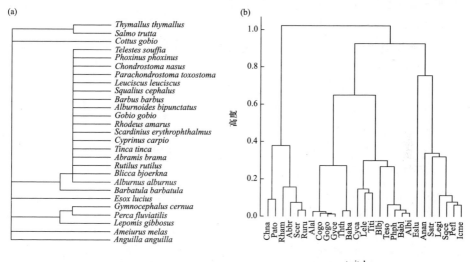

图 8.11　鱼类数据简化的谱系树（a）和基于功能性状的物种 Ward 层次聚类（b）

```
# TD、FD 和 PD 加性分解######
#参考（de Bello 等,2010）
spe.rao <- Rao(
    sample = t(spe),
    dfunc = trait.d,  #被选功能相异矩阵
    dphyl = phylo.d,  # 被选谱系相异矩阵
    weight = FALSE,
    Jost = TRUE,
    structure = NULL
)
names(spe.rao)

# Simpson 物种多样性
names(spe.rao$TD)
```

```
# 平均 alpha Simpson 多样性
spe.rao$TD$Mean_Alpha
# Gamma Simpson 多样性
spe.rao$TD$Gamma
# 加性 beta Simpson 多样性
spe.rao$TD$Beta_add
spe.rao$TD$Gamma - spe.rao$TD$Mean_Alpha
# 用 gamma 百分数表示的 Beta 多样性
spe.rao$TD$Beta_prop
spe.rao$TD$Beta_add / spe.rao$TD$Gamma
# 倍性 beta Simpson 多样性
spe.rao$TD$Gamma / spe.rao$TD$Mean_Alpha
# 谱系多样性（Rao）
names(spe.rao$PD)
# 平均 alpha Rao 谱系多样性
spe.rao$PD$Mean_Alpha
# Gamma Rao 谱系多样性
spe.rao$PD$Gamma
# 加性 beta Rao 谱系多样性
spe.rao$PD$Beta_add
spe.rao$PD$Gamma - spe.rao$PD$Mean_Alpha
# 用 gamma 百分数表示的 Beta 谱系多样性
spe.rao$PD$Beta_prop
spe.rao$PD$Beta_add / spe.rao$PD$Gamma
# 倍性 beta Rao 谱系多样性
spe.rao$PD$Gamma / spe.rao$PD$Mean_Alpha

# 功能多样性（Rao）
names(spe.rao$FD)
# 平均 alpha Rao 功能多样性
spe.rao$FD$Mean_Alpha
# Gamma Rao 功能多样性
spe.rao$FD$Gamma
# 加性 beta Rao 功能多样性
```

```
spe.rao$FD$Beta_add
spe.rao$FD$Gamma - spe.rao$FD$Mean_Alpha
```
用 gamma 百分数表示的 Beta 功能多样性
```
spe.rao$FD$Beta_prop
spe.rao$FD$Beta_add / spe.rao$FD$Gamma
```
#倍性 beta Rao 功能多样性
```
spe.rao$FD$Gamma / spe.rao$FD$Mean_Alpha
```

alpha TD, PD and FD 沿着 Doubs 河的变化
```
spe.rao$TD$Alpha
spe.rao$PD$Alpha
spe.rao$FD$Alpha
```

加基于 Rao 多样性指数到多样性数据框中
```
div$alphaTD <- spe.rao$TD$Alpha
div$alphaPD <- spe.rao$PD$Alpha
div$alphaFD <- spe.rao$FD$Alpha
```

#将数据框存为 csv 格式文件
```
write.csv(div, file = "diversity.csv", quote = FALSE)
```

此外，我们可以绘制每个样方的 alpha 多样性指数沿着 Doubs 河流图的分布情况（图 8.12；参见随附的 R 脚本）：

将这些空间格局与图 **8.10** 中的空间格局进行比较，你怎么理解分类学和谱系多样性格局之间的区别？

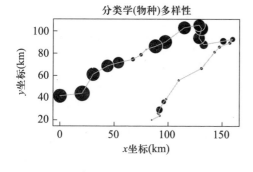

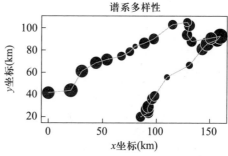

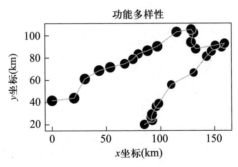

图 8.12 基于 Rao 算法的鱼类群落分类学（物种）、谱系和
功能的 alpha 多样性指数沿着 Doubs 河的分布图

8.6 小结

对生物多样性的研究是当代数量生态学最令人兴奋的挑战领域之一，特别是现在我们认识到对样方-物种的矩阵总方差的分解实际上就是 beta 多样性分析。本书第 5、6 和 7 章在不同的实验因子、不同的解释变量和空间尺度之间将方差分解为简单或典范排序轴。

目前关于多样性测量的方法仍有许多问题需要解决（第 8 章）。当我们能够完全理解遗传、物种、生态和景观多样性的多尺度复杂性时，可能成果会更突出。

与过去相比，现在解决生态数据多尺度的问题有更多深入的方式，我们也会惊讶于层出不穷的生态学数据分析的统计新方法。在今后一段时间内，还将出现更多分析方法。我们希望能邀请读者参与这个过程，不仅提出新的具有挑战性的生态学问题，也可以致力于开发令人兴奋的数量分析方法。

参考文献

Abdi, H. , Williams, L. J., Valentin, D.: Multiple factor analysis: principal component analysis for multitable and multiblock data sets. WIREs Comput Stat. **5**, 149–179 (2013)

Anderson, M. J.: Distinguishing direct from indirect effects of grazers in intertidal estuarine assemblages. J. Exp. Mar. Biol. Ecol. **234**, 199–218 (1999)

Anderson, M. J.: Distance-based tests for homogeneity of multivariate dispersions. Biometrics. **62**, 245–253 (2006)

Anderson, M. J., Ellingsen, K. E., McArdle, B. H.: Multivariate dispersion as a measure of beta diversity. Ecol. Lett. **9**, 683–693 (2006)

Anderson, M. J., Crist, T. O., Chase, J. M., Vellend, M., Inouye, B. D., Freestone, A. L., Sanders, N. J., Cornell, H. V., Comita, L. S., Davies, K. F., Harrison, S. P., Kraft, N. J. B., Stegen, J. C., Swenson, N. G.: Navigating the multiple meanings of β diversity: a roadmap for the practicing ecologist. Ecol. Lett. **14**, 19–28 (2011)

Baselga, A.: Partitioning the turnover and nestedness components of beta diversity. Glob. Ecol. Biogeogr. **19**, 134–143 (2010)

Baselga, A.: The relationship between species replacement, dissimilarity derived from nestedness, and nestedness. Glob. Ecol. Biogeogr. **21**, 1223–1232 (2012)

Beamud, S. G., Diaz, M. M., Baccala, N. B., Pedrozo, F. L.: Analysis of patterns of vertical and temporal distribution of phytoplankton using multifactorial analysis: acidic Lake Caviahue, Patagonia, Argentina. Limnologica. **40**, 140–147 (2010)

Benjamini, Y., Hochberg, Y.: Controlling the false discovery rate: a practical and powerful approach to multiple testing. J R Stat Soc B. **57**, 289–300 (1995)

Bernier, N., Gillet, F.: Structural relationships among vegetation, soil fauna and humus form in a subalpine forest ecosystem: a Hierarchical Multiple Factor Analysis (HMFA). Pedobiologia. **55**, 321–334 (2012)

Bivand, R. S., Pebesma, E. J., Gomez-Rubio, V.: Applied spatial data analysis with R. In: Use R Series, 2nd edn. Springer, New York (2013)

Blanchet, F. G., Legendre, P., Borcard, D.: Forward selection of explanatory variables. Ecology. **89**, 2623–2632 (2008a)

Blanchet, F. G., Legendre, P., Borcard, D.: Modelling directional spatial processes in ecological data. Ecol. Model. **215**, 325–336 (2008b)

Borcard, D., Legendre, P.: Environmental control and spatial structure in ecological communities: an example using Oribatid mites (Acari, Oribatei). Environ. Ecol. Stat. **1**, 37–61 (1994)

Blanchet, F. G., Legendre, P, Maranger, R., Monti, D., Pepin, P..: Modelling the effect of directional spatial ecological processes at different scales. Oecologia. **166**, 357–368 (2011)

Borcard, D., Legendre, P.: All-scale spatial analysis of ecological data by means of principal coordinates of neighbour matrices. Ecol. Model. **153**, 51–68 (2002)

Borcard, D., Legendre, P.: Is the Mantel correlogram powerful enough to be useful in ecological analysis? A simulation study. Ecology. **93**, 1473–1481 (2012)

Borcard, D., Legendre, P., Drapeau, P.: Partialling out the spatial component of ecological variation. Ecology. **73**, 1045–1055 (1992)

Borcard, D., Legendre, P., Avois-Jacquet, C., Tuomisto, H.: Dissecting the spatial structure of ecological data at multiple scales. Ecology. **85**, 1826–1832 (2004)

Borcard, D., Gillet, F., Legendre, P.: Numerical Ecology with R. UseR! Series. Springer, New York (2011)

Borthagaray, A. I., Arim, M., Marquet, P. A.: Inferring species roles in metacommunity structure from species co-occurrence networks. Proc. R. Soc. B. **281**, 20141425 (2014)

Botta-Dukát, Z.: Rao's quadratic entropy as a measure of functional diversity based on multiple traits. J. Veg. Sci. **16**, 533–540 (2005)

Breiman, L., Friedman, J. H., Olshen, R. A., Stone, C. G.: Classification and Regression Trees. Wadsworth International Group, Belmont (1984)

Cadotte, M. W., Davies, T. J.: Phylogenies in Ecology: A Guide to Concepts and Methods. Princeton University Press, Princeton (2016)

Carlson, M. L., Flagstad, L. A., Gillet, F., Mitchell, E. A. D.: Community development along a proglacial chronosequence: are above-ground and below-ground community structure controlled more by biotic than abiotic factors? J. Ecol. **98**, 1084–1095 (2010)

Carvalho, J. C., Cardoso, P., Gomes, P.: Determining the relative roles of species replacement and species richness differences in generating beta-diversity patterns. Glob. Ecol. Biogeogr. **21**, 760–771 (2012)

Chessel, D., Lebreton, J. D., Yoccoz, N.: Propriétés de l'analyse canonique des correspondances; une illustration en hydrobiologie. Revue de Statistique Appliquée. **35**, 55–72 (1987)

Choler, P.: Consistent shifts in Alpine plant traits along a mesotopographical gradient. Arct. Antarct. Alp. Res. **37**, 444–453 (2005)

Chytrý, M., Tichy, L., Holt, J., Botta-Duka, Z.: Determination of diagnostic species with statistical fidelity measures. J. Veg. Sci. **13**, 79–90 (2002)

Clua, E., Buray, N., Legendre, P., Mourier, J., Planes, S.: Behavioural response of sicklefin lemon sharks *Negaprion acutidens* to underwater feeding for ecotourism purposes. Mar. Ecol. Prog. Ser. **414**, 257–266 (2010)

Davé, R. N., Krishnapuram, R.: Robust clustering methods: a unified view. IEEE Trans. Fuzzy Syst. **5**, 270–293 (1997)

de Bello, F., Lavergne, S., Meynard, C., Lepš, J., Thuiller, W.: The partitioning of diversity: showing

Theseus a way out of the labyrinth. J. Veg. Sci. **21**, 992–1000 (2010)

De Cáceres, M., Legendre, P.: Associations between species and groups of sites: indices and statistical inference. Ecology. **90**, 3566–3574 (2009)

De Cáceres, M., Font, X., Oliva, F.: The management of numerical vegetation classifications with fuzzy clustering methods. J. Veg. Sci. **21**, 1138–1151 (2010)

De'ath, G.: Multivariate regression trees: a new technique for modeling species–environment relationships. Ecology. **83**, 1105–1117 (2002)

Declerck, S. A. J., Coronel, J. S., Legendre, P., Brendonck, L.: Scale dependency of processes structuring metacommunities of cladocerans in temporary pools of High-Andes wetlands. Ecography. **34**, 296–305 (2011)

Dolédec, S., Chessel, D.: Co-inertia analysis: an alternative method to study species – environment relationships. Freshw. Biol. **31**, 277–294 (1994)

Doledec, S., Chessel, D., ter Braak, C. J. F., Champely, S.: Matching species traits to environmental variables: a new three-table ordination method. Environ. Ecol. Stat. **3**, 143–166 (1996)

Dray, S., Legendre, P.: Testing the species traits – environment relationships: the fourth-corner problem revisited. Ecology. **89**, 3400–3412 (2008)

Dray, S., Pettorelli, N., Chessel, D.: Matching data sets from two different spatial samplings. J. Veg. Sci. **13**, 867–874 (2002)

Dray, S., Chessel, D., Thioulouse, J.: Co-inertia analysis and the linking of ecological data tables. Ecology. **84**, 3078–3089 (2003)

Dray, S., Legendre, P., Peres-Neto, P. R.: Spatial modelling: a comprehensive framework for principal coordinate analysis of neighbour matrices (PCNM). Ecol. Model. **196**, 483–493 (2006)

Dray, S., Choler, P., Doledec, S., Peres-Neto, P. R., Thuiller, W., Pavoine, S., ter Braak, C. J. F.: Combining the fourth-corner and the RLQ methods for assessing trait responses to environmental variation. Ecology. **95**, 14–21 (2014)

Dufrêne, M., Legendre, P.: Species assemblages and indicator species: the need for a flexible asymmetrical approach. Ecol. Monogr. **67**, 345–366 (1997)

Dungan, J. L., Perry, J. N., Dale, M. R. T., Legendre, P., Citron-Pousty, S., Fortin, M. -J., Jakomulska, A., Miriti, M., Rosenberg, M. S.: A balanced view of scaling in spatial statistical analysis. Ecography. **25**, 626–640 (2002)

Efron, B.: Bootstrap methods: another look at the jackknife. Ann. Stat. **7**, 1–26 (1979)

Efron, B., Halloran, E., Holmes, S.: Bootstrap confidence levels for phylogenetic trees. Proc Nat Acad Sci USA. **93**, 13429–13434 (1996)

Ellison, A. M.: Partitioning diversity. Ecology. **91**, 1962–1963 (2010)

Escofier, B., Pagès, J.: Multiple factor analysis (AFMULT package). Comput Stat Data Anal. **18**, 121–140 (1994)

Escoufier, Y.: The duality diagram: a means of better practical applications. In: Legendre, P., Legendre, L. (eds.) Developments in Numerical Ecology, NATO ASI Series Series, Series G: Ecological Sciences, vol. 14, pp. 139–156. Springer, Berlin (1987)

Ezekiel, M.: Methods of Correlational Analysis. Wiley, New York (1930)

Faith, D. P., Minchin, P. R., Belbin, L.: Compositional dissimilarity as a robust measure of ecological distance. Vegetatio. **69**, 57–68 (1987)

Felsenstein, J.: Confidence limits on phylogenies: an approach using the bootstrap. Evolution. **39**, 783–791 (1985)

Froese, R., Pauly, D. (Eds): FishBase. World Wide Web electronic publication. www.fishbase.org (2017)

Geary, R. C.: The contiguity ratio and statistical mapping. Inc Stat. **5**, 115–145 (1954)

Geffen, E., Anderson, M. J., Wayne, R. K.: Climate and habitat barriers to dispersal in the highly mobile gray wolf. Mol. Ecol. **13**, 2481–2490 (2004)

Gordon, A. D.: Classification in the presence of constraints. Biometrics. **29**, 821–827 (1973)

Gordon, A. D., Birks, H. J. B.: Numerical methods in quaternary palaeoecology. I. Zonation of pollen diagrams. New Phytol. **71**, 961–979 (1972)

Gordon, A. D., Birks, H. J. B.: Numerical methods in quaternary palaeoecology. II. Comparison of pollen diagrams. New Phytol. **73**, 221–249 (1974)

Gower, J. C.: Some distance properties of latent root and vector methods used in multivariate analysis. Biometrika. **53**, 325–338 (1966)

Gower, J. C.: Comparing classifications. In: Felsenstein, J. (ed.) Numerical Taxonomy. NATO ASI Series, vol. G-1, pp. 137–155. Springer, Berlin (1983)

Gower, J. C., Legendre, P.: Metric and Euclidean properties of dissimilarity coefficients. J. Classif. **3**, 5–48 (1986)

Gray, D. K., Arnott, S. E.: Does dispersal limitation impact the recovery of zooplankton communities damaged by a regional stressor? Ecol. Appl. **21**, 1241–1256 (2011)

Greenacre, M., Primicerio, R.: Multivariate Analysis of Ecological Data. Fundación BBVA, Bilbao (2013)

Greenberg, J. H.: The measurement of linguistic diversity. Language. **32**, 109–115 (1956)

Griffith, D. A., Peres-Neto, P. R.: Spatial modeling in ecology: the flexibility of eigenfunction spatial analyses. Ecology. **87**, 2603–2613 (2006)

Grimm, E. C.: CONISS: A FORTRAN 77 program for stratigraphically constrained cluster analysis by the method of incremental sum of squares. Comput. Geosci. **13**, 13–35 (1987)

Guénard, G., Legendre, P., Boisclair, D., Bilodeau, M.: Assessment of scale-dependent correlations between variables. Ecology. **91**, 2952–2964 (2010)

Hardy, O. J.: Testing the spatial phylogenetic structure of local communities: statistical performances of different null models and test statistics on a locally neutral community. J. Ecol. **96**, 914–926 (2008)

Harrison, S., Ross, S. J., Lawton, J. H.: Beta-diversity on geographic gradients in Britain. J. Anim. Ecol. **61**, 151–158 (1992)

Hill, M. O.: Diversity and evenness: a unifying notation and its consequences. Ecology. **54**, 427-432 (1973)

Hill, M. O., Smith, A. J. E.: Principal component analysis of taxonomic data with multi-state discrete characters. Taxon. **25**, 249-255 (1976)

Holm, S.: A simple sequentially rejective multiple test procedure. Scand. J. Stat. **6**, 65-70 (1979)

Hurlbert, S. H.: The non-concept of species diversity: a critique and alternative parameters. Ecology. **52**, 577-586 (1971)

Isaaks, E. H., Srivastava, R. M.: An Introduction to Applied Geostatistics. Oxford University Press, New York (1989)

Jaccard, P.: Étude comparative de la distribution florale dans une portion des Alpes et du Jura. Bulletin de la Société Vaudoise des Sciences Naturelles. **37**, 547-579 (1901)

Jongman, R. H. G., ter Braak, C. J. F., van Tongeren, O. F. R.: Data Analysis in Community and Landscape Ecology. Cambridge University Press, Cambridge (1995)

Josse, J., Husson, F.: Handling missing values in exploratory multivariate data analysis methods. Journal de la Société Française de Statistique. **153**, 79-99 (2012)

Josse, J., Pagès, J., Husson, F.: Testing the significance of the RV coefficient. Comput Stat Data Anal. **53**, 82-91 (2008)

Jost, L.: Entropy and diversity. Oikos. **113**, 363-375 (2006)

Jost, L.: Partitioning diversity into independent alpha and beta components. Ecology. **88**, 2427-2439 (2007)

Kaufman, L., Rousseeuw, P. J.: Finding Groups in Data: An Introduction to Cluster Analysis. Wiley, New York (2005)

Kempton, R. A.: Structure of species abundance and measurement of diversity. Biometrics. **35**, 307-322 (1979)

Laliberté, E., Legendre, P.: A distance-based framework for measuring functional diversity from multiple traits. Ecology. **91**, 299-305 (2010)

Laliberté, E., Paquette, A., Legendre, P., Bouchard, A.: Assessing the scale-specific importance of niches and other spatial processes on beta diversity: a case study from a temperate forest. Oecologia. **159**, 377-388 (2009)

Lamentowicz, M., Lamentowicz, L., van der Knaap, W.O., Gabka, M., Mitchell, E.A.D.: Contrasting species-environment relationships in communities of testate amoebae, bryophytes and vascular plants along the fen-bog gradient. Microb. Ecol. **59**, 499-510 (2010)

Lance, G. N., Williams, W. T.: A generalized sorting strategy for computer classifications. Nature. **212**, 218 (1966)

Lance, G. N., Williams, W. T.: A general theory of classificatory sorting strategies. I. Hierarchical systems. Comput. J. **9**, 373-380 (1967)

Lande, R.: Statistics and partitioning of species diversity, and similarity among multiple communities. Oikos. **76**, 5-13 (1996)

Le Dien, S., Pagès, J.: Analyse factorielle multiple hiérarchique. Revue de statistique appliquée. **51**, 47–73 (2003)

Lear, G., Anderson, M. J., Smith, J. P., Boxen, K., Lewis, G. D.: Spatial and temporal heterogeneity of the bacterial communities in stream epilithic biofilms. FEMS Microbiol. Ecol. **65**, 463–473 (2008)

Legendre, P.: Quantitative methods and biogeographic analysis. In: Garbary, D. J., South, R. R. (eds.) Evolutionary Biology of the Marine Algae of the North Atlantic. NATO ASI Series, vol. G22, pp. 9–34. Springer, Berlin (1990)

Legendre, P.: Spatial autocorrelation: trouble or new paradigm? Ecology. **74**, 1659–1673 (1993)

Legendre, P.: Species associations: the Kendall coefficient of concordance revisited. J. Agric. Biol. Environ. Stat. **10**, 226–245 (2005)

Legendre, P.: Coefficient of concordance. In: Salking, N. J. (ed.) Encyclopedia of Research Design, vol. 1, pp. 164–169. SAGE Publications, Los Angeles (2010)

Legendre, P.: Interpreting the replacement and richness difference components of beta diversity. Glob. Ecol. Biogeogr. **23**, 1324–1334 (2014)

Legendre, P., Anderson, M. J.: Distance-based redundancy analysis: testing multi-species responses in multi-factorial ecological experiments. Ecol. Monogr. **69**, 1–24 (1999)

Legendre, P., Borcard, D.: Box-Cox-chord transformations for community composition data prior to beta diversity analysis. Ecography. **41**, 1–5 (2018)

Legendre, P., De Cáceres, M.: Beta diversity as the variance of community data: dissimilarity coefficients and partitioning. Ecol. Lett. **16**, 951–963 (2013)

Legendre, P., Fortin, M. J.: Comparison of the Mantel test and alternative approaches for detecting complex multivariate relationships in the spatial analysis of genetic data. Mol. Ecol. Resour. **10**, 831–844 (2010)

Legendre, P., Gallagher, E. D.: Ecologically meaningful transformations for ordination of species data. Oecologia. **129**, 271–280 (2001)

Legendre, L., Legendre, P.: Écologie Numérique. Masson, Paris and Les Presses de l'Université du Québec, Québec (1979)

Legendre, L., Legendre, P.: Numerical Ecology. Elsevier, Amsterdam (1983)

Legendre, P., Legendre, L.: Numerical Ecology, 3rd English edn. Elsevier, Amsterdam (2012)

Legendre, P., Rogers, D. J.: Characters and clustering in taxonomy: a synthesis of two taximetric procedures. Taxon. **21**, 567–606 (1972)

Legendre, P., Dallot, S., Legendre, L.: Succession of species within a community: chronological clustering with applications to marine and freshwater zooplankton. Am. Nat. **125**, 257–288 (1985)

Legendre, P., Oden, N. L., Sokal, R. R., Vaudor, A., Kim, J.: Approximate analysis of variance of spatially autocorrelated regional data. J. Classif. **7**, 53–75 (1990)

Legendre, P., Galzin, R., Harmelin-Vivien, M. L.: Relating behavior to habitat: solutions to the fourth-corner problem. Ecology. **78**, 547–562 (1997)

Legendre, P., Dale, M. R. T., Fortin, M. -J., Gurevitch, J., Hohn, M., Myers, D.: The consequences of spatial structure for the design and analysis of ecological field surveys. Ecography. **25**, 601–615 (2002)

Legendre, P., Borcard, D., Peres-Neto, P. R.: Analyzing beta diversity: partitioning the spatial variation of community composition data. Ecol. Monogr. **75**, 435–450 (2005)

Legendre, P., De Cáceres, M., Borcard, D.: Community surveys through space and time: testing the space–time interaction in the absence of replication. Ecology. **91**, 262–272 (2010)

Legendre, P., Oksanen, J., ter Braak, C. J. F.: Testing the significance of canonical axes in redundancy analysis. Methods Ecol. Evol. **2**, 269–277 (2011)

Lennon, J. J., Koleff, P., Greenwood, J. J. D., Gaston, K. J.: The geographical structure of British bird distributions: diversity, spatial turnover and scale. J. Anim. Ecol. **70**, 966–979 (2001)

Loreau, M.: The challenges of biodiversity science. In: Kinne, O. (ed.) Excellence in Ecology, 17. International Ecology Institute, Oldendorf/Luhe (2010)

Margalef, R. and Gutiérrez, E.: How to introduce connectance in the frame of an expression for diversity. American Naturalist. **121**, 601–607 (1983)

Magurran, A. E.: Measuring Biological Diversity. Wiley–Blackwell, London (2004)

McArdle, B. H., Anderson, M. J.: Fitting multivariate models to community data: a comment on distance-based redundancy analysis. Ecology. **82**, 290–297 (2001)

McCune, B.: Influence of noisy environmental data on canonical correspondence analysis. Ecology. **78**, 2617–2623 (1997)

McCune, B., Grace, J. B.: Analysis of Ecological Communities. MjM Software Design, Gleneden Beach (2002)

McGarigal, K., Cushman, S., Stafford, S.: Multivariate Statistics for Wildlife and Ecology Research. Springer, New York (2000)

Méot, A., Legendre, P., Borcard, D.: Partialling out the spatial component of ecological variation: questions and propositions in the linear modelling framework. Environ. Ecol. Stat. **5**, 1–27 (1998)

Miller, J. K.: The sampling distribution and a test for the significance of the bimultivariate redundancy statistic: a Monte Carlo study. Multivar. Behav. Res. **10**, 233–244 (1975)

Milligan, G. W., Cooper, M. C.: An examination of procedures for determining the number of clusters in a data set. Psychometrika. **50**, 159–179 (1985)

Moran, P. A. P.: Notes on continuous stochastic phenomena. Biometrika. **37**, 17–23 (1950)

Murtagh, F., Legendre, P.: Ward's hierarchical agglomerative clustering method: which algorithms implement Ward's criterion? J. Classif. **31**, 274–295 (2014)

Oden, N. L., Sokal, R. R.: Directional autocorrelation: an extension of spatial correlograms to two dimensions. Syst. Zool. **35**, 608–617 (1986)

Oksanen, J., Blanchet, F. G., Friendly, M., Kindt, R., Legendre, P., McGlinn, D., Minchin, P. R., O'Hara, R. B., Simpson, G. L., Solymos, P., Stevens, M. H. H., Szoecs, E., Wagner, H. vegan: Community Ecology Package. R package version 2. 5–0. (2017)

Olesen, J. M., Bascompte, J., Dupont, Y. L., Jordano, P.: The modularity of pollination networks. Proc. Natl. Acad. Sci. **104**, 19891–19896 (2007)

Orlóci, L., Kenkel, N. C.: Introduction to Data Analysis. International Co-operative Publishing House, Burtonsville (1985)

Paradis, E.: Analysis of Phylogenetics and Evolution with R Use R! Series, 2nd edn. Springer, New York (2012)

Pélissier, R., Couteron, P., Dray, S., Sabatier, D.: Consistency between ordination techniques and diversity measurements: two strategies for species occurrence data. Ecology. **84**, 242–251 (2003)

Peres-Neto, P. R., Legendre, P.: Estimating and controlling for spatial structure in the study of ecological communities. Glob. Ecol. Biogeogr. **19**, 174–184 (2010)

Peres-Neto, P. R., Legendre, P., Dray, S., Borcard, D.: Variation partitioning of species data matrices: estimation and comparison of fractions. Ecology. **87**, 2614–2625 (2006)

Peres-Neto, P. R., Dray, S., ter Braak, C. J. F.: Linking trait variation to the environment: critical issues with community-weighted mean correlation resolved by the fourth-corner approach. Ecography. **40**, 806–816 (2017)

Pielou, E. C.: The measurement of diversity in different types of biological collections. Theor. Biol. **13**, 131–144 (1966)

Pielou, E. C.: Ecological Diversity. Wiley, New York (1975)

Pillai, K. C. S., Hsu, Y. S.: Exact robustness studies of the test of independence based on four multivariate criteria and their distribution problems under violations. Ann. Inst. Stat. Math. **31**, 85–101 (1979)

Podani, J.: Extending Gower's general coefficient of similarity to ordinal characters. Taxon. **48**, 331–340 (1999)

Podani, J., Schmera, D.: A new conceptual and methodological framework for exploring and explaining pattern in presence–absence data. Oikos. **120**, 1625–1638 (2011)

Rao, C. R.: Diversity and dissimilarity coefficients: a unified approach. Theor. Popul. Biol. **21**, 24–43 (1982)

Raup, D. M., Crick, R. E.: Measurement of faunal similarity in paleontology. J. Paleontol. **53**, 1213–1227 (1979)

Rényi, A.: On measures of entropy and information. In J. Neyman (ed) Proceedings of the fourth Berkeley Symposium on mathematical statistics and probability. Univerity of California Press, Berkeley (1961)

Robert, P., Escoufier, Y.: A unifying tool for linear multivariate statistical methods: the RV–coefficient. Appl. Stat. **25**, 257–265 (1976)

Sanders, H. L.: Marine benthic diversity: a comparative study. American Naturalist. 102, 243–282 (1968)

Shannon, C. E.: A mathematical theory of communications. Bell Syst. Tech. J. **27**, 379–423 (1948)

Sharma, S., Legendre, P., De Cáceres, M., Boisclair, D.: The role of environmental and spatial processes in structuring native and non-native fish communities across thousands of lakes. Ecography. **34**, 762–771 (2011)

Sheldon. A. L.: Equitability indices: dependence on the species count. Ecology. **50**, 466–467 (1969)

Shimodaira, H.: An approximately unbiased test of phylogenetic tree selection. Syst. Biol. **51**, 492–508 (2002)

Shimodaira, H.: Approximately unbiased tests of regions using multistep-multiscale bootstrap resampling. Ann. Stat. **32**, 2616–2641 (2004)

Sidák, Z.: Rectangular confidence regions for the means of multivariate normal distributions. J. Am. Stat. Assoc. **62**, 626–633 (1967)

Simpson, E. H.: Measurement of diversity. Nature (Lond.) **163**, 688 (1949)

Sokal, R. R.: Spatial data analysis and historical processes. In: Diday, E., et al. (eds.) Data Analysis and Informatics IV, pp. 29–43. North–Holland, Amsterdam (1986)

Southwood, T. R. E.: Habitat, the templet for ecological strategies? J. Anim. Ecol. **46**, 337–365 (1977)

Suzuki, R., Shimodaira, H.: Pvclust: an R package for assessing the uncertainty in hierarchical clustering. Bioinformatics. **22**, 1540–1542 (2006)

ter Braak, C. J. F.: Canonical correspondence analysis: a new eigenvector technique for multivariate direct gradient analysis. Ecology. **67**, 1167–1179 (1986)

ter Braak, C. J. F.: The analysis of vegetation–environment relationships by canonical correspondence analysis. Vegetatio. **69**, 69–77 (1987)

ter Braak, C. J. F.: Partial canonical correspondence analysis. In: Bock, H. H. (ed.) Classification and Related Methods of Data Analysis, pp. 551–558. North–Holland, Amsterdam (1988)

ter Braak, C. J. F.: Fourth-corner correlation is a score test statistic in a log-linear trait–environment model that is useful in permutation testing. Environ. Ecol. Stat. **24**, 219–242 (2017)

ter Braak, C. J. F., Schaffers, A. P.: Co-correspondence analysis: a new ordination method to relate two community compositions. Ecology. **85**, 834–846 (2004)

ter Braak, C. J. F., Šmilauer, P.: CANOCO Reference Manual and CanoDraw for Windows user's Guide: Software for Canonical Community Ordination (ver. 4.5). Microcomputer Power, New York (2002)

ter Braak, C., Cormont, A., Dray, S.: Improved testing of species traits–environment relationships in the fourth corner problem. Ecology. **93**, 1525–1526 (2012)

van den Brink, P. J., ter Braak, C. J. F.: Multivariate analysis of stress in experimental ecosystems by Principal Response Curves and similarity analysis. Aquat. Ecol. **32**, 163–178 (1998)

van den Brink, P. J., ter Braak, C. J. F.: Principal response curves: analysis of time-dependent multivariate responses of biological community to stress. Environ. Toxicol. Chem. **18**, 138–148 (1999)

Verneaux, J.: Cours d'eau de Franche-Comté (Massif du Jura). Recherches écologiques sur le réseau hydrographique du Doubs. Essai de biotypologie. Thèse d'état, Besançon, France (1973)

Verneaux, J., Schmitt, A., Verneaux, V., Prouteau, C.: Benthic insects and fish of the Doubs River system: typological traits and the development of a species continuum in a theoretically extrapolated watercourse. Hydrobiologia. **490**, 63–74 (2003)

Villéger, S., Mason, N. W. H., Mouillot, D.: New multidimensional functional diversity indices for a multifaceted framework in functional ecology. Ecology. **89**, 2290–2301 (2008)

Wackernagel, H.: Multivariate Geostatistics, 3rd edn. Springer, Berlin (2003)

Wagner, H. H.: Spatial covariance in plant communities: integrating ordination, variogram modeling, and variance testing. Ecology. **84**, 1045–1057 (2003)

Wagner, H. H.: Direct multi-scale ordination with canonical correspondence analysis. Ecology. **85**, 342–351 (2004)

Ward, J. H.: Hierarchical grouping to optimize an objective function. J. Am. Stat. Assoc. **58**, 236–244 (1963)

Whittaker, R. H.: Vegetation of the Siskiyou mountains, Oregon and California. Ecol. Monogr. **30**, 279–338 (1960)

Whittaker, R. H.: Evolution and measurement of species diversity. Taxon. **21**, 213–251 (1972)

Wiens, J. A.: Spatial scaling in ecology. Funct. Ecol. **3**, 385–397 (1989)

Wildi, O.: Data Analysis in Vegetation Ecology, 2nd edn. Wiley–Blackwell, Chichester (2013)

Williams, P. H.: Mapping variations in the strength and breadth of biogeographic transition zones using species turnover. Proc. R. Soc. B Biol. Sci. **263**, 579–588 (1996)

Shimodaira, H.: An approximately unbiased test of phylogenetic tree selection. Syst. Biol. **51**, 492–508 (2002)

Shimodaira, H.: Approximately unbiased tests of regions using multistep–multiscale bootstrap resampling. Ann. Stat. **32**, 2616–2641 (2004)

Sidák, Z.: Rectangular confidence regions for the means of multivariate normal distributions. J. Am. Stat. Assoc. **62**, 626–633 (1967)

Simpson, E.H.: Measurement of diversity. Nature (Lond.) **163**, 688 (1949)

Sokal, R.R.: Spatial data analysis and historical processes. In: Diday, E., et al. (eds.) Data Analysis and Informatics Ⅳ, pp.29–43. North–Holland, Amsterdam (1986)

Southwood, T. R. E.: Habitat, the templet for ecological strategies? J. Anim. Ecol. **46**, 337–365 (1977)

Suzuki, R., Shimodaira, H.: Pvclust: an R package for assessing the uncertainty in hierarchical clustering. Bioinformatics. **22**, 1540–1542 (2006)

ter Braak, C.J.F.: Canonical correspondence analysis: a new eigenvector technique for multivariate direct gradient analysis. Ecology. **67**, 1167–1179 (1986)

ter Braak, C.J.F.: The analysis of vegetation–environment relationships by canonical correspondence analysis. Vegetatio. **69**, 69–77 (1987)

ter Braak, C.J.F.: Partial canonical correspondence analysis. In: Bock, H.H.(ed.) Classification and

Related Methods of Data Analysis, pp.551−558.North−Holland, Amsterdam (1988)

ter Braak, C.J.F.: Fourth-comer correlation is a score test statistic in a log-linear trait−environment model that is useful in permutation testing.Environ.Ecol.Stat.**24**, 219−242 (2017)

ter Braak, C.J.F., Schaffers, A.P.: Co-correspondence analysis: a new ordination method to relate two community compositions.Ecology.**85**, 834−846 (2004)

ter Braak, C.J.F., Šmilauer, P.: CANOCO Reference Manual and CanoDraw for Windows user's Guide: Software for Canonical Community Ordination (ver.4.5).Microcomputer Power, New York (2002)

ter Braak, C., Cormont, A., Dray, S.: Improved testing of species traits−environment relationships in the fourth corner problem.Ecology.**93**, 1525−1526 (2012)

van den Brink, P.J., ter Braak, C.J.F.: Multivariate analysis of stress in experimental ecosystems by Principal Response Curves and similarity analysis.Aquat.Ecol.**32**, 163−178 (1998)

van den Brink, P.J., ter Braak, C.J.F.: Principal response curves: analysis of time-dependent multivariate responses of biological community to stress.Environ.Toxicol.Chem.**18**, 138−148 (1999)

Verneaux, J.: Cours d'eau de Franche-Comté (Massif du Jura).Recherches écologiques sur le réseau hydrographique du Doubs.Essai de biotypologie.Thèse d'état, Besançon, France (1973)

Verneaux, J., Schmitt, A., Verneaux, V., Prouteau, C.: Benthic insects and fish of the Doubs River system: typological traits and the development of a species continuum in a theoretically extrapolated watercourse.Hydrobiologia.**490**, 63−74 (2003)

Villéger, S., Mason, N.W.H., Mouillot, D.: New multidimensional functional diversity indices for a multifaceted framework in functional ecology.Ecology.**89**, 2290−2301 (2008)

Wackernagel, H.: Multivariate Geostatistics, 3rd edn.Springer, Berlin (2003)

Wagner, H.H.: Spatial covariance in plant communities: integrating ordination, variogram modeling, and variance testing.Ecology.**84**, 1045−1057 (2003)

Wagner, H.H.: Direct multi-scale ordination with canonical correspondence analysis.Ecology.**85**, 342−351 (2004)

Ward, J.H.: Hierarchical grouping to optimize an objective function.J.Am.Stat.Assoc.**58**, 236−244 (1963)

Whittaker, R.H.: Vegetation of the Siskiyou mountains, Oregon and Califoria.Ecol. Monogr.**30**, 279−338 (1960)

Whittaker, R.H.: Evolution and measurement of species diversity.Taxon.**21**, 213−251 (1972)

Wiens, J.A.: Spatial scaling in ecology.Funct.Ecol.**3**, 385−397 (1989)

Wildi, O.: Data Analysis in Vegetation Ecology, 2nd edn.Wiley−Blackwell, Chichester (2013)

Williams, P.H.: Mapping variations in the strength and breadth of biogeographic transition zones using species turnover.Proc.R.Soc.B Biol.Sci.**263**, 579−588 (1996)

Williams, W.T., Lambert, J.M.: Multivariate methods in plant ecology.I.Association-analysis in plant communities.J.Ecol.**47**, 83−101 (1959)

Wright, S.P.: Adjusted P-values for simultaneous inference.Biometrics.**48**, 1005−1013 (1992)

Zuur, A.F., Ieno, E.N., Smith, G.M.: Analysing Ecological Data.Springer, New York (2007)

参考文献——R 程序包（按照首字母排列）

下面的列表提供本书使用或引用的 R 程序包的版本信息和参考文献。这些信息均来自 CRAN 网站或程序包作者提供附带的帮助文件。所列参考文献，一部分直接来自 R，另外一部分来自帮助文件内的参考文献。除有些程序包本身并没有版本号外，此处所列程序包版本号均是该书编写时所用的程序包版本号。更详细的信息，请参考 https://cran.r-project.org/web/packages/

ade4-Version used:1.7-8

Chessel, D., Dufour, A. B., Thioulouse, J.: The ade4 package-I-one-table methods. R News. **4**, 5–10 (2004)

Dray, S., Dufour, A. B.: The ade4 package: implementing the duality diagram for ecologists. J. Stat. Softw. **22**, 1–20 (2007)

Dray, S., Dufour, A. B., Chessel, D.: The ade4 package-II: two-table and K-table methods. R News. **7**. 47–52 (2007). R package version 1.7–8 (2017)

adegraphics-Version used:1.0-8

Dray, S., Siberchicot, A. and with contributions from Thioulouse, J. Based on earlier work by Julien-Laferrière, A.: adegraphics: An S4 Lattice-Based Package for the Representation of Multivariate Data. R package version 1.0–8 (2017)

adespatial-Version used:0.0-9

Dray, S., Blanchet, F. G., Borcard, D., Clappe, S., Guénard, G., Jombart, T., Larocque, G., Legendre, P., Madi, N., Wagner, H. adespatial: Multivariate Multiscale Spatial Analysis. R package version 0.0–9 (2017)

agricolae-Version used:1.2-4

Felipe de Mendiburu: agricolae: Statistical Procedures for Agricultural Research. R package version 1.2–4 (2016)

ape-Version used:4.1

Paradis, E., Claude, J., Strimmer, K.: APE: analyses of phylogenetics and evolution in R language. Bioinformatics. **20**, 289–290 (2004). R package version 4.1 (2017)

base and stats-Version used:3.4.1

R Development Core Team: R: A language and environment for statistical computing. R Foundation for Statistical Computing, Vienna, Austria. URL http://www.R-project.org (2017)

cluster−Version used: 2.0.6

Maechler, M., Rousseeuw, P., Struyf, A., Hubert, M., Hornik, K.: cluster: Cluster Analysis Basics and
Extensions. R package version 2.0.6 (2017)

cocorresp−Version used: 0.3−99

Simpson, G. L.: cocorresp: Co-correspondence analysis ordination methods (2009). R package
version 0.3−99 (2016)

colorspace−Version used: 1.3−2

Ihaka, R., Murrell, P., Hornik, K., Fisher, J. C., Zeileis, A.: colorspace: Color Space Manipulation. R
package version 1.3−2 (2016)

dendextend−Version used: 1.5.2

Galili, T.: dendextend: an R package for visualizing, adjusting, and comparing trees of hierarchical
clustering. Bioinformatics. https://doi.org/10.1093/bioinformatics/btv428 (2015). R package
version 1.5.2 (2017)

Ellipse−Version used: 0.3−8

Murdoch, D., Chow, E. D.: ellipse: Functions for drawing ellipses and ellipse-like confidence regions.
R package version 0.3−8 (2013)

FactoMineR−Version used: 1.36

Le , S., Josse, J., Husson, F.: FactoMineR: an R package for multivariate Analysis. J Stat Soft. **25**, 1−
18 (2008).

FD−Version used: 1.0−12

Laliberté, E., Legendre, P., Shipley, B.: FD: measuring functional diversity from multiple traits, and
other tools for functional ecology. R package version 1.0−12 (2014)

gclus−Version used: 1.3.1

Hurley, C.: gclus: Clustering Graphics. R package version 1.3.1 (2012)

ggplot2−Version used: 2.2.1

Wickham, H.: ggplot2: Elegant Graphics for Data Analysis. Springer-Verlag New York (2009) R
package version 2.2.1 (2016)

googleVis−Version used: 0−6−2

Gesmann, M., de Castillo, D.: Using the Google visualisation API with R. R. J. **3**, 40−44 (2011). R package version 0−6−2 (2017)

igraph−Version used: 1.1.2

Csardi G., Nepusz T: The igraph software package for complex network research, InterJournal, Complex Systems 1695 (2006). R package version 1.1.2 (2017)

indicspecies−Version used: 1.7.6

De Cáceres, M., Legendre, P.: Associations between species and groups of sites: indices and statistical inference. Ecology. **90**, 3566−3574 (2009). R package version 1.7.6 (2016)

labdsv−Version used: 1.8−0

Roberts, D. W.: labdsv: Ordination and Multivariate Analysis for Ecology. R package version 1.8−0 (2016)

MASS−Version used: 7.3−47

Venables, W. N., Ripley, B. D.: Modern Applied Statistics with S, 4th edn. Springer, New York (2002). ISBN 0−387−95457−0. R package version 7.3−47 (2017)

missMDA−Version used: 1.11

Josse, J., Husson, F.: missMDA: A Package for Handling Missing Values in Multivariate Data Analysis. J. Stat. Softw. **70**, 1−31 (2016). R package version 1.11 (2017)

mvpart−Version used: 1.6−2

rpart by Therneau, T. M. and Atkinson, B. R port of rpart by Ripley, B. Some routines from vegan—Oksanen, J. Extensions and adaptations of rpart to mvpart by De'ath, G.: mvpart: Multivariate partitioning. R package version 1.6−2 (2014)

MVPARTwrap−Version used: 0.1−9. 2

Ouellette, M. H. and with contributions from Legendre, P.: MVPARTwrap: Additional features for package mvpart. R package version 0.1−9.2 (2013)

picante−Version used: 1.6−2

Kembel, S. W., Cowan, P. D., Helmus, M. R., Cornwell, W. K., Morlon, H., Ackerly, D. D., Blomberg, S. P., Webb, C. O.: Picante: R tools for integrating phylogenies and ecology. Bioinformatics. **26**, 1463−1464 (2010). R package version 1.6−2 (2014)

pvclust—Version used: 2.0-0

Suzuki, R., Shimodaira, H.: pvclust: Hierarchical Clustering with P-Values via Multiscale Bootstrap Resampling. R package version 2.0-0 (2015)

RColorBrewer—Version used: 1.1-2

Neuwirth, E.: RColorBrewer: ColorBrewer Palettes. R package version 1.1-2 (2014)

rgexf—Version used: 0.15.3

Vega Yon, G., Fábrega Lacoa, J., Kunst, J. B.: rgexf: Build, Import and Export GEXF Graph Files. R package version 0.15.3 (2015)

RgoogleMaps—Version used: 1.4.1

Loecher, M., Ropkins, K.: RgoogleMaps and loa: Unleashing R Graphics Power on Map Tiles. J. Stat. Softw. **63**, 1-18 (2015). R package version 1.4.1 (2016)

rioja—Version used: 0.9-15

Juggins, S.: rioja: Analysis of Quaternary Science Data. R package version 0.9-15 (2017)

rrcov—Version used: 1.4-3

Todorov, V., Filzmoser, P.: An object-oriented framework for robust multivariate analysis. J. Stat. Softw. **32**, 1-47 (2009). R package version 1.4-3 (2016)

SoDA—Version installed: 1.0-6

John M. Chambers: SoDA: Functions and Examples for "Software for Data Analysis". R package version 1.0-6 (2013)

spdep—Version used: 0.6-15

Bivand, R., Piras, G.: Comparing implementations of estimation methods for spatial econometrics. J. Stat. Softw. **63**, 1-36 (2015)

Bivand, R. with many contributors: spdep: Spatial dependence: weighting schemes, statistics and models. R package version 0.6-15 (2017)

taxize—Version used: 0.8.9

Chamberlain, S., Szocs, E., Boettiger, C., Ram, K., Bartomeus, I., Baumgartner, J., Foster, Z., O'Donnell, J: taxize: Taxonomic information from around the web. R package version 0.8.9 (2017)

vegan−Version used: 2.4−4

Oksanen, J., Blanchet, F. G., Friendly, M., Kindt, R., Legendre, P., McGlinn, D., Minchin, P. R., O'Hara, R. B., Simpson, G. L., Solymos, P., Stevens, M. H. H., Szoecs, E., Wagner, H.: vegan: Community Ecology Package. R package version 2.4−4 (2017)

vegan3d−Version used: 1.1−0

Oksanen, J., Kindt, R., Simpson, G. L.: vegan3d: Static and Dynamic 3D Plots for the ' vegan' Package. R package version 1.1−0 (2017)

vegclust−Version used: 1.7.1

De Cáceres, M., Font, X. and Oliva, F.: The management of vegetation classifications with fuzzy clustering. J. Veg. Sci. 21, 1138−1151 (2010). **R** package version 1.7.1 (2017)

vegetarian−Version used: 1.2

Charney, N., Record, S.: vegetarian: Jost Diversity Measures for Community Data. R package version 1.2 (2012)

索引

图字：01-2019-7964 号

First published in English under the title

Numerical Ecology with R（2nd Ed.）

by Daniel Borcard, François Gillet and Pierre Legendre

Copyright © Springer International Publishing AG, part of Springer

Nature, 2018

This edition has been translated and published under license from

Springer Nature Switzerland AG.

图书在版编目（CIP）数据

数量生态学：R 语言的应用：第二版／（加）尼尔·
博尔德（Daniel Borcard），（法）弗兰科斯·吉莱
（François Gillet），（加）皮埃尔·勒让德
（Pierre Legendre）著；赖江山译. --2 版. --北京：
高等教育出版社，2020.5（2023.2重印）

书名原文：Numerical Ecology with R（Second
Edition）

ISBN 978-7-04-053950-9

Ⅰ. ①数… Ⅱ. ①尼… ②弗… ③皮… ④赖… Ⅲ.
①程序语言-应用-生物生态学-生物数学 Ⅳ. ①Q141

中国版本图书馆 CIP 数据核字（2020）第 050150 号

策划编辑	柳丽丽	责任编辑	柳丽丽	封面设计	张 楠	版式设计	杨 树
插图绘制	于 博	责任校对	刘 莉	责任印制	赵义民		

出版发行	高等教育出版社	网 址	http://www.hep.edu.cn
社 址	北京市西城区德外大街4号		http://www.hep.com.cn
邮政编码	100120	网上订购	http://www.hepmall.com.cn
印 刷	三河市春园印刷有限公司		http://www.hepmall.com
开 本	787 mm× 1092 mm 1/16		http://www.hepmall.cn
印 张	28.5		
字 数	530 千字	版 次	2014 年 5 月第 1 版
插 页	4		2020 年 5 月第 2 版
购书热线	010-58581118	印 次	2023 年 2 月第 4 次印刷
咨询电话	400-810-0598	定 价	66.00 元

物 料 号 53950-00

SHULIANG SHENGTAIXUE——R YUYAN DE YINGYONG

郑重声明

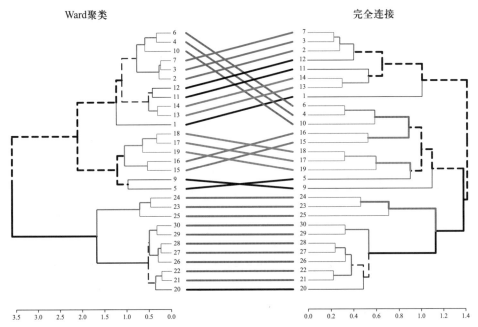

图 4.9　两个聚类树的成对比较

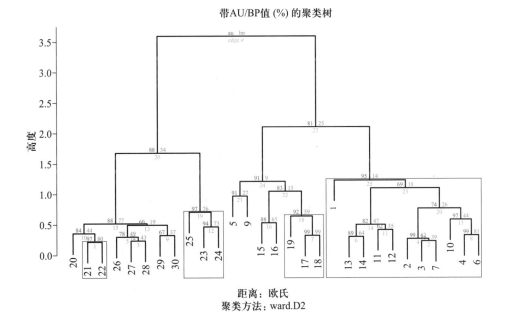

图 4.10　多尺度自助重采样应用于弦距离－Ward 聚类树

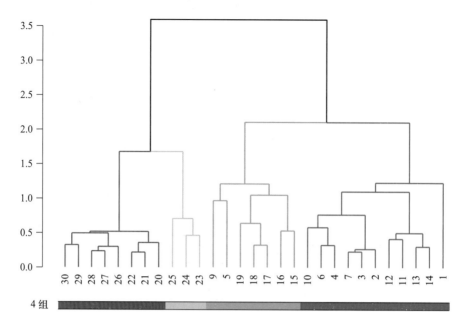

图 4.16 Doubs 河鱼类数据 Ward 聚类最终选择分 4 组时带不同颜色分组的聚类树

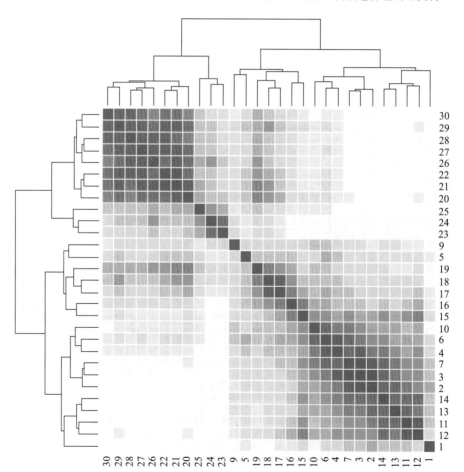

图 4.18 依照聚类树重排弦距离矩阵的热图

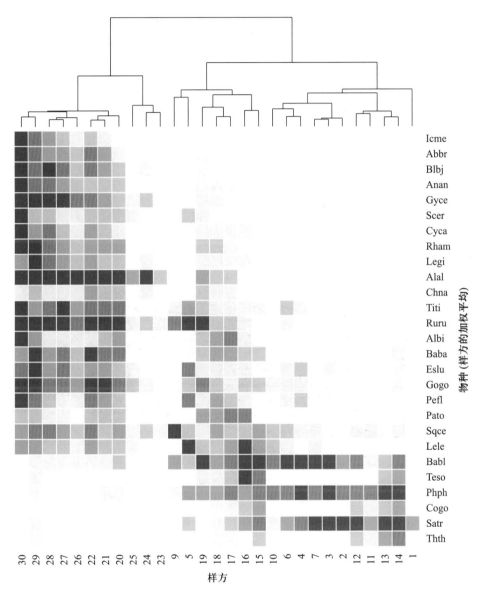

图 4.19　基于聚类树的双排列群落表格的热图

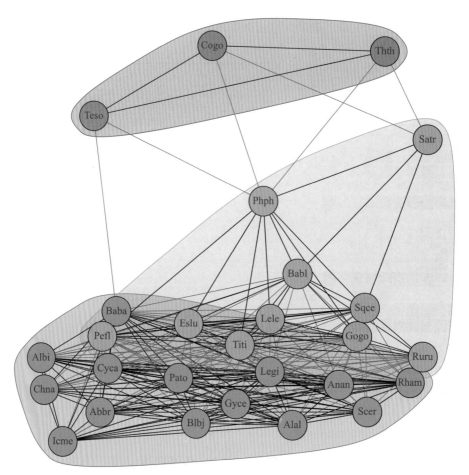

图 4.26　基于 Jaccard 相似性的鱼类共生网络图，图中显示三个模块
（以物种气泡颜色来区别）。黑线指示正的模块内（intra-module）关联，
红线指示正的模块间（inter-module）关联

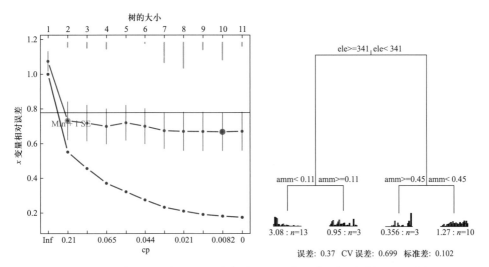

图 4.27　左图：相对误差 RE（稳定减少）和交叉验证相对误差 CVRE 图。
图中红点位置表示具有最小 CVRE 的分类方案，以及 CVRE 的误差线，上方绿色的
条形指出获得最佳分类方案交叉验证迭代的次数。右图：被环境变量解释的
Doubs 鱼类数据的多元回归树，解读见正文

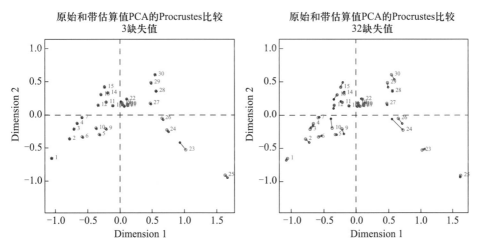

图 5.5　PCA 中缺失数据的估算。Procrustes 比较原始环境变量 PCA 和对三个缺失值进行
估算的 PCA。1 型标尺，这里只绘制样方图。红色是原始 PCA 的样方；蓝色是估算值的
PCA 中的样方。左图：3 个缺失值，即 1%；右图：32 个缺失值，10%

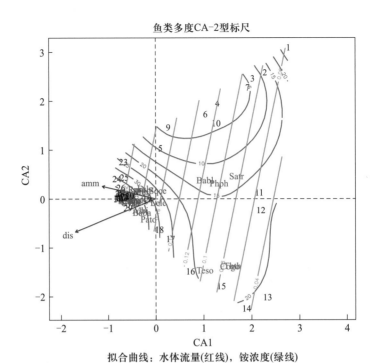

图 5.8　Doubs 鱼类多度数据的 CA 双序图（2 型标尺），后验曲线拟合两个环境变量：水体流量（红线）和铵浓度（绿线）

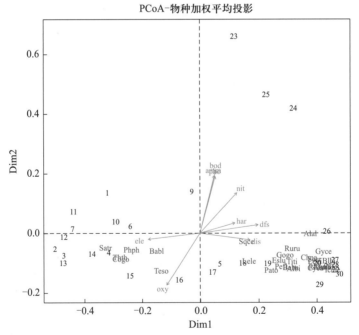

图 5.10　基于 Doubs 鱼类多度百分数差异（又称为 Bray-Curtis）相异矩阵的样方 PCoA 排序图。物种（红色）以加权平均方式被动投影到排序图内（函数 `wascores()`），环境变量（绿色箭头）通过 `envfit()` 函数被动投影到排序图。物种及样方点之间关系解读同 CA 排序图

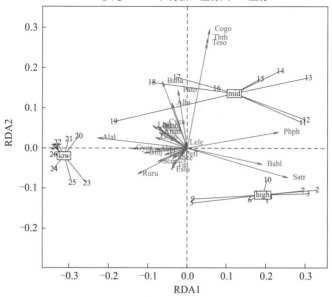

图 6.6　使用 RDA 进行多元方差分析的三序图（1 型标尺）；Doubs 鱼类数据 27 个
　　样方被海拔因子解释（3 个水平：低海拔、中海拔和高海拔）

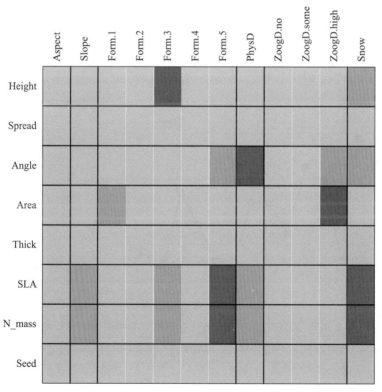

图 6.23　使用假发现率（false discovery rate，FDR）方法进行多次验证 p 值校正的第四角
　　方法检验结果。$\alpha = 0.05$ 显著性水平，显著正相关表示为红框，显著负相关表示为蓝框

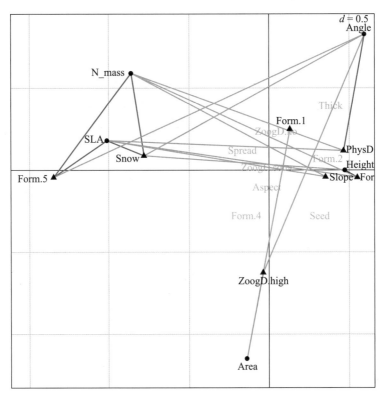

图 6.24　从 RLQ 分析中获得的物种性状和环境变量的双序图。
显著负相关标为蓝色，显著正相关标为红色，相关分析的结果来自第四角分析

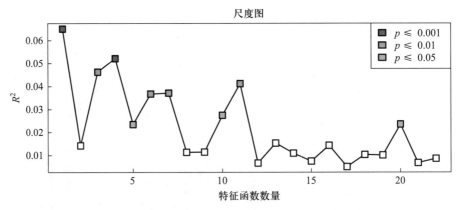

图 7.6　尺度图显示去趋势 Hellinger 转化甲螨数据 dbMEM 分析特征函数解释方差
比例（未校正 R^2）的变化趋势。带有颜色小框展示置换检验的结果。p 值比
基于 Blanchet 等（2008a）双终止标准的前向选择的 p 值更自由